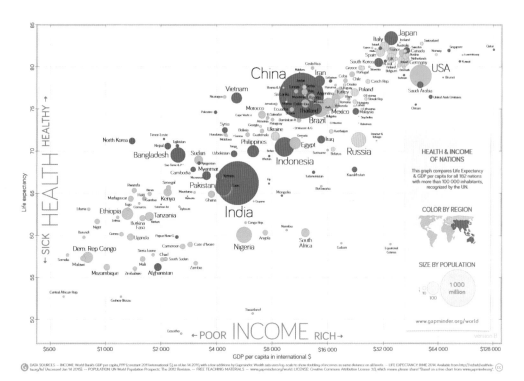

图 3-6　世界各国预期寿命与人均国内生产总值的散点图可视化

图片来源：http://www.gapminder.org

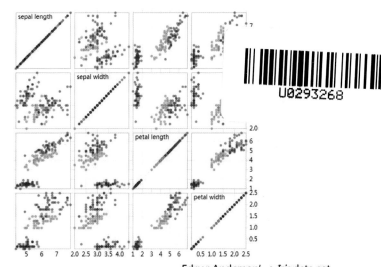

图 3-7　鸢尾花散点图矩阵

图片来源：https://github.com/d3/d3/wiki/Gallery

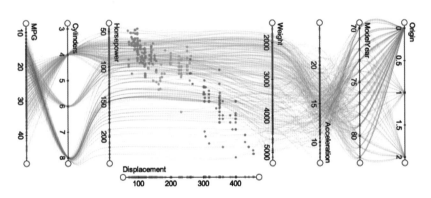

图 3-9　平行坐标结合散点图

图片来源：http://vis.pku.edu.cn/mddv/val/gallery

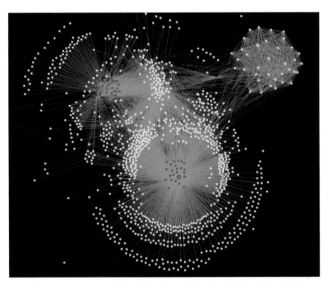

图 3-20　内网主机与服务器之间通信关系的力导向图

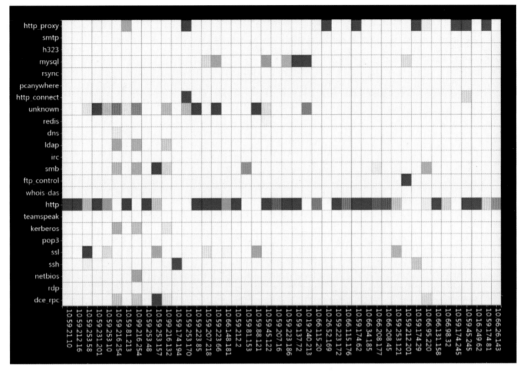

图 3-22　服务器类型的热点图

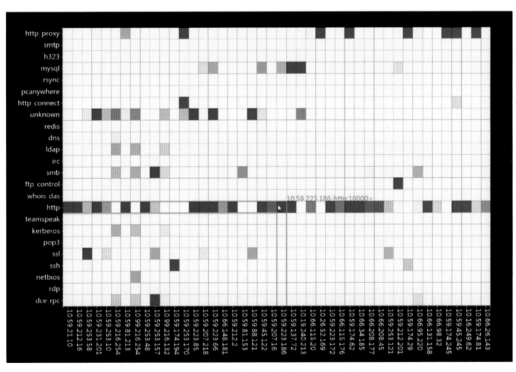

图 3-23　服务器与客户端通信的热点图

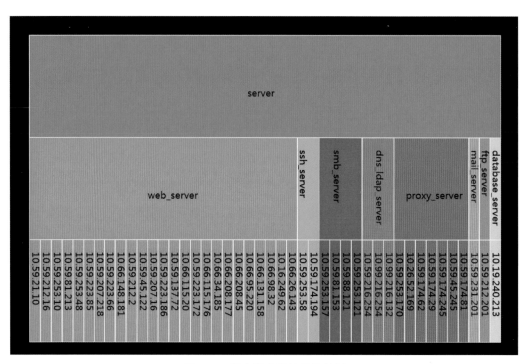

图 3-24　服务器分类结果的树图

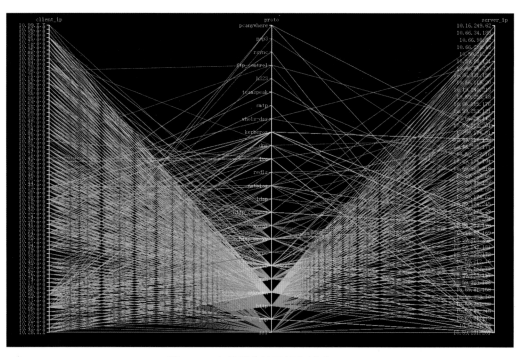

图 3-25　内部通信的平行坐标系(一)

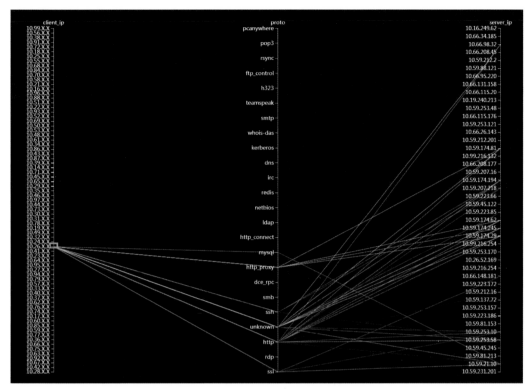

图 3-26　内部通信的平行坐标系(二)

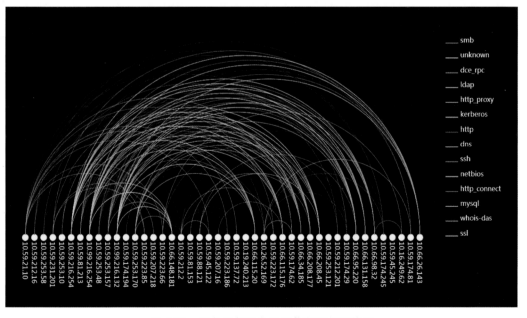

图 3-27　服务器与服务器通信的弧长链接图

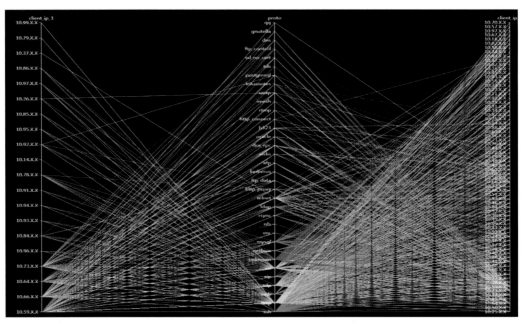

图 3-28　客户端与客户端通信的平行坐标系

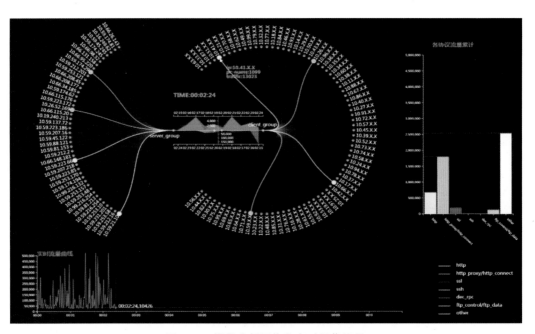

图 3-29　模拟内部网络的实时通信流量

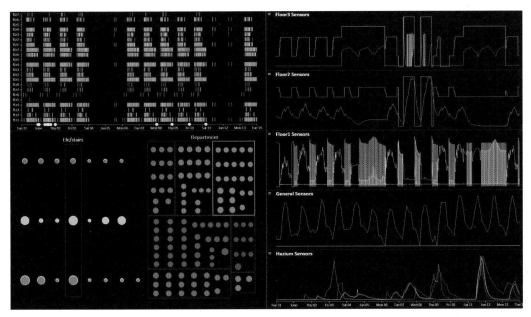

图 3-30　整体设计图

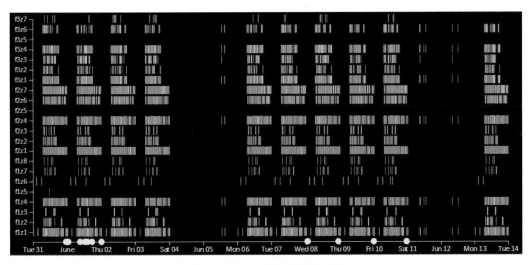

图 3-31　prox 卡数据的散点图

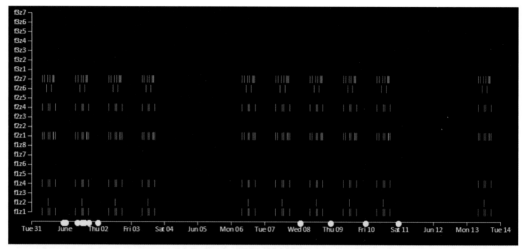

图 3-32　分析雇员轨迹(一)

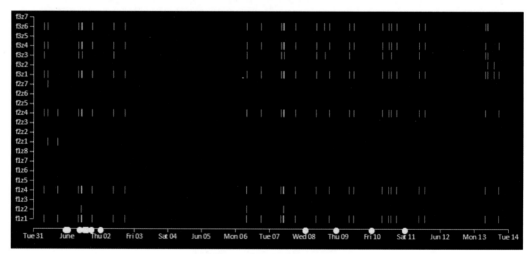

图 3-33　分析雇员轨迹(二)

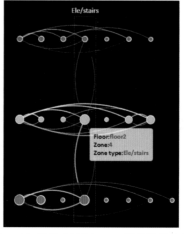

图 3-34　雇员在不同 prox 区域的轨迹图

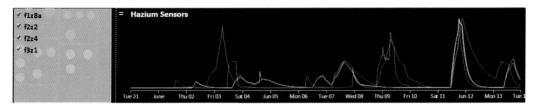

图 3-35　Hazium 传感器数据读数的折线图

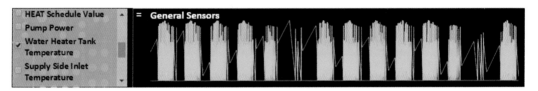

图 3-36　热水器燃气消耗和热水器水箱温度变换规律的折线图

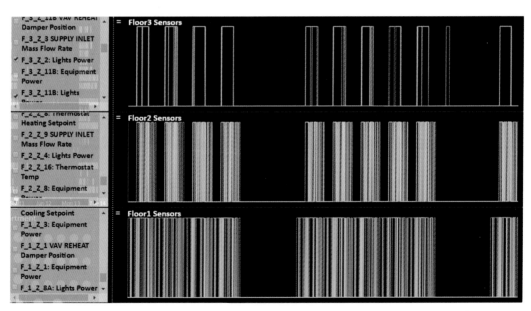

图 3-37　建筑物内所有区域的照明电路开关图

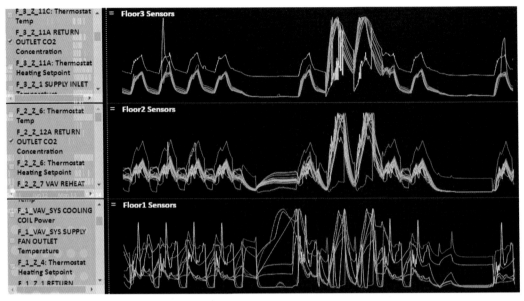

图 3-38　通风口处二氧化碳浓度传感器读数变化的折线图

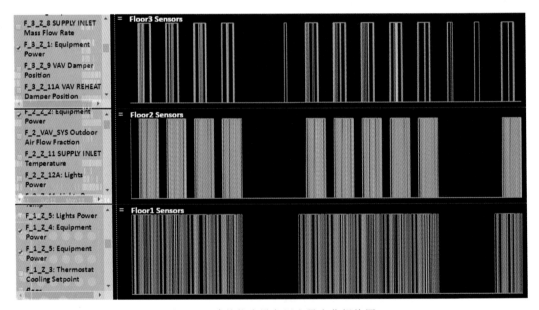

图 3-39　建筑物内设备用电量变化规律图

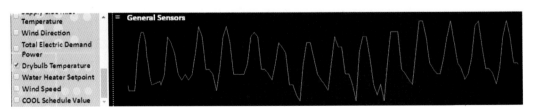

图 3-40　干球温度传感器的读数变化图

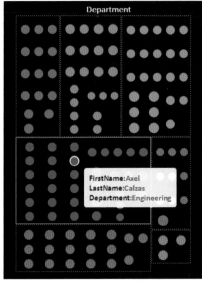

图 3-41 不同部门的雇员分布

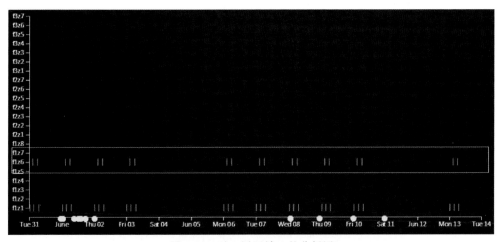

图 3-42 对一层区域 6 的分析图

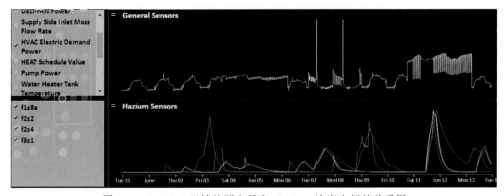

图 3-43 HVAC 区域的用电量和 Hazium 浓度之间的关系图

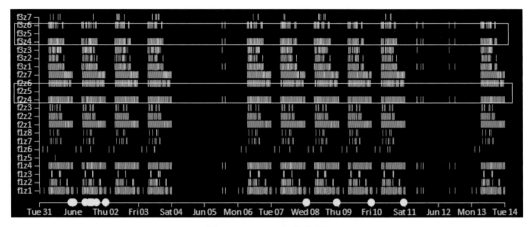

图 3-44　prox 卡散点图

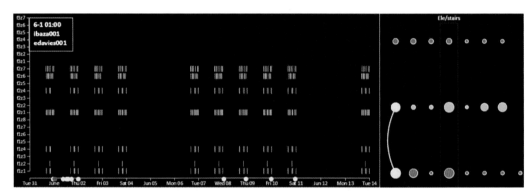

图 3-45　对 ibaza001 和 edavies001 活动异常的分析

图 3-46　SUPPLY INLET Temperature 传感器读数异常

图 3-47　一层的区域 2 设备功率传感器异常

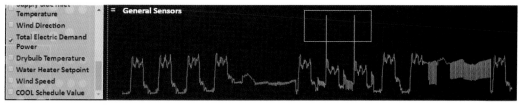

图 3-48　电源功率异常

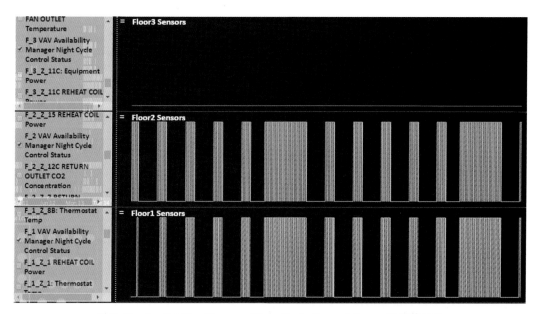

图 3-49　Availability Manager Night Cycle Control Status 的读数异常

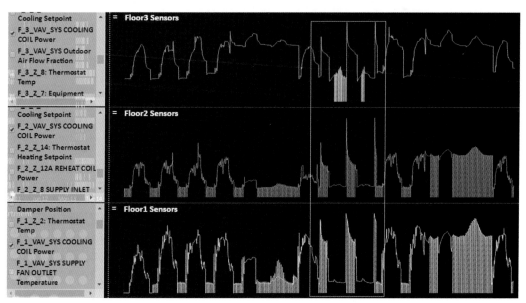

图 3-50　冷却系统的功率异常

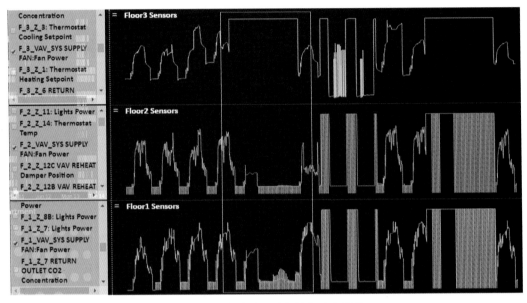

图 3-51　3 个楼层的风扇用电功率异常

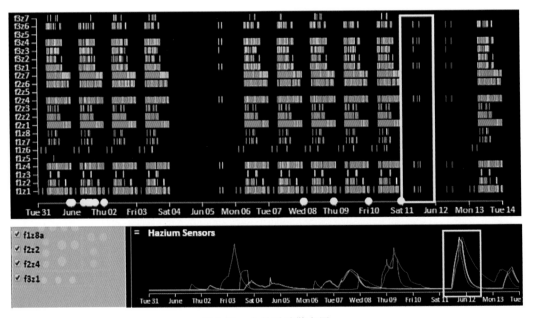

图 3-52　人员活动散点图

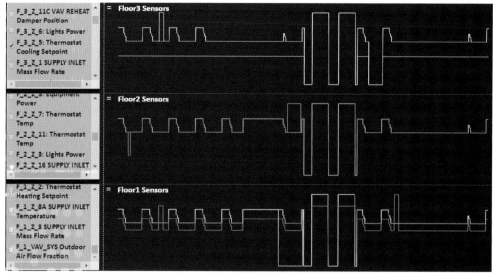

图 3-53　温度控制器冷却值读数异常

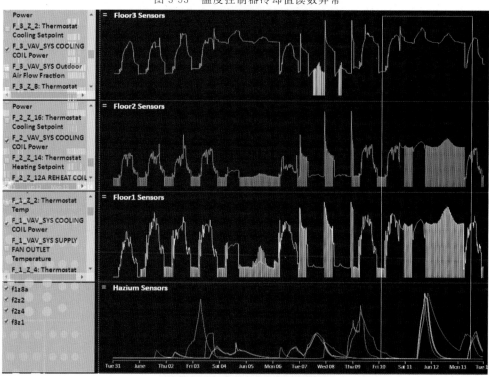

图 3-54　3 个楼层的系统冷却电源用电量和 Hazium 浓度变化

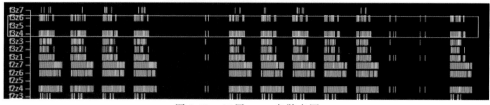

图 3-55　三层 prox 卡散点图

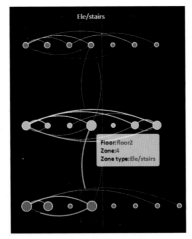

图 3-56 雇员运动轨迹图

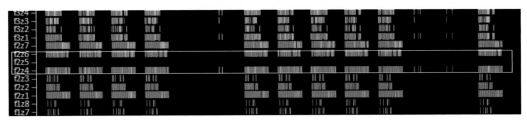

图 3-57 二层 prox 卡散点图

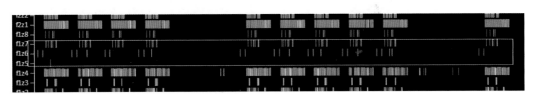

图 3-58 一层 prox 卡散点图

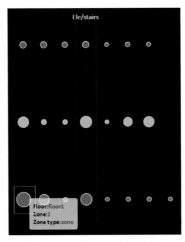

图 3-59 雇员运动轨迹图

大数据系列丛书

大数据挖掘及应用

（第2版）

王国胤 刘 群 于 洪 曾宪华 吴思远 编著

清华大学出版社

北京

内 容 简 介

本书围绕大数据背景下的数据挖掘及应用技术,从大数据挖掘的基本概念入手,由浅入深、循序渐进地介绍大数据挖掘分析过程中的数据认知与预处理、数据可视化技术、数据挖掘的基本方法、Hadoop大数据分布式处理生态系统及分析应用等内容。其中数据挖掘的基本方法不仅包括数据关联分析、数据分类分析及数据聚类分析,还包括深度学习等重要的数据挖掘研究和发展主题。作者对每一章的内容都尽量从不同的角度进行深入剖析,案例均采用 Python 语言编程。

本书既可以面向计算机科学与技术、数据科学与技术、人工智能、智能科学与技术等信息类专业的本科生和研究生,也可以面向广大的 IT 从业人员。全书不仅提供了全部案例的 Python 源代码,还提供了丰富的习题和参考文献,对读者掌握大数据挖掘及应用领域的基本知识和进一步研究都具有参考价值。

图书在版编目(CIP)数据

大数据挖掘及应用 / 王国胤等编著. —2 版. —北京:清华大学出版社,2021.9(2025.1重印)
(大数据系列丛书)
ISBN 978-7-302-58570-1

Ⅰ. ①大… Ⅱ. ①王… Ⅲ. ①数据采集－高等学校－教材 Ⅳ. ①TP274

中国版本图书馆 CIP 数据核字(2021)第 138408 号

责任编辑:张 玥 常建丽
封面设计:常雪影
责任校对:郝美丽
责任印制:沈 露

出版发行:清华大学出版社
网 址:https://www.tup.com.cn,https://www.wqxuetang.com
地 址:北京清华大学学研大厦 A 座 邮 编:100084
社 总 机:010-83470000 邮 购:010-62786544
投稿与读者服务:010-62776969,c-service@tup.tsinghua.edu.cn
质量反馈:010-62772015,zhiliang@tup.tsinghua.edu.cn
课件下载:https://www.tup.com.cn,010-83470236
印 装 者:三河市铭诚印务有限公司
经 销:全国新华书店
开 本:185mm×260mm 印 张:25.25 彩插:8 字 数:608 千字
版 次:2017 年 7 月第 1 版 2021 年 10 月第 2 版 印 次:2025 年 1 月第 5 次印刷
定 价:69.80 元

产品编号:090496-01

序

FOREWORD

　　人类社会在经历过农业社会、工业社会之后,经过近几十年的信息化建设,已经发展成为一个信息化的现代社会,也正在向智能社会迈进。人类不但具备了数据信息的全面感知、快速传输、高效计算、海量存储等方面的超强能力,而且信息化和智能化也已经深刻而广泛地影响社会的各个行业领域和方方面面。在数据信息的全面感知获取方面,从深空到深海和深地的探测感知、从企业集团到生产设备的监控感知、从智慧城市到个人信息的监测感知,从线下物理空间和社会空间到线上网络空间的数据感知⋯⋯人类已经从各个角度、多个层次进行了数据信息的丰富感知采集。无所不在的物联网和传感器,使得数据信息呈"爆炸式增长"。在信息快速传输方面,当今的骨干网络带宽进入了 TB(PB)/秒级,接入网带宽进入了 MB(GB)/秒级,信息传输的便捷程度前所未有。在高效计算能力方面,单台高性能计算机系统的浮点运算速度已超过亿亿次/秒,具有超级计算能力的量子计算机已经诞生,便携式计算机的运算处理速度也在日新月异地发展变化。在数据信息的海量存储方面,无论是便携式存储器,还是云存储系统,数据存储的代价迅速下降,容量快速上升。计算机和信息网络技术的飞速发展,以及信息化、智能化技术与其他行业领域技术的交叉融合,形成了"互联网＋""人工智能＋"新业态,数据成为未来社会发展的新资源。如何通过大数据挖掘,有效实现数据这种新资源的社会价值,成为社会各行业领域关注的一个核心问题,"数据科学与工程""人工智能"等新兴学科专业纷纷诞生。大数据的挖掘与分析应用技术被列入《国务院关于积极推进"互联网＋"行动的指导意见》《促进大数据发展行动纲要》《"十三五"国家战略性新兴产业发展规划》《中华人民共和国国民经济和社会发展第十四个五年规划和 2035 年远景目标纲要》等多个国家战略规划的文件中。培养学生在大数据工程应用方面的能力,提升学生对未来社会信息化和智能化建设的适应能力,成为社会对人才培养的紧迫需求。

　　重庆邮电大学大数据课程组在大数据工程技术研究与教学实践中经过多年的探索,积累了一些经验。课程组的几位老师 2016 年合力编写出版了《大数据挖掘及应用》一书,并以该书内容为主线,在高校邦、学银在线和重庆市高校在线开放课程平台开设了在线微视频开放课程"大数据分析与处理",有力促进了大数据工程技术人才的培养。总结分析几年的线上线下教学实践经验,课程组 2020 年启动了本教材第 2 版的修订工作。新版教材在教学内容设计和知识结构组织中紧密围绕各行业领域的需求,循序渐进地安排了从数据认知与预处理到数据可视化技术与数据关联分析,再到数据分类分析、数据聚类分析和深度学习等大数据挖掘处理的主要基础理论知识和模型技术方法,并涵盖 Hadoop 大数据分布式处理生态系统及分析应用,特别是通过丰富的教学案例实现了理论学习与实践提高的有机融合。因此,本教材适用于各高校信息类和管理类本科专业的课程教学,对其他理工科相关专业本科生、研究生,以及从事信息化建设的各行业领域工程技术人员也具有重要的参考价值。

为了便于本教材的教学组织,课程组准备了与本教材配套的教学资源,读者可登录清华大学出版社网站获取。课程组建设的"大数据分析与处理"在线开放课程,均可以作为本教材的网络在线学习资源,供自学本教材的学生参考学习,采用本教材教学的教师也可将其作为参考资料。

在本教材第2版即将出版之际,特别感谢参与教材编写和相关教学资源建设的各位教师! 是你们不辞辛劳与通力合作,才有今天教材的修订出版。本教材的编写还得益于重庆邮电大学大数据课程组全体教师、计算机软件教学部国家级教学团队、计算智能重庆市重点实验室和大数据智能计算重庆市创新研究群体众多教师和学生的支持,他们在大数据挖掘及应用方面长期的教学和科研积累为教材的撰写奠定了坚实的基础。清华大学出版社张玥编辑多次鼓励课程组编写和修订本教材,亲赴重庆与课程组教师讨论教材的编修事宜,为本教材的顺利修订、出版和发行做出了巨大贡献。众多使用本教材的读者也反馈了有益的建议和意见,对教材的修订起到了很大的帮助作用。在此,对大家的大力支持、辛勤工作与热情奉献表示诚挚的谢意!

课程组还将不断总结科研成果和教学经验,听取广大读者的意见,将本书锤炼成为一本精品教材。

重庆邮电大学

王国胤

2021 年 5 月

第2版前言

PREFACE

本教材第 1 版于 2017 年 7 月由清华大学出版社正式出版发行。随后在重庆邮电大学经过 3 年的教学实践,根据各方反馈意见,并汇总读者的建议进一步修订完善,第 2 版最终于 2021 年金秋季节出版发行。

第 2 版基本沿用了第 1 版的叙述方式,继承并保留了总体结构。同时,在针对性、实用性和拓展性方面进行了删减和补充。与第 1 版相比,主要有以下几方面变化:

- 重写了多个章节的案例部分,这些案例都用 Python 语言实现,本书给出了案例的全部源代码。

- 更换了一些章节的实例和图表,如第 2 章的主成分分析实例,第 4 章的第一个引例,以及 FP-Growth 算法的实例等。

- 删除了第 1 版的第 8 章和第 4 章的第 5 小节,增加了第 7 章的第 2 小节,即前馈神经网络的介绍。

- 修正了多处排版问题及若干实质性错误。请此前版本的读者下载勘误表,并做相应的更正。

感谢我们的读者、学生及同行提出的宝贵意见,这些意见和建议成为本教材不断完善的保证。

本教材提供了丰富的教学资源,供教师教学和学生学习时使用。以本教材各章内容为基础的在线微视频开放课程"大数据分析与处理"是国家级精品在线开放课程,已经在高校邦、学银在线和重庆市高校在线开放课程平台网站上线,教师可以通过课前推送的方式指导学生观看相关视频,进行课前预习,其他读者可以通过该视频课程巩固和掌握各个知识点。除此之外,还提供了一些附加材料,包括每章的课件、涉及样例的完整程序、课后习题解答等,方便读者使用。

本教材第 2 版的第 1、10 章由王国胤和刘群编写,第 2、4 章由刘群编写,第 3 章由秦红星编写,第 5、6 章由于洪编写,第 7 章由曾宪华编写,第 8、9 章由吴思远编写。全书由王国胤负责组织设计,王国胤和刘群负责统稿。

本教材的编写得到重庆邮电大学计算智能重庆市重点实验室和计算机科学与技术学

院教师的大力支持和帮助,也得到许多研究生的支持,他们收集并整理了大量资料,没有他们的帮助,本教材很难在预定时间内完成,在此感谢他们做出的贡献。

由于作者经验有限,时间紧迫,教材中难免存在不足,欢迎读者批评指正。

作 者

2021 年 8 月

第1版前言

PREFACE

今天,"大数据"已经成为一个非常时尚的概念,得到广泛应用,不仅受到 IT 从业人员的重视,而且影响到了自然科学、社会科学、人文科学等领域的广大从业者,并对社会经济的各行业产生了深远的影响。大数据已经不再是对大量数据的处理问题了,最重要的是对大数据进行分析,只有通过分析才能从数据中获取深入的、智能的、有价值的信息与知识。不断增长的大数据呈现出数据量大、种类繁多、增速很快以及隐藏价值大的特点,因此好的分析技术和方法在大数据应用领域显得尤为重要。本书围绕大数据背景下的数据挖掘和应用问题,从大数据挖掘的基本概念入手,由浅入深、循序渐进地介绍了大数据挖掘分析过程中的数据准备和预处理技术、数据可视化技术、数据挖掘的基本方法、大数据分析计算的常用平台架构编程方法、并行化程序设计技术以及常用的 SPSS 统计分析工具、流行的统计分析 R 语言等内容。本书不仅面向在校大学生,而且面向社会广大的 IT 从业人员,有助于读者了解大数据挖掘所涉及的基本技术和方法。作者力图使读者通过学习,提高数据分析的实践动手能力,拓展在数据分析领域的视野。

参与编写本书的所有作者均来自重庆邮电大学计算智能重庆市重点实验室,都具有多年从事数据挖掘、机器学习等人工智能领域的科研和教学实践经验。本书在结构设计与内容安排上既体现了所有作者的群体智慧,也体现了本领域的近期发展和前沿成果。

目前,大数据的知识挖掘及应用方法逐渐成为各高校信息类和管理类本科专业的必修课程内容,同时,作为面向各专业的通识课也广受欢迎。本书作为立足于本科教学的教材,具有如下特色:

(1) 在逻辑安排上循序渐进,由浅入深,便于读者系统学习。

(2) 内容丰富,信息量大,融入了大量本领域的新知识和新方法。

(3) 作为教材,在每一个环节都配有与理论学习内容相结合的案例分析,不仅有学生参赛作品展示,还有采用 Python 和 R 语言编写的应用实例,尤其是在第 10 章还给出了完整的大数据分析应用实际案例,使读者能够在大数据平台上实际感受一个完整的数据分析过程。

(4) 图文并茂,形式生动,可读性强。

全书内容分为 3 部分,共 11 章。第 1 部分是数据挖掘及应用导论,由第 1~3 章组成。

第 1 章主要是关于大数据挖掘及应用的概论。本章讨论了大数据挖掘及应用普及的发展历程及重要性,探讨了目前所面临的挑战和问题,介绍了数据挖掘的基本概念、功能和方法,进而对大数据挖掘的计算框架和处理流程进行了分析总结。在本章教学中,可以紧跟最新事件,以生动的实例、动画、视频等形式激发学生兴趣。建议 2 学时。

第 **2 章**的主题是数据认知和数据准备。本章首先从数据分析的定义和流程入手,给出了评价高质量数据的指标。然后对数据由什么类型的属性或字段组成,每个属性具有何种类型的数据值,是离散属性还是连续属性进行了描述,进而讨论了数据的中心趋势和离散趋势度量指标,以及数据相似性和相关性的计算方法,并着重探讨了数据预处理中数据清理、数据集成、数据归约和数据变换的技术。最后简述了目前常用的数据统计分析和预处理工具,并用一个案例对 SPSS 工具进行了介绍。在本章教学中,可以以一种数据统计分析工具为背景,进行形象具体的介绍。建议 6 学时。

第 **3 章**主要介绍数据可视化技术。本章从可视化技术的应用开始,介绍了最常用的高维数据可视化方法和网络数据可视化方法,最后通过两个竞赛案例对可视化技术的实际应用作了详细的讲解。可视化技术能够以图形的表现方式帮助人们识别隐藏在杂乱数据集中的关系、趋势和偏差等有价值信息。在本章教学中,可以运用可视化软件进行案例演示,激发学生的学习兴趣。建议 6 学时。

第 2 部分是数据挖掘及应用的方法论,由第 4~8 章组成。

第 **4 章**包含数据关联分析的基本知识和主要经典算法。数据关联分析是数据挖掘中应用最早和最成熟的一类方法。本章从一个问题案例出发,先后介绍了关联规则分析的基本概念以及 3 种典型的频繁项集挖掘算法,并对关联规则的有效性进行了探讨,将学习内容扩展到频繁项集挖掘的一些高级方法,例如多维关联规则挖掘和多层关联规则挖掘,最后使用 Python 语言给出了经典 Apriori 算法的一个应用案例。在本章教学中,可以结合数据挖掘领域著名的开源软件 weka 进行演示教学,让学生形象地体会经典关联分析算法产生的效果和使用全过程。建议 6 学时。

第 **5 章**包含数据分类分析的基本知识以及主要经典算法。本章从介绍分类的基本概念入手,讲解了数据分类分析的基本方法,包括最常用的决策树分类器,基于概率统计思想的贝叶斯分类算法,具有统计学习理论坚实基础的支持向量机算法,以及通过构建一组基于学习器进行集成学习的 Adaboost 算法,最后使用 Python 语言给出了一个具体案例,使读者能够熟悉数据分类分析的全过程。在本章教学中,可以结合数据挖掘领域著名的开源软件 weka 进行演示教学,让学生形象地体会经典分类算法产生的效果和使用全过程。建议 6 学时。

第 **6 章**包含数据聚类分析的基本知识和主要经典算法。本章首先引入聚类的基本概念,进而讲解各种聚类算法,包括基于划分的 k-means 算法和 k 中心点算法,基于层次的算法,基于密度的 DBSCAN 算法以及基于概率模型的期望最大化算法,并简要讨论了评估聚类方法的准则,最后使用 Python 语言给出一个案例,帮助读者更好地理解聚类分析技术。在本章教学中,可以结合数据挖掘领域著名的开源软件 weka 进行演示教学,让学生形象地体会经典聚类算法产生的效果和使用全过程。建议 4~5 学时。

第 **7 章**探讨人工智能研究中的一个重要的新领域——深度学习。本章首先介绍深度学习的发展和基本概念,然后具体分析了深度学习的几种经典模型与算法,包括最常用的深信网、深玻尔兹曼机、栈式自动编码器和卷积神经网络,最后介绍了几种深度学习开源模型并给出了一个具体案例,帮助读者了解深度学习在实际应用中的完整工作过程。在本章教学中,可以结合书中介绍的某一种深度学习开源框架,采用相应的数据集进行演示教学,让学生形象地体会深度学习算法产生的效果和使用全过程。建议 6 学时。

第 8 章介绍目前流行的统计分析 R 语言。本章首先从 R 语言的下载安装开始,介绍 R 语言的基本技术,包括运行方法、常用操作、包的使用、常用数据结构、编程结构以及与数据挖掘和图形绘制相关的包,最后使用 R 语言给出了一个从数据预处理到数据分析的具体案例,使读者能够熟悉使用 R 语言做数据分析的全过程。在本章教学中,可以通过类似实训课程或者视频录像的形式,让学生形象地体会并掌握 R 语言的操作方法和编程基础。建议 4 学时。

第 3 部分属于数据挖掘及应用的进阶部分,由第 9~11 章组成。

第 9 章的主题是大数据分布式存储与并行计算的平台 Apache Hadoop 及其编程框架。本章从介绍 Hadoop 集群的基本概念开始,讲解了 HDFS 基本操作、MapReduce 并行计算基础、基于 Storm 的分布式实时计算以及基于 Spark Streaming 的分布式实时计算等内容。在各节中都给出了若干案例,以供读者在实际编程过程中进行参考。在本章教学中,可以要求学生紧扣教材,完成各节中的案例,增强身临其境的体验。建议 4~5 学时。

第 10 章介绍大数据分析处理算法的并行化基础理论和技术。本章介绍了并行计算算法的基本概念,以 MR-KMeans 算法为典型案例分析了其在 MapReduce 计算框架下的并行化,并基于 Mahout 和 MLlib 对该算法进行了并行化实现,最后给出了 3 个完整的 MapReduce 平台下数据分析的具体案例,使读者能够了解在大数据平台上进行数据分析的全过程。在本章教学中,可以通过专门的视频演示,让学生理解并行化编程的复杂实际操作。建议 4~5 学时。

第 11 章主要关注大数据挖掘及应用的发展趋势和研究前沿。本章首先从大数据时代发展的回顾与展望开始,介绍了大数据发展过程中出现的典型新数据类型以及新挖掘分析方法,并在最后对大数据的发展进行了展望。建议 2 学时。

本书各章提供的教学建议和学时安排仅供教师参考。教师可以根据教学过程中的实际安排删减内容和调整学时。本书还提供了一些丰富的教学资源供教师教学参考和学生学习时使用。以本书各章内容为基础的在线微视频开放课程已经在 cqupt. gaoxiaobang.com 网站上线,教师可以通过课前推送的方式,指导学生观看相关视频进行课前预习,其他读者可以通过该视频课程巩固和完善对各个知识点的理解。除此之外,我们还提供了一些其他的附加材料,包括每章的幻灯片、每章涉及的案例的软件程序、课后习题解答以及一些案例的演示视频,以上这些资料在清华大学出版社的网站上向教师提供。

本书的第 1、11 章由王国胤和张旭编写,第 2、4 章由刘群编写,第 3 章由秦红星编写,第 5、6 章由于洪编写,第 7 章由曾宪华编写,第 8 章由吴思远编写,第 9 章由李智星编写,第 10 章由张旭编写。全书架构由王国胤负责设计,王国胤和刘群负责统稿。

本书的编写得到了重庆邮电大学计算智能重庆市重点实验室和计算机科学与技术学院教师们的大力支持和帮助,也得到了许多研究生的支持,他们帮助收集并整理了大量资料。没有他们的帮助,本书很难在约定时间内完成。在此,感谢他们对本书的写作所做出的各种贡献。

限于作者学识和经验,书中难免会出现不足和遗漏之处,欢迎读者指出,一旦问题被证实,我们将给出更新勘误表,并对您表示感谢。

感谢读者的鼎力支持,本书得以再次印刷。由于作者学识浅显,经验有限,书中出现了一些遗漏和错误,已经进行了更正。欢迎读者继续指出本书中的错误,一经确认,我们将更新勘误表,并对您的贡献致谢。

作　者

2017 年 7 月

目 录

CONTENTS

大数据挖掘及应用概论

数据挖掘(data mining)是数据库知识发现(Knowledge-Discovery in Databases, KDD)中的一个步骤。其一般指从大量的数据中通过算法自动发现隐藏于其中的信息和知识的过程。随着信息科技的进步和网络的发达、计算机运算能力的增强以及数据存储技术的不断改进,人类社会正迈向信息时代。数据的爆炸式增长、广泛可用和巨大体量使得我们的时代成为真正的数据时代,迫切需要功能强大和通用的数据挖掘工具,以便从大数据中发现有价值的信息。所获取的信息和知识可以广泛用于各种应用,包括商务管理、生产控制、市场分析、工程设计和科学探索等。数据挖掘方法离不开一些领域技术思想的支撑,如来自统计学的抽样、估计和假设检验,来自人工智能、模式识别和机器学习的搜索算法、建模技术和学习理论,来自包括最优化、进化计算、信息论、信号处理、信息检索和可视化等重要技术。随着数据量的不断增大,源于高性能分布式并行计算和存储的技术在大数据挖掘和应用中变得越来越重要。

本章是一个概论,试图较完整地展现在大数据挖掘和分析中对各种各样的应用进行有效数据模式发现的方法,特别是那些开发有效的、可扩展的大数据分析工具的技术和分布式并行计算平台的技术框架。本章的组织结构如下:首先从大数据智能分析处理的普及和应用开始进行概貌介绍(1.1 节),然后探讨大数据的发展及挑战问题(1.2 节),概述数据挖掘(1.3 节),介绍大数据挖掘分析处理的框架(1.4 节),最后对本章进行小结(1.5 节)。

1.1 大数据挖掘及应用的背景

本节给出大数据挖掘所处的时代背景,介绍大数据的基本概念以及大数据挖掘分析处理离不开的云计算技术。在 1.1.1 节和 1.1.2 节分别介绍大数据挖掘的背景和意义,在 1.1.3 节和 1.1.4 节分别介绍大数据和云计算的基本概念。

1.1.1 从"小"到"大"的数据分析处理

数据分析处理经历了数据分析、数据挖掘、海量数据挖掘、大数据挖掘等几个阶段,经历了从小数据到大数据的发展历程。数据分析的研究已经有几百年的历史,可以追溯到 1763 年 Thomas Bayes 提出的 Bayes 理论,它是数据挖掘和概率论的基础,回归分析是数据分析的重要数学理论工具之一。20 世纪,计算机时代的到来,让海量数据的收集与处理成为可能。近几十年发展起来的神经网络、进化计算、遗传算法和支持向量机等理论模型,都是数据分析处理的有效模型。这些技术都有着坚实的理论基础,并在很长一段时间里取得了很多成就:

- 1763 年,Thomas Bayes 的论文在他去世后发表,他提出的 Bayes 理论将后验概率与先验概率联系起来,帮助理解基于概率估计的复杂状况,成为数据挖掘和概率论的基础。

- 1805 年,Adrien-Marie Legendre 和 Carl Friedrich Gauss 使用回归(最小二乘法)确定了天体(彗星和行星)绕行太阳的轨道。回归分析的目标是估计变量之间的关系,由此成为数据挖掘的重要工具之一。

- 1936 年,Alan Turing 发表论文 *On Computable Numbers*, *with an Application to the Entscheidungs Problem*,提出了通用机的概念,描述了计算机的运行过程,为后人使用的各种计算机设计提供了重要的思路。

- 1943 年,Warren McCullon 和 Walter Pitts 发表论文 *A Logical Calculus of the Ideas Immanent in Nervous Activity*,提出神经网络的概念模型,阐述了网络中神经元的基本原理及其计算方式。

- 1965 年,Lawrence J. Fogel 成立的 Decision Science Inc 是第一家专门将进化计算用于解决现实世界问题的公司。

- 1975 年,John Henry Holland 出版的 *Adaptation in Natural and Artificial Systems* 成为遗传算法领域具有开创意义的著作。

- 1992 年,Berhard E. Boser、Isabelle M. Guyon 和 Vladimir N. Vapnik 充分考虑到非线性分类问题,提出了改进的支持向量机。

随着数据库管理系统的成熟,存储和查询巨量数据(高达千万亿字节)成为可能,数据仓库的出现,促使用户的思维方式从面向事务处理转变到数据分析处理。1989 年召开的国际人工智能联合学术会议提出了"数据库中的知识发现(KDD)"这一学术术语,掀起了数据挖掘研究的热潮。

1.1.2 大数据的智能分析与挖掘

自从 1956 年达特茅斯会议提出"人工智能"这一术语以来,人工智能这一学科经历 60 多年的发展,形成了符号主义、连接主义、行为主义三大学派,分别从不同角度研究和探讨如何用机器模拟智能的问题。我们不禁要问,机器真的能够实现智能吗?为了测试机器是不是具备人类智能的能力,图灵在 1950 年设计了图灵测试。如果计算机能够在 5 分钟内回答由人类测试者提出的一系列问题,且超过 30% 的回答让测试者误认为是人类在回答,则计算机通过测试。现在的机器不但通过了图灵测试,还取得了一系列超乎想象的成功,在一系列智能挑战赛中,机器战胜了人类,而且机器智能在多个社会领域中得到成功应用,如图 1-1 所示。1997 年 5 月 11 日是机器挑战人类的具有历史意义的一天。IBM 的"深蓝"超级计算机在正常时限的比赛中首次击败了等级排名第一的国际象棋大师 Kasparov,标志着国际象棋进入了新的时代。2011 年,由 IBM 和美国得克萨斯大学联合研制的超级计算机沃森在美国最受欢迎的智力竞赛电视节目《危险边缘》中击败该节目历史上成功的选手 Ken 和 Brad 并成为新的王者。2016 年 1 月,在没有任何让子的情况下,AlphaGo 围棋以 5∶0 完胜欧洲围棋冠军、职业围棋二段选手樊麾,在围棋人工智能领域实现了一次史无前例的突破。紧接着,AlphaGo 又在全世界的高度关注下以 4∶1 战胜了世界排名第一的韩国围棋选手李世石。2016 年 2 月,美国国家公路安全管理局甚至认定 Google 自动驾驶汽车内部的计算机可视为"驾驶员"。2020 年 5 月,人工智能研究公司 OPEN AI 发布了第三代自然语言模型 GPT-3,该模型具有 1700 亿个参数,不仅能更好地答题、翻译、写文章,而且还具有一定的数学计算能力。2021 年 4 月,埃隆·马斯克旗下的脑机接口公司 Neuralink 发布了猴子用意念玩乒乓球游戏的视频,这些成功又掀起新一轮的人工智能热潮。

深蓝战胜国际象棋大师 KASPAROV,1997

谷歌AlphaGo击败欧洲围棋冠军樊麾,2016

人工智能研究公司OPEN AI的第三代自然语言模型GPT-3,2020

沃森在美国Jeopardy(危险边缘)节目击败人类选手,2011

美交管局认定谷歌自动驾驶系统为"驾驶员",2016

Neuralink公司发布的猴子用意念玩乒乓球游戏的视频,2021

图 1-1　人工智能技术的典型应用事件

那么,机器智能最终会不会超越人类呢?对此,社会上有许多讨论,归纳起来大致有三种观点:第一种观点是超越派,认为机器智能最终将超越人类;第二种观点是无限趋近派,认为机器智能会永远接近人类智能,但不会超越;第三种观点是中立和已经发生派,认为机器智能与人类智能充分融合。不管哪种观点,机器智能作为人类智能的高级技术工具之一,已经取得了人们的认可。科学技术的发展,直观体现在人类使用工具手段的进步,机器战胜人实际上是一个人或者说一群人利用机器和科技手段战胜了另外一个或者一群人,因此我们没有必要杞人忧天,担心有那么一天机器智能会战胜人类智能,甚至机器会消灭人类。当然,避免将人工智能技术和智能机器应用于危害人类的领域,也需要引起社会各界的关注,就像人类需要和平利用核能技术,但同时又要限制核武器一样。

大数据智能不止体现在机器人上,还表现在智能数据分析对决策的支持上。从数据的采集到智能决策的制定需要经过数据的感知与获取、信息的编码存储与传递、知识的认知与理解、智能判断与决策行动等多个阶段,而且这还可能是一个循环往复的复杂过程,每个阶段都需要通过智能技术实现,这也是对大数据分析与处理的挑战。如图 1-2 所示,在云计算和大数据时代,我们面临的数据产生设备是多样、复杂的,甚至人本身也在产生数据,如何实现多源、异构数据的整合与加工,将数据加工成人们可以读懂的信息是第一个阶段。随着信息的累积,人们难以辨识繁多信息中的有用知识,通过数据挖掘等技术手段从信息中提取有用的知识,并采用可视化等技术进行解读,可以为政府、企事业单位提供有力的决策支持。

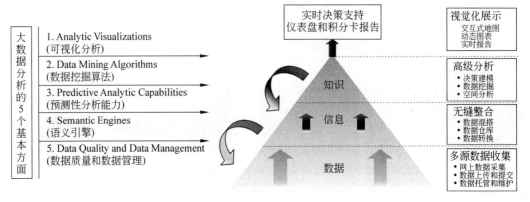

图 1-2 从数据到决策的循环过程

(1)传统数据信息大多存储在本地,是非全部公开数据资源,例如市场调研数据、企业数据、生产数据、制造数据、消费数据、医疗数据、金融数据等数据资源。掌握数据资源的企业或行业必然成为大数据的直接受益者。

(2)移动互联网的快速发展,搜索引擎及智能手机等移动设备成为重要的数据入口。社交网络、电子商务以及各类应用 App 等将分散的"小数据"变成"大数据"。

(3)物联网的发展能够实现"万物互联",所有事物产生的信息都是数据,所有事物之间都具有"数据化"的联系。

通过本书的学习,我们知道大数据的关注点已经不简简单单是数据量大,最重要的是如何对大数据进行分析和挖掘,只有通过智能分析才能获取深入的、有价值的信息,并将这些信息加工成人们可快速、准确理解的知识。

1.1.3 大数据

近年来,随着计算技术、数据采集技术、数据存储技术、数据传输技术等信息技术以及脑科学、认知科学等相关学科领域科技的飞速发展,越来越多的物联网传感器被嵌入各种设备中。它们产生着数以亿计的大数据,如滚滚洪流汹涌而至。如何有效地将其接收、处理、存储乃至利用,成为摆在我们面前的一个巨大挑战。

如图 1-3 所示,用户在享受云计算、大数据带来的生活便利的同时,也在贡献着大量的数据,这些数据以文本、图像、视频等各种结构化、非结构化或半结构化的形态存在。2016 年 12 月,中国信息通信研究院发布的《大数据白皮书(2016 年)》指出"大数据是新资源、新技术和新理念的混合体"。

从**资源视角**看,大数据是新资源,体现了一种全新的资源观。1990 年以来,在摩尔定

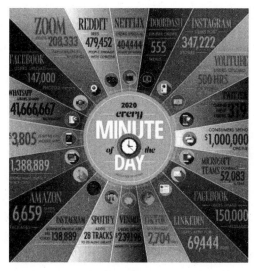

图 1-3　每分钟产生的"大"数据(摘自 Domo：Data Never Sleeps 8.0[①])

律的推动下,计算存储和传输数据的能力以指数速度增长,每吉字节(GB)存储器的价格每年下降 40％。2006 年以来,以 Hadoop 为代表的分布式存储和计算技术迅猛发展,极大地提升了互联网企业的数据管理能力,互联网企业对"数据废气"(data exhaust)的挖掘利用大获成功,引发全社会开始重新审视"数据"的价值,开始把数据当作一种独特的战略资源对待。

从**技术视角**看,大数据代表了新一代数据管理与分析技术。传统的数据管理与分析技术以结构化数据为管理对象,在小数据集上进行分析,以集中式架构为主,成本高昂。与"贵族化"的数据分析技术相比,源于互联网的、面向多源异构数据的、在超大规模数据集(PB 量级)上进行分析的、以分布式架构为主的新一代数据管理技术,与开源软件潮流叠加,在大幅提高处理效率的同时,成百倍地降低了数据应用成本。

从**理念视角**看,大数据打开了一种全新的思维角度。大数据的应用,赋予了"实事求是"新的内涵。其一是"数据驱动",即经营管理决策可以自下而上地由数据驱动,甚至像股票交易、实时竞价广告等场景中那样,可以由机器根据数据直接决策;其二是"数据闭环",观察互联网行业大数据案例,它们往往能够构造包括数据采集、建模分析、效果评估到反馈修正各个环节在内的完整"数据闭环",从而能够不断地自我升级。目前很多"大数据应用",要么数据量不够大,要么并非必须使用新一代技术,但体现了数据驱动和数据闭环的思维,改进了生产管理效率,这是大数据思维理念应用的体现。

1.1.4　云计算

随着信息化时代数据量的不断增长,用户希望能通过大数据挖掘和分析获得额外收益。在大数据分析的过程中,如果提取、处理和利用数据的成本超过数据价值的本身,那

---

①　https://www.domo.com/learn/data-never-sleeps-8.0。

大数据分析就没有价值。功能强大的云计算能力恰好能降低数据分析过程中的成本。云计算能够将海量的服务器通过网络进行整合，解决用户在大数据分析过程中的资源不足问题。因此，对于大数据挖掘分析的研究，能够进行有效存储和快速分析的云计算显得尤为重要。

首先，我们来看人们对大数据、云计算的关注度变化（数据来自百度搜索指数[百度指数(https://index.baidu.com/)：截至 2020 年"云计算"和"大数据"搜索指数]）。该数据展示了互联网用户对关键词搜索的关注程度及持续变化情况（算法说明：以网民在百度的搜索量为数据基础，以关键词为统计对象，科学分析并计算出各个关键词在百度网页搜索中搜索频次的加权）。根据数据来源的不同，搜索指数分为 PC 搜索指数和移动搜索指数。本章摘录的是 2013—2020 年的整体趋势。如图 1-4 所示，可以看出："云计算"自 2012 年引起关注，之后的搜索量迅猛增长并在 2018 年年底呈现较高的关注热度，且一直维持在一个较高的搜索水平。2016 年年底，随着全球首款亿级并发云服务器系统在我国量产，全球云计算基础硬件设施进入一个全新的时代，通用服务器并发从"万"级步入"亿"级[①]，人们对云计算的关注度再次出现了井喷式的增长。"大数据"这个词虽然从 2012 年才受到人们的关注，但是在很短的时间内其搜索量就超越了"云计算"，之后一直呈现较高的热度。

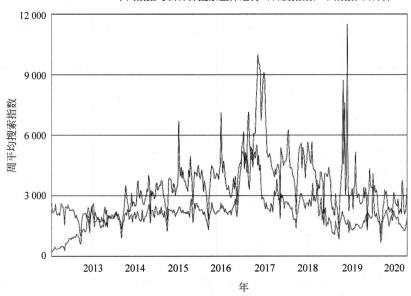

图 1-4　"云计算"和"大数据"的百度搜索指数

什么是云计算呢？先看一个简单的例子：我们每天都要用电，但不是每家自备发电机，它由电厂集中提供；我们每天都要用自来水，但不是每家都有井，它由自来水厂集中提

_____

① 科技部：中国首款亿级并发云服务器系统正式量产，http://www.most.gov.cn/kjbgz/201612/t20161230_130074.htm。

供;开车需要加油,但不是每家都有加油站;做饭需要肉蛋禽菜,但不是每家都会养猪种菜。我们从国家、社会或者第三方团体采购或享受这些服务,这种模式极大地节约了资源,方便了人们的生活。面对众多独立运行的计算机,是否可以像使用水和电一样统一使用计算机资源,而不再单独建设、购买和使用呢? 这些想法最终导致云计算的产生。2006年,谷歌推出"Google 101 计划",并正式提出"云"的概念和理论。随后,亚马逊、微软、惠普、雅虎、英特尔、IBM 等公司都宣布了自己的"云计划"。云安全、云存储、内部云、外部云、公共云、私有云等一堆让人眼花缭乱的概念在不断冲击人们的眼球。

那么,如果要给云计算一个严格的定义,又应该是什么呢?

(1) **政界定义**:云计算是推动信息技术能力实现按需供给、促进信息技术和数据资源充分利用的全新业态,是信息化发展的重大变革和必然趋势(《国务院关于促进云计算创新发展培育信息产业新业态的意见》国发〔2015〕5 号[①])。

(2) **学界定义**:云计算是基于互联网相关服务的增加、使用和交付模式,涉及通过互联网提供动态、易扩展且经常是虚拟化的资源(百度百科[②])。

(3) **本书观点**:云计算是人机交互的互联计算系统。

云计算不是简单地把一大堆计算机通过互联网连接起来。它彻底改变了人类的生活方式、工作方式和休闲方式,改变了社会的政治、经济、教育、商务、健康与娱乐机制,已经成为推动新的技术发明和社会变革的最强大的发动机。

1.2　大数据挖掘的发展及挑战

本节介绍大数据的发展历史及现状,并从系统平台和分析处理两个方面提出大数据挖掘面临的挑战。通过本节的学习,读者可以深入理解大数据的特征、发展状况和面临的挑战问题。

1.2.1　大数据的发展催生三元空间世界

2012 年 3 月 29 日,美国政府公布了大数据研发计划。该计划旨在改进人们从海量和复杂的数据中获取知识的能力,进而加速美国在科学与工程领域发明的步伐,增强国家安全。近年来,随着互联网进入 Web 3.0、制造业进入工业 4.0 时代、物联网和云计算的迅猛发展,人类社会逐步进入大数据时代。维基百科指出,大数据(big data)或称巨量数据、海量数据、大资料,指的是所涉及的数据量规模巨大到无法通过人工或者计算机在合理的时间内达到截取、管理、处理,并整理成为人类所能解读的形式的信息[6]。业界对大数据的认识也在不断地变化并完善。2001 年,麦塔集团(META group)的数据分析师莱尼(doug laney)首先在一份报告中提出"3-D 数据管理"的大数据观点,认为数据成长将朝 3个方向发展,分别是数据即时处理的速度(velocity)、数据格式的多样化(variety)和数据量的规模(volume),这被认为是大数据 N V 特点的来源。近年来,随着科学技术的发展,

---

① 国务院:http://www.gov.cn/zhengce/content/2015-01/30/content_9440.htm。

② 云计算(百度百科):http://baike.baidu.com/view/1316082.htm。

获取、分析、存储数据的手段发生了巨大的变化,3V 已经不足以形容现今的大数据。2012 年,科技巨头 IBM、Google 和国际调查机构 Gartner、IDC 等纷纷对大数据提出新的论述,将 3V 提升至 4V,甚至 5V(如图 1-5 所示)。无论 3V、4V 还是 5V,一般地,人们认为大数据具备以下特征:

(1) 稠密与稀疏共存:局部稠密与全局稀疏。

(2) 冗余与缺失并在:大量冗余与局部缺失。

(3) 显式与隐式均有:大量显式与丰富隐式。

(4) 静态与动态忽现:动态演进与静态关联。

(5) 多元与异质共处:多元多变与异质异性。

(6) 量大与可用矛盾:量大低值与可用稀少。

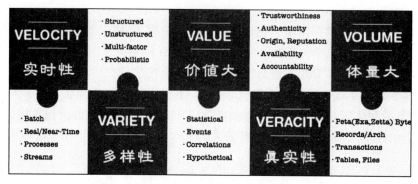

图 1-5　大数据的 5V 特点

从数据角度而言,大数据技术能够发现数据之间存在的直接或间接关联性,通过采用一系列技术和方法,如数据采集、预处理、存储、分析挖掘、可视化等来挖掘并展现数据中蕴含的价值。这是一个通过对特定的大数据集或应用进行分析,获得有价值信息的过程。大数据技术的研究与突破,其最终目标是从复杂的数据集中发现新的模式与知识,挖掘得到有价值的新信息[2]。对于大数据的定义,不同的人有不同的看法,但是有一个共识:大数据需要新的处理模式,才能具有更强的决策力、洞察发现力和流程优化能力的海量、高增长率和多样性的信息资产。人们所提到的 3V、4V、5V,甚至以后可能更多的 NV,其核心就是大数据质量要求高,具体表现在数据量巨大、种类繁多、变化速度快、价值密度高等方面。

事实上,大数据已经出现千万年,这得益于人类的眼睛、耳朵等最原始、最自然的生理器官,即高精度、智能的视听传感器。遗憾的是,以前虽然有这些高精度传感器,但是这些传感器的数据没有进行数字化,没有互联。如今互联网把这些数据连起来,形成了大数据。各个行业里也存在大数据,如金融、医疗、保险、交通、气象、制造等各行各业都有各种数据,这些数据没有连起来时就是信息的孤岛,一旦相连,就是可以利用的大数据。在物理空间中,人们对物理空间的认识导致自然科学的出现;在社会空间中,人们对社会的认知导致社会科学的诞生;在今天的数据空间,互联的大数据导致数据和计算科学的诞生。在数据空间中,甚至还出现了一个新的人类,也就是网民。

对悲观者而言,大数据意味着数据存储世界的末日。对乐观者而言,这里孕育了巨大的市场机会,庞大的数据就是一个信息金矿。随着技术的进步,其财富价值将很快被发现,而且越来越容易。本书认为大数据是需要新处理模式才能具有更强的决策力、洞察发现力和流程优化能力的海量、高增长率和多样化的信息资产。简而言之,大数据分析的过程将越来越智能,大数据分析的结果将越来越多地服务于社会和人们的生活。

世界的演化发展经历了"一元空间""二元空间",正在向"三元空间"发展。人类社会诞生之前,世上仅有物理空间(一元);人类社会的形成和发展产生了社会空间(二元);人类社会进入信息社会,正逐步形成数据空间(三元)。数据成为物质与能源之外的新型资源。人类对传统二元空间的认识,形成了自然科学和社会科学,对数据空间的认识将逐渐形成"数据科学/计算科学"。在数据空间演化成熟,并被人类深入认识之前,实践和技术的发展正在倒逼科学的发展,正如现代科学技术的诞生与形成过程。数据/计算科学,未来也将反过来推动人类文明的进步,正如现代航空航天、核能技术、电子技术等诸多现代科技对社会发展的推动。然而,目前我们还没有很好地充分利用身边的数据信息。虽然我们花了很多时间获取、存储、传输、处理各种数据,但是还没有能够很好地实现它的价值。目前,卫星遥感图像数据能够用得上的还不到百分之五,剩下的百分之九十五都被浪费了;在基因组工程中,人类的基因组测序已经完成,但其中能够读懂的还不到百分之十。在建设节约型社会的今天,物质、能量、环境资源不能浪费,同样,数据资源也不能浪费。

1.2.2　大数据挖掘分析处理面临的挑战

大数据在带来发展机遇的同时,也带来了新的挑战,催生了新技术的发展和旧技术的革新。由于不断增长的数据规模和数据的动态快速产生,要求必须采用分布式计算框架才能实现与之相匹配的吞吐和实时性,而数据的持久化保存也离不开分布式存储;庞大的数据规模与数据质量的参差不齐,对模型提出了新的要求,不再是一成不变、一步到位的高精度计算模型,而是可以更加智能,能够随着数据的到来和变化进行一定的自主学习和训练的智能计算模型。这对传统的理论模型、计算方法提出了新的挑战,主要体现在系统平台和分析处理两方面。

1. 系统平台方面

大数据处理与硬件协同:因数据中心硬件架构、厂商、采购年代不同带来的硬件易购性,将使木桶效应在集群中变得极为复杂。技术变革促进了新硬件的产生,数据中心的基础硬件体系结构已经从传统的 CPU-内存-HDD 硬盘三级结构,逐渐升级为 CPU+GPU-内存-SSD 硬盘-HDD 硬盘的混合计算、混合存储体系结构。

大数据集成:数据类型的多样性和数据采集设备的多样性,使得数据集成过程中的数据转换变得非常复杂和难以管理。数据质量因数据规模的增加反而变得越来越差,亟须研究更便捷、有效的方式实现数据清洗,实现质与量的平衡。

大数据隐私:随着数据规模的增加和新的数据挖掘模型的产生,如何有效地保护数据中的用户隐私,并应对数据动态变化带来的隐私保护模型失效,将更具挑战。

大数据能耗:大数据中心除了正常提供服务的能耗外,还提供一定的闲置比例以应对突如其来的计算、网络流量高峰。高能耗已经成为制约大数据快速发展的一个主要瓶颈,新型低功耗硬件的研发和再生能源的使用正在引起人们的重视。

大数据管理:一方面,大数据时代,数据处理、挖掘及其结果形式更加多样化。复杂的分析过程和难以理解的分析结果,限制了人们从大数据中快速获取知识的能力。从数据集成到数据分析,直到最后的数据解释,易用性贯穿整个大数据管理过程。可视化、人机交互及数据起源技术都可以有效地提升易用性,而这3类技术的背后又离不开海量元数据管理技术的支撑;另一方面,关系数据库产品的成功离不开以 TPC 系列为代表的测试基准的产生。目前尚缺少全面的大数据管理的测试基准,其面临的主要挑战包括系统复杂度高、用户案例多样、数据规模庞大、系统快速演变、测试基准的重构与复用等。

2. 分析处理方面

计算机中存在不断变大的数据集,不存在绝对的大数据,计算机中的所有数据集都是有限集合。小数据集合上的处理和分析方法,在直接移植到大数据上时,因数据本身的特点而被放大的问题将对传统的方法带来极大的挑战,甚至使传统的方法失效。

大数据质量:数据量大不一定就代表信息量或者数据价值的增大;相反,很多时候意味着信息垃圾的泛滥。数据清洗在大数据处理过程中对计算性能和计算精度起着至关重要的作用。如果数据清洗的粒度过细,很容易将有用的信息过滤掉;清洗粒度过粗又无法达到真正的清洗效果。因此需要在质与量之间进行权衡。

大数据实时性:时间流逝带来数据蕴含知识的衰减。为了解决这一问题,诸多应用场景从离线向在线转变,这对大数据分析的实时性提出了较高的要求。结构化数据一般都有较好的先验知识和较固定的索引方法,而半结构化和非结构化数据需要额外的时间去建立先验知识和索引方法,给数据处理和分析的时效性带来巨大的挑战。在实时处理的模式选择中主要有3种思路:流处理模式、批处理模式(准实时)和二者的融合。

大数据采样:研究如何把大数据变小,找到与算法相适应的极小样本集并降低采样对算法误差的影响。

大数据不一致性:数据质量的一个重要方面是不一致性检测。使用不一致数据可能导致错误的决策,甚至会付出昂贵的代价,并最终导致算法失效或无解。

大数据超高维性:大数据处理中的超高维问题突出,因超高维导致的数据稀疏问题,增加了急剧计算和分析方法的复杂度。

大数据不确定性:大数据处理中经常发生原始数据不准确、粗粒度数据集合向细粒度数据集合的转变、数据值的缺失、多模态数据集成和模态转化等问题,亟须研究新的数据管理和数据分析模型,应对大规模数据的不确定性问题。

继几千年前的实验科学、数百年前的理论科学和数十年前的计算科学之后,当今的数据爆炸孕育了数据密集型科学,将理论、实验和计算仿真等范式统一起来,见表 1-1。大数据具有"取之不尽,用之不竭"的特性,在不断的利用、重组和扩展中持续释放其潜在价值,在广泛的公开、共享中不断创造新的财富,因此被誉为"非竞争性"生产要素。大数据被定义为科学研究的第四范式,即 eScience。

表 1-1   科学研究的范式

科学范式	年　代	方　法	用　途
第一范式	几千年前,亚里士多德时代	基于经验的	用于描述自然现象
第二范式	数百年前,牛顿时代	基于理论研究的	着眼于建立数学模型并进行推广
第三范式	数十年前	基于计算的	借助强大的计算能力,可以模拟复杂的自然现象
第四范式(eScience)	当今	基于数据探索的	利用仪器获取数据或者利用模拟器生成数据,再利用软件进行处理,将知识或信息存储在计算机中,科学家利用数据管理技术和统计方法进行科学发现

1.3   数据挖掘概述

本节对传统数据挖掘和大数据挖掘进行概述,为读者更好地认识大数据挖掘奠定基础。1.3.1 节介绍数据挖掘的基本概念,1.3.2 节介绍数据挖掘的功能,1.3.3 节介绍数据挖掘运用的技术,1.3.4 节对大数据挖掘与传统数据挖掘方法进行比较,最后对数据挖掘应用中需要关注的 5 个原则进行阐述。

1.3.1   数据挖掘的概念

许多人把数据挖掘视为另一个流行术语**数据库中的知识发现**(KDD)的同义词,而另一些人只是把数据挖掘视为知识发现过程的一个基本步骤。一般认为,知识发现由以下步骤的迭代序列组成:

(1) 数据清理:消除噪声和删除不一致数据。

(2) 数据集成:多种数据源可以组合在一起,形成数据集市或数据仓库。

(3) 数据选择:从数据库中提取与分析任务相关的数据。

(4) 数据变换:通过汇总或聚集操作,把数据变换统一成适合挖掘的形式。

(5) 数据挖掘:使用智能方法提取数据模式。

(6) 模式评估:根据某种兴趣度量,识别代表知识的真正有趣的模式。

(7) 知识表示:使用可视化和知识表示技术,向用户提供挖掘的知识。

1.3.2   数据挖掘的功能

数据挖掘功能用于指定数据挖掘任务发现的模式,一般而言,这些数据挖掘任务可以分为描述性挖掘任务和预测性挖掘任务。描述性挖掘任务刻画目标数据中数据的一般性质;预测性挖掘任务在当前数据上进行归纳,以便做出预测。如图 1-6 所示,常见的数据挖掘功能包括聚类、分类、关联分析、数据总结、偏差检测和预测等,其中聚类、关联分析、数据总结、偏差检测可以认为是描述性任务,分类和预测可以认为是预测性任务。

- **聚类**:聚类是一个把数据对象(或观测)划分成子集的过程,每个子集是一个簇。

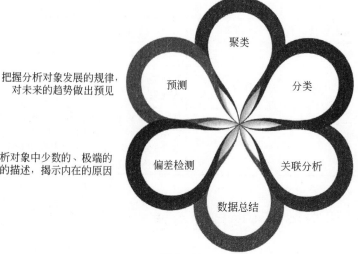

把数据分成不同的群组，群组之间差异明显

聚类

预测

把握分析对象发展的规律，
对未来的趋势做出预见

分类

构造一个分类器，把数据映射
到给定类别中的某一个

偏差检测

对分析对象中少数的、极端的
特例的描述，揭示内在的原因

关联分析

寻找数据中值的关联和相关性

数据总结

对数据进行浓缩，给出它的紧凑描述

图 1-6 数据挖掘的主要功能分类

数据对象根据"最大化类内相似性、最小化类间相似性"的原则进行聚类或分组。由于没有提供类标号信息，通过观察学习而不是通过示例学习，聚类是一种无监督学习。

- **分类**：分类是一种重要的数据分析形式，它提取刻画重要数据类的模型。这种模型称为分类器。预测分类的(离散的、无序的)类标号，是一种监督学习，即分类器的学习是在被告知每个训练元组是属于哪个类的"监督"下进行的。

- **关联分析**：若两个或多个变量的取值之间存在某种规律性，就称为关联。关联可分为简单关联、时序关联、因果关联等。关联分析的目的是找出数据中隐藏的关联网。有时并不知道数据的关联函数，即使知道也是不确定的，因此关联分析生成的规则带有可信度。

- **数据总结**：数据总结继承于数据分析中的统计分析，其目的是对数据进行浓缩，给出它的紧凑描述。其中，数据描述就是对某类对象的内涵进行描述，并概括这类对象的有关特征。数据描述分为特征性描述和区别性描述，前者描述某类对象的共同特征，后者描述这类对象之间的区别。

- **偏差检测**：偏差包括很多潜在的知识，如分类中的反常实例、不满足规则的特例、观测结果与模型预测值的偏差、量值随时间的变化等。偏差检测的基本方法是寻找观测结果与参照值之间有意义的差别，对分析对象中少数的、极端的特例进行描述，解释内在原因。

- **预测**：通过对样本数据(历史数据)的输入值和输出值的关联性学习，得到预测模型，再利用该模型对未来的输入值进行输出值预测。

1.3.3　数据挖掘运用的技术

数据挖掘研究与开发的边缘学科特性,极大地促进了数据挖掘的成功和广泛应用。近年来,数据挖掘吸纳了统计学、机器学习、数据库与数据仓库、信息检索、可视化、模式识别、算法分析、高性能计算等许多领域的大量技术。

- **统计学**:研究数据的收集、分析、解释和标示。统计学方法可以用来汇总或描述数据集,也可以用来验证数据挖掘结果。推理统计学用某种方式对数据建模,解释观测中的随机性和确定性,并用来提取所观察的过程或总体的结论。统计假设检验使用实验数据进行统计判决,如果结果不大可能随机出现,则称它为统计显著的。

- **机器学习**:考察计算机如何基于数据进行学习。研究热点领域之一是基于数据自动地学习识别复杂的模式,并做出智能的决断。与数据挖掘高度相关的、经典的机器学习问题包括监督学习、无监督学习、半监督学习、主动学习等。

- **数据库与数据仓库**:许多数据挖掘任务都需要处理大型数据集,甚至是处理实时的快速流数据。因此,数据挖掘可以很好地利用可伸缩的数据库技术,以便获得在大型数据集上的高效率和可伸缩性。数据仓库集成来自多种数据源和各个时间段的数据,在多维空间合并数据,形成部分物化的数据立方体。多维数据挖掘以 OLAP 风格在多维空间进行数据挖掘,允许在各种粒度进行多维组合探查,更有可能发现代表知识的有趣模式。

- **信息检索**:是指搜索文档或文档中信息的技术,其中文档可以是结构化文本数据或非结构化多媒体数据,并且可能驻留在 Web 上。通过集成信息检索模型和数据挖掘技术,可以找出文档集中的主要主题,对集合中的每个文档,找出所涉及的主要主题等。

- **可视化**:数据的采集、提取和理解是人类感知和认识世界的基本途径之一,数据可视化为人类洞察数据的内涵、理解数据蕴藏的规律提供了重要的手段。现有的数据挖掘技术在应对海量、高维、多源和动态数据的分析时,需要综合可视化、图形学、大数据挖掘理论与方法,辅助用户从大尺度、复杂、矛盾甚至不完整的数据中快速挖掘有用的信息,以便做出有效决策。因此诞生了一门新兴学科:可视分析学。

1.3.4　大数据挖掘与传统数据挖掘的关系

大数据带来了三大根本改变:①大数据让人们脱离对算法和模型的依赖,数据本身即可帮助人们贴近事情的真相。②大数据弱化了因果关系。大数据分析可以挖掘出不同要素之间的相关关系,人们不需要知道这些要素为什么相关,就可以利用其结果。在信息错综复杂的现代社会,这样的应用将大大提高效率。③与之前的数据库相关技术相比,大数据可以处理半结构化或非结构化的数据,这将使计算机能够分析的数据范围迅速扩大。大数据挖掘与传统数据挖掘的主要区别体现在以下几个方面:

(1) 大数据挖掘在一定程度上降低了对传统数据挖掘模型以及算法的依赖。人们如果想要得到精准的结论,需要建立模型来描述问题,同时,需要理顺逻辑、理解因果并设计精妙的算法来得出接近现实的结论。然而,大数据的出现在一定程度上改变了人们对模型和算法的依赖。当数据越来越大时,数据本身(而不是研究数据所使用的算法和模型)保证了数据分析结果的有效性。即便缺乏精准的算法,只要拥有足够多的数据,也能得到接近事实的结论,数据因而被誉为新的生产力。

(2)大数据挖掘在一定程度上降低了因果关系对传统数据挖掘结果精度的影响。例如,Google 在帮助用户翻译时,并不是设定各种语法和翻译规则,而是利用 Google 数据库中收集的所有用户的用词习惯进行比较推荐。Google 检查所有用户的写作习惯,将最常用、出现频率最高的翻译方式推荐给用户。在这一过程中,计算机可以并不了解问题的逻辑,但是当用户行为的记录数据越来越多时,计算机就可以在不了解问题逻辑的情况之下,提供最为可靠的结果。可见,海量数据和处理这些数据的分析工具,为理解世界提供了一条完整的新途径。

(3)大数据挖掘能够在最大程度上利用互联网上记录的用户行为数据进行分析。大数据出现之前,计算机所能够处理的数据都需要在前期进行结构化处理,并记录在相应的数据库中。但大数据技术对于数据结构化的要求大大降低,互联网上人们留下的社交信息、地理位置信息、行为习惯信息、偏好信息等各种维度的信息,都可以实时处理,从而立体完整地勾勒出每一个个体的各种特征。

1.3.5　数据分析过程的 5 个原则

大部分数据分析方法都是基于特征学习的模型,它们首先要从数据样本中寻找出某种现象最泛化的样本,并使用这些样本的特征描述数据样本集合。在此基础上,用某个模型函数映射得到规则结果,最后使用这些规则表示知识。显然,如果需要找寻的现象不一样,那么所找到的泛化样本也有一定的区别,用于描述数据样本集合的特征也会发生变化,进而获得的规则结果也就不同。而且寻找的泛化样本质量也直接影响输出的规则结果质量。因此,为确保数据挖掘的结果质量,有一些需要牢记的定理和原则,如图 1-7 所示。

- **大数定律**:也称大数法则。统计学中的大数定律是指 1713 年伯努利提出的第一个极限定理,伯努利第一次用数学语言对它进行了描述。它告诉人们当随机现象大量重复出现时,往往会呈现几乎必然的规律,即虽然在随机试验中,每次出现的结果不同,但是大量重复试验出现的结果的平均值一定接近于某个确定的值,比如重复 n 次地投掷硬币,正面朝上的概率一定接近于 1/2。因此,在做数据分析时,不要被一些个别现象所迷惑,不能一叶障目,而是要通过数据分析算法找到隐藏在大数据背后的那些必然规律。

- **丑小鸭定理**:在对某个实际问题进行分析时,首先要做的是特征提取,大家也都知道数据分析的结果取决于特征的选择,而选择什么特征作为数据分析的标准又依存于人的目的,因此世界上不存在分类的客观标准,一切分类的标准都是主观的,这就是丑小鸭定理。它告诉我们,依据你想达到的目的,数据分析中特征选择的准确性是十分重要的。

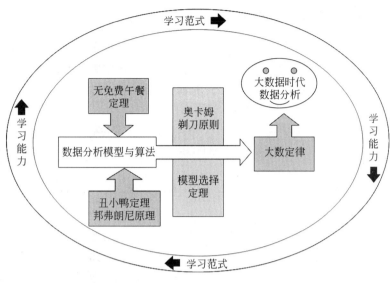

图 1-7 数据分析原则

- **邦弗朗尼原理**：一类常见的数据挖掘问题涉及在大量数据中发现隐藏的异常事件。假定人们有一定量的数据并期望从该数据中找到某个特定类型的事件。即使数据完全随机，也可以期望该类型事件出现。随着数据样本规模的增加，这类事件出现的数目也随之上升，然而这些事件的出现纯属假象。邦弗朗尼原理告诉我们，在数据随机性假设的基础上，可以计算所寻找事件出现次数的期望值，如果该结果显著高于你所希望找到的真正事件的数目，那么可以断定寻找到的几乎任何事件都是假象，也就是说，它们是在统计上出现的假象，而不是你所寻找事件的凭证。

- **无免费的午餐定理**：在数据分析领域，无免费的午餐定理告诉我们，没有一个数据分析算法可以在任何领域总是产生最准确的数据分析结果，必须针对具体问题讨论具体适用的数据分析方法。

- **奥卡姆剃刀原则**：奥卡姆剃刀原则是由 14 世纪英格兰的逻辑学家 William of Occam 提出的一个解决问题的法则："如无必要，勿增实体"。在数据分析领域，解决问题的模型可以有很多，这时应当牢记奥卡姆剃刀原则，简单即有效。因为简单的模型泛化能力更好，所以如果有两个性能相近的模型，应该选择更简单的模型。

1.4 大数据挖掘分析处理框架

本节介绍大数据挖掘的计算框架和基本分析流程，为读者提供一个对大数据挖掘应用处理全步骤的概貌和计算平台框架选择的依据。1.4.1 节介绍大数据挖掘计算平台框架的主流架构和核心组件，1.4.2 节介绍大数据挖掘处理的基本流程和工具。

1.4.1 大数据挖掘计算平台框架

大数据计算技术采用分布式计算框架完成大数据的处理和分析任务。作为分布式计算框架,不仅要提供高效的计算模型、简单的编程接口,还要考虑可扩展性和容错能力。作为大数据处理的框架,需要有高效、可靠的输入/输出(I/O),满足数据实时处理的需求,如图 1-8 所示。

图 1-8　大数据处理关键架构

目前,在大数据处理领域形成了以 Hadoop、Spark 等为代表的大数据生态圈。Hadoop 是一个由 Apache 基金会所开发的分布式系统基础架构,如图 1-9 所示。用户可以在不了解分布式底层细节的情况下,开发分布式程序,充分利用集群的威力进行高速运算和存储。Hadoop 的框架核心就是 HDFS 和 MapReduce。HDFS 为海量的数据提供了存储,而 MapReduce 为海量的数据提供了计算。Hadoop 正式诞生于 2006 年 1 月 28 日,是多个开源项目的生态系统,从根本上改变了企业存储、处理和分析数据的方式。与传统系统的区别是:Hadoop 可以在相同的数据上同时运行不同类型的分析工作。

图 1-9 Hadoop 生态现状

Hadoop 大数据生态圈(或者泛生态圈)基本上是为了处理超过单机尺度的数据处理而诞生的。可以把它比作一个厨房工具生态圈,所需要的各种锅碗瓢盆等工具,各有各的用处,互相之间还有重合。可以用汤锅直接当碗吃饭喝汤,也可以用小刀或者刨子去皮。但是每个工具又有自己的特性,虽然奇怪的组合也能工作,但是未必是最佳选择。表 1-2 列举了目前主流的大数据工具或组件。

表 1-2 大数据核心生态组件概览表

序号	组件及其功能
1	Apache ZooKeeper:分布式、开源的协调服务
	主要用来解决多个分布式应用遇到的互斥协作与通信问题,大大地简化分布式应用协调及其管理的难度
2	ApacheHBase:分布式存储系统(列数据库)
	高可靠性、高性能、面向列、可伸缩。可在廉价 PC Server 上搭建大规模结构化存储集群
3	Apache Pig:基于 Hadoop 的大规模数据分析工具
	提供类 SQL 类型语言,该语言的编译器会把用户写好的 Pig 型类 SQL 脚本转换为一系列经过优化的 MR 操作并负责向集群提交任务
4	Apache Hive:基于 Hadoop 的一个数据仓库工具
	将结构化的数据文件映射为一张数据库表,通过类 SQL 语句快速实现简单的 MR 统计,适合数据仓库的统计分析
5	Apache Oozie:工作流引擎服务
	用于管理和协调运行在 Hadoop 平台上各种类型任务(HDFS、Pig、MR、Shell、Java 等)
6	Apache Flume 分布式日志数据聚合与传输工具
	可用于日志数据收集、处理和传输,功能类似于 Chukwa,但比 Chukwa 更小巧实用

续表

序号	组件及其功能
7	Apache Mahout：基于 Hadoop 的分布式程序库
	提供了大量机器学习算法的 MR 实现,并提供一系列工具,简化从建模到测试的流程
8	Apache Sqoop：数据相互转移的工具
	将一个关系型数据库(MySQL、Oracle、Postgres 等)中的数据导入 Hadoop 的 HDFS 中,也可以将 HDFS 的数据导入关系型数据库中
9	Apache Cassandra：一套开源分布式 NoSQL 数据库系统
	用于存储简单格式数据,集 Google BigTable 的数据模型与 Amazon Dynamo 的完全分布式的架构于一身
10	Apache Avro：数据序列化系统
	用于大批量数据实时动态交换,它是新的数据序列化与传输工具,可能会逐步取代 Hadoop 原有的 RPC 机制
11	Apache Ambari：Hadoop 及其组件的 Web 工具
	提供 Hadoop 集群的部署、管理和监控等功能,为运维人员管理 Hadoop 集群提供了强大的 Web 界面
12	Apache Chukwa：分布式的数据收集与传输系统
	可以将各种类型的数据收集并导入 Hadoop
13	Apache Hama：基于 HDFS 的 BSP 并行计算框架
	可用于包括图、矩阵和网络算法在内的大规模数据计算
14	Apache Giraph：基于 Hadoop 的分布式迭代图处理系统
	灵感来自 BSP (Bulk Synchronous Parallel) 和 Google 的 Pregel
15	Apache Crunch：基于 Google 的 FlumeJava 库编写的 Java 库
	用于创建 MR 程序,与 Hive、Pig 类似,Crunch 提供了用于实现如连接数据、执行聚合和排序记录等常见任务的模式库
16	Apache Whirr：一套运行于云服务的类库
	提供高度的互补性,Whirr 支持 Amazon EC2 和 Rackspace 服务
17	Apache Bigtop：针对 Hadoop 及其周边组件的打包、分发和测试工具
	解决组件间版本依赖、冲突问题,实际上当用户用 rpm 或 yum 方式部署时,脚本内部会用到它
18	Apache HCatalog：基于 Hadoop 的数据表和存储管理工具
	可用于管理 HDFS 元数据,它跨越 Hadoop 和 RDBMS,可以利用 Pig 和 Hive 提供关系视图
19	Cloudera Hue：Hadoop 及其生态圈组件的 Web 编辑工具
	实现对 HDFS、Yarn、MapReduce、Hbase、Hive、Pig 等的 Web 化操作

序号	组件及其功能
20	Apache Storm：大数据实时计算平台
	一套专门用于事件流处理的分布式计算框架，有很多适用场景：实时分析、在线机器学习、连续计算、分布式 RPC、分布式 ETL、易扩展、支持容错
21	Apache Spark：大数据内存计算平台
	一个基于内存的开源计算框架，克服 MR 模型缺陷，能在多场景处理大规模数据，基于内存的抽象数据类型 RDD 处理速度是 Hadoop 的几十倍

2009 年，Spark 诞生于伯克利大学 AMPLab，最初属于伯克利大学的研究性项目。它于 2010 年正式开源，并于 2013 年成为 Apache 基金项目，2014 年成为 Apache 基金的顶级项目，整个过程不到 5 年时间。Spark 提供的基于 RDD 的一体化解决方案，将 MapReduce、Streaming、SQL、Machine Learning、Graph Processing 等模型统一到一个平台，以一致的 API 公开，并提供相同的部署方案，使得 Spark 的工程应用领域变得更加广泛。从 2013 年 6 月到 2014 年 6 月，参与贡献的开发人员从原来的 68 位增加到 255 位，参与贡献的公司也从 17 家上升到 50 家，包括来自中国的阿里、百度、网易、腾讯、搜狐等知名互联网公司（见图 1-10）。自 2013 年起，Spark 峰会每年聚集全球数千名科学家、研发工程师、数据分析师等共同探讨、分享最新的研究成果和工业应用。

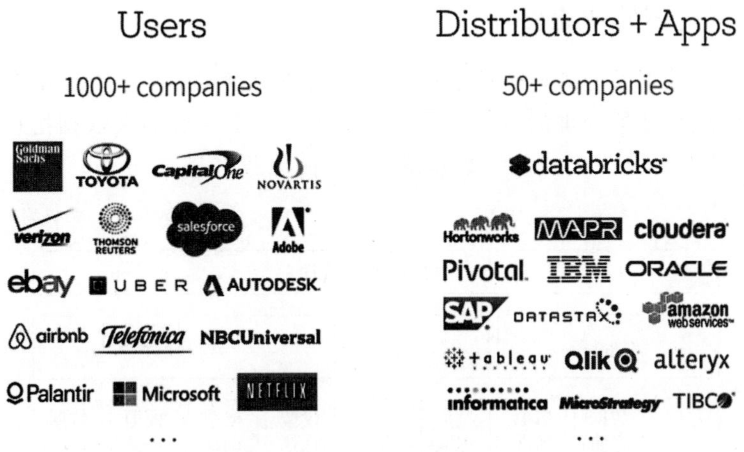

图 1-10　Spark 全球影响力

"工欲善其事，必先利其器"，从大数据生态圈再回到厨房生态圈。为了做不同的菜（中国菜、日本菜、法国菜），需要各种不同的工具。而且，客人的需求正在复杂化，厨具不断被发明，也没有一个万能的厨具可以处理所有情况，它会变得越来越复杂。因此，在面对任何一个大数据应用场景时，首先想到的不应该是用什么工具，而是用什么框架。如表 1-3 所示，在对应用场景和需求均明确的情况下，才能选择整体最优的系统框架和解决方案。

表 1-3 典型大数据计算框架对比

计算框架	计算效率（实时性）	容错性	特点	适用场景
MapReduce	低	任务出错重做	编程接口简单,计算模型受限	文本处理、Log 分析、机器学习
Spark	高	RDD 的 Lineage 保证	内存计算通用性好,更适合迭代式任务	迭代式离线分析任务、机器学习
Dryad	较高	任务出错重做	针对 Join 进行了优化,允许动态优化调度逻辑(修改 DAG 拓扑)	机器学习、微软技术栈
GraphLab	较高	检查点技术	机器学习图计算专用框架	机器学习、大图计算
Storm	高	Worker 重启或分配到新机器,任务重做	通用性好,消息传递可靠,支持热部署,主结点可靠性差	通用的实时数据分析处理
S4	高	部分容错,检查点技术	通用性较好,通信在 TCP 和 UDP 之间权衡,持久化方式简单	实时广告推荐、容忍数据丢失
Samza	高	任务出错重做	可扩展性好,兼容流处理和批处理	在线和离线任务相结合的场景
Spark Streaming	低	RDD 和预写日志(Write Ahead Logs)	通用性好,容错性好,通过设置短时间片实现实时,应用较为局限	历史数据和实时数据相结合的分析

1.4.2 大数据挖掘处理流程

大数据时代,数据的处理与传统的处理方式有着显著的不同:更注重全体数据的处理而非抽样数据、更注重处理的效率而非绝对精度。一个通用的大数据挖掘处理流程如图 1-11 所示,其主要分为三大块:数据准备、特征工程和建模分析。具体步骤的解释如下:

图 1-11 大数据挖掘分析步骤流程图

1. 数据采集

大数据的采集是指接收发自客户端(如 Web、App 或者传感器形式等)的数据,并且用户可以对这些数据进行简单的查询和处理工作。在大数据的采集过程中,其主要特点和挑战是并发数高,因为同时可能会有成千上万的用户进行访问和操作。比如,每年春运期间的 12306 火车票售票网站和"双 11"期间的天猫商城,它们并发的访问量在峰值时达到上百万甚至更高,所以需要在采集端部署大量数据库才能支撑。代表工具包括 Flume、Kafka 等。

2. 数据存储

互联网的数据"大"是不争的事实。目前除了互联网企业外,数据处理领域还是传统关系型数据库(RDBMS)的天下。互联网的出现和快速发展,尤其是移动互联网的发展,加上数码设备的大规模使用,今天数据的主要来源已经不是人机会话了,而是通过设备、服务器、应用自动产生的。传统行业的数据同时也多起来了,这些数据以非结构、半结构化为主,而真正的交易数据量并不大,增长并不快。

3. 数据清洗

现实环境中获取的数据一般都是不完整、有噪声和不一致的,也被称为"脏数据"。所谓数据清洗就是按照一定的规则把"脏数据"洗干净,它的任务就是过滤或者修改那些不符合要求的数据。由于高质量的数据分析必须依赖高质量的数据,因此数据清洗是数据挖掘过程中重要的步骤。尽早尽快地纠正数据的异常,调整并规范化数据,会为知识发现带来高回报。数据清洗的步骤包括填充缺失值、平滑噪声并识别离群点、对数据进行规范化变换。数据清洗一般是由计算机而不是人工完成。典型的数据清洗工具包括 Sqoop、DataX 等,并且在一些数据分析工具中也集成了数据清洗的工具,如 SPSS、SAS 以及 Pandas 等,可以满足不同平台的数据清洗、导入导出等需求。

4. 特征工程

特征工程对于数据挖掘任务而言是相当重要的。在建模分析计算之前,大部分的时间都花在寻找和优化特征上,没有合适特征的分析模型,基本就属于瞎猜,对数据分析任务没有任何意义。特征通常是指对数据对象进行描述的属性,不同的数据分析任务往往关注于不同的特征,特征的好坏对数据分析模型的泛化性能非常重要。特征工程包括特征提取以及特征选择两个部分。特征提取是指从数据的原始特征中通过抽取、推断或重新构造的方式提取新特征的过程。特征选择是从特征的全集中选择特征子集的过程。通常,这种选择过程是为了提高数据分析的速度,按照一定的方法或标准进行,又可以被称为特征归约或降维过程。

5. 建模分析

建模分析的最终目的就是要获得能够完成某一个数据挖掘分析任务的学习器,进而通过使用这个学习器去预测和分析新的数据。它包含模型选择、模型训练和模型评测 3 部分。首先,针对不同的数据分析任务,需要选择不同的数据分析方法,这就是模型选择的过程;其次,当模型也就是分析方法选择好之后,则需要将前面处理好的数据作为模型的输入进行训练,直至模型计算过程收敛,这就是模型训练过程;稳定或收敛的模型并不一定可以被使用,还需要经过测试,以符合用户的最低评价指标,这个过程就是模型评测。如果模型评测不合格,那就需要重新从第一步模型选择开始,甚至需要重新做特征工程。

现在,很多经典传统的数据挖掘分析模型都集成在一些数据分析平台中。由于大数据的体量对挖掘的时效性提出了更高的要求,因此在这些分析平台中集成的传统数据分析算法都在存储、查找等方面进行了算法性能的优化,可以实现一些高级别数据分析的需求。常用的工具包括 Hadoop 平台下的 Mahout、Spark 平台下的 MLlib 以及 Python 环境中的数据挖掘和机器学习工具等。

6. 数据可视化

对于数据分析,最困难的一部分就是数据的展示,解读数据之间的关系,清晰有效地传达并且沟通数据信息。大数据可视分析旨在利用计算机自动化分析能力的同时,充分挖掘人对于可视化信息的认知能力优势,将人、机各自的强项进行有机融合,借助人机交互式分析方法和交互技术,辅助人们更为直观和高效地洞悉大数据背后的信息、知识与智慧[8]。大数据时代数据的来源众多,且多来自异构环境。即使获得数据源,得到的数据的完整性、一致性、准确性都难以保证,数据质量的不确定性问题将直接影响可视分析的科学性和准确性。数据可视化已经融入大数据分析处理的全过程当中,逐渐形成了基于数据特点、面向数据处理过程、针对数据分析结果等多方面的大数据可视分析理论[9]。典型的可视化工具或组件包括 D3.js、ECharts 等。

大数据挖掘处理基本流程及相应的工具,如表 1-4 所示。

表 1-4　大数据挖掘处理基本流程及相应的工具

序　号	环 节 名 称	工 具 名 称
1	数据采集	Flume、Kafka、Scribe 等
2	数据存储	HDFS、HBase、Cassandra 等
3	建模分析	Mahout、MLlib、Hive、Pig、R 语言、Python 等
4	数据可视化	D3.js、ECharts 等

1.5　小　　结

人类正在迈入后信息时代"三元空间世界",信息(数据)成为物质和能量之外的新资源。云计算作为新生产力工具,谁先掌握并运用,谁就在社会经济的发展中优先拥有主动权。通过本章的学习,希望为读者在云计算和人工智能背景下的大数据智能分析处理领域打开一扇窗户,从宏观世界、现实社会、基础理论和技术方法上初步认识大数据智能分析与处理。

本书共有 10 章,全书内容可以分成 3 部分,整体篇章架构如图 1-12 所示。第 1 部分是大数据挖掘与应用的导论部分,首先,不仅展现了在大数据挖掘和分析中对各种各样的应用进行有效数据模式发现的方法和计算平台;其次,由于好的分析结果必须由数据质量决定,进而从数据的类型入手,说明了保证数据质量的数据准备和预处理方法;最后详细介绍了一些普通常用的可视化技术,为进一步可视化展现海量数据中隐藏的现象提供了帮助。第 2 部分为大数据挖掘常用方法的介绍,包括关联分析方法、分类方法、聚类方法,以及人工神经网络及深度学习。第 3 部分是进阶应用部分,介绍了作为目前代表性的大数据分布式存储与并行计算的软件框架 Apache Hadoop 的编程基础、基于 Apache Storm 的分布式实时计算方法和基于 Spark Streaming 的分布式实时计算的基本技术,同时对并行计算算法的基本概念作了介绍和分析,通过 3 个完整的实际案例给出了 MapReduce 平台下数据分析的具体方法和步骤,使大家能够亲身感受在大数据平台下进行数据分析处理的整个过程。

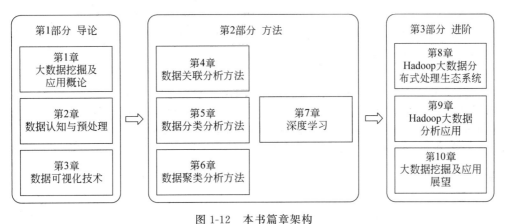

图 1-12　本书篇章架构

1.6　习　　题

1. 选择题

(1) KDD 是(　　　)。

[A] 数据库知识发现　　　　　　　　[B] 领域知识发现

[C] 文档知识发现　　　　　　　　　[D] 动态知识发现

(2) 对于数据分析,最困难的一部分是(　　　)。

[A] 数据计算　　　　　　　　　　　[B] 数据分析与挖掘

[C] 数据采集　　　　　　　　　　　[D] 数据可视化

(3) 数据挖掘的预测建模任务主要包括哪几大类问题?(　　　)

[A] 分类　　　　　　[B] 回归　　　　　　[C] 模式发现　　　　　　[D] 模式匹配

2. 填空题

(1) 谷歌大数据技术的三大法宝包括_____、_____、_____。

(2) 数据挖掘的主要功能为 _____、_____、_____、_____、_____、_____。

1.7 参考文献

［1］李毅中. 国务院关于促进云计算创新发展培育信息产业新业态的意见［J］. 中国有色建设,2015(1)：3-6.

［2］全国信息技术标准化技术委员会大数据标准工作组,中国电子技术标准化研究院. 大数据标准化白皮书(2016). 2016.

［3］中国信息通信研究院. 大数据白皮书(2016). 2016.

［4］阿莱克斯·彭特兰. 智慧社会：大数据与社会物理学［M］. 杭州：浙江人民出版社,2015.

［5］赵晟,姜进磊. 典型大数据计算框架分析［J］. 中兴通讯技术,2016,22(2)：14-18.

［6］大数据. 维基百科. https://zh.wikipedia.org/wiki/.

［7］[2015] Spark峰会. https://spark-summit.org/.

［8］任磊,杜一,马帅,等. 大数据可视分析综述［J］. 软件学报,2014,25(9).

［9］袁晓如. 大数据可视分析-挑战和机遇［C］. 大数据,云计算与地球物理应用研讨活动,2014.

［10］陈为,沈则潜,陶煜波. 数据可视化［M］. 北京：电子工业出版社,2013.

［11］周志华. 机器学习［M］. 北京：清华大学出版社,2012.

数据认知与预处理

　　直接从各种设备或系统等平台上采集的原始数据总是来自异种数据源,往往有大量的噪声、离群点和冗余存在。大体上来说,这些都是不完整、不一致的脏数据,数据质量太差,无法直接进行数据挖掘,或挖掘结果差强人意。比如,遥感数据可能是同时获取于几颗不同分辨率的卫星图像,还可能包含多个时间点采集的数据,因此它具有多源性,而每一个源的数据格式和表示都不相同。再如,进行网络入侵检测的判断,要想判断某一个HTTP请求是正常的还是恶意的,势必首先要把这些数据抓取下来。这一步可以用一个探针程序部署在网关上,把所有经过这个网关的HTTP请求全部抓取并存储。被存储的字符需要首先对它进行解码,然后定义好一定的格式保存,其实这还远远不够,所获取的数据会有噪声,或者缺失。因此,一个完整的数据挖掘过程必须包括数据预处理模块,它以任务为导向,以专业知识为指导,用全新的“任务模型”组织原始数据,摈弃一些与挖掘任务不相关的属性,填补缺失值,过滤那些会影响分析结果的噪声点,为数据挖掘算法提供完整、一致、准确、有效的高质量数据,并降低挖掘计算涉及的数据处理量,进而准确地发现知识。好的数据预处理有助于保证挖掘数据的正确性和有效性,另一方面也能通过对数据格式和内容的调整,使数据更符合挖掘的目标。

　　总之,对不理想的原始数据进行有效的归纳和预处理,已经成为数据挖掘实现过程中的关键问题。数据预处理不仅包含数据清洗、数据集成、数据转换、数据归约等技术,还包括对数据进行统计描述,以考察数据值的分布情况,洞察数据的相似性等。数据可视化也是数据预处理技术的一个分支,这部分内容将在第3章进行介绍。数据的预处理工作能够大大提高数据挖掘模型的质量,降低实际挖掘所需要的时间。本章首先从什么是数据挖掘入手,给出评估高质量数据的指标(2.1节),然后对数据由什么类型的属性或字段组成,每个属性具有何种类型的数据值,是离散属性还是连续属性进行描述(2.2节),对数据中心趋势和离散趋势的绘制方法进行分析(2.3节)。度量数据间的相似性是数据挖掘重要的基础理论之一,本章探讨多种评估相似性和相异性的方法(2.4节),进而考察数据挖掘前的数据清洗、数据集成、数据归约和数据转换方法(2.5节),最后介绍目前常用的一些用于数据统计分析和预处理的工具(2.6节),并在2.7节用一个案例对Python下的Pandas工具的使用进行了简要的介绍。

2.1　数据挖掘的定义和流程

人们每一次单击鼠标,每一次敲击键盘,都可能在万里之外的某台服务器里产生一些数据。以前,人们存储数据但是并没有充分发挥出数据的价值,如今,数据分析技术的发展却使这些数据变成了潜力巨大的金矿。那么什么是数据挖掘?数据挖掘(data mining)是指用适当的统计分析方法对收集来的大量数据进行分析和解释,抽取出有用的信息形成结论。数据挖掘的数学基础早在20世纪初就已确立,但是直到计算机出现才使其实际操作成为可能,并得以推广。所以,数据挖掘是数学与计算机科学相结合的产物,其标准流程分为以下几步:数据挖掘问题的描述、相关数据的理解、相关数据的准备、挖掘模型的建立、挖掘模型的评估、挖掘结果的部署。

本节给出数据挖掘的定义和流程的相关知识。2.1.1节讨论如何理解和描述数据挖掘问题,2.1.2节讲解数据获取与准备的相关知识,数据质量评估的相关知识在2.1.3节提供。

2.1.1　如何理解和描述数据挖掘的问题

下面给出一个有意思的数据挖掘案例。美国明尼苏达州一家塔吉特百货公司的门店被客户投诉,一位中年男子指控塔吉特将婴儿产品优惠券寄给他的女儿——一个高中生。但没多久他却来电道歉,因为女儿经他逼问后坦承自己真的怀孕了。塔吉特就是靠着分析用户所有的购物数据,然后通过数据挖掘模型的分析评估获取顾客想要购买的商品的信息。现在经常讨论的用户画像其实也是通过数据挖掘的手段获取的。类似的案例数不胜数,处处都展现着数据挖掘的魅力。

那么如何理解和抽象出一个需要分析的数据挖掘问题模型呢?可以从以下几方面进行考察:

(1)理解需要分析的问题。理解问题的背景,确定待解决问题的目标,制定该问题解决成功的标准。

(2)考察需要分析的问题的当前形势。确定本问题所面临的资源需求、假设和约束,探讨结果在运用中可能带来的风险并制定应急方案,评估数据挖掘产生的成本和收益。

(3)确定需要分析的问题的数据挖掘模型。明确数据挖掘模型应该取得的目标,确立数据挖掘模型成功的评价标准。

(4)制订实施该问题的数据挖掘步骤。制订并明确项目实施计划,评估并选择合适的数据挖掘平台和技术。

下面给出一个如何理解和抽象出电信客户流失的数据挖掘问题模型的案例。在电信行业,客户流失的意思是客户从某家电信公司退出而转到另一家具有竞争关系的电信公司。在电信行业通常争取一个新客户的成本是保留一个老客户所需成本的5倍。如果能使客户流失率降低5%,企业利润可以增加25%~85%,因此在电信行业防止客户流失是企业极其重视的问题,那么如何理解和抽象出对客户流失进行数据挖掘的问题模型呢?

(1)首先对问题进行理解,例如,什么是流失,流失如何定义。连续欠费不缴、号码长期不用等这些都属于流失的范畴,数据挖掘成功的目标和标准就是找到流失和哪些因素相关,流失客户的特征是什么。

(2) 分析当前客户对电信使用情况的形势。确定客户流失可能会与客户年龄、性别、收入、职业、话费水平、话务质量等哪些关联因素有关,显然,如果分析结果有效,能够大大增加企业利润。

(3) 确定数据挖掘模型。为了寻找那些流失量比较大的客户群,需要使用什么挖掘模型呢? 这里显然应该对客户进行聚类分析,将具有相同特征的客户聚簇,从而及早发现问题,避免客户流失。流失性大的高价值客户,可以通过优化模型规则集和模型评估方法,选出最优模型,发现这些群的特征。

(4) 制订实施电信客户流失数据挖掘的计划,并根据数据量的大小确定数据挖掘平台和挖掘算法。

2.1.2 数据获取与准备

俗话说"巧妇难为无米之炊",同样,要进行数据挖掘,当然先要有数据。根据不同的挖掘目的,需要获取的数据的种类、形态也不尽相同。一般来说,获取数据的途径主要可分为以下几种。

1. 数据库

数据库(database)是数据挖掘中最常见、最丰富的数据源,也是数据分析中所需数据的最基本承载形式。依据所处理的数据形式,数据库可以分为多种类型:

关系数据库(relational database),即采用关系模型作为数据组织方式的数据库,其特点在于它将所有的数据对象存储在一个以行和列方式组织的二维表中。

事务数据库(transactional database),一种特殊的关系数据库,其中存放的每个数据(即记录)代表不同的交易事务,如顾客的一次购物、一个航班订票或一次网页点击等。

多媒体数据库(multimedia database),一般用来存放图像、音频和视频类数据。

遗留数据库(legacy database),其中存放的是企业早期开发遗留下来的数据,可以是关系型、面向对象型或层次型等的不同异构数据库。

数据库中数据的来源非常丰富,可以是在互联网上抓取的数据,也可以是通过各种不同传感器或其他设备得到的实测数据,还可以是通过调查报告等方式人工收集的数据。

2. 数据仓库

数据仓库(data warehouse)是进行数据分析最常用的数据来源。建立数据仓库的主要目的是为工商企业主管提供一种分析工具,以便他们能够系统地组织、理解和使用数据进行决策。它和数据库的主要不同表现在操作方式和目的上,对数据库的操作称为联机事务处理(online transaction processing, OLTP),主要功能是对实时数据进行日常操作,如增加、删除、更新、查询等,而对数据仓库的操作称为联机分析处理(online analytical processing, OLAP),主要功能是对长期保存的历史数据进行复杂查询,主要是读操作,最终提供决策支持。

数据仓库中的数据主要是通过对不同大量异构的数据库中的数据进行清洗、预处理以及转换等方法加以集成,重新组织到一个语义一致的数据存储中。

3. 文件

文件(File)是获取数据挖掘所需数据的另一来源,它包括后缀为.doc、.xls、.txt 等的普通数据文件。从这些文件中快速获取的数据容易理解,但是要处理成与数据分析中其他数据一致的格式比较困难。

数据来源的方式其实还有很多,这里只介绍了常用的 3 种方式,一般往往需要根据实际情况选择最适合的方式。从原始数据获取直到进行数据挖掘,中间还要经过几个步骤。数据获取只是其中的第一步,也称为加载(loading),还需要经历清洗(cleaning)和集成(integration)等,然后才能进行分析。只有用来分析的数据质量足够高,才能保证分析结果更有效。那么如何评价获得数据的质量呢?下面介绍数据质量的评估标准。

2.1.3 数据质量评估

获取的数据如果能满足其应用要求,那么就说它是高质量的。但是获取的数据往往很难达到应用要求。例如,需要收集某网站商品价格信息,但是发现有些字段根本没有值,我们就说这个数据是不完整的。也可能获取的价格信息本身就是错误的,那么这个数据就是不准确的。另外,可能获取的用于商品分类的编码存在差异,那么这个数据是不一致的。

一般来说,准确性、完整性、一致性、时效性等指标是评价数据质量最常用的标准。

(1) 准确性是指数据记录的信息是否存在异常或错误。最常见的数据准确性问题就是乱码,数据值过大或过小也是不准确的表现。数据质量的准确性问题可能存在于个别记录中,也可能存在于整个数据集中。

(2) 完整性是指数据是否存在缺失,缺失可能是整个记录数据,也可能是记录数据中某个关键字段的缺失。不完整的数据,其价值会大大降低,因此,完整性也是最基础的数据质量评估标准。

(3) 一致性是指数据是否遵循统一的规范,数据集是否保持统一的格式。数据的一致性主要体现在数据记录是否规范和数据是否符合逻辑。例如,我国手机号码一定是 11 位,中国人姓名一定是由汉字组成等规范。逻辑指的是数据间存在着特定的逻辑关系,如对网页访问的访问量(PV)一定大于或等于独立访客量(UV)。

(4) 时效性是指数据从产生到得到分析结果的时间间隔。如果时间间隔过长,就可能导致分析结果失去应有的意义。

2.2 数 据 类 型

我们获取的数据集都由一个一个数据对象组成,每一个对象都代表一个实例。例如,某人手机里的通讯录数据,其中的每条数据对象代表一个人的联系方式,而这条联系方式中有一部分表示姓名,一部分表示电话号码,还有一部分表示这个人的住址等。每一条数据可以称为数据集的一个样本、实例、数据点或对象。而每条数据要用不同特征描述出来,特征也可以称为属性,如上例中的姓名、电话号码、住址都是描述样本用到的特征。如果数据存放在数据库中,则行对应于数据对象,列对应于数据属性。

本节将对属性进行定义,同时考察属性可以具有的不同类型。首先对属性这一概念进行描述,然后分别讨论标称属性、二元属性、序值属性以及数值属性。

2.2.1 属性的定义

属性(attribute)是一个字段,表示数据对象的一个特征。对象与属性是不可分的,没有属性的对象是不存在的,因为对象不用属性进行描述也就不能称之为对象,而属性如果不用来描述对象,也就没有意义。

在文献中,属性、字段、维(dimension)、特征(feature)和变量(variable)可以表示相同的意义,在不同场合它们总是互换使用。术语"维"较多用于数据仓库中,"特征"较多用于机器学习领域,而统计学中则更多地使用术语"变量"。数据挖掘和数据库领域则一般使用术语"属性"或"字段"。通常把描述对象的一组属性称作这个对象的属性向量。

属性的取值范围决定属性的类型,通常可以分为两大类,一类是定性描述的属性,其中可以划分为标称属性、布尔属性和序值属性。定性属性不具有数的大部分性质,即使用数(即整数)表示,也应当像对待符号一样对待它们;另一类是定量描述的属性,即数值属性,定量属性用数表示,并且具有数的大部分性质,定量属性可以是整数值或连续值。下面将一一介绍以上各类属性的定义。

2.2.2 标称属性

标称属性(nominal attribute)取值仅是一些不同的符号或事物的名称,每个值提供了足够的信息以区分对象。这些值不具有有意义的次序。在计算机科学中,可以将这些值看作是枚举的(enumeration),如邮政编码、学生 ID、头发颜色等。

例 2-1 可以用名称、种类、颜色、是否成熟、品级等属性描述水果类的数据对象,如表 2-1 所示。

表 2-1 对象苹果属性组

名 字	种 类	颜 色	是否成熟	品 级
苹果	核果类	红色	是	优

名称的值可能是梨、苹果、桃子等,种类的值可能是浆果类、核果类、柑橘类等,而颜色的值可能是红色、青色、黄色等。在这个例子中,如果属性值分别是苹果、核果类、红色,这表明其所描述的是对象苹果的属性,这就是一般意义上的标称属性。为了方便,也可以用数表示这些标称属性。例如,可以定义 1 表示苹果,2 表示梨,3 表示桃子,那么苹果在名称属性上取值为 1。不过即使用数字表示这些属性的值,也不能定量地使用这些值,例如,不能用苹果 1 减去梨 2,这样做是没有意义的。一般情况下,不能求这些值的均值、中位数,但是可以求出该属性下最常出现的值,该值称为众数(mode),是一种中心趋势度量,2.3.1 节将介绍数据的中心趋势度量。

2.2.3 二元属性

二元属性(binary attribute)是只有两个可选值的属性。该类属性只有 0 和 1 或者 True 和 False 两个状态,一般 0 表示"否",1 表示"是"。在表 2-1 中,是否成熟这一属性就是二元属性,可以用值 1 表示成熟,值 0 表示不成熟。如果一个二元属性的两种状态有相同的权重,就说这个二元属性是对称的;如果两种状态权重不同,则这个二元属性是非对称的。非对称的二元属性经常用在医学领域,表示某种医学指标的阴性或阳性,为了方便,通常用 1 表示权重较大的状态。

2.2.4 序值属性

序值属性(ordinal attribute)的值提供了足够的信息确定数据对象之间的序。在例 2-1 中,品级属性的取值有优、良和差。这 3 个值有一个先后次序,表示苹果的品级好坏,属于序值属性。在 2.5.2 节中将可以看到,数值属性可以转换为序值属性,主要是通过把值域进行离散化得到。序值属性可以计算众数、中位数或百分位数,但是不能计算均值。

2.2.5 数值属性

数值属性(numeric attribute)是最常用的一种数据类型,它是可度量的,用整数或实数值表示,它定量地描述对象。一些文献中将数值属性又划分为区间标度或比率标度属性。其中区间标度(interval-scaled)属性存在测量单位,值之间的差是有意义的,因此可以比较和评定这种属性值之间的差。对于区间标度属性,既可以计算中位数和众数,也可以计算均值和标准差等。比率标度(ratio-scaled)属性是具有固定零点的属性,它的差和比率都是有意义的,同样可以计算其均值、中位数及众数等。

2.3 数据的统计描述方法

在对数据进行分析之前,把握数据的全貌是至关重要的。基本的统计描述方法不仅可以用来识别整个数据集的性质和特点,发现数据集中的噪声或离群点,还能够对缺失的数据值进行补全。

本节讨论两类基本统计描述。一类是度量整个数据集中心趋势的方法,其中最常见的度量方法是均值、中位数、众数和中列数。这几种度量方法从不同角度描述了数据集的中心位置。另一类是度量整个数据集的离散趋势的方法,主要包括极差、分位数、五数概括、方差和标准差。这些度量方法从不同角度描述了数据集的离中趋势,对于识别离群点是非常有用的。本节首先讨论数据的中心趋势度量的相关问题,然后讲解数据离散趋势度量。

2.3.1 数据的中心趋势度量

中心趋势是指一组数据向某一中心值靠拢的倾向,测度中心趋势就是要寻找数据一般水平的代表值或中心值。

假设有一个表示年龄的属性 X,通过采集得到 X 的一组观测值 $x_1, x_2, \cdots, x_N$,这些值又称为属性 X 的数据集合。那么这一组观测值大部分落在何处呢? 描述中心趋势的统计指标可以回答这个问题。下面介绍几种常用的中心趋势度量:均值、中位数、众数和中列数。

1. 均值

数据集中心最常用、最有效的数值度量之一是均值(mean),均值有很多种,包括算术均值和几何均值等。算术均值公式如下:

$$\bar{x} = \frac{\sum\limits_{i=1}^{N} x_i}{N} = \frac{x_1 + x_2 + \cdots + x_N}{N} \tag{2-1}$$

例 2-2　对于属性 X,若观测值依次为 17,10,23,15,19,18,30,25,9,4,12,10,使用公式(2-1)计算如下:

$$\bar{x} = \frac{17 + 10 + 23 + 15 + 19 + 18 + 30 + 25 + 9 + 4 + 12 + 10}{12} = \frac{192}{12} = 16$$

因此这组观测值的均值为 16。

权重(weight)是一个相对的概念,它反映了对应观测值的相对重要程度、意义或出现频率,也就是说要从若干个观测值中分出轻重来。如果对于属性集合 X,其每个值 x_i 有一个权重 ω_i 与之对应,这时,可以计算数据集的加权算术均值,计算公式如下:

$$\bar{x} = \frac{\sum\limits_{i=1}^{N} \omega_i x_i}{\sum\limits_{i=1}^{N} \omega_i} = \frac{\omega_1 x_1 + \omega_2 x_2 + \cdots + \omega_N x_N}{\omega_1 + \omega_2 + \cdots + \omega_N} \tag{2-2}$$

虽然均值是描述数据集最有用的单个量,但是它并非总是度量数据集中心趋势的最佳方法。均值对极端值(如离群点)极为敏感,如果将上述属性 X 的第一个观测值 17 改为 100,这时算得的均值为 22.9。这显然没能正确反应数据集的中心,因为极端大的值 100 显著拉高了数据集的均值。为了抵消极端值的影响,可以使用截断均值(trimmed mean)。计算截断均值时,需要丢弃数据集中极端大和极端小的值(如去掉属性 X 观测值中的最大值和最小值),或者分别丢弃高端和低端值的 2%,但应避免在两端截去太多,因为这样容易丢失有用的信息。

2. 中位数

大多数时候数据集合中的观测值分布是不均匀的,这样的数据集合称为倾斜数据集,一般会使用偏斜度度量数据分布的偏斜方向和程度。均值不能很好地反映倾斜数据集的中心,这时候可以计算其中位数(median)或众数(mode)。中位数是有序数据集的中间值,它将数据较大的一半和较小的一半分开。

假定将数据集 X 的 N 个观测值按序排列,如果 N 是奇数,则中位数就是该有序集的中间值;如果 N 为偶数,则中位数不唯一,它是最中间的两个值之间的任意值,若此时 X

是数值属性,中位数可以通过计算中间两个值的平均值得到。

在例 2-2 中,属性 X 有 12 个观测值,观测值个数为偶数,因此中位数为 $(17+15)/2=16$。如果去掉该属性的最大观测值 30,则观测值个数为奇数,这时数据集的中位数为该组观测值有序排列后的中间值,即为 15。

当数据集的规模很大时,计算中位数开销很大。若观测值是数值属性,可以通过计算其中位数的近似值反映该数据集的中心趋势。首先将数据集的 x_i 值划分成区间,并且已知每个区间数据值的个数,称包含中位数的区间为中位数区间,此时可以使用以下公式,用插值计算得到整个数据集中位数的近似值:

$$\text{median} = L_1 + \left(\frac{N/2 - \left(\sum \text{freq} \right)_l}{\text{freq}_{\text{median}}} \right) \text{width} \tag{2-3}$$

其中,L_1 是中位数区间的下界;N 是整个数据集中观测值的个数;$\left(\sum \text{freq} \right)_l$ 是低于中位数区间的所有区间观测值的个数总和;$\text{freq}_{\text{median}}$ 是中位数区间中观测值的个数;width 是中位数区间的宽度,即中位数区间最小和最大值的差。

3. 众数

一组数据集中出现次数最多的值叫众数(mode),有时众数在一组数据集中不止一个。具有一个、两个或三个众数的数据集分别称为单峰(unimodal)、双峰(bimodal)或三峰(trimodal)数据集。有两个或两个以上众数的数据集统称为多峰(multimodal)数据集。如果数据集中每个数据值只出现一次,则该数据集没有众数。例 2-2 中 X 数据集的观测值众数为 10。

4. 中列数

中列数(midrange)是数据集最大值和最小值的平均值。例 2.2 中的属性 X 的中列数可以计算为 $(30+4)/2=17$。

偏斜度是对数据分布偏斜方向及程度的度量。数据集的分布有的是对称的,有的是不对称的,即呈现偏态,在大部分实际应用中,数据都是不对称分布的。在偏态分布中,当偏斜度为正值时,称为分布正偏或正倾斜,即众数位于算术平均数的左侧,小于中位数的值,如图 2-1(a)所示;当偏斜度为负值时,称为分布负偏或负倾斜,即众数位于算术平均数的右侧,大于中位数的值,如图 2-1(c)所示。可以利用众数、中位数和算术平均数之间的关系判断分布是左偏态还是右偏态。在完全对称的数据集中,均值、中位数和众数都是相同的中心值,如图 2-1(b)所示。

2.3.2　数据的离散趋势度量

为了把握数据的全貌,除了中心趋势度量外,还可以度量数据的离散趋势。离散趋势度量反映了数据集中的值远离其中心值的程度,因此也可以叫作离中趋势度量。离散趋势度量主要有极差与分位数、五数概括与盒图、方差和标准差等几种度量方法。

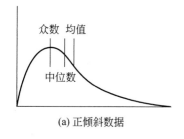
(a) 正倾斜数据

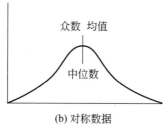
(b) 对称数据

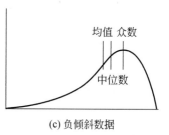
(c) 负倾斜数据

图 2-1 倾斜数据样例图

1. 极差与分位数

极差(Range)又称全距,是指一组数据集观测值中的最大值和最小值之差。它只考虑了数据中的最大值和最小值,忽略了全部观测值之间的差异,因此极差反映的是一组数据集合中最大的离散程度情况。

将数据集中所有观测值按递增顺序排列,然后把数据划分成大小基本相同的连续集合,每隔一定距离取数据分布上的一个数据点,这个数据点就叫作数据集的分位数。假设将数据集划分为 k 个部分,则从数据集的起始点到终点总共可以取出 $k-1$ 个数据点,这些数据点称为 k 分位数。分位数(quantile)是统计学中的概念,它主要用于度量呈偏态的定量数据的离散趋势,常用的有四分位数、十分位数和百分位数。

这里主要介绍四分位数,其他以此类推。如果将有序数据集划分为 4 个间距相等的部分,每部分包含数据集中四分之一的数据,这时产生 3 个数据点,通常称它们为四分位数。四分位数给出了数据分布的中心、散布和形状的某种指示。第 1 个四分位数记作 Q_1,它处在数据分布 25% 的位置;第 2 个四分位数处在数据分布的中心位置,也就是中位数;第 3 个四分位数记作 Q_3,它处在数据分布 75% 的位置。

第 3 个和第 1 个四分位数之间的距离叫作四分位数极差(IQR),又称为四分位距。它是度量数据集散布程度的一种最简单的方法。可以用如下公式计算四分位数极差:

$$\text{IQR} = Q_3 - Q_1 \tag{2-4}$$

例 2-2 中的属性 X 总共有 12 个数据点,按递增顺序排列后,该数据集 3 个分位数点上的值分别是 10、15 和 19,即 $Q_3 = 19$,$Q_1 = 10$,所以四分位数极差 IQR $= 29 - 10 = 9$。

2. 五数概括与盒图

前面已经探讨过数据分布的均值、中位数、众数、极差和四分位数等度量。但是对于倾斜数据,单一指标并不能很好地描述数据的完整分布情况,引入五数概括(Five-number summary)可以更加完整地描述数据的分布情况。五数概括中的五数由中位数、四分位数 Q_1 和 Q_3、最大和最小观测值组成,一般按次序 Minimum、Q_1、Median、Q_3、Maximum 分别写出。

通常使用盒图(boxplot)直观地对五数进行可视化表示,盒图又被称为箱线图,其呈现形式如下:

(1) 盒的端点在四分位数上,下端点是 Q_1,上端点是 Q_3,盒的长度是四分位数极差 IQR。

（2）中位数在盒内用横线进行标记。

（3）盒外用两条虚线分别延伸至最小和最大观测值,这两条虚线又称为胡须。

五数概括中的最大和最小观测值不是数据集合中的最大值和最小值,其中最小观测值的计算公式为

$$最小观测值 = Q_1 - 1.5IQR \tag{2-5}$$

最大观测值的计算公式为

$$最大观测值 = Q_3 + 1.5IQR \tag{2-6}$$

当数据量适中时,还可以适当绘制出个别离群点。识别离群点的一般规则是：挑选大于最大观测值或小于最小观测值的点。盒图可以从直观的可视化角度比较若干数据集的分布情况,如图 2-2 所示。图中的盒图是用 MATLAB 绘制的,其中 5 个数据集是调用 randint() 函数生成的 1～100 中的 5 组随机数据集,通过图 2-2,可以直观地比较这 5 组数据的中位数、第 1、3 四分位数、最小和最大观测值的分布情况。

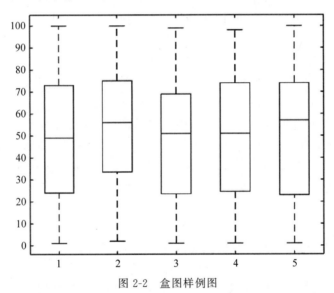

图 2-2　盒图样例图

除了采用 MATLAB 绘制盒图,很多统计分析工具软件都具备绘制盒图的功能。

3. 方差和标准差

方差与标准差是观察数据散布情况的两个重要度量方法,它们可以指出数据分布的散布程度。标准差低表示数据观测值趋向于接近均值,标准差高表示数据观测值散布在更大的值域中,也就是说所有数据值的离散程度较大。

设属性 X 有 N 个观测值 $x_1, x_2, \cdots, x_N$,其方差可以用如下公式求得

$$\sigma^2 = \frac{1}{N} \sum_{i=1}^{N} (x_i - \bar{x})^2 = \frac{1}{N} \sum_{i=1}^{n} x_i^2 - \bar{x}^2 \tag{2-7}$$

其中 $\bar{x}$ 是观测值的均值,观测值的标准差为方差 σ^2 的算术平方根。

例 2-2 中的属性 X，其均值为 16，N 为 12，可以计算其方差和标准差分别为

$$\sigma^2 = \frac{1}{12}(17^2 + 10^2 + 23^2 + \cdots + 10^2) - 16^2 \approx 51.83$$

$$\sigma \approx \sqrt{51.83} \approx 7.20$$

众所周知，一个高质量数据集的采集，其得到的样本观测值应该很紧密地分散在样本真实值周围。如果不紧密，与真实值的距离就会大，相应离散度就大，那么准确性就不好，数据质量就不高。因此，离散度是评价数据质量好坏的最重要也是最基本的指标。由于方差是数据的平方，与观测值本身相差太大，人们难以直观地衡量，所以常用标准差来进行离散程度的度量。

一组合理的数据观测值一般不会远离均值，或超过标准差的数倍。因此，标准差是度量数据集离散程度的很好的指标。

至此，关于数据集的中心趋势度量与离散趋势度量的探讨就告一段落，要更有效更直观地向用户展示数据，数据可视化是最佳的表达方法，数据可视化的一些方法将在本书的第 3 章进行介绍，2.4 节将介绍数据对象的相似性与相关性计算方法。

2.4　数据对象关系的计算方法

2.3 节中的数据统计描述方法是围绕一组对象集合中某个属性的数据集合来使用的，本节对数据对象关系的计算方法围绕一组对象的多个属性数据展开。数据对象的计算通常都是指分析计算数据对象之间的相似性和相异性，相应的计算方法已经被许多数据挖掘技术所使用，如聚类、分类、离群点检测等。例如，电信企业为了降低其客户流失率，就需要通过对客户的聚类分析，也就是数据对象的相似性分析，发现那些易于流失的客户群的共同特征，根据其特征采取相应的解决办法。对象之间的相似性是指对象间相似程度的数值度量。相似性也即邻近度，通常邻近度的值为非负值，取值范围为 0～1，0 代表完全不相似，1 代表完全一致。在对相似性进行计算时，通常也可以转换成计算对象之间的差异程度，即相异性，两个对象越相似，它们间的差异程度就越小，也就是相异性就越低，一般采用"距离"作为相异性的同义词。计算数据对象之间相异性的度量方法很多，选择度量方法时，应观察对象特征的总体分布状况等因素。2.4.1 节对数据相似性计算方法进行详细讨论，2.4.2 节讨论数据相关性的计算方法。

2.4.1　对象相似性计算方法

假设有 n 个对象，每个对象有 p 个属性，这些对象分别是 $X_1 = (x_{11}, x_{12}, \cdots, x_{1p})$，$X_2 = (x_{21}, x_{22}, \cdots, x_{2p}), \cdots, X_n = (x_{n1}, x_{n2}, \cdots, x_{np})$。其中 x_{ij} 是对象 X_i 的第 j 个属性值。对象通常是指关系数据库中的元组，也称数据样本或特征向量。在相似性计算中，总是通过数据矩阵（data matrix）这种数据结构将对象集合组织起来，例如，用 $n \times p$（n 个对象，p 个属性）的如下矩阵存放以上 n 个数据对象：

$$\begin{bmatrix} x_{11} & x_{12} & \cdots & x_{1f} & \cdots & x_{1p} \\ x_{21} & x_{22} & \cdots & x_{2f} & \cdots & x_{2p} \\ \vdots & \vdots & & \vdots & & \vdots \\ x_{i1} & x_{i2} & \cdots & x_{if} & \cdots & x_{ip} \\ \vdots & \vdots & & \vdots & & \vdots \\ x_{n1} & x_{n2} & \cdots & x_{nf} & \cdots & x_{np} \end{bmatrix} \tag{2-8}$$

其中每行表示一个对象。

一般用 $d(i,j)$ 表示两个对象 i 和 j 之间的距离值,也就是相似度值。显然 $d(i,j)$ 越大,说明两者距离越大,相似性就越小。

相似性计算方法依赖于对象属性的数据类型,下面将分别对标称属性、二元属性、序值属性以及数值属性等的相似性度量方法进行探讨。

1. 标称属性相似性

假设标称属性的状态数目是 M。两个对象 i 和 j 之间的距离可以根据对象属性的不匹配率来计算,公式如下:

$$d(i,j) = \frac{p-m}{p} \tag{2-9}$$

其中,p 是刻画对象的属性总数;m 是两个对象取值相同的属性数。

例 2-3 沿用 2.2 节中水果的例子,再增加几组数据,在表 2-2 中,考虑种类、颜色、是否成熟、品级 4 种属性。

表 2-2 数据对象水果样例表

名　字	种　类	颜　色	是否成熟	品　级
苹果	水果	红色	是	优
梨	水果	黄色	是	优
白菜	蔬菜	白色	是	良
桃子	水果	粉色	是	优

令 $p=4$,当对象 i 和 j 匹配时,$d(i,j)=0$;否则 $d(i,j)=(4-m)/4$。计算过程如下:

$$\begin{bmatrix} 0 \\ d(2,1) & 0 \\ d(3,1) & d(3,2) & 0 \\ d(4,1) & d(4,2) & d(4,3) & 0 \end{bmatrix} = \begin{bmatrix} 0 \\ \frac{1}{4} & 0 \\ \frac{3}{4} & \frac{3}{4} & 0 \\ \frac{1}{4} & \frac{1}{4} & \frac{3}{4} & 0 \end{bmatrix}$$

还可以将标称属性通过编码方法转化为对称二元属性计算其相似性。假设某个标称属性有 M 种状态,我们将每种状态对应建立一个二元属性。对于有给定状态的对象,其对应状态位置上的值为 1,其余状态位置上的值都为 0。用这种形式编码出来的标称属性,实际上已经将该标称属性的值转换成一种向量形式,极大地方便了后续的各种数据分析计算。

2. 二元属性相似性

二元属性(或布尔属性)只有两种状态:0 和 1,或者 True 和 False。

二元属性的相似性度量分为对称的和非对称的两种情况。在分析对象相似性时,对称的二元属性的两个状态取值对相似性分析的贡献是一致的,而非对称二元属性的两个状态取值具有不同的权重,对相似性分析的贡献是不一样的。

为便于介绍二元属性的相似性度量方法,表 2-3 给出两个对象所有的二元属性取值情况。

表 2-3 二元属性取值表

对象 i	对象 j		
	1	0	sum
1	q	r	$q+r$
0	s	t	$s+t$
sum	$q+s$	$r+t$	p

其中,q 是对象 i 和 j 都取 1 的二元属性数;r 是在对象 i 中取 1,在对象 j 中取 0 的二元属性数;s 是在对象 i 中取 0,在对象 j 中取 1 的二元属性数;t 是对象 i 和 j 都取 0 的二元属性数。对象所拥有的二元属性总数是 p,其中 $p=q+r+s+t$。

如果对象 i 和 j 都是用对称的二元属性刻画的,则 i 和 j 的距离采用如下公式进行计算:

$$d(i,j) = \frac{r+s}{q+r+s+t} \tag{2-10}$$

如果对象 i 和 j 都是用非对称的二元属性刻画,而且当属性值取 1 时权重最高,那么式(2-10)中的 t 认为是可被忽略的(即在属性总数中减去了两个对象都取 0 的属性值,因为这些属性在对象相似性分析中意义不大),则 i 和 j 的距离计算公式如下:

$$d(i,j) = \frac{r+s}{q+r+s} \tag{2-11}$$

例 2-4 假设有两个对象 i,j,分别有 5 个非对称二元属性,见表 2-4。要求计算对象 i,j 的相异性。

表 2-4 属性表

对象名	Attr-1	Attr-2	Attr-3	Attr-4	Attr-5
i	0	1	0	0	1
j	1	1	1	0	1

因为 5 个属性都为非对称的二元属性,所以要用式(2-11)进行计算。先画出两个对象的相依表,见表 2-5。

表 2-5　对象 i 与 j 的相依表

对象 i	对象 j		
	1	0	sum
1	2	0	$q+r$
0	2	1	$s+t$
sum	$q+s$	$r+t$	p

根据式(2-11)可得

$$d(i,j) = \frac{0+2}{2+0+2} = \frac{1}{2}$$

所以,对象 i 和 j 的相异性为 1/2。

3. 数值属性相似性

在实际应用中,数值属性是最常用的一种属性类型。有很多方法可以计算数值属性刻画的对象之间的邻近性。最常用的有欧几里得距离、曼哈顿距离和闵可夫斯基距离等。

欧几里得距离(euclidean distance)是高维空间中两点之间的距离,它计算简单,应用广泛,但是没有考虑属性之间的相关性,当多个属性参与计算时会影响结果的准确性,同时它对向量中的每个分量的误差都同等对待,一定程度上放大了取值范围较大的属性误差在距离计算中的作用。

令 $i = (x_{i1}, x_{i2}, \cdots, x_{in})$ 与 $j = (x_{j1}, x_{j2}, \cdots, x_{jn})$ 是两个被 n 个数值属性描述的对象,则对象 i 与 j 的欧几里得距离定义为

$$d(i,j) = \sqrt{(x_{i1}-x_{j1})^2 + (x_{i2}-x_{j2})^2 + \cdots + (x_{in}-x_{jn})^2} \tag{2-12}$$

欧几里得距离虽然很有用,但也有明显的缺点。它将对象的不同属性之间的差别等同看待,这一点有时不能满足实际要求。例如,在教育研究中,经常遇到对人的分析和判别,显然描述个体的不同属性对于区分个体有着不同的重要性,而欧几里得距离却采用所有属性等同对待的方法。

曼哈顿距离(manhattan distance)也称为城市街区距离,想象在曼哈顿要从一个十字路口开车到另外一个十字路口,驾驶距离是两点间的直线距离吗?显然不是,除非你能穿越大楼。实际驾驶距离就是"曼哈顿距离"。其定义如下:

$$d(i,j) = |x_{i1}-x_{j1}| + |x_{i2}-x_{j2}| + \cdots + |x_{in}-x_{jn}| \tag{2-13}$$

欧几里得距离和曼哈顿距离都有如下数学性质:

(1) 非负性:$d(i,j) \geqslant 0$,即距离是一个非负的数值。

(2) 同一性:$d(i,i) = 0$,即对象到自身的距离为 0。

(3) 对称性:$d(i,j) = d(j,i)$,即距离是一个对称函数。

(4) 三角不等式:$d(i,j) \leqslant d(i,k) + d(k,j)$,即从对象 i 到对象 j 的直接距离小于

途经任何其他对象 k 的距离。

例 2-5 假设有两个被数值属性刻画的对象，分别为 $A=(4,9,8)$，$B=(2,5,7)$，分别求出 A 与 B 的欧几里得距离和曼哈顿距离。

对象 A,B 的欧几里得距离：

$$d(A,B)=\sqrt{(4-2)^2+(9-5)^2+(8-7)^2}=\sqrt{21}$$

对象 A,B 的曼哈顿距离：

$$d(A,B)=|4-2|+|9-5|+|8-7|=7$$

切比雪夫距离（chebyshev distance）也称上确界距离，是向量空间中的一种度量，两个点之间的切比雪夫距离可定义为其各坐标数值差中最大的差值。切比雪夫距离得名自俄罗斯数学家切比雪夫。切比雪夫距离也称为棋盘距离，国际象棋中，国王走一步能够移动到相邻的 8 个方格中的任意一个，那么国王从格子 $A(x_1,y_1)$ 走到格子 $B(x_2,y_2)$ 最少需要多少步？我们会发现最少步数总是 $\max\{|x_2-x_1|,|y_2-y_1|\}$ 步。

对象 i 和 j 的切比雪夫距离定义为

$$d(i,j)=\max\{|x_{i1}-x_{j1}|,|x_{i2}-x_{j2}|,\cdots,|x_{in}-x_{jn}|\} \tag{2-14}$$

闵可夫斯基距离（minkowski distance）是衡量数值点之间距离的一种非常常见的方法，它是欧几里得距离与曼哈顿距离的推广，其定义如下：

$$d(i,j)=\sqrt[k]{|x_{i1}-x_{j1}|^k+|x_{i2}-x_{j2}|^k+\cdots+|x_{in}-x_{jn}|^k} \tag{2-15}$$

闵可夫斯基距离不是一种距离，而是一组距离的定义。该距离最常用的 k 是 2 和 1，前者是欧几里得距离，后者是曼哈顿距离。

标准化欧几里得距离（standardized euclidean distance）是针对简单欧几里得距离的缺点而作的一种改进，其基本思想是：先将数据对象的各个分量都进行均值为 μ 或标准差为 σ 的标准化，然后再计算欧几里得距离。其定义如下：

$$d(i,j)=\sqrt{\left(\frac{x_{i1}-x_{j1}}{\sigma_1}\right)^2+\left(\frac{x_{i2}-x_{j2}}{\sigma_2}\right)^2+\cdots+\left(\frac{x_{in}-x_{jn}}{\sigma_n}\right)^2} \tag{2-16}$$

式(2-16)中的 $\sigma_1,\sigma_2,\cdots,\sigma_n$ 分别表示不同属性的标准差，标准化欧几里得距离也可以看作加权的欧几里得距离，这种加权思想也可以用于以上其他几种距离度量。

4. 序值属性相似性

序值属性的值之间具有有意义的序或排位。通过把数值属性的值域划分成有限个类别，再离散化数值属性也可以得到序值属性。即将数值属性的值域经过离散化映射到具有 M_f 个类别的序值属性。如将身高数值属性离散化到三个区间：140～160cm，160～175cm，175～190cm，分别定义这三个区间为"矮""中等""高"，于是这些有序的状态定义了一个排位 $1,2,\cdots,M_f$，数值属性"身高"转换为序值属性"身高"。

对于序值属性刻画的对象，如何计算其邻近性？假设 f 是用于描述 n 个对象的一组序值属性之一。关于 f 的邻近性计算步骤如下：

(1) 第 i 个对象的 f 值为 x_{if}，属性 f 有 M_f 个有序的状态，表示排位 $1,2,\cdots,M_f$。先用对应的排位 $r_{if}\in\{1,2,\cdots,M_f\}$ 取代 x_{if}。

（2）由于每个序值属性都可以有不同的状态数，所以通常需要将每个属性的值域标准化映射到$[0,1]$上，以便每个属性都有相同的权重。通过用z_{if}代替第i个对象的r_{if}实现数据标准化，计算公式如下：

$$z_{if} = \frac{r_{if} - 1}{M_f - 1} \tag{2-17}$$

（3）最后，两两对象之间距离的计算可以用前面介绍的任意一种数值属性的距离度量计算方法，式(2-17)中第i个对象的f属性值使用z_{if}代替。

以上介绍了不同属性类型情况下，如何求解对象之间的相似性。然而一个数据分析问题中对象的特征向量并不一定是确定的属性组合，比如，寻找文本内容相似的文档，这里相似度的计算主要侧重于判断字符或单词是否重复或完全重复，这时以上所介绍的公式不再适用。下面对相似性计算公式进行扩展，把相似度的概念进一步扩展到集合等运算上。

5. Jaccard 相似性

Jaccard 相似性是一个特定的"相似度"概念，即通过计算两个对象特征集合的交集的相对大小获得集合之间的相似性。假设两个对象的特征集合分别为S和T，则两个对象的 Jaccard 相似性计算公式如下：

$$\text{sim}(S, T) = \frac{|S \cap T|}{|S \cup T|} \tag{2-18}$$

Jaccard 相似性度量是两个对象特征集合的相似程度，但是它并不是一个真正意义上的距离测度。也就是说，集合越接近，Jaccard 相似性越大。在许多文献中经常会提到 Jaccard 距离，它是一个表示距离的度量，通过 1 减去 Jaccard 相似性得到。Jaccard 相似性适合多个应用，包括文档的文本相似度及顾客购物习惯的相似度计算等。

例 2-6　假设有两组数据，$A = \{3, 4, 5\}$，$B = \{1, 2, 3, 5, 6, 7\}$。下面计算两组数据的 Jaccard 相似度。

根据式(2-18)，有如下计算过程：

$$\text{sim}(A, B) = \frac{|A \cap B|}{|A \cup B|} = \frac{|\{3, 5\}|}{|\{1, 2, 3, 4, 5, 6, 7\}|} = \frac{2}{7}$$

可以得到A与B的 Jaccard 相似度为 2/7。

6. 编辑距离

编辑距离(edit distance)只适用于字符串比较，其计算方法有两种，一种是字符串A到字符B的编辑距离等于将字符串A变换为字符串B所需要的单字符插入及删除等操作的最小数目。最基本的编辑距离计算中字符操作仅包括插入、删除和替换 3 种操作，一些扩展的编辑距离计算方法(如 damerau levenshtein distance)中加入了交换操作。另一种计算编辑距离的方法是基于字符串A到字符B的最长公共子序列(longest common subsequence, LCS)，通过在A和B的某些位置上进行删除操作能够构造出它们的最长公共字符串，这时的编辑距离就等于A与B的长度之和减去它们的 LCS 长度的两倍。

编辑距离应用很广,最初的应用是拼写检查和近似字符串匹配。现在在生物医学领域,科学家将 DNA 看成由 A、S、G、T 构成的字符串,然后采用编辑距离判断不同DNA 的相似度。另一个很好的用途是在语音识别中,它被当作一个评测指标。语音测试集的每一句话都有一个标准答案,可以利用编辑距离判断识别结果和标准答案之间的不同。

7. 汉明距离

给定一个向量空间,汉明距离(hamming distance)定义为两个向量中不同分量的个数。显然,汉明距离是一种距离测度,其值非负,当且仅当两个向量相等时,汉明距离为0。其中向量分量的取值可以来自任意集合,但实际使用时常用布尔向量,即这些向量仅包含 0 和 1 的取值。

例 2-7　向量 110110 和向量 101100 的汉明距离为 3,因为这两个向量的第 2、3、5 位元素不同,而其他元素均相同。

8. 余弦相似度

几何中夹角余弦也可用来衡量两个向量方向的差异,在数据分析中经常用这一概念衡量样本向量之间的差异。余弦相似度的取值范围为 $[-1,1]$。其值越大,表示两个向量的夹角越小,两个样本相似性也就越大;其值越小,表示两向量的夹角越大,两个样本相似性也就越小。当两个向量的方向重合时,夹角余弦取最大值 1;当两个向量的方向完全相反时,余弦相似度取最小值 -1。

两个 n 维样本向量 $\boldsymbol{A}(x_{11},x_{12},\cdots,x_{1n})$ 和 $\boldsymbol{B}(x_{21},x_{22},\cdots,x_{2n})$ 的余弦相似度定义为

$$\text{sim}(\boldsymbol{A},\boldsymbol{B}) = \frac{\boldsymbol{A} \cdot \boldsymbol{B}}{||\boldsymbol{A}|| \times ||\boldsymbol{B}||} \tag{2-19}$$

其中,$\|\boldsymbol{A}\|$ 是向量 $\boldsymbol{A}$ 的欧几里得范数,定义为

$$||\boldsymbol{A}|| = \sqrt{x_{11}^2 + x_{12}^2 + \cdots + x_{1n}^2} \tag{2-20}$$

余弦值为 0 意味着两个向量夹角为 $90°$,没有匹配。余弦值越接近 1,夹角越小,向量之间的匹配也就越大。

例 2-8　假设有两个词频向量,$\boldsymbol{x}=\{3,0,4,0,1,0,0,6,0\}$,$\boldsymbol{y}=\{1,0,3,0,0,2,0,1,0\}$,可以使用式(2-19)计算两个向量的余弦相似度。

计算过程如下:

$\boldsymbol{x} \cdot \boldsymbol{y} = 3\times1+0\times0+4\times3+0\times0+1\times0+0\times2+0\times0+6\times1+0\times0 = 21$

$\|\boldsymbol{x}\| = \sqrt{3^2+0^2+4^2+0^2+1^2+0^2+0^2+6^2+0^2} \approx 7.87$

$\|\boldsymbol{y}\| = \sqrt{1^2+0^2+3^2+0^2+0^2+2^2+0^2+1^2+0^2} \approx 3.87$

$\text{sim}(\boldsymbol{x},\boldsymbol{y}) \approx 0.69$

由上述计算可得这两个向量的余弦相似度为 0.69,具有较高的相似性。

在以上所介绍的相似度计算公式中,样本所属空间包括欧几里得空间和非欧空间两种。欧几里得空间的一个非常重要的性质是空间中点的平均总是存在的,并且每个数据

样本都是空间中的一个点,如欧几里得距离的计算。而非欧空间中平均就没有任何意义,比如 Jaccard 相似性和编辑距离等。余弦相似度的空间可以是欧几里得空间也可以是非欧几里得空间,如果向量的分量是任何实数,那么此时就位于欧几里得空间。但是,如果将向量的分量限定为整数,那么就是非欧空间。

欧几里得距离是判断数据对象相似性最常见的距离度量方法,而余弦相似度则是最常见的相似性度量方法,很多的距离度量和相似性度量都是基于这两者的变形和衍生,所以下面将比较两者在衡量个体差异时实现方式和应用环境上的区别。

从图 2-3 可以看出,欧几里得距离衡量的是空间各点间的绝对距离,和各个点所在的位置坐标(即个体特征维度的数值)直接相关;而余弦相似度衡量的是空间向量的夹角,着重体现在方向上的差异,而不是位置。如果保持 A 点的位置不变,B 点朝原方向远离坐标轴原点,此时余弦相似度 $\cos\theta$ 是保持不变的,因为夹角不变,而 A、B 两点的距离显然在发生改变,这就是欧几里得距离和余弦相似度的不同之处。

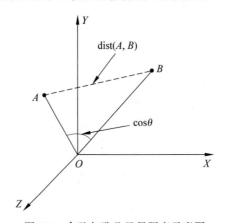

图 2-3　余弦与欧几里得距离示意图

根据欧几里得距离和余弦相似度各自的计算方式和特点,可以看出两者分别适用于不同的数据分析模型:欧几里得距离能够体现个体数值特征的绝对差异,所以常用于需要从维度的数值大小中体现差异的分析,如使用用户行为指标分析用户价值的相似度或差异;而余弦相似度侧重于从方向上区分差异,而对绝对的数值不敏感,多用于像用户对内容评分来区分用户兴趣的相似度和差异,同时也修正了用户间可能存在的度量标准不统一的问题。

2.4.2　数据相关性计算方法

世间万物总是存在不同程度的联系,例如,身高与年龄,学历与收入或考试成绩与学习时间。对于我们所观察到的数据,同样可能存在着千丝万缕的联系。本节将介绍数据相关性的计算方法。

1. 皮尔逊相关系数

皮尔逊相关系数(Pearson correlation coefficient)也称为简单相关系数,它是一种线性相关系数,是描述两组随机变量 X 与 Y 相关程度的一种方法,相关系数的取值范围是 $[-1,1]$。相关系数的绝对值越大,则表明 X 与 Y 相关度越高,负值表示负相关,即一个变量的值越大,另一个变量的值反而会越小;正值表示正相关,即一个变量的值越大,另一个变量的值也会越大。需要注意的是,以上并不代表变量间存在因果关系。若相关系数值为 0,表明两个变量间不是线性相关,但有可能是其他方式的相关(如曲线方式)。其计算公式如下:

$$r(X,Y) = \frac{\sum_{i=1}^{n}(x_i - \overline{X})(y_i - \overline{Y})}{\sqrt{\sum_{i=1}^{n}(x_i - \overline{X})^2}\sqrt{\sum_{i=1}^{n}(y_i - \overline{Y})^2}} = \frac{\sum_{i=1}^{n}(x_i - \overline{X})(y_i - \overline{Y})}{n\sigma_x\sigma_y} \tag{2-21}$$

其中, n 为样本个数; $\overline{X}$ 和 $\overline{Y}$ 分别是样本集 X 和 Y 的均值; σ_x 和 σ_y 是它们的标准差。

2. 斯皮尔曼秩相关系数

斯皮尔曼秩相关系数(Spearman rank correlation coefficient)与皮尔逊相关系数一样,也可以反映两组变量联系的紧密程度,取值在 $[-1,1]$ 区间,不同的是它建立在秩次的基础之上,对原始变量的分布和样本容量的大小不作要求,属于非参数统计方法,适用范围更广。

设 $R(r_1, r_2, \cdots, r_n)$ 表示 X 在 $(x_1, x_2, \cdots, x_n)$ 中的秩, $Q(q_1, q_2, \cdots, q_n)$ 表示 Y 在 $(y_1, y_2, \cdots, y_n)$ 中的秩,如果 X 和 Y 具有同步性,那么 R 和 Q 也会表现出同步性,反之亦然。将其代入皮尔逊相关系数的计算公式,就得到秩之间的一致性,也就是斯皮尔曼相关系数。考虑到:

$$r_1 + r_2 + \cdots + r_n = q_1 + q_2 + \cdots + q_n = n(n+1)/2$$
$$r_1^2 + r_2^2 + \cdots + r_n^2 = q_1^2 + q_2^2 + \cdots + q_n^2 = n(n+1)(2n+1)/6$$

斯皮尔曼秩相关系数可以定义为

$$r(X,Y) = 1 - \frac{6[(r_1 - q_1)^2 + (r_2 - q_2)^2 + \cdots + (r_n - q_n)^2]}{n(n^2 - 1)} \tag{2-22}$$

斯皮尔曼秩相关系数对数据条件的要求没有皮尔逊相关系数严格,只要两个变量的观测值是成对的等级评定数据,或者是由连续变量观测数据转化得到的等级数据,不论两个变量的总体分布形态、样本容量的大小如何,都可以用斯皮尔曼秩相关系数进行研究。

3. 协方差

在概率论和统计学中,协方差用于衡量两个变量的总体误差。而方差是协方差的一种特殊情况,即当两个变量是相同的情况,体现的是单变量的分析。现实生活中,经常遇到多维数据,为了了解两个维度数据间是否有一些联系,可以计算其协方差。

期望值分别为 $E(X) = \mu$ 与 $E(Y) = \nu$ 的两个实数随机变量 X 与 Y 之间的协方差定义为

$$\mathrm{cov}(X,Y) = E((X - \mu)(Y - \nu)) \tag{2-23}$$

其中,E 是期望值。式(2-23)也可表示为

$$\text{cov}(X,Y) = E(XY) - \mu\nu \tag{2-24}$$

直观上来看,协方差表示的是两个变量总体的误差,这与只表示一个变量误差的方差不同。如果两个变量的变化趋势一致,也就是说,如果其中一个大于自身的期望值,另一个也大于自身的期望值,那么两个变量之间的协方差就是正值。如果两个变量的变化趋势相反,即其中一个大于自身的期望值,另一个却小于自身的期望值,那么两个变量之间的协方差就是负值。如果 X 与 Y 是统计独立的,那么二者之间的协方差就是 0。但是,反过来并不成立,即如果 X 与 Y 的协方差为 0,二者并不一定是统计独立的。

例 2-9 求两组向量 $x = \{6,4,7,10,8\}$ 与 $y = \{5,6,1,4,12\}$ 的协方差,有如下步骤:

$$E(x) = \frac{6+4+7+10+8}{5} = 7$$

$$E(y) = \frac{5+6+1+4+12}{5} = 5.6$$

$$E(xy) = \frac{6 \times 5 + 4 \times 6 + 7 \times 1 + 10 \times 4 + 8 \times 12}{5} = 39.4$$

$$\text{cov}(x,y) = E(xy) - E(x)E(y) = 39.4 - (7 \times 5.6) = 0.2$$

通过计算得出,两组向量协方差为 0.2。

2.5 数 据 准 备

目前比较成熟的数据分析算法,其处理的数据集合都要求数据完整性好、数据冗余少、属性之间的相关性小等条件才能保证分析的质量。然而实际系统中的原始数据往往由于人为疏忽、设备异常或抽样方法等因素,常常会出现数据错误、数据缺失、不一致、重复或矛盾等不同情况,如果直接对这样的原始数据进行分析,很难得到高质量的数据分析结果。另外海量的实际数据中无意义的成分很多,严重影响了数据分析算法的执行效率。通常在获取原始数据之后,需要对原始数据进行相应的准备工作,其中包括选择数据、清洗数据、数据重构、数据整合、数据归约和转换等。因此,在数据分析之前如何准备好可用数据已经成为数据分析系统实现过程中的关键问题。

数据准备的主要步骤有数据清洗、数据集成、数据归约和数据转换。本节先介绍数据清洗与集成,然后对数据归约技术进行一些探讨,最后讨论关于数据转换的相关知识。

2.5.1 数据清洗与集成

数据清洗(data cleaning)的主要目的是填充或删除遗漏值,降低噪声与识别离群点、纠正数据的不一致。数据集成(data integration)的主要目的是合并来自多个数据存储中的数据,解决多源数据存储或合并时所产生的数据不一致、数据重复或数据冗余问题,有助于提高后续数据分析过程的准确性和速度。以上两种数据准备的步骤有着不同的处理方法,分别阐述如下。

1. 数据清洗

1）缺失值

缺失值为遗漏或错误的数据,可能包括人为或计算机数据输入的错误,也有可能是搜集数据的设备出了问题,或者转换文件时出了问题,造成数据遗失,这些都必须在数据分析前进行清洗,以降低由此对后续数据分析结果的影响。怎样才能为缺失的属性填上值?以下是几种处理缺失数据的方法:

(1)直接删除缺失属性的记录。将存在缺失信息的记录删除,从而得到一个完整的数据集。但是这种方法有很大的局限性。它以减少数据量换取信息的完备,有可能会丢弃大量对数据分析有用的信息。

(2)人工填写。对于特别小的数据集,这样做当然是有效的。但是当数据量足够大时,这种方法显然是行不通的。

(3)使用全局常量填充缺失值。把每个缺失的值都用一个全局常量替换,但是这样做很容易干扰分析结果。

(4)使用属性的中心趋势度量值填充缺失值。中心趋势度量值是指用前面讨论过的计算属性中心趋势的中位数或均值等方法来填充。

(5)使用与给定元组属于同一类的所有样本的属性均值或中位数填充。

(6)使用最有可能的值填充。用回归或使用贝叶斯形式化方法的基于推理的工具或决策树归纳确定。

以上第 4 种方法应用较广,SPSS 的 Modeler 一般直接采用这种方法进行填写,通常对于数值属性用均值替换,标称属性通常用众数替换,序值属性通常用中位数替换。第 6 种方法也是使用较广的一种方法,因为它使用已有的数据预测缺失值,因此得出的填充值可信度更高。

2）识别离群点和平滑噪声数据

噪声数据(noise data)是指测量变量中的随机错误和偏差。它可能会影响数据分析的结果。引起噪声数据的原因有很多,可能是因为数据收集手段、数据输入问题、数据传输问题等。那么,给定一个数值属性,怎么才能"光滑"数据或者去掉噪声?典型的方法有以下几种:

(1)分箱法。

分箱法(binning)通过考察数据的"近邻"(即周围的值)光滑有序数据值。这些有序的值被分布到一些箱中,用"箱的深度"表示不同的箱里数据的个数,用"箱的宽度"表示每个箱值的取值区间。由于分箱方法考虑相邻的值,因此是一种局部平滑方法。一些常用的分箱方法有:

- 等宽分箱。将变量的取值范围分为 k 个等宽的区间,每个区间当作一个分箱。
- 等频分箱。把观测值按照从小到大的顺序排列,根据观测值的个数等分为 k 部分,每部分当作一个分箱。
- 基于 k 均值聚类的分箱。使用第 6 章将介绍的 k 均值聚类法将观测值聚为 k 类,但在聚类过程中需要保证分箱的有序性,即第 1 个分箱中所有观测值都要小于第

2 个分箱中的观测值,第 2 个分箱中所有观测值都要小于第 3 个分箱中的观测值等。

采用上述方法中的一种之后,可以使用箱均值光滑、箱中位数光滑或箱边界光滑的方法平滑噪声,用一个例子可以很容易地理解。

例 2-10 假设有一组观测值:8,9,30,24,10,15,24,7,28,从小到大排序得:7,8,9,10,15,24,24,28,30,如果采用等频分箱将该组值分为 3 箱:箱 1(7,8,9),箱 2(10,15,24),箱 3(24,28,30)。

用箱平均值光滑:对于箱 1,其平均值为 8。将箱 1 中的所有值替换为 8,即箱 1(8,8,8)。

用箱中位数光滑:对于箱 2,其中位数为 15。将箱 2 中的所有值替换为 15,即箱 2(15,15,15)。

用箱边界光滑:对于箱 3,箱中的最大值和最小值分别为 30 和 24,箱中每一个值都被最近的边界值替换,即箱 3(24,30,30)。

一般来说,箱的区间范围越大,光滑效果越好。

(2) 回归。

用一个函数拟合数据光滑噪声,这种技术称为回归(regression)。回归分析中,如果只包括一个自变量和一个因变量,且二者的关系可用一条直线近似表示,这种回归分析称为一元线性回归分析。如果回归分析中包括两个或两个以上的自变量,且因变量和自变量之间是线性关系,则称为多元线性回归分析。

例 2-11 有下面一组数据:

$y=$[20 20 21 22 22 22 23 24 26 28 56 34 43 45 45.37 48.07 54.07 54.08 56.81 59.45];

$x=$[14.81 15.34 16.13 17.6 18.59 20.3 21.52 22.49 24.2 25.22 26.56 27.76 27.79 44.35 45.61 44.52 45.57 46.98 46.14 48.36]。

用 MATLAB 进行线性拟合,图 2-4 中直线即为一条拟合线。

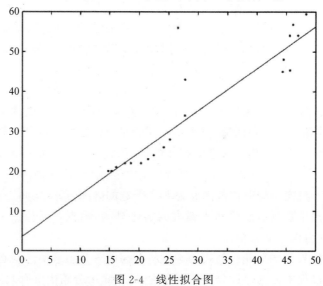

图 2-4 线性拟合图

（3）离群点分析（outlier analysis）。

在样本空间中，与其他样本点的一般行为或特征不一致的点称为离群点。可以通过聚类的方法检测离群点，聚类可以将相似点聚成簇，而落在簇外的点被视为离群点。离群点的产生可能是计算的误差或者操作的错误引起的，也可能是数据本身的可变性或弹性所致。

例 2-12　对于例 2-11 的数据，还可以找出它的离群点，从图 2-5 中可以看出，在 2 个类簇之外有 3 个孤立点，这 3 个点就是离群点。

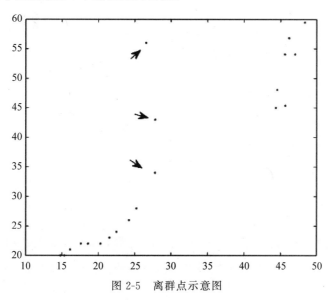

图 2-5　离群点示意图

2. 数据集成

1）异常数据

当数据分析的数据集来自不同数据源时，会出现许多不同类型的数据异常情况，因此保证所分析数据的一致性是必须考虑的问题。这种不一致性主要表现在数据对象名称与同类型其他数据对象名称不相符、数据对象的特征与其他同类对象不相符以及数据对象特征的取值范围不一致等，这些都属于实体识别问题。如何才能确保来自多个数据源的实体"匹配"？首要方法是分析各个数据源中的元数据，每个数据对象以及它们特征的元数据包括名称、含义、数据类型、属性的取值范围以及空值规则。这些元数据可以用来帮助避免数据集产生的错误。

2）冗余数据

冗余是数据集成期间可能遇到的另一个重要问题。一个属性如果可以由另一个或另一组属性导出，则这个属性可能就是冗余的。属性的冗余容易造成数据量过大，数据分析时间过长，结果不稳定的问题，因此如何判别冗余属性也是数据集成中的一个重要步骤。通常会采用相关性分析手段检测冗余。例如，给定两个属性，采用前面介绍过的某种相关性判别方法度量一个属性能在多大程度上蕴含或依赖另一个属性，这样就很容易鉴别出哪个是冗余属性。

3）重复数据

除了检测对象特征间的冗余外，还应检测对象的重复。重复是指对于同一数据集，存在两个或多个相同的数据对象，或者相似度大于阈值的数据对象。这通常都是由于不正确的数据输入，或者更新数据后，以前陈旧的数据没有删除等导致的。

数据清洗和数据集成是解决数据不一致性的两种重要方法，数据的不一致可能导致数据分析结果的偏差。除了采用上面介绍的各种方法进行人工纠错外，目前已经有许多商业工具可以帮助我们检测不一致性并同时予以纠错。数据清洗工具(data scrubbing tool)使用简单的领域知识检查并纠正数据中的错误，它们通常采用语法分析和模糊匹配技术完成对多源数据的清洗。常见的数据清洗工具还有：①Data Wrangler，是基于网络的服务，是斯坦福大学的可视化组设计的，用来清洗和重排数据；②佳数 Right Data，是国内第一个以 SAAS 模式提供完整地址数据处理服务流程的网站；③Open Refine，前身是 Google Refine，它是一个开源的用于进行数据清理的工具，其主要功能是清洗数据以及数据转换等。数据审计工具(data auditing tool)可以通过扫描数据发现规律和联系，并检测违反这些条件的数据并发现偏差，类似这样的数据清洗和数据审计工具在很多商用的统计分析工具中都有提供，可以根据使用过程中的具体情况加以选择。

2.5.2 数据归约技术

有时候，得到的数据集非常庞大，在这样的数据集上进行复杂的数据分析是非常耗时的。这时就要考虑能否得到这个数据集的一个简化版本，但同时又不会影响数据分析的结果。数据归约(data reduction)技术有助于得到简化的数据集，它小得多，但是仍能相对地保持数据的完整性，在其上进行数据分析能产生与在原数据集上进行分析几乎相同的结果。

数据归约技术包括维归约、数量归约和数据压缩。

维归约(dimensionality reduction)减少样本空间中所包含的属性个数。其方法包括小波变换、主成分分析以及属性子集选择，前面两种是把原数据变换或投影到维数较小的新样本空间中，而后者是通过相关性等方法分析后，检测样本空间中不相关、弱相关或冗余的属性或维，然后予以删除。

数量归约(numerosity reduction)用替代的、较小的数据集表示形式替换原数据集，包括参数方法或非参数方法。参数方法就是为数据集拟合一个描述模型估计数据，使得存储形式只需要存放模型参数，而不是实际的数据集，如各种回归模型。非参数方法包括直方图、聚类和抽样等。

数据压缩(data compression)使用不同变换方法以得到原数据的压缩形式。如果原数据能够从压缩后的数据重构，而不损失信息，则该数据归约技术称为无损压缩。无损压缩用于要求重构的信号与原始信号完全一致的场合。一些常用的无损压缩算法有哈夫曼(Huffman)算法和 LZW(Lenpel-Ziv&Welch)压缩算法。如果只能近似重构或不完全恢复原数据，则该数据压缩技术称为有损压缩。有损压缩广泛应用于语音、图像和视频数据的压缩。它利用了人类对图像或声波中的某些频率成分不敏感的特性，允许压缩过程中损失一定的信息,虽然不能完全恢复原始数据,但是所损失的部分对理解原始数据的影响很小,却换来了大得多的压缩比。由于数据压缩方法涉及许多压缩算法,本节就不做介绍。

1. 维归约

1) 小波变换

离散小波变换(discrete wavelet transform,DWT)是一种线性信号处理技术,当用于数据向量 X 时,就是将它变换成数值上不同的小波系数向量 X',两个向量具有相同的长度。当把这种技术用于数据归约时,每个样本可以看作一个 n 维数据向量,即 $X = (x_1, x_2, \cdots, x_n)$,该向量描述了数据样本在 n 个属性上的测量值。经过小波变换后得到的数据向量长度与原始数据向量的长度相等,但是其中一半是代表属性的,另一半是对属性的描述,称为小波系数。可以通过截断小波变换后的数据向量,保留大于用户设定的某个阈值的所有小波系数而其他系数置为 0 的方式获得近似的压缩数据。这样,结果数据向量表示长度可以减小,使得在小波空间进行计算时速度能够加快。该技术也能用于消除噪声,而不会光滑掉数据的主要特征,可以有效地用于数据清理。对于变换后得到的一组系数,可以使用所用的小波变换逆构造出原数据的近似,所以小波变换属于有损压缩。

DWT 与离散傅里叶变换(discrete fourier transform,DFT)有密切关系,DFT 是一种只涉及正弦和余弦的信号处理技术。相对于 DFT 来说,DWT 是一种更好的有损压缩方式。对于给定的数据向量,如果 DWT 和 DFT 保留相同数目的系数,DWT 将提供更准确的原数据近似。而且 DWT 比 DFT 需要的空间更小,局部细节保留的效果更好,对于稀疏或倾斜数据以及具有有序属性的数据可以得到更好的结果。

流行的小波变换包括 Haar-2、Daubechies-4 和 Daubechies-6 变换,图 2-6 是在MATLAB 平台上对 noissin 数据集进行 haar 小波变换后的图像,其中 ca 和 cd 分别为低频系数向量和高频系数向量。

应用离散小波变换的算法过程称为分层金字塔算法(pyramid algorithm),离散小波变换的一般步骤如下:

(1) 输入数据向量的长度 L 必须是 2 的整数幂(必要时,可以在数据向量后加 0)。

(2) 每个变换涉及两个应用函数:平滑和差分,前者用于光滑数据,经常使用求和或加权,后者用于提取数据的细节特征。

(3) 两个函数作用于输入的数据向量,产生两个长度为 $L/2$ 的数据集。

(4) 两个函数递归地作用于前面循环得到的数据集,直到结果数据集的长度为 2。

(5) 将迭代得到的数据集满足阈值的小波系数保留,其余的删除,从而降低数据的维度。

例 2-13 假设有一组数据 $\{8,6,3,5\}$,对其进行 haar 小波变换,步骤如下:

(1) 求均值。计算相邻数据对的平均值,结果为 $\{7,4\}$。

(2) 求差值。很明显,用两个数据表示所有数据时,已经丢失了数据部分信息。为了能重构出所有数据,需要存储一些细节系数。将数据对的第一个数值减去这对数值的平

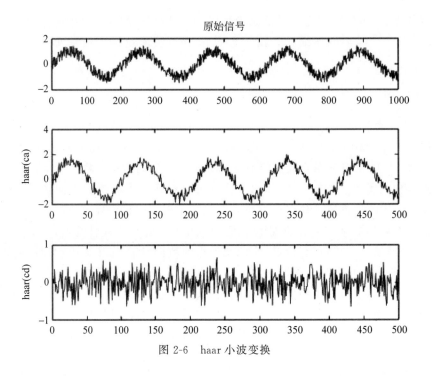

图 2-6   haar 小波变换

均值可得第一个细节系数为 1,同理获得第二个细节系数为 −1。此时可以用两个平均值与两个细节系数表示原始数据,即{7,4,1,−1}。

(3) 重复第(1)、(2)步,将上面得到的数据进一步分解为{5.5,1.5,1,−1}。

通过上述步骤就将由 4 个数据点组成的数据集用 1 个平均数据值和 3 个细节系数表示出来。

2) 主成分分析

真实的数据集总是存在各种各样的问题,比如噪声或者冗余。假设拿到一个数学系的本科生期末考试成绩单,里面有 3 列,分别是对数学的兴趣程度、复习时间、考试成绩。显然要学好数学,需要有浓厚的兴趣,所以第二项与第一项强相关,第三项和第二项也是强相关。那是不是可以合并第一项和第二项呢?再如,拿到一个数据集,样本特征非常多,而样本个数特别少,对这样的数据集做数据分析时,容易产生过度拟合问题。这时需要一种特征降维的方法减少特征数,降低噪音和冗余,减少过度拟合的可能性。主成分分析(principal components analysis,PCA)的方法可以解决上述问题。PCA 的思想是将原来数据集中的 n 维特征映射到 k 维上($k<n$),这 k 维是全新的正交特征,称为主成分,它们是重新构造出来的 k 维特征,而不是简单地从 n 维特征中去除其余 $n−k$ 维特征。主成分分析通过搜索 k 个最能代表数据的 k 维正交向量($k \leqslant n$)将原数据投影到一个小得多的空间上,形成维归约。由此,原数据可以投影到该较小的向量空间中,每一个数据样本都是 k 个主要成分向量的线性组合。

PCA 基本过程如下:

(1) 对输入数据规范化,使得每个属性都落入相同的区间。

（2）计算 k 个标准正交向量,作为规范化输入数据的基,这些向量称为主成分。

（3）对主成分按"重要性"（这里的重要性是按照数据的方差排序）或强度降序排列。

（4）去掉较弱的主成分,仅使用最强的主成分,重构原数据的近似。

与小波变换相比,PCA 能够更好地处理稀疏数据,而小波变换更适合高维数据。

例 2-14 本例给出一个关于 kaggle 数据集中波士顿房价的数据集,该数据集共包含 13 个特征。选取其中 13 个样本构造数据矩阵如下:

$$
\boldsymbol{X} = \begin{bmatrix}
0.006 & 18 & 2.31 & 0 & 0.538 & 6.575 & 65.2 & 4.09 & 1 & 296 & 15.3 & 396.9 & 4.98 \\
0.027 & 0 & 7.07 & 0 & 0.469 & 6.421 & 78.9 & 4.967 & 2 & 242 & 17.8 & 396.9 & 9.14 \\
0.027 & 0 & 7.07 & 0 & 0.469 & 7.185 & 61.1 & 4.867 & 2 & 242 & 17.8 & 392.8 & 4.03 \\
0.032 & 0 & 2.18 & 0 & 0.458 & 6.998 & 45.8 & 6.062 & 3 & 222 & 18.7 & 394.6 & 2.94 \\
0.069 & 0 & 2.18 & 0 & 0.458 & 7.147 & 54.2 & 6.062 & 3 & 222 & 18.7 & 396.9 & 5.33 \\
0.029 & 0 & 2.18 & 0 & 0.458 & 6.43 & 58.7 & 6.062 & 3 & 222 & 18.7 & 394.1 & 5.21 \\
0.088 & 12.5 & 7.87 & 0 & 0.524 & 6.012 & 66.6 & 5.56 & 5 & 311 & 15.2 & 395.6 & 12.43 \\
0.144 & 12.5 & 7.87 & 0 & 0.524 & 6.172 & 96.1 & 5.95 & 5 & 311 & 15.2 & 396.9 & 19.15 \\
0.211 & 12.5 & 7.87 & 0 & 0.524 & 5.631 & 100 & 6.082 & 5 & 311 & 15.2 & 386.6 & 29.93 \\
0.17 & 12.5 & 7.87 & 0 & 0.524 & 6.004 & 85.9 & 6.592 & 5 & 311 & 15.2 & 386.7 & 17.10 \\
0.224 & 12.5 & 7.87 & 0 & 0.524 & 6.377 & 94.3 & 6.346 & 5 & 311 & 15.2 & 392.5 & 20.45 \\
0.117 & 12.5 & 7.87 & 0 & 0.524 & 6.009 & 82.9 & 6.226 & 5 & 311 & 15.2 & 396.9 & 13.27 \\
0.093 & 12.5 & 7.87 & 0 & 0.524 & 5.889 & 39 & 5.45 & 5 & 311 & 15.2 & 390.5 & 15.71
\end{bmatrix}
$$

将上述矩阵中的数据作 z-score 规范化处理后,计算相应的协方差矩阵如下:

$$
\boldsymbol{\Sigma} = \begin{bmatrix}
1 & -0.2 & 0.407 & -0.06 & 0.422 & -0.22 & 0.353 & -0.38 & 0.627 & 0.584 & 0.291 & -0.39 & 0.457 \\
-0.2 & 1 & -0.54 & -0.04 & -0.52 & 0.313 & -0.57 & 0.666 & -0.31 & -0.32 & -0.39 & 0.176 & -0.41 \\
0.407 & -0.54 & 1 & 0.063 & 0.765 & -0.39 & 0.646 & -0.71 & 0.596 & 0.722 & 0.384 & -0.36 & 0.605 \\
-0.06 & -0.04 & 0.063 & 1 & 0.091 & 0.091 & 0.087 & -0.1 & -0.01 & -0.04 & -0.12 & 0.049 & -0.05 \\
0.422 & -0.52 & 0.765 & 0.091 & 1 & -0.3 & 0.733 & -0.77 & 0.613 & 0.669 & 0.189 & -0.38 & 0.592 \\
-0.22 & 0.313 & -0.39 & 0.091 & -0.3 & 1 & -0.24 & 0.206 & -0.21 & -0.29 & -0.36 & 0.128 & -0.62 \\
0.353 & -0.57 & 0.646 & 0.087 & 0.733 & -0.24 & 1 & -0.75 & 0.457 & 0.507 & 0.262 & -0.27 & 0.604 \\
-0.38 & 0.666 & -0.71 & -0.1 & -0.77 & 0.206 & -0.75 & 1 & -0.5 & -0.54 & -0.23 & 0.292 & -0.5 \\
0.627 & -0.31 & 0.596 & -0.01 & 0.613 & -0.21 & 0.457 & -0.5 & 1 & 0.912 & 0.466 & -0.45 & 0.49 \\
0.584 & -0.32 & 0.722 & -0.04 & 0.669 & -0.29 & 0.507 & -0.54 & 0.912 & 1 & 0.462 & -0.44 & 0.545 \\
0.291 & -0.39 & 0.384 & -0.12 & 0.189 & -0.36 & 0.262 & -0.23 & 0.466 & 0.462 & 1 & -0.18 & 0.375 \\
-0.39 & 0.176 & -0.36 & 0.049 & -0.38 & 0.128 & -0.27 & 0.292 & -0.45 & -0.44 & -0.18 & 1 & -0.37 \\
0.457 & -0.41 & 0.605 & -0.05 & 0.592 & -0.62 & 0.604 & -0.5 & 0.49 & 0.545 & 0.375 & -0.37 & 1
\end{bmatrix}
$$

由协方差矩阵出发求解主成分,首先计算出协方差矩阵的特征值,以及各个主成分（特征值）的贡献率与累计贡献率,得到的结果见表 2-6。

表 2-6 主成分结果

特征值	特征值	贡献率/%	累计贡献率/%	特征值	特征值	贡献率/%	累计贡献率/%
1	5.619	46.906	46.906	8	0.299	2.498	94.026
2	1.429	11.933	58.839	9	0.262	2.187	96.213
3	1.193	9.955	68.794	10	0.209	1.749	97.961
4	0.84	7.016	75.81	11	0.18	1.502	99.464
5	0.787	6.571	82.381	12	0.064	0.536	100
6	0.563	4.697	87.078	13	0	0	100
7	0.533	4.45	91.528				

各个主成分的贡献率计算公式如下：

$$\frac{\lambda_i}{\sum_{k=1}^{p}\lambda_k}(i=1,2,\cdots,p) \tag{2-25}$$

各个主成分的累计贡献率计算公式如下：

$$\frac{\sum_{k=1}^{i}\lambda_i}{\sum_{k=1}^{p}\lambda_k}(i=1,2,\cdots,p) \tag{2-26}$$

一般取累计贡献率达 $85\%\sim95\%$ 的特征值 $\lambda_1,\lambda_2,\cdots,\lambda_m$ 所对应的第一，第二，$\cdots$，第 $m(m\leqslant p)$ 个主成分作为新坐标系下的特征。

由此，可以从表 2-6 的数据中看出，前 6 个特征值的累计贡献率超过了 87%，因此只要选择前 6 个特征值作为主成分。于是对于特征值 $\lambda_1,\lambda_2,\lambda_3,\lambda_4,\lambda_5,\lambda_6$ 分别求出其对应的特征向量 l_1,l_2,l_3,l_4,l_5,l_6，如表 2-7 所示。

表 2-7 特征向量

	特征值 1	特征值 2	特征值 3	特征值 4	特征值 5	特征值 6
x_1	-0.236	0.282	-0.344	0.015	-0.342	0.207
x_2	-0.29	-0.281	0.111	0.5	0.225	0.205
x_3	-0.256	-0.258	0.032	-0.132	-0.119	-0.568
x_4	-0.102	-0.329	0.003	-0.473	-0.054	0.498
x_5	-0.011	-0.182	-0.022	0.683	-0.217	0.007
x_6	0.507	0.061	-0.026	0.108	0.026	-0.159
x_7	0.648	-0.28	-0.35	0.034	-0.215	0.138
x_8	0.248	-0.247	0.604	-0.099	0.099	-0.064
x_9	0.135	0.672	0.258	0.058	-0.103	-0.021

	特征值 1	特征值 2	特征值 3	特征值 4	特征值 5	特征值 6
x_{10}	-0.069	0.044	0.257	0.044	-0.408	0.39
x_{11}	-0.034	0.13	-0.359	-0.008	0.622	0.062
x_{12}	0.066	-0.068	-0.216	0.05	0.102	0.097
x_{13}	0.13	0.127	0.267	0.102	0.371	0.361

因此,所得的 6 个主成分的表达式为

$$z = \begin{pmatrix} l_{11} & l_{12} & \cdots & l_{1p} \\ l_{21} & l_{22} & \cdots & l_{2p} \\ l_{31} & l_{32} & \cdots & l_{3p} \\ l_{41} & l_{42} & \cdots & l_{4p} \\ l_{51} & l_{52} & \cdots & l_{5p} \\ l_{61} & l_{62} & \cdots & l_{6p} \end{pmatrix} \begin{pmatrix} x_1 \\ x_2 \\ x_3 \\ \vdots \\ x_p \end{pmatrix}$$

可以对上面 6 个主成分分析如下:

(1) 第一主成分 z_1 与 x_6、x_7 呈现出较强的正相关,而这两个变量则综合反映了住房房间数等住房状况,因此可以认为第一主成分 z_1 是住房质量情况。

(2) 第二主成分 z_2 与 x_9 呈现出较强的正相关,反映了住房周围公路通达性,因此可以认为第二主成分 z_2 代表住房环境交通方面的情况。

(3) 第三主成分 z_3 与 x_8 呈现出的正相关程度最高,因此可以认为第三主成分在一定程度上代表住房就业通勤方面的情况。

(4) 第四主成分 z_4 与 x_2、x_5 呈现出较强的正相关,而这两个变量则综合反映了环境一氧化氮状况,因此可以认为第四主成分 z_4 是住房周边环境情况。

(5) 第五主成分 z_5 与 x_{11} 呈现出较强的正相关,与 x_{10} 呈现出负相关,因此可以认为第五主成分 z_5 代表住房环境教育与物业等额外费用方面的情况。

(6) 第六主成分 z_6 与 x_3 呈现出负相关,与 x_4 呈现出正相关,因此可以认为第六主成分在一定程度上代表住房其他方面的情况。

显然,用六个主成分 z_1、z_2、z_3、z_4、z_5、z_6 代替原来 13 个变量 $(x_1, x_2, \cdots, x_{13})$,描述房价,可以使问题更进一步简化、明了。

3) 属性子集选择

有时候,要处理的数据集可能包含非常多的属性,而这些属性中只有很少一部分是和当前数据分析任务有关的。这时,可以人工选择需要的属性,然而大部分情况下,这样做是不现实的,因为有时候可能并不能确定哪些属性有用,而过多冗余的属性意味着更多冗余的数据和计算量的增大,这也会降低数据分析的效率。

属性子集选择可以解决上述问题,它通过删除不相关或冗余的属性找出最小属性集,使得数据集中类的分布尽可能地接近使用所有属性得到的类分布。在子集选择中,需要选择最佳子集,其含的维度最少,但对准确率的贡献最大。在维度较大时,可以采用启发式方法,在合理的时间内得到一个合理解(但不是最优解)。维度较小时,对所有子集做穷举检验。

对于 n 个属性,有 2^n 个可能的子集,通过穷举找到这些属性的最佳子集可能是不现实的。在实践中,一些基于贪心策略的压缩搜索空间的启发式算法往往能得到较好的结果。其基本方法包括逐步向前选择、逐步向后删除、逐步向前选择和逐步向后删除的组合以及决策树归纳:

- 逐步向前选择:即从空集开始逐渐增加特征,每次添加一个降低误差最多的变量,直到进一步添加不会降低误差或者降低很少为止。同时可以用浮动搜索,每一步可以改变增加和去掉的特征数量,以此来加速。

- 逐步向后删除:从所有变量开始,逐个排除它们,每次排除一个降低误差最多的变量,直到进一步的排除会显著提高误差。如果预料有许多无用特征时,逐步向前选择更可取。

- 逐步向前选择和逐步向后删除的组合:可以将逐步向前选择和逐步向后删除方法结合在一起,每一步选择一个最好的属性,并在剩余属性中删除一个最差的属性。

- 决策树归纳:决策树算法最初是用于分类的,这些方法将在第 5 章进行讨论。决策树归纳最后能够构造一个类似于流程图的树结构,其中每个内部(非叶)结点表示一个属性上的测试,每个分枝对应于测试的一个结果,每个外部(叶)结点表示一个类预测。在每个结点上,算法选择"最好"的属性,将数据集划分成不同子集。当决策树归纳用于属性子集选择时,由给定的数据构造决策树,出现在树中的属性形成归约后的属性子集。

在以上的属性选择方法中,进行误差检测时应在不同于训练集的测试集上做,因为需要得到泛化准确率。通常使用的特征越多,一般训练误差会越低,但不一定有更低的测试误差。属性子集选择在有些类型的数据分析中不能用于进行求属性子集的操作。比如,图像处理中,因为每个像素本身并不携带很多识别信息,能够携带图像识别信息的通常都是许多像素值的组合。

另外为了能够发现关于数据属性间联系的缺失信息,有助于新的知识发现和数据分析,可以基于其他属性进行分析,创建一些新属性,这称为属性构造,它有助于提高准确性和对高维数据结构的理解。

2. 数 量 归 约

1) 回归分析

回归分析(regression analysis)是确定两种或两种以上变量间相互依赖的定量关系的一种统计分析方法,运用十分广泛。回归分析按照涉及的变量的多少,分为一元回归分析和多元回归分析;按照自变量和因变量之间的关系类型,可分为线性回归分析和非线性回归分析;在线性回归中,按照因变量的多少,可分为简单回归分析和多重回归分析;如果在回归分析中,只包括一个自变量和一个因变量,且二者的关系可用一条直线近似表示,这种回归分析称为一元线性回归分析。如果回归分析中包括两个或两个以上的自变量,且自变量之间存在线性相关,则称为多元线性回归分析。

一般来说,回归分析的实质是通过规定因变量和自变量确定变量之间的因果关系,建立回归模型,并根据实测数据求解模型的各个参数,然后评价回归模型是否能够很好地拟合实测数据;如果能够很好地拟合,则可以根据自变量作进一步预测;反之,可以采用回归分析给数据集建模的方法,对数据集拟合回归模型,于是数据集就可以被压缩成只需要存储对应模型中自变量的属性值和模型参数,而可以由模型求得的因变量对应的属性值不再需要存储,从而大大减少数据的存储量。

还有一种特殊的回归模型是对数线性模型(Log-linear Model),它可以描述近似离散的多维概率分布。对于 n 维样本的数据集合,可以把每个样本看作 n 维空间中离散的点,采用对数线性模型,生成基于维组合的一个较小子集,估计多维空间中每个点的概率,从而使数据集从高维数据空间降到低维数据空间。

2) 直方图

直方图对数量的归约采用的是一种类似于分箱的技术约简数据的规模,是一种流行的简单数量归约形式。这种方法是将属性按照取值范围划分为不相交的连续区间,每个区间对应一个桶。可以用一个桶代表属性的一个取值,则该桶称为单值桶。通常,桶和属性值的划分可以有两种规则:等宽和等频。等宽直方图的每个桶宽度是一样的,而在等频直方图中,每个桶的频率大致为常数,也就是说,每个桶包含的邻近数据样本个数大致相同。

对于近似稀疏和稠密数据,以及高倾斜和均匀的数据,直方图都是非常有效的。单值属性直方图也可以推广到多个属性,称为多维直方图(如例 2-15),它可以描述属性间的依赖关系。

例 2-15 假设有一个包含 3 个向量的数据集,分别为{1,2,1,3,3,5,3,2,2,1},{1,2,1,3,3,5,3,2,2,1},{2,4,2,6,6,10,6,4,4,2},使用 MATLAB 绘制该数据集的多维直方图,如图 2-7 所示。显然,该数据集的三个向量之间存在明显的倍数关系,在三维直方图中,可以直观地看出这种关系。

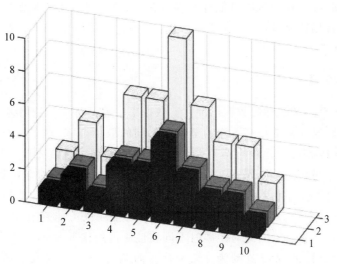

图 2-7 多维直方图

3）聚类

数据分析中的聚类算法也能够用于数量归约。它首先把数据样本看作对象,进而将对象划分为簇,使得一个簇中的对象"相似",而不同簇之间的对象"相异"。在数量归约中,一个簇中的所有数据样本可以用这个簇名进行替换。但是,当数据集中噪声比较多时,它将失去有效性。后面将介绍一些经典常用的聚类算法。

4）抽样

除了上述方法,还可以用抽样方法进行数量归约。抽样允许用数据小得多的随机样本表示大型数据集。常用的抽样方法包括:

(1）简单随机抽样:假设一个数据集中样本个数为 N,如果每个样本被抽到的概率相等,且每次抽取时只抽取一个样本,这样的抽样方法为简单随机抽样。简单随机抽样又分为无放回简单随机抽样和有放回简单随机抽样。简单随机抽样适用于数据集较小的情况。

(2）分层抽样:抽样前将数据集分成互不交叉的层,然后按照一定的比例从各层中独立抽取一定数量的样本,这样的抽样方法为分层抽样。适用于由差异明显的不同部分组成的数据集。

(3）聚类抽样:是将数据集中各单位归并成若干个互不交叉、互不重复的集合,称为簇。然后以簇为抽样单位抽取样本。应用聚类抽样时,要求各簇有较好的代表性,即簇内各样本的差异要小,簇间差异要大。

采用抽样进行数据分析,计算量正比于样本集的大小,与数据集大小无关。而其他数量归约技术都需要完整地扫描数据集。

2.5.3 数据转换

在数据准备阶段对数据进行转换有可能使得分析过程更有效,得到的模式更容易理解。这里需要说明的是,数据准备中的数据清洗与集成、数据归约以及数据转换的各个步骤并不是严格划分的,这些阶段可能存在很多重叠,前两种在 2.5.1 节和 2.5.2 节就已经介绍过,剩下的数据转换过程,其策略主要包括规范化和离散化等。本节将着重介绍数据转换的相关方法。

1. 数据规范化

数据规范化有时又被称为数据标准化。数据集中数据对象总是用多个属性特征进行描述的,由于不同属性常常具有不同的单位和不同的取值范围,在求取对象间距离时,不同取值单位的属性放在一起进行运算常使解释发生困难。例如:第 1 个属性的单位是kg,第 2 个属性的单位是 cm,那么在计算绝对距离时将出现两个对象中第 1 个属性之差的绝对值(单位是 kg)与第 2 个属性之差的绝对值(单位是 cm)相加的情况,也就是造成5kg 的差异和 3cm 的差异相加的问题。另外,不同属性也可能具有相差较大的取值范围,以至于造成在计算对象间绝对距离时不同属性所占的比重太大,对结果的影响也会很大,比如,第 1 个属性的取值范围为 2%～4%,而第 2 个属性的取值范围都为 1000～5000。为了避免单位不同和取值范围不同的影响,数据应该规范化或标准化。这就需要变换数据,使之落入较小的无量纲的共同区间,如[-1.0,1.0]或[0.0,1.0]。

数据的规范化可有效地改进涉及距离度量的算法的精度和有效性。对于采用距离度量的分类算法和聚类算法,数据规范化是特别重要的步骤。例如,使用神经网络后向传播算法进行分类挖掘,对于训练样本中每个属性的输入值规范化将有助于加快学习阶段的速度;对于基于距离的方法,规范化可以帮助防止具有较大值域的属性相比具有较小值域的属性权重过大。数据规范化的方法有许多,这里将着重讨论其中的 3 种方法:最小-最大规范化、z-score 规范化和按小数定标规范化。

(1) 最小-最大规范化:对原始数据进行线性变换。假定 $\min_A$ 和 $\max_A$ 分别为属性 A 的最小值和最大值。最小-最大规范化通过如下公式计算:

$$v' = \frac{v - \min_A}{\max_A - \min_A}(\text{new\_}\max_A - \text{new\_}\min_A) + \text{new\_}\min_A \tag{2-27}$$

将 A 的值 v 映射到区间 $[\text{new\_}\min_A, \text{new\_}\max_A]$ 中的 v'。

最小-最大规范化保持原始数据值之间的联系,但是如果数据集中新增的数据在 A 属性上的值超出了 A 的原始数据值域,该方法将无效。最小-最大规范化方法容易受到离群点的影响,因为离群点很可能是属性 A 取值区间的最大或最小值。

例 2-16　若数据集包含的 5 个维度中,salary 的取值相对于其他维都太大了,在计算数据间距离之前,需要将变量标准化。若 salary 的最大值为 135 000 元,最小值为 15 750 元。对于 id 为 1 的实体,salary 值为 57 000 元,采用最小-最大规范化方法计算如下:

由式(2-27)计算

$$\frac{57\,000 - 15\,750}{135\,000 - 15\,750}(1-0) + 0 \approx 0.35$$

则该实体 salary 属性规范后的结果为 0.35。

(2) z 分数(z-score)规范化(或零均值规范化):这种方法基于属性的均值和标准差进行规范化。其计算公式如下:

$$v' = \frac{v - \overline{A}}{\sigma_A} \tag{2-28}$$

其中 $\overline{A}$ 表示属性 A 所有取值的均值;σ_A 表示属性 A 所有取值的标准差。当不知道属性 A 的最大值和最小值,或者为避免离群点的影响,可以用 z-score 规范化。

例 2-17　同样地,对于例 2-16 中的 salary 变量,其均值为 34 349 元,标准差为 16 928 元,对于 id 为 1 的观测值 57 000 元,可以用 z-score 对其进行规范化:

$$\frac{57\,000 - 34\,349}{16\,928} \approx 1.34$$

得到规范化后的结果为 1.34。

(3) 小数定标规范化:通过移动属性值的小数点位置进行规范化。小数点的移动位数依赖于属性 A 所有观测值中的最大绝对值。其计算公式如下:

$$v'_i = \frac{v_i}{10^j} \tag{2-29}$$

其中,j 是使得 $\max(|v'_i|) < 1$ 的最小整数。

例 2-18 对于例 2-16 中的 salary 属性,因为属性最大绝对值为 135 000 元,所以在小数定标规范化时,将每个属性值除以 1 000 000(即 $j=6$)。对 id 为 1 的属性值进行小数定标规范化,由式(2-29)计算:

$$\frac{57\,000}{10^6}=0.057$$

得到规范化后的值为 0.057。

2. 数据离散化

数据离散化是指把连续型数据切分为若干"段",也称 bin,是数据分析中常用的手段。在营销数据的分析挖掘中,离散化得到普遍采用。其原因主要表现为以下两点:

(1) 算法输入数据的需要:例如决策树 C4.5,Naive Bayes 等算法本身不能直接使用连续型数据,只有经过离散化处理之后才能输入数据。这一点在使用具体软件时可能不明显。因为大多数数据分析软件在各个算法使用时已经内建了离散化处理程序,所以从使用界面看,软件可以接纳任何形式的数据。但实际上,软件都要在后台对连续型数据做预处理。

(2) 消除极端数据的影响:离散化可以有效地克服数据中隐藏的缺陷,使获得的分析模型更加稳定。例如,数据中的离群点或噪声是影响分析模型的一个重要因素,它们会导致模型的参数过高或过低,而离散化,尤其是等距离散化,可以有效地降低离群点和噪声的影响。

对数据进行离散化切分的原则有等距,等频,聚类,或根据数据特点等而定。

(1) 等距离散化:将连续型变量的取值范围均匀划成 n 等份,每份的间距相等。例如,在电信行业客户流失分析中,客户入网时间是一个连续型变量,可以从几天到几年。可以采取等距切分的方法把 1 年以下的客户划分成一组,1～2 年的客户为一组,2～3 年为一组……以此类推,间距都是一年。

(2) 等频离散化:将观察点均匀分为 n 等份,每份内包含的观察点数相同。设该电信公司共有 50 000 用户,等频离散化首先需要按照用户的入网时间顺序排列,排列好后可以按 5 000 人一组,把全部用户均匀分为 10 份。

(3) 聚类离散化:该方法包括两个步骤,首先将连续属性的值用聚类算法划分成簇,然后将聚类得到的簇再进行处理,可分为自顶向下的分裂或自底向上的合并策略。

(4) 有监督的离散化:使用上面介绍的 3 种离散化方法通常会比不做离散化效果要好,但是如果使用附加的信息(如类标号)进行有监督的离散化,常能够产生更好的结果。因为未使用类标号信息所构造的区间常存在不同类对象的混合。有监督的离散化通常使用的最简单方法是以极大化区间纯度确定分割点,一些基于统计学的方法常被用于为每个属性值分隔区间,常用的划分方法有卡方、信息增益、基尼指数等。

等距和等频离散化在大多数情况下会导致不同的结果。其中等距离散化可以保持数据原有的分布,分箱数越多,对数据原貌就保持得越好。但是当存在对于划分区间而言偏斜极为严重时,这种离散化方法是不适用的。等频离散化则把数据变换成均匀分布,虽然其避免了等距离散化的问题,但其可能将观察值相同的数据样本分在不同的箱内。不论是等距还是等频离散化,尽管使用简单易于操作,但是都需要人为定义所划分的区间个数,因此使用时对这个区间个数极为敏感。

虽然已有了很多离散化方法,但是没有任何一种离散化方法具有普适性,也不存在哪一种离散化方法得到的结果好于其他离散化方法,因此使用时一定要根据数据集的特点选用合适的离散化方法,以取得尽可能好的离散化效果。

2.6 数据统计分析常用工具介绍

"工欲善其事,必先利其器",对于数据分析相关工作人员来说,一个趁手的工具可以节省很多的时间,大大提高工作效率。对于学生来说,掌握几种流行的统计分析工具是大有益处的。本节将介绍几种实用的统计分析工具。2.6.1 节介绍 Pandas 统计分析工具,2.6.2 节介绍 SPSS 统计分析工具,2.6.3 节会对 SAS 统计分析工具做简单的了解,2.6.4 节简要介绍统计分析 R 语言。

2.6.1 Pandas 统计分析工具

Pandas 是基于 Numpy 的一个数据分析工具包,最初被作为金融数据分析工具,由 AQR Capital Management 于 2008 年 4 月开发。目前,Pandas 已广泛应用于处理金融、统计、社会科学、工程等领域里的大多数典型用例,也是使 Python 语言成为广泛而强大的数据分析环境的重要因素之一。

Pandas 是 Python 的核心数据分析支持库,纳入快速、灵活、明确的数据结构,提供丰富并能快速便捷地处理数据的方法和机制,可以直观而高效地处理大型数据集。

Pandas 具有 Series(一维数据)与 DataFrame(二维数据)等数据结构,能灵活地处理类似 SQL 或 Excel 的含异构列的表格数据、非固定频率的时间序列数据、同构或异构的带行列标签的矩阵数据与任意其他形式的观测或统计数据集。此外,Pandas 提供的功能主要包括:自动、显式数据对齐,强大、灵活的分组与聚合,轻松地转换不规则的数据,基于智能标签或对大型数据集进行切片、花式索引、子集分解等操作,直观地合并与灵活地重塑,成熟的 I/O 工具与支持日期范围生成、频率转换、移动窗口统计、移动窗口线性回归、日期位移等时间序列功能等。

由于 Pandas 是 Python 的第三方库,所以使用前需要安装,直接使用 pip install pandas 就会自动安装 Pandas 以及相关组件,再通过 import pandas as pd 引入 Pandas 库就可以使用其对数据进行统计分析的操作。Pandas 作为一个开源数据工具库,可利用 Pandas 官方参考文档,对其安装、数据结构以及方法和机制等进行学习与研究。将在 2.7 节对其使用方法进行详细介绍。

2.6.2 SPSS 统计分析工具

SPSS(statistical product and service solutions,统计产品和服务解决方案)是世界著名的商用统计分析软件之一。经过近 40 年的发展,在全球已拥有大量的用户。1984 年,SPSS 总部推出了世界上第一个统计分析软件微机版本 SPSS/PC+,开创了 SPSS 微机系列产品的开发方向,极大地扩充了它的应用范围,并使其能很快地应用于自然科学、技术科学、社会科学的各个领域。SPSS有很多优点,它操作简便,功能强大,具有很强的针对性,而且能非常美观地展现统计分析的结果。

下面简要介绍SPSS的界面及主要功能,希望读者对SPSS能有一个直观的认识。

启动SPSS后,可以看到它的主界面,如图2-8所示,其上方的菜单栏中每一个选项都能完成特定的功能:

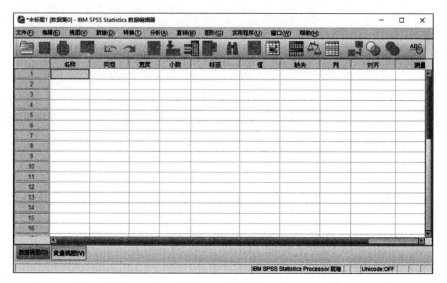

图2-8　变量视图

(1)"文件"菜单用于新建SPSS各种类型的文件、打开文件或从其他数据源读入文件。

(2)"编辑"菜单包含撤销、剪切、复制、粘贴、查找、更改SPSS设置等操作。

(3)"视图"菜单主要用于显示或隐藏状态行、工具栏、网格线、值标签以及改变字体等。

(4)"数据"菜单用于对SPSS数据文件进行操作,如定义变量、合并文件、转置变量和记录或产生分析的观测值子集等。

(5)"转换"菜单在数据文件中对所选择的变量进行变换,并在已有的变量值的基础上计算新的变量。

(6)"分析"菜单用于进行各种统计分析,包括各种统计过程,如回归分析、相关分析、因子分析等。

(7)"直销"菜单内含一些市场营销相关功能。

(8)"图形"菜单可以用于产生条形图、饼图、直方图、散点图或其他高分辨率的图形以及动态的交互式图形。

(9)"实用程序"菜单可以显示数据文件和变量的信息,定义子集,运行脚本程序,自定义SPSS菜单等。

SPSS的主界面就是它的编辑窗口。对于SPSS而言,它把数据编辑窗口分成两张表显示,一张是数据视图,另一张则是变量视图。可以看到,图 2-8 中左下角有两个选项卡,单击按钮就可以切换两种视图。图 2-8 呈现的是变量视图。

数据视图可以直接由用户输入数据和存放数据,视图的左边显示的是个案的序号,上边显示的是变量的名称,变量视图主要是用来存放变量的,其中包括变量名称、变量类型、宽度、小数、标签、值、缺失、列、对齐和度量标准,前 6 个属性的定义如下:

(1) 名称:数据视图中变量的名字,必须以字母,汉字或者@开头,总长度不超过 8 个字符。

(2) 类型:变量的类型,一共有 8 种类型。如数值型、字符串型、时间型、逗号型等。

(3) 宽度:即变量取值所占有的宽度,默认为 8 位。

(4) 小数:即小数的位数,默认为 2 位。

(5) 标签:对变量名称的详细说明。

(6) 值:对变量取值的说明,类似 Excel 数据的下拉菜单选择,并且可以由数字代替具体的值,如图 2-9 所示,其中输入了性别属性的取值说明。

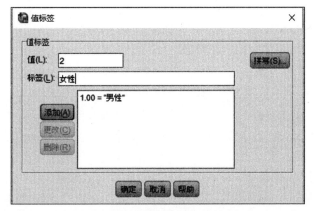

图 2-9　"值标签"对话框

SPSS 虽然操作简单,但是在处理大量数据时速度并不是很理想。2.6.3 节将介绍一个对大量数据而言更快速的分析工具——SAS,它学习起来更为复杂,但是可以应用于大数据集的统计分析。

2.6.3　SAS 统计分析工具

SAS(statistical analysis system)是一个模块化、集成化的大型应用软件系统。SAS系统主要完成以数据为中心的四大任务:数据访问、数据管理、数据呈现、数据分析。

SAS 对于处理大数据具有很大优势,在金融领域 SAS 使用非常广泛。相对于 SPSS来说,SAS 有更加强大的绘图工具,而且可以编程,很受高级用户的欢迎,但是 SAS 是最难掌握的统计分析软件之一。

图 2-10 即 SAS 打开的界面,SAS 界面主要窗口有 3 个,分别是编辑器、日志窗口和输出窗口。

编辑器窗口是用来编写程序的,它在 SAS 中起着主导性作用,因此,有较好的编程基

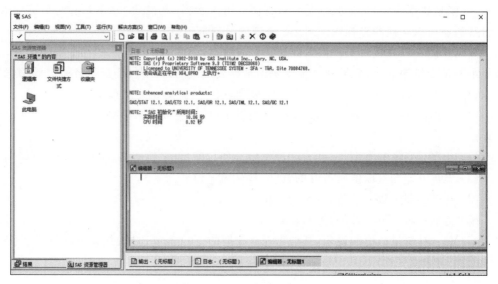

图 2-10　SAS 主界面

础才能更好地使用 SAS。

日志窗口是对编程后输出过程的分析,如果结果出错,日志里会以红色的文字标出,还有警告语句会以绿色的文字标出,蓝色是正常。查看日志有助于查找错误。

输出窗口是对输出结果的显示,所编程序的结果都是在该窗口输出。

可以看到,相比于 SPSS 来说,SAS 界面中的选项更少,这意味着需要自己编程实现大部分的工作。

SAS 程序由 SAS 数据步(data step)和过程步(process step)组成。数据步是用 DATA 语句开始的一组 SAS 语句,其作用是输入数据并建立 SAS 数据集。SAS 数据集的后缀名一律为.sd2,并不出现在程序中。SAS 系统只能分析 SAS 数据集的数据。SAS 数据步中的 input 和 cards 语句是数据步中的专用语句。其中 input 语句用来生成变量,cards 语句用来指明数据输入的开始。

过程步是用 PROC 语句开始的一组或几组 SAS 语句,其作用是激活 SAS 程序,并对已形成的 SAS 数据集通过过程步中的语句进行统计分析、打印等处理。SAS 程序中的字符串或数字之间均以空格隔开,并以“;”作为结束字符。

图 2-11 为一个简单的 SAS 程序及其日志输出。

虽然 SAS 功能十分强大,但也因其高昂的价格而让一些中小企业望而却步。对于如今朝气蓬勃的互联网行业来说,他们更喜欢使用开源的自由软件。

2.6.4　R 语言统计分析工具

R 语言诞生于 1980 年左右,是 S 语言的一个分支,在统计领域广泛使用,可以认为 R 语言是 S 语言的一种实现。而 S 语言是由 AT&T 贝尔实验室开发的一种用来进行数据探索、统计分析和作图的解释型语言。

R 语言拥有一套完整的数据处理、计算和制图软件,其功能包括:数据存储和处理系

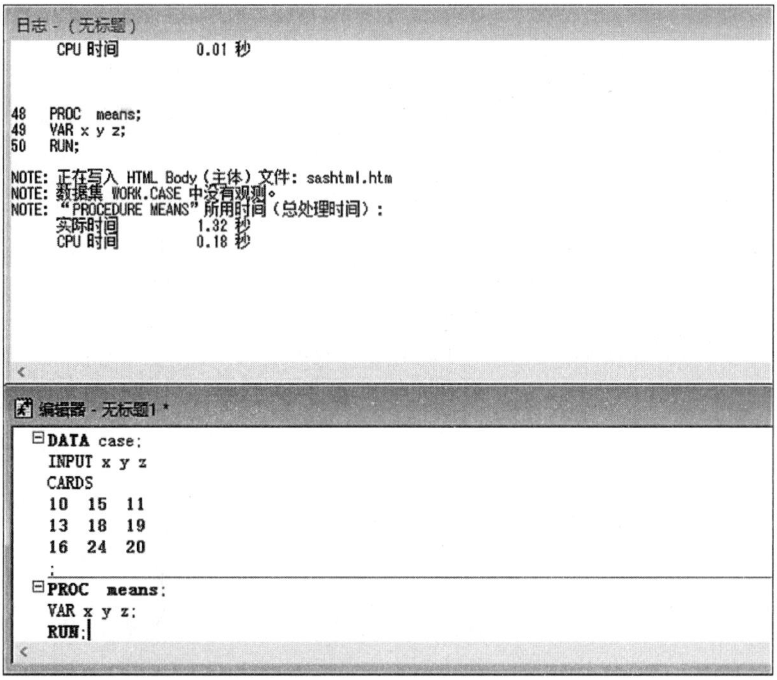

图 2-11　日志输出

统;数组运算工具(其向量、矩阵运算方面功能尤其强大);完整连贯的统计分析工具;优秀的统计制图功能;简便而强大的编程语言既可以操纵数据的输入和输出,也可以实现分支和循环结构。而最重要的是 R 语言是完全免费开源的。所以对于很多中小型公司来说,R 语言是数据分析的首选工具。

安装好 R 语言之后,就可以打开其自带的 RGui 开始使用,其界面如图 2-12 所示。

在实际应用中,一般不会直接使用 RGui,而是使用更美观、交互更人性化的 RStudio,其启动后界面如图 2-13 所示。

RStudio 提供的辅助功能有助于初学者顺利地输入函数,比如,忘记画图函数 plot,输入前几位字母,如 pl,再按 Tab 键,会出现所有已安装的程序包中以 pl 开头的函数及简要介绍,按 Enter 键即可选择。同时 Tab 键还可以显示函数的各项参数。例如,输入 plot (RStudio 会自动补上右括号),接着按 Tab 键则显示 plot()的各项参数。上下键可以用来切换上次运行的函数,RStudio 中 Ctrl＋↑键可以显示最近运行的函数历史列表。如果想重复运行前面刚进行的命令,使用该操作非常方便。

可以用两种方式编写 R 程序:命令行和脚本文件。

如图 2-14 是 R 程序的命令行界面,在这个界面下,输入一行命令后按 Enter 键就可以得到相应的输出。图 2-14 中进行了一个简单的加法运算。也可以通过脚本的形式编辑代码,在菜单栏中选择 File→New→R script 可以建立一个 R 脚本文件,可以在这个文件里预先编辑一系列的代码,然后再执行这个脚本文件。

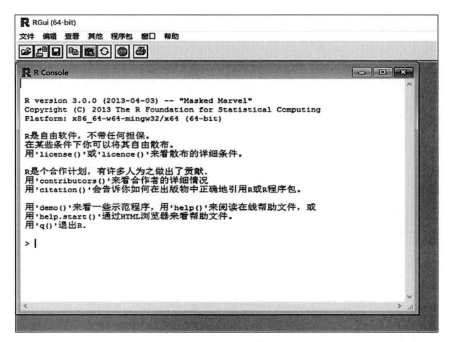

图 2-12　RGui 界面

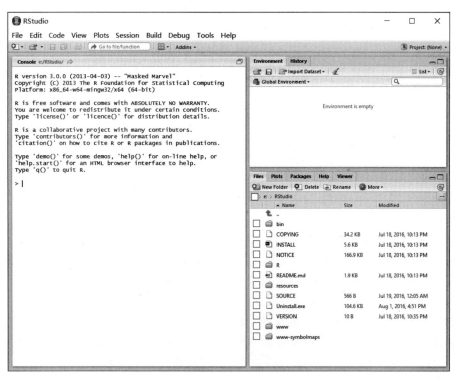

图 2-13　RStudio 界面

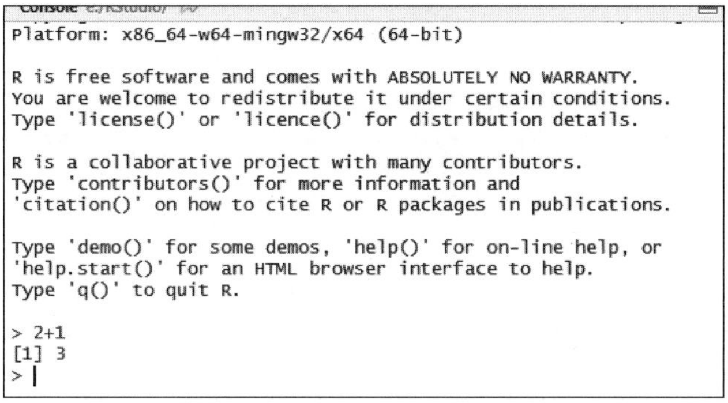

图 2-14 命令行

2.7 Pandas 案例分析

本节对泰坦尼克号乘客信息数据集(https://www.kaggle.com/c/titanic/data)进行简单的 Pandas 数据处理,包括数据清洗与转换、方差分析、相关性分析以及数据间距离的分析。在 2.7.1 节,首先进行待分析数据的准备,2.7.2 节介绍数据的录入与编辑方法,2.7.3 节是数据的清洗与转换相关内容的实现,在 2.7.4 节,将对数据进行简单的方差分析,而在 2.7.5 节开展数据的相关性分析实现,最后将在 2.7.6 节探讨数据间距离的分析。

2.7.1 数据准备

一般来说,获取数据的途径是数据库、数据仓库或者已有的文件。在本节的例子中,从网上下载了泰坦尼克号乘客信息数据集,该数据集包含 1309 个乘客的身份、船票等信息。具体属性描述见表 2-8,图 2-15 为 csv 格式的数据集。

表 2-8 泰坦尼克号乘客信息数据集属性描述

id	pclass	name	sex	age	parch	sibsp	ticket	cabin	fare	embarked	survived
编号	客舱等级	姓名	性别	年龄	直系亲友	旁系亲友	船票编号	客舱编号	票价	上船港口编号	是否存活

2.7.2 数据录入与编辑

有了数据集,接下来需要录入数据。Pandas 提供了一些可以读取与存储表格型数据、Excel 文件、JSON 数据、HTML 文件等数据的方法,可以一次性导入所有数据。其中,read_csv 与 read_table 方法是最常用的。并且,Pandas 为数据录入方法提供了丰富的参数选项,可以容易地对混乱的数据进行加载。可以通过查看 Pandas 文档,根据具体数据集情况,选择需要的参数进行数据加载。

Pandas 无须定义变量,导入 Pandas 库后,可直接使用 read_csv 方法导入训练集与测试集。并通过 contact 方法对训练集与测试集进行合并,得到最终的泰坦尼克号数据集。通过 pandas.head 方法默认可以查看前 5 行的数据信息。并且,通过 pandas.info 方法可

65

以清楚地查看各数据列的类型,也可以查看是否存在缺失值及缺失值数目。由图 2-16 可以看出,整个数据集为 Data Frame 类型,包含 int64、float64、object 类型的数据。Age、Fare、Cabin、Embarked 存在缺失数据,对上述缺失值的处理将在 2.7.3 节进行讨论。其中 Survived 属性是类别标签属性,其缺失部分意味着是需要预测的值。

Passenger Id	Survived	Pclass	Name	Sex	Age	SibSp	Parch	Ticket	Fare	Cabin(船舱	Embarked(上船地点)
1	0	3	Braund, Mr. Owen H	male	22	1	0	A/5 21171	7.25		S
2	1	1	Cumings, Mrs. John	female	38	1	0	PC 17599	71.2833	C85	C
3	1	3	Heikkinen, Miss. L	female	26	0	0	STON/O2. 3	7.925		S
4	1	1	Futrelle, Mrs. Jac	female	35	1	0	113803	53.1	C123	S
5	0	3	Allen, Mr. William	male	35	0	0	373450	8.05		S
6	0	3	Moran, Mr. James	male		0	0	330877	8.4583		Q
7	0	1	McCarthy, Mr. Timo	male	54	0	0	17463	51.8625	E46	S
8	0	3	Palsson, Master. G	male	2	3	1	349909	21.075		S
9	1	3	Johnson, Mrs. Osca	female	27	0	2	347742	11.1333		S
10	1	2	Nasser, Mrs. Nicho	female	14	1	0	237736	30.0708		C
11	1	3	Sandstrom, Miss. M	female	4	1	1	PP 9549	16.7	G6	S
12	1	1	Bonnell, Miss. Eli	female	58	0	0	113783	26.55	C103	S
13	0	3	Saundercock, Mr. W	male	20	0	0	A/5. 2151	8.05		S
14	0	3	Andersson, Mr. And	male	39	1	5	347082	31.275		S
15	0	3	Vestrom, Miss. Hul	female	14	0	0	350406	7.8542		S
16	1	2	Hewlett, Mrs. (Mar	female	55	0	0	248706	16		S
17	0	3	Rice, Master. Euge	male	2	4	1	382652	29.125		Q
18	1	2	Williams, Mr. Char	male		0	0	244373	13		S
19	0	3	Vander Planke, Mrs.	female	31	1	0	345763	18		S
20	1	3	Masselmani, Mrs. F	female		0	0	2649	7.225		C
21	0	2	Fynney, Mr. Joseph	male	35	0	0	239865	26		S
22	1	2	Beesley, Mr. Lawre	male	34	0	0	248698	13	D56	S
23	1	3	McGowan, Miss. Ann	female	15	0	0	330923	8.0292		Q
24	1	1	Sloper, Mr. Willia	male	28	0	0	113788	35.5	A6	S
25	0	3	Palsson, Miss. Tor	female	8	3	1	349909	21.075		S

图 2-15　数据集

```
<class 'pandas.core.frame.DataFrame'>
RangeIndex: 1309 entries, 0 to 1308
Data columns (total 12 columns):
PassengerId    1309 non-null int64
Survived       891 non-null float64
Pclass         1309 non-null int64
Name           1309 non-null object
Sex            1309 non-null object
Age            1046 non-null float64
SibSp          1309 non-null int64
Parch          1309 non-null int64
Ticket         1309 non-null object
Fare           1308 non-null float64
Cabin          295 non-null object
Embarked       1307 non-null object
dtypes: float64(3), int64(4), object(5)
memory usage: 122.8+ KB
```

图 2-16　变量类型及缺失值

2.7.3　数据清洗与转换

1. 数据清洗

观测值的缺失往往会给统计分析带来许多麻烦,尤其是在时间序列分析中更是如此。时间序列里如果存在缺失值,可能导致一些变量的计算不能进行,比如,在计算环比和定基发展速度的时候,假如时间序列里有缺失值,由于系统自动将数据文件中数值型变量的缺失值视为 0,因此计算中有可能会出现除数为 0 的情况。除了时间序列中的缺失值,其他变量类型的缺失值也会对统计分析结果造成一定的影响。Pandas 提供 isnull 和 notnull 方法,检测是否存在缺失值,可用于 dataframe 和 series 类型数据的检测。如图 2-17 所示,Passenger Id 为 6 的实体的变量 Age 是一个缺失值。

Passenger Id	Survived	Pclass	Name	Sex	Age	SibSp	Parch	Ticket	Fare	Cabin	Embarked
1	0	3	Braund, Mr. Owen Harr	male	22	1	0	A/5 21171	7.25		S
2	1	1	Cumings, Mrs. John B	female	38	1	0	PC 17599	71.2833	C85	C
3	1	3	Heikkinen, Miss. Lair	female	26	0	0	STON/02.	7.925		S
4	1	1	Futrelle, Mrs. Jacqu	female	35	1	0	113803	53.1	C123	S
5	0	3	Allen, Mr. William H	male	35	0	0	373450	8.05		S
6	0	3	Moran, Mr. James	male		0	0	330877	8.4583		Q
7	0	1	McCarthy, Mr. Timoth	male	54	0	0	17463	51.8625	E46	S

图 2-17　缺失值

同时也可以通过 pandas.info 方法查看缺失值统计情况,如图 2-16 所示,可以发现 Age、Fare、Cabin、Embarked 存在缺失数据,像这样的缺失值在数据集中还有很多。产生缺失值的原因可能是录入数据时的失误,或者采集数据时的失误,或者其他原因。如图 2-16 结果所示,可以得出变量 Age 有 263 个缺失值,大约占总数的 20%。Cabin 有 1014 个缺失值,大约占总数的 77%,数据缺失率较大。Fare 有 1 个缺失值,Embarked 有 2 个缺失值。

Pandas 中常利用 dropna 方法,可以通过 axis 与 how 等参数设置方便地过滤缺失数据。由于 Cabin(客舱编号)缺失率较大,可利用 dropna 方法丢弃 Cabin 列。Pandas 中常利用 fillna 方法对缺失值进行填充。Pandas 提供了多种缺失值填充策略,可按照具体数据类型与应用进行选择。常用的策略有通用值填充,邻近点中位数或邻近点平均值填充,以及模型预测缺失值再填充。这里可为整型数据 Age 和 Fare 选择的缺失值填充策略是取邻近点的平均值,Age 还可以采取 KNN 或随机森林等模型进行预测填充。Embarked 缺失较少且为 object 型,这里使用众数进行填充。如图 2-18 所示,利用 KNN 模型预测,Passenger Id 为 6 的实体的变量 Age 被填充为 25。

Passenger Id	Survived	Pclass	Name	Sex	Age	SibSp	Parch	Ticket	Fare	Cabin	Embarked
1	0	3	Braund, Mr. Owen Harr	male	22	1	0	A/5 21171	7.25		S
2	1	1	Cumings, Mrs. John B	female	38	1	0	PC 17599	71.2833	C85	C
3	1	3	Heikkinen, Miss. Lair	female	26	0	0	STON/02.	7.925		S
4	1	1	Futrelle, Mrs. Jacqu	female	35	1	0	113803	53.1	C123	S
5	0	3	Allen, Mr. William H	male	35	0	0	373450	8.05		S
6	0	3	Moran, Mr. James	male	25	0	0	330877	8.4583		Q

图 2-18　替换结果

再次查看数据缺失值统计情况,可以看到如图 2-19 所示的结果,Age、Fare、Embarked 都不存在缺失数据。

2. 数据转换

在做统计分析时,有时候需要对变量进行转换以达到更好的效果。例如,在回归分析中经常需要对变量做对数化处理。Pandas 提供了灵活而强大的变量计算与数据转换方法。在 Pandas 中,可以通过 duplicated 方法检测重复,利用 drop_duplicates 方法过滤重

```
<class 'pandas.core.frame.DataFrame'>
RangeIndex: 1309 entries, 0 to 1308
Data columns (total 9 columns):
Survived    891 non-null float64
Pclass      1309 non-null int64
Name        1309 non-null object
Sex         1309 non-null object
Age         1309 non-null float64
SibSp       1309 non-null int64
Parch       1309 non-null int64
Fare        1309 non-null float64
Embarked    1309 non-null object
dtypes: float64(3), int64(3), object(3)
```

图 2-19　缺失值替换后的结果

复。通过 mean(均值)与 std(方差)方法轻松编写数据标准化方法。利用 replace 与 map 等方法进行数据转换。

如图 2-20 所示,Fare 票价数据的取值范围与其他数据的差别很大,这里对 Fare 进行数据规范化可以有效地改进涉及距离度量的算法的精确度和有效性。同时,如果希望将 Age 年龄根据其数据的特点按照年龄段进行离散化切分,可以按照年龄映射规则构造字典或者编写方法,通过 map 函数方便地进行转换。

```
         Survived       Pclass          Age        SibSp        Parch
count   891.000000  1309.000000  1309.000000  1309.000000  1309.000000
mean      0.383838     2.294882    30.039129     0.498854     0.385027
std       0.486592     0.837836    13.361819     1.041658     0.865560
min       0.000000     1.000000     0.170000     0.000000     0.000000
25%       0.000000     2.000000    22.000000     0.000000     0.000000
50%       0.000000     3.000000    29.000000     0.000000     0.000000
75%       1.000000     3.000000    38.400000     1.000000     0.000000
max       1.000000     3.000000    80.000000     8.000000     9.000000

               Fare
count   1309.000000
mean      33.295479
std       51.738879
min        0.000000
25%        7.895800
50%       14.454200
75%       31.275000
max      512.329200
```

图 2-20　各数据统计情况

再次查看数据的统计情况,Fare 票价标准化与 Age 年龄离散化后的结果如图 2-21 所示。可以看出,Fare 票价与 Age 年龄的方差与数值分布都发生了变化。

2.7.4　数据方差分析

单因素方差分析用来测试某一个控制变量的不同水平是否给观察变量造成显著差异

图 2-21 转换后各数据统计情况

和变动。本节将考察不同的客舱等级是否对票价的差异造成影响。因此，需要对客舱等级进行计算分组统计。Pandas 提供了一个灵活高效的 groupby 机制，它可以很便捷地实现分割、统计、组内转换、分数位分析以及其他统计分组分析等操作。

此处先利用 groupby 机制按照 Pclass（客舱等级）对 Fare（票价）进行分组，再利用 describe 方法得到统计信息，结果如图 2-22 所示。可以看出明显的结论：客舱等级的值越低即客舱等级越高，购买船票的花费就越高。

Pclass	count	mean	std	min	25%	50%	75%	max
1	323.0	87.508992	80.447178	0.0	30.6958	60.0000	107.6625	512.3292
2	277.0	21.179196	13.607122	0.0	13.0000	15.0458	26.0000	73.5000
3	709.0	13.331087	11.510752	0.0	7.7500	8.0500	15.2458	69.5500

图 2-22 分组后数据统计情况

图 2-23 是以客舱等级为横轴，以票价的平均值为纵轴的散点图，从图中可以直观地看出各组均值的分布。

2.7.5 数据相关性分析

相关分析（correlation analysis）是研究对象之间是否存在某种依存关系及相关程度的一种统计方法。在统计学上，两个连续型变量的关系多以线性关系进行分析，线性关系分析是用直线方程的原理估计两个变量关系的强度，比如，常见的相关系数就是刻画两个变量线性相关关系的指标，相关系数越大表示线性关系越强，相关系数越小表示线性关系越弱。本节对 Pclass（船舱等级）、Age（年龄）、SibSp（直系亲友）、Parch（旁系亲友）、Fare（票价）与 Survived（是否存活）之间的相关性进行分析。

Pandas 中可以直接通过 dataframe.corr 函数计算变量间的相关系数，且提供了

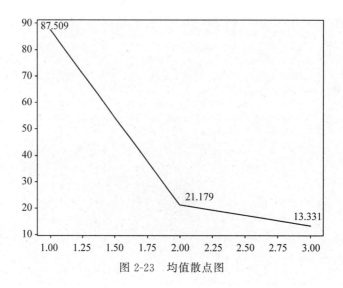

图 2-23 均值散点图

pearson、kendall、spearman 三种衡量变量相关性的方式,可以根据数据与需求进行选择使用。同时,可以用热力图对相关系数矩阵进行展示。由于 Pyplot.matshow 方法无法展示相关系数的具体值,因此,此处我们可以用 seaborn.heatmap 方法对相关系数矩阵进行可视化展示,分析结果如图 2-24 所示。

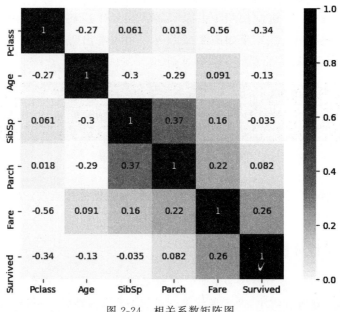

图 2-24 相关系数矩阵图

从图 2-24 的结果看出,船舱等级与票价的相关系数达到−0.56,说明这两个变量之间具有一定的相关性,并且呈负相关,即船舱等级越低,票价越低。

2.7.6　数据间距离分析

在统计学领域或者数据挖掘领域，通常用距离描述样本之间的相似关系。一般将样本视为多维空间的点，并在该空间定义点与点之间的距离，将距离较近的点归为一类，距离较远的点视为属于不同的类。

本节将选择 Pclass（船舱等级）、Age（年龄）、SibSp（直系亲友）、Parch（旁系亲友）、Fare（票价）这 5 个变量作为距离测量的 5 个维度。Pandas 具有强大的计算能力，可以基于 Series 和 DataFrame 等基础数据结构，灵活地对数据进行多种运算。Pandas 提供的主要运算方式有算术运算、逻辑运算、统计运算、自定义运算。同时，因为 Fare 的数值普遍很大，为了不过于影响距离测度，应对所有的变量进行标准化处理。在标准化方法中，将每个观测量值减去它们的最小值，然后除以极差，将它们标准化到 0～1，最后再求距离矩阵。

运行结果如图 2-25 所示，该矩阵是一个 1309×1309 的对称矩阵，包含了所有数据点对之间的距离。

	0	1	2	3	4	5	6	7	8	9	10	11	12	13	14	15
0	0	0.237624	0.013046	-0.11382	-0.98454	-0.97665	-1.13774	0.267207	2.075056	-0.55892	-0.81735	-0.62697	-0.98454	5.464351	-1.98832	0.169118
1	-0.23762	0	-0.22458	-0.35144	-1.22216	-1.21427	-1.37536	0.029583	1.837431	-0.79655	-1.05498	-0.8646	-1.22216	5.226727	-2.22595	-0.06851
2	-0.01305	0.224578	0	-0.12687	-0.99758	-0.98969	-1.15078	0.254161	2.062009	-0.57197	-0.8304	-0.64002	-0.99758	5.451305	-2.00137	0.156072
3	0.113819	0.351444	0.126866	0	-0.87072	-0.86283	-1.02392	0.381026	2.188875	-0.4451	-0.70353	-0.51315	-0.87072	5.57817	-1.8745	0.282938
4	0.984538	1.222162	0.997584	0.870719	0	0.007892	-0.1532	1.251745	3.059593	0.425614	0.167186	0.357565	0	6.448889	-1.00378	1.153656
5	0.976646	1.214271	0.989692	0.862827	-0.00789	0	-0.16109	1.243853	3.051702	0.417723	0.159294	0.349673	-0.00789	6.440997	-1.01168	1.145765
6	1.137737	1.375362	1.150784	1.023918	0.1532	0.161091	0	1.404945	3.212793	0.578814	0.320385	0.510764	0.1532	6.602088	-0.85058	1.306856
7	-0.26721	-0.02958	-0.25416	-0.38103	-1.25174	-1.24385	-1.40494	0	1.807849	-0.82613	-1.08456	-0.89418	-1.25174	5.197144	-2.25553	-0.09809
8	-2.07506	-1.83743	-2.06201	-2.18887	-3.05959	-3.0517	-3.21279	-1.80785	0	-2.63398	-2.89241	-2.70203	-3.05959	3.389295	-4.06333	-1.90594
9	0.558924	0.796548	0.57197	0.445104	-0.42561	-0.41772	-0.57881	0.826131	2.633979	0	-0.25843	-0.06805	-0.42561	6.023275	-1.4294	0.728042
10	0.817352	1.054976	0.830398	0.703533	-0.16719	-0.15929	-0.32039	1.084559	2.892408	0.258428	0	0.190379	-0.16719	6.281703	-1.17097	0.986471
11	0.626973	0.864597	0.640019	0.513154	-0.35756	-0.34967	-0.51076	0.89418	2.702029	0.068049	-0.19037	0	-0.35756	6.091324	-1.36135	0.796091
12	0.984538	1.222162	0.997584	0.870719	0	0.007892	-0.1532	1.251745	3.059593	0.425614	0.167186	0.357565	0	6.448889	-1.00378	1.153656
13	-5.46435	-5.22673	-5.45131	-5.57817	-6.44889	-6.441	-6.60209	-5.19714	-3.3893	-6.02327	-6.2817	-6.09132	-6.44889	0	-7.45267	-5.29523
14	1.988322	2.225947	2.001368	1.874503	1.003784	1.011676	0.850585	2.255529	4.063378	1.429399	1.17097	1.361349	1.003784	7.452673	0	2.157441
15	-0.16912	0.068506	-0.15607	-0.28294	-1.15366	-1.14576	-1.30685	0.098089	1.905937	-0.72804	-0.98647	-0.79609	-1.15366	5.295233	-2.15744	0
16	-1.4228	-1.18517	-1.40975	-1.53662	-2.40733	-2.39944	-2.56053	-1.15559	0.65226	-1.98172	-2.24015	-2.04977	-2.40733	4.041555	-3.41112	-1.25368
17	0.888865	1.126489	0.901911	0.775046	-0.09567	-0.08778	-0.24887	1.156072	2.963921	0.329941	0.071513	0.261892	-0.09567	6.353216	-1.09946	1.057983
18	-0.20777	0.02985	-0.19473	-0.32159	-1.19231	-1.18442	-1.34551	0.059433	1.867282	-0.71	-1.02513	-0.83475	-1.19231	5.256577	-2.1961	-0.03866
19	0.000483	0.238108	0.013529	-0.11334	-0.98405	-0.97616	-1.13725	0.26769	2.075539	-0.55844	-0.81687	-0.62649	-0.98405	5.464834	-1.98784	0.169602
20	1.637603	1.875228	1.65065	1.523784	0.653066	0.660957	0.499866	1.90481	3.712659	1.07868	0.820251	1.01063	0.653066	7.101954	-0.35072	1.806722
21	0.888865	1.126489	0.901911	0.775046	-0.09567	-0.08778	-0.24887	1.156072	2.963921	0.329941	0.071513	0.261892	-0.09567	6.353216	-1.09946	1.057983
22	0.98494	1.222564	0.997986	0.871121	0.000402	0.008294	-0.1528	1.252147	3.059996	0.426016	0.167588	0.357967	0.000402	6.449291	-1.00338	1.154058
23	1.453989	1.691613	1.467035	1.34017	0.469451	0.477343	0.316252	1.721196	3.529045	0.895065	0.636637	0.827016	0.469451	6.91834	-0.53433	1.623107
24	-1.26721	-1.02958	-1.25416	-1.38103	-2.25174	-2.24385	-2.40494	-1	0.807849	-1.82613	-2.08456	-1.89418	-2.25174	4.197344	-3.25553	-1.09809

图 2-25　距离矩阵

以上就是本节 Pandas 分析实例的所有内容，对于实际应用来说，掌握这些是远远不够的，希望本节内容能起到一个抛砖引玉的效果。

2.8　小　结

- **数据分析**的标准流程分为以下几步：数据分析问题的理解、相关数据的理解、相关数据的准备、分析模型的建立、分析模型的评估、分析结果的部署。
- 一般来说，**准确性**、**完整性**、**一致性**、**时效性**等指标是评价数据质量最常用的标准。
- 获取的**数据集**都由一个一个**数据对象**组成，每一个对象都代表一个实例。**属性**是一个字段，表示数据对象的一个特征。
- **标称属性**的值是符号或事物的名字，其中每个值代表某种类别、编码或状态。

- **二元属性**是仅有两种可能的状态(0 或 1,真或假)的标称属性。如果两个状态同等重要,则它是对称的,否则是非对称的。
- **序值属性**是其可能值之间具有有意义的序或排位,但相继值之间的量值未知的属性。
- **数值属性**是最常用的一种数据类型,它是可度量的,用整数或实数值表示,它定量地描述对象。
- **数据的中心趋势度量**是指一组数据向某一中心值靠拢的倾向,测度中心趋势就是要寻找数据一般水平的代表值或中心值。中心趋势度量一般包括数据的中值、中位数、均值与中列数。
- **数据的离散趋势度量**反映了数据集中的值远离其中心值的程度,因此也可以叫作离中趋势度量。主要有极差、分位数、五数概括、方差和标准差等几种度量方法。
- 对象相似性和相异性度量用于聚类分析、离群点分析、最近邻分类等数据挖掘应用中。度量方法包括:Jaccard 系数、欧几里得距离、曼哈顿距离、切比雪夫距离、闵可夫斯基距离、汉明距离、编辑距离以及余弦相似性。
- 对于**数据相关性**,本章主要介绍了皮尔逊相关系数、斯皮尔曼秩相关系数以及协方差。
- **数据清洗**试图填补缺失值,光滑噪声,同时识别离群点,并纠正数据的不一致性。
- **数据集成**将来自多个源的数据整合成一致的数据存储。该过程中需要解决异常数据、冗余数据及重复数据。
- **数据归约**包括维归约、数量归约和数据压缩。**维归约**减少样本空间中所包含的属性个数。其方法包括小波变换、主成分分析以及属性子集选择,前面两种是把原数据变换或投影到维数较小的样本空间中,而后者是通过相关性等方法分析后,检测样本空间中不相关、弱相关或冗余的属性或维,然后予以删除。**数量归约**用替代的、较小的数据集表示形式替换原数据集,包括参数方法或非参数方法。参数方法就是为数据集拟合一个描述模型来估计数据,使得存储形式只需要存放模型参数,而不是实际的数据集。如各种回归模型;非参数方法包括直方图、聚类和抽样等。**数据压缩**使用不同变换方法以得到原数据的压缩形式。无损压缩用于要求重构的信号与原始信号完全一致的场合。一些常用的无损压缩算法有霍夫曼算法和 LZW 压缩算法。如果只能近似重构或不完全恢复原数据,则该数据归约技术称为有损压缩。有损压缩广泛应用于语音,图像和视频数据的压缩。

2.9 习　　题

1. 选择题

(1) 属性的取值范围决定了属性的类型,其中,定性描述的属性可以划分为(　　　)。

[A] 标称属性　　　[B] 布尔属性　　　[C] 序值属性　　　[D] 数值属性

(2) 数据缺失的处理方式有(　　　)。

[A] 删数据　　　[B] 删除一列　　　[C] 手工填补　　　[D] 自动填补

2. 填空题

(1) _____ 是远离数据集中其余部分的数据,这部分数据可能由随机因素产生,也可能是由不同机制产生。

(2) 最简单的处理不均衡样本集的方法是随机采样。采样一般分为 _____ 和 _____。

3. 判断题

(1) 序数属性的值提供了足够的信息确定数据对象之间的序,但是值之前的差是未知的。

(2) 切比雪夫距离也称为上确界距离,是向量空间中的一种度量。两点之前的切比雪夫距离可以定义为其各坐标数值差中最小的差值。

2.10　参 考 文 献

[1] 张文霖. 一切从数据准备开始[J]. 数据,2013(8):46-47.

[2] 简祯富,许嘉裕. 大数据分析与数据挖掘[M]. 北京:清华大学出版社,2016.

[3] Jiawei Han, Micheline Kamber, Jian Pei,等. 数据挖掘概念与技术[M]. 北京:机械工业出版社,2012.

[4] 杨青云,赵培英,杨冬青,等. 数据质量评估方法研究[J]. 计算机工程与应用,2004,40(09):3-4.

[5] 刘明吉,王秀峰,黄亚楼. 数据挖掘中的数据预处理[J]. 计算机科学,2000,4:56-59.

[6] 菅志刚,金旭. 数据挖掘中数据预处理的研究与实现[J]. 计算机应用研究,2004,7:117-118.

[7] 杨辅祥,刘云超,段智华. 数据清理综述[J]. 计算机应用研究,2002,19(3):3-5.

[8] 吴爱华. 不一致数据的查询处理[D]. 上海:复旦大学,2010.

[9] 康睿智,郝文宁. 数据归约效果评估方法研究[J]. 计算机工程与应用,2016(15):93-96.

[10] 蔡维玲,陈东霞. 数据规范化方法对 K 近邻分类器的影响[J]. 计算机工程,2010(22):175-177.

[11] Friston K J, Frith C D, Liddle P F, et al. Functional connectivity: the principal-component analysis of large (PET) data sets[J]. Journal of Cerebral Blood Flow & Metabolism, 1993, 13(1):5-14.

[12] 田兵. 单因素方差分析的数学模型及其应用[J]. 阴山学刊:自然科学版,2013,27(2):24-27.

数据可视化技术

当我们准备好数据,知道数据是由什么类型的属性或字段组成以后,就可以通过相应的数据预处理技术填补数据集中的缺失值,光滑噪声,识别离群点,由基本的统计描述方法获得关于数据集属性值的中心趋势和离散趋势。但是,是否可以用相关的方法对整理好的数据集进行可视化的观察,直观地了解数据看上去如何?值如何分布?离群点分布的大概位置?数据对象之间大致的相似性如何?借助于数据可视化技术不仅能以图形化的方式观察数据,更有助于识别隐藏在杂乱数据集中的关系、趋势和偏差。不同的应用场景和数据类型使用不同的可视化方法。例如,简单的表格类型数据可以使用柱状图和折线图等,而复杂的层级结构数据可以使用树图等可视化方法。

本章从可视化技术的应用及划分开始(3.1 节),然后学习最常用的高维数据的可视化方法(3.2 节)和网络数据的可视化方法(3.3 节),最后通过两个竞赛案例对可视化技术的实际应用做详细介绍(3.4 节)。

3.1　可视化简介

数据可视化是一门古老的学科。早在公元 2 世纪,人们就开始用行和列管理数据。到中世纪时期,人们已开始使用包含等值线的地磁图、表示海上主要风向的天象图等。在 20 世纪,随着计算技术和显示技术的发展,数据可视化技术更是得到飞速发展。近十多年来,随着大数据技术的发展,现有可视化技术已难以应对海量、高维、多源和动态数据可视化的挑战,数据可视化技术随之迎来了新的发展机遇。

数据可视化是被许多学科和领域专家所使用的视觉传递现代技术,它包含数据可视表达的创造性和研究性两个层面。数据可视化将数据所包含的信息的综合体,包含属性和变量,抽象化为一些图表形式。数据可视化的主要目的是借助统计图、散点图和其他图的形式,准确、清晰、有效地传达数据中所包含的信息。有效的可视化更能进一步帮助用户分析数据,推论事件,寻找规律。它使得复杂数据更容易被用户理解和使用。

数据可视化处理的对象是数据,根据处理对象的不同,数据可视化可分为科学可视化和信息可视化两个分支。又由于数据可视化具有分析推理等数据分析的功能,且数据分析对理解数据和使用数据具有非常重要的作用,将可视化与数据分析相结合,又形成一个新的数据可视化方向,即可视分析。

科学可视化是一个跨学科的科学分支,也是可视化领域发展最早和最成熟的一个学科。科学可视化主要关注三维空间数据的可视化,强调线、面、体等几何、拓扑结构的真实表达,其主要应用领域是自然科学,如物理、化学、医学、流体力学、生物学、气象学等学科。根据数据的不同类别,科学可视化可分为标量场可视化、矢量场可视化和张量场可视化。

信息可视化是以增强人的认知能力为目的的抽象数据和非结构化数据可视表达研究。与科学可视化相比,信息可视化主要关注抽象数据,不仅包括数值数据,也包括非数值数据,如文本、图像、层次结构等。统计信息可视化起源于统计图形学,与信息图形学、视觉设计等现代技术相关。信息可视化的研究融合了多个学科,如计算机科学、计算机图形学、人机交互、可视设计、心理学、商业方法等。在本章,主要关注与大数据关系最密切的信息可视化内容。

可视分析是一门辅以交互可视界面进行分析推理的科学,主要通过耦合人的分析能力与机器的计算能力智能地解决由于数据量、问题的复杂性等带来的棘手难题,可视交互界面则是耦合人与机器的介质。可视分析融合了数据表达与分析、人机交互和可视化等技术,已经并仍在推动分析决策、技术转移等技术的发展。

数据可视化是艺术也是科学。作为一门科学,可视化应该真实反映数据所包含的信息;作为一门艺术,可视化应该具有艺术美感。为了实现可视化在科学与艺术间的平衡,可视化需要达到真、善、美三种境界:

真,即真实性,指可视化结果应正确反映数据的本质;

善,即易感知,指可视化结果应有利于公众认知数据背后所蕴含的现象和规律;

美,即艺术性,指可视化结果的形式和内容应和谐统一。

在对数据进行可视化之前首先要了解数据类型,不同的数据类型都有对应的可视化方法。在 3.2 节中介绍针对高维数据的可视化方法,在 3.3 节中介绍针对网络数据的可视化方法。

3.2 高维数据可视化

在本节中主要介绍高维数据可视化的处理分析过程。在对高维数据可视化时,如果维度过高则需要对数据进行降维处理,在 3.2.1 节中介绍几种常见的降维处理方法,在 3.2.2 节中介绍几种常用的高维数据可视化方法。

无论是在日常生活中还是在科学研究中,高维数据处处可见。例如,一件简单的商品就包含型号、厂家、价格、性能、售后服务等多种属性;再如,在癌症研究中,为了找到与致癌相关的基因,需要综合分析不同患者的成百上千个基因表达;对大气、海洋、宇宙等复杂物理现象的计算模拟,也要考虑到诸如温度、压强等多个维度因素。人们一般很难直观快速地理解三维以上的数据,而将数据转化为可视的形式,就可以帮助人们理解和分析高维空间中的数据特性。高维数据可视化技术旨在用图形表现高维度的数据,并辅以交互手段,帮助人们分析和理解高维数据。

高维数据可视化主要分为降维方法和非降维方法。降维方法指将高维数据投影到低维空间,尽量保留高维空间中原有的特性和聚类关系。常见的降维方法有主成分分析(PCA)、多维尺度分析(multi-dimensional scaling, MDS)、自组织图(self-organization map,SOM)等。这些方法通过数学方法将高维数据降维,进而在低维屏幕空间中显示。通常,数据在高维空间中的距离越近,在投影图中两点的距离也越近。高维投影图可以很好地展示高维数据间的相似度以及聚类情况等,但并不能表示数据在每个维度上的信息,也不能表现维度间的关系。高维投影图损失了数据在原始维度上的细节信息,但直观地提供了数据之间宏观的结构。

数据降维方法的分类,如图 3-1 所示。

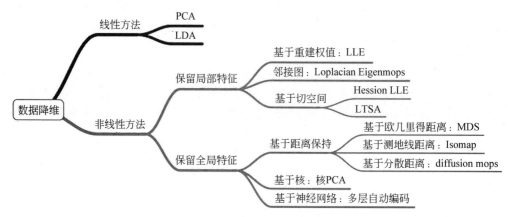

图 3-1　数据降维方法的分类

3.2.1　降维方法

1. 主成分分析(PCA)

PCA 是一种较为普遍的线性降维方法,它的目标是通过某种线性投影,将高维的数据映射到低维的空间中表示,并期望在所投影的维度上数据的方差最大,以此使用较少的数据维度,同时保留较多的原数据点的特性。

PCA 的原理就是将原来的样本数据投影到一个新的空间中,相当于矩阵分析中将一组矩阵映射到另外的坐标系下。通过一个转换坐标,也可以理解成把一组坐标转换到另外一组坐标系下,但是在新的坐标系下,表示原来的样本不需要那么多的变量,只需要原来样本的最大的一个线性无关组的特征值对应的空间的坐标即可。通俗地理解,就是如果把所有的点都映射到一起,那么几乎所有的信息(如点和点之间的距离关系)都丢失了,而如果能使映射后方差尽可能地大,那么数据点则会分散开,以此保留更多的信息。可以证明,PCA 是丢失原始数据信息最少的一种线性降维方式(实际上就是最接近原始数据,但是 PCA 并不试图去探索数据内在结构)。

设 n 维向量 w 为目标子空间的一个坐标轴方向(称为映射向量)最大化数据映射后的方差,有

$$\max_{w} \frac{1}{m-1} \sum_{i=1}^{m} \left[w^{\mathrm{T}} (x_i - \bar{x}) \right]^2$$

其中,m 是数据实例的个数;x_i 是数据实例 i 的向量表达;$\bar{x}$ 是所有数据实例的平均向量。

定义 W 为包含所有映射向量为列向量的矩阵,经过线性代数变换,可以得到如下优化目标函数:

$$\min_{w} \mathrm{tr}(W^{\mathrm{T}}AW), \text{s.t.} W^{\mathrm{T}}W = I$$

其中,tr 表示矩阵的迹;A 是数据协方差矩阵:

$$A = \frac{1}{m-1} \sum_{i=1}^{m} (x_i - \bar{x})(x_i - \bar{x})^{\mathrm{T}}$$

容易得到最优的 W 是由数据协方差矩阵前 k 个最大的特征值对应的特征向量作为列向量构成的。这些特征向量形成一组正交基并且最好地保留了数据中的信息。

PCA 追求的是在降维之后能够最大化保持数据的内在信息,并通过衡量在投影方向上的数据方差的大小衡量该方向的重要性。但是这样投影以后对数据的区分作用并不大,反而可能使得数据点糅杂在一起无法区分。这也是 PCA 存在的最大一个问题,这导致使用 PCA 在很多情况下的分类效果并不好。如图 3-2 所示,若使用 PCA 将数据点投影至一维空间上时,PCA 会选择 2 轴(ϕ_2),这使得原本很容易区分的两簇点被糅杂在一起变得无法区分;而这时若选择 1 轴(ϕ_1)将会得到很好的区分结果。

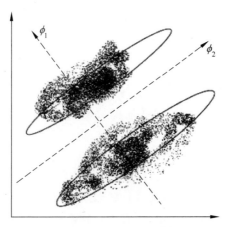

图 3-2　PCA 分析图

比如,原来的样本的维度是 $30 \times 1\,000\,000$,就是说有 30 个样本,每个样本有 $1\,000\,000$ 个特征点,这个特征点太多了,需要对这些样本的特征点进行降维。在降维的时候会计算一个原来样本矩阵的协方差矩阵,这里就是 $1\,000\,000 \times 1\,000\,000$,当然,这个矩阵太大了,计算的时候会用其他的方式进行处理,这里只是讲解基本的原理,然后通过这个 $1\,000\,000 \times 1\,000\,000$ 的协方差矩阵计算它的特征值和特征向量,最后获得具有最大特征值的特征向量构成转换矩阵。例如,前 29 个特征值已经能够占到所有特征值的 99% 以上,那么只需要提取前 29 个特征值对应的特征向量即可。这样就构成了一个 $1\,000\,000 \times 29$ 的转换矩阵,然后用原来的样本乘以这个转换矩阵,就可以得到原来的样本数据在新的特征空间的对应的坐标。将样本的维数降为 30×29,这样原来的训练样本中每个样本的特征值的个数就降到 29 个。

一般来说,PCA 降维后的每个样本的特征的维数不会超过训练样本的个数,因为超出的特征是没有意义的。虽然目前比较火的图像、视频、文字等多媒体数据大多是在一个非线性的流形上或者附近,PCA作为一种线性的降维方法可能很少使用,但是PCA依然是不可替代的,比如,2015年IEEE VIS年会中的可视分析(VAST2015)最佳论文就颁给一个使用PCA做动态网络分析的工作。

2. 多维尺度分析(MDS)

MDS是分析研究对象的相似性或差异性的一种多元统计分析方法。MDS主要考虑的是成对样本间的相似性,主要思想是用成对样本的相似性构建合适的低维空间,使得样本在低维空间的距离和高位空间中的距离尽可能保持一致。根据样本是否可计量,可分为Metric MDS和Nonmetric MDS。目标函数是每对低维空间中的欧几里得距离与高维空间中相似度差的平方和,最小化目标函数,用一些数值优化方法得到最优解。

3.2.2 非降维方法

非降维方法保留了高维数据在每个维度上的信息,可以展示数据的所有维度。各种非降维方法的主要区别在于如何对不同的维度进行数据到图像属性的映射。当维度数量较少时,可以直接通过与位置、颜色、形状等多种视觉属性相结合的方式对高维数据进行编码,例如,在形状、大小、颜色上映射数据维度的小图标方法,或用不同角度映射数据维度呈放射形状的星形图(star plots)。但当维度数量增多,数据量变大,或对数据呈现精度的需求提高时,这些方法往往难以满足需要。在处理科学、社会研究和应用中的复杂高维数据时,需要伸缩性(scalability)更强的高维数据可视化方法,包括散点图矩阵(scatterplot matrix)和平行坐标(parallel coordinates)等。

1. 星形图

星形图,又称为雷达图(radar chart)。星形图可以看成平行坐标的极坐标版本。多元数据的每个属性由一个坐标轴表示,所有坐标轴连接到共同的原点(圆心),其布局沿圆周等角度分布,每个坐标轴上的点的位置由数据对象的值与该属性最大值的比例决定,用折线连接所有坐标轴上的点,围成一个星形区域。星形区域的形状和大小反映了数据对象的属性。

星形图提供了一种比较紧凑的数据可视化。随着数据维度的增加,可视化所占的圆形区域内需要显示更多的坐标,但是,其总面积并不变。由于人类视觉识别对形状和大小的敏感性,星形图能使得不同数据对象之间的比较更加容易和高效。

图3-3左边展现了汽车数据12个数字变量的星形图,这12个变量按照图3-3右边的变量赋值键所示进行排列。图3-3右边的为星形图的变量赋值键;其侧面和底部的变量与大小相关联,其他变量与价格和性能相关联。图3-3中每颗星代表一种汽车模型;星中的每条射线长度与各个变量值成正比。对于汽车数据而言,一个变量有较大的值(即较长的射线)则可能意味着这是一辆好车,如PRICE、TURN和GRATIO等变量。在图3-3中最显著的标示就是:在顶部的星形图中顶部的价格和性能(price and performance)变量射线较长,并且底部的尺寸(size)变量射线较短;但反过来这样理解也是对的:最重的

模型在星形图的底部一行。

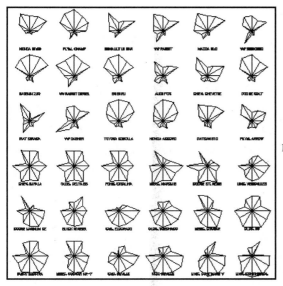

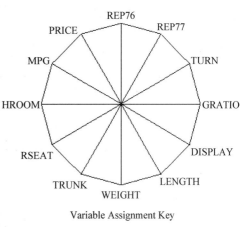

图 3-3　汽车数据星形图

图片来源：https://www.webpages.uidaho.edu/~stevel/519/R/Statistical％20Graphics％20for％20Multivariate％20Data.pdf

图 3-4 展现了美国 50 个州以及首都华盛顿哥伦比亚特区的犯罪率。在右图的范例中，可以看到在星形图中 7 个坐标分别表示 7 种类型的犯罪（车辆失窃、盗窃、抢劫、谋杀和强奸等）。范例中展示的乔治亚州除了强奸发生率低之外，其余各种犯罪率都较高。在左图中，代表所有 50 个州和华盛顿特区的星形图按照顺序依次排列，用户可以通过比较

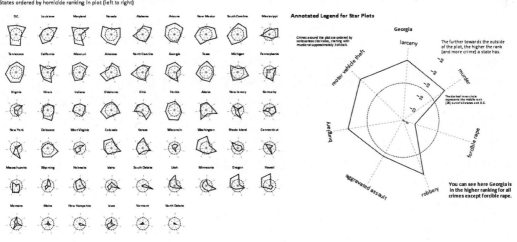

图 3-4　美国 50 个州以及首都华盛顿特区的犯罪率星形图

图片来源：https://www.webpages.uidaho.edu/~stevel/519/R/Statistical％20Graphics％20for％20Multivariate％20Data.pdf

不同星形区域的大小和形状,了解各州的犯罪情况。例如,北达科他州是各类犯罪最少的州,而南达科他州除了强奸发生率较高之外,其余犯罪率都较低。

2. 切尔诺夫脸谱图

切尔诺夫脸谱图(Chernoff Faces)是由美国统计学家切尔诺夫在 1976 年率先提出的,用脸谱分析多维度数据,即将 P 个维度的数据用人脸部位的形状或大小表示。此方法和星形图类似,也采用图标表示单个多元数据对象,不同的是,切尔诺夫脸谱图采用模拟人脸的图标表示数据对象,它可以把多元数据用二维的人脸的方式整体表现出来。各类数据变量经过编码后,转变为脸型、眉毛、眼睛、鼻子、嘴、下巴等面部特征,数据整体就是一张表情各异的人脸。例如,图 3-5 展示了使用切尔诺夫脸谱图可视化同样的美国各州犯罪率数据的例子,其中脸的长度表示谋杀案的发生率,脸的宽度表示强奸案的发生率,从图中可以明显地观察到阿拉斯加州(Alaska)的强奸案发生率较高,华盛顿哥伦比亚特区(Washington D.C.)的谋杀案发生率较高。

切尔诺夫脸谱图的灵感来源于,当人们面对错综复杂的信息时,人脑会自动过滤掉无用信息,保留有用信息。人脑通常可以察觉到一些非常细微甚至难于测量的变化,然后对其做出反应,同时,人脑区分脸谱时,这种优越性更加明显,因为无论是脸的胖瘦还是五官的大小和位置,都极易给人留下深刻的印象,因而易于区别。但人们对于人脸上各个部分或者特征的感知程度不同,所以需要根据数据分析的目的和属性的优先级别选择合适的属性与某个人脸特征之间形成映射。

3. 散点图

散点图(Scatterplot)的本质是将抽象的数据对象映射到二维的直角坐标系表示的空间。数据对象在坐标系的位置反映了其分布特征,直观、有效地揭示两个属性之间的关系。面向多元数据,散点图的思想可泛化为:采用不同的空间映射方法将多元数据对象布局在二维平面空间中,数据对象在空间中的位置反映了其属性及相互之间的关联,而整个数据集在空间中的分布则反映了各个维度之间的关系及数据集的整体特性。图 3-6 表达的是世界各国预期寿命与人均国内生产总值的散点图可视化。每个数据对象(圆点)代表一个国家,圆点的大小表示国家人口,圆点的颜色表示国家所在的洲。

散点图矩阵是散点图的高维扩展,它从一定程度上克服了在平面上展示高维数据的困难,在展示多维数据的两两关系时有着不可替代的作用。散点图矩阵是由所有两两维度间的散点图按矩阵形式排列而成的,每个散点图都表现出两个维度间的关系。通过散点图矩阵,可以看到数据在任意两个维度间的相关特性以及聚类情况。它的缺点是不能显示各个数据在多个维度上的协同关系,同时需要很大的显示空间,需要的显示空间的面积正比于维度数目的平方。

图 3-7 是以鸢尾花数据为例,利用 R 语言 graphics 包中的 pairs()函数绘制的散点图矩阵。图中不同颜色分别代表不同品种的鸢尾花,从图中可以观察到各类鸢尾花的花瓣、花萼长宽的大体分布以及它们两两之间的关系。

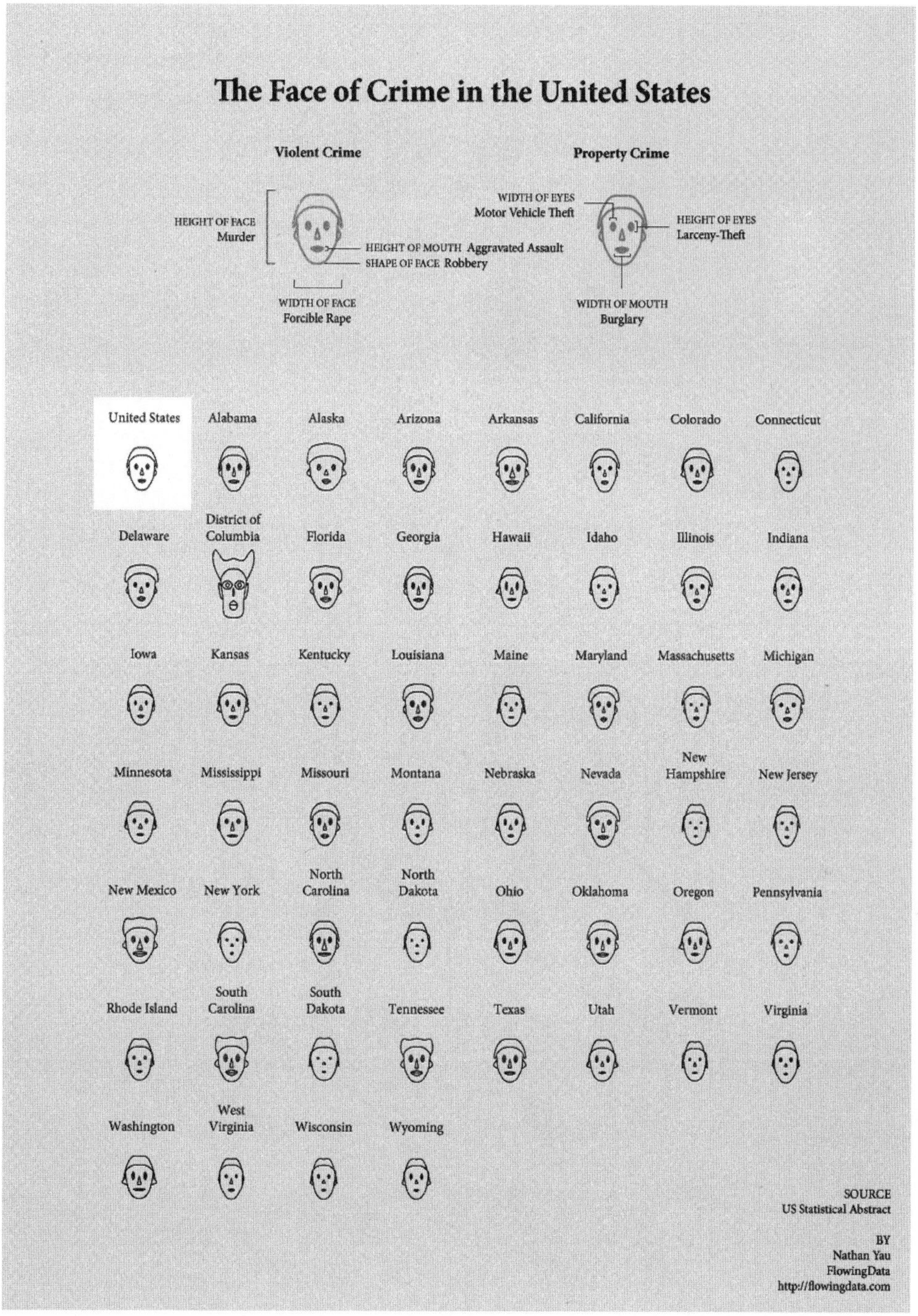

图 3-5　Chernoff Faces

图片来源：http://flowingdata.com/2010/08/31/how-to-visualize-data-with-cartoonish-faces/crime-chernoff-faces-by-state-edited-2/

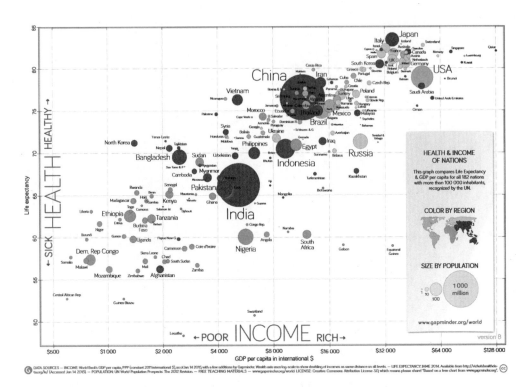

图 3-6　世界各国预期寿命与人均国内生产总值的散点图可视化

图片来源：http://www.gapminder.org(见彩图)

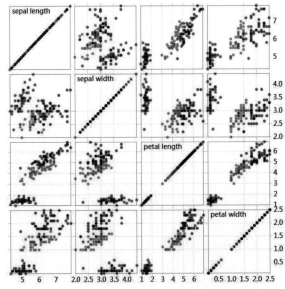

图 3-7　鸢尾花散点图矩阵

图片来源：https://github.com/d3/d3/wiki/Gallery(见彩图)

4. 平行坐标

平行坐标(Parallel Coordinates)是将高维数据的各个变量维度用一系列相互平行的坐标轴表示,变量值对应轴上的位置。将描述不同变量维度的同一数据对应各点连接成折线,代表一个数据的一条折线在平行的坐标轴上的投影就反映了变化趋势和各个变量维度间的相互关系。平行坐标能够帮助分析数据在多个维度上的分布和多个维度之间的关系,且平行坐标需要的显示面积仅正比于维度的数目。由于每个数据点都表现为一条折线,所以平行坐标在两个维度之间关系的表现不如散点图清楚,并且当数据量增大时更容易受到图元堆叠的影响。

图 3-7 中的例子使用的鸢尾花数据也可以用平行坐标系表示,如图 3-8 所示。从图 3-8 中可以看到,鸢尾花的 Iris setosa 类花萼长度主要分布于 4.3～5.8cm,花萼宽度主要分布于 2.9～4.4cm,但也有一个例外,其花萼宽度为 2.3cm,这种情况可以猜测到是植物中的突变或者异常;花瓣长度主要分布于 1.0～1.9cm,花瓣宽度主要分布于 0.1～0.6cm;其他两种鸢尾花的情况也可以从图中观察到。除此之外,还可以从图中观察出它们两两之间更多的联系。

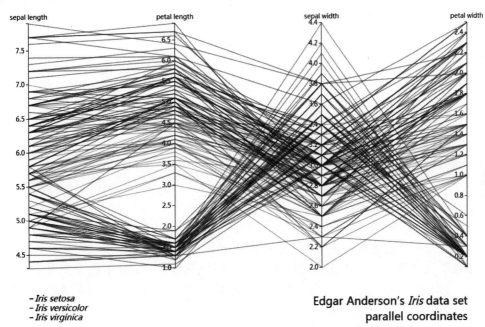

图 3-8　鸢尾花平行坐标系

图片来源:https://github.com/d3/d3/wiki/Gallery

图 3-9 为在平行坐标中结合散点图。图中的两个属性 Horsepower 和 Displacement 的关系在两个轴之间用散点图表示。

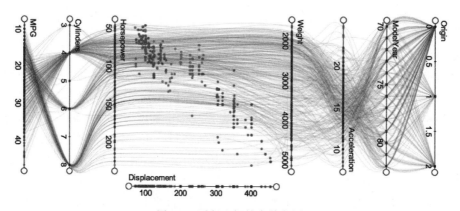

图 3-9　平行坐标结合散点图

图片来源：http://vis.pku.edu.cn/mddv/val/gallery(见彩图)

3.3　网络数据可视化

　　网络可视化充分利用视觉感知系统,将网络数据以图形化的形式展现出来,快速直观地解释及概览网络结构数据。一方面辅助用户认识网络的内部结构;另一方面有助于挖掘隐藏在网络内部中的有价值信息。本节针对网络拓扑类型数据介绍几种对应的可视化方法,在3.3.1节中介绍常见的结点-链接法,在3.3.2节中介绍相邻矩阵布局,在3.3.3节中介绍多种布局的混合应用。

　　互联网已经成为信息的主要载体之一,基于网络的研究在数据获取方面越来越容易,网络数据分析是伴随着现代网络技术的应用出现的一个较新的研究领域,它具有复杂性、多维度和时变性等特点。人们已经习惯在网络上分享信息,结识新的朋友等;基于微信、微博等社交 App,可以迅速发布身边正在发生的事情,因此社交媒体相对传统媒体(如报纸、电视新闻等)具有很好的竞争力。企业可以对巨大的网络数据进行挖掘分析并发现潜在的商业价值,甚至能通过基于网络的各种平台直接影响客户,客户同样可以从网络数据中获取信息了解公司的方方面面,以达到指导和决定投资的目的。

　　相较于树型数据中明显的层次结构,网络数据并不具有自底向上或自顶向下的层次结构,表达的关系更加复杂和自由。图的绘制包括 3 方面:网络布局、网络属性可视化和用户交互,其中最核心的要素是网络布局决定图的结构关系。最常用的网络布局方法有结点-链接法和相邻矩阵两类。

3.3.1　结点-链接法

　　在可视化布局中最自然的表达就是用结点表示对象,用线或者边表示关系的结点-链接布局(node-link)。它容易被用户理解、接受,帮助人们快速建立事物与事物之间的联系,显式地表达事物之间的关系,例如关系型数据库的模式表达、地铁线路图的表达,因而是网络数据可视化的首要选择。图 3-10 就是结点-链接法的一个例子。

　　结点-链接法的优点有:比较直观地反映网络关系;能够表现图的总体结构、簇、路径;灵活,有许多的变种。结点-链接法的局限性有:几乎所有直观算法的复杂度均大于 $O(N^2)$;对于密集(尤其是关系密集)的图不是很适用。

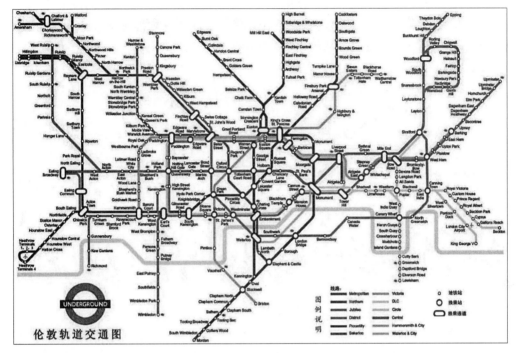

图 3-10　伦敦地铁图

1. 力引导布局

力引导布局最早由 Peter Eades 在 1984 年的《启发式画图算法》一文中提出,目的是减少布局中边的交叉,尽量保持边的长度一致。此方法借用弹簧模型模拟布局过程:用弹簧模拟两个点之间的关系,受到弹力的作用后,过近的点会被弹开,而过远的点被拉近;通过不断的迭代,使整个布局达到动态平衡,趋于稳定。其后,"力引导"的概念被提出,演化成力引导布局算法(Fruchterman-Reingold 算法,简称 FR 算法),即一种用于丰富两点之间关系的物理模型,加入点之间的静电力,通过计算系统的总能量并使得能量最小化,从而达到布局的目的。这种改进的能量模型可看成弹簧模型的一般化。

无论是弹簧模型还是能量模型,其算法的本质是要解决能量优化问题,区别在于优化函数的组成不同。优化对象包括引力和斥力部分,不同算法对引力和斥力的表达方式不同。对于平面上的两个结点 i 和 j,用 $d(i,j)$ 表示两个点的欧几里得距离,$s(i,j)$ 表示弹簧的自然长度,k 是弹力系数,r 表示两个点之间的静电力常数,w 是两个点之间的权重。

弹簧模型为

$$E_s = \sum_{i=1}^{n}\sum_{j=1}^{n}\frac{1}{2}k\left[d(i,j)-s(i,j)\right]^2$$

能量模型为

$$E = E_s + \sum_{i=1}^{n} \sum_{j=1}^{n} \frac{r\,w_i w_j}{d(i,j)^2}$$

力引导布局易于理解和实现,可以用于大多数网络数据集,而且实现的效果具有较好的对称性和局部聚合性,因此比较美观。然而,力引导布局只能达到局部优化,而不能达到全局优化,并且初始位置对最后优化结果的影响较大。

算法 3-1　力引导布局的伪代码

设置结点的初始速度为(0,0);设置结点的初始位置为任意但不重叠的位置。

1：　开始循环

2：　总动能 GE＝0　　//所有粒子的总动能为 0

3：　对于每个结点 i 净力 f＝(0,0)

4：　对于除该结点外的每个结点 j,净力 f＝净力 f＋j 结点对应 i 结点的库仑斥力

5：　下一个结点 j＋1

6：　对于该结点上的每个弹簧 s,净力 f＝净力 f＋弹簧对该结点的胡克弹力

7：　下一个弹簧 s＋1

8：　//如果没有阻尼衰减,整个系统将一直运动下去

该该点速度＝(该结点速度 ＋ 步长 ＊ 净力)＊ 阻尼

该结点位置＝ 该结点位置 ＋ 步长 ＊ 该结点速度

总动能：＝总动能 ＋ 该结点质量＊(该结点速度)^2

9：　下一个结点 i＋1

一般来说,整个算法的时间复杂度为 $O(n^3)$,迭代次数与步长有关,一般认为是 $O(n)$,每次迭代都要两两计算点之间的力和能量,复杂度是 $O(n^3)$。为了避免达到动态平衡后反复振荡,也可以在迭代后期将步长调到一个比较小的值。

例如,图 3-11 展示了一个小型的社交网络。社交网络是一个由个人或社区组成的点

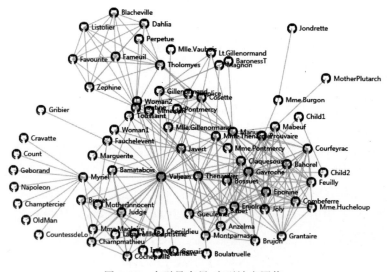

图 3-11　力引导布局-小型社交网络

图片来源:http://bl.ocks.org/mbostock/950642

状网络拓扑结构。其中每个点（Node）代表一个个体，可以是个人，也可以是一个团队或是一个社区，个体与个体之间可能存在各种相互依赖的社会关系，在拓扑网络中以点与点之间的边（Tie）表示。而社交网络分析关心的正是点与边之间依存的社会关系。随着个体数量的增加以及个体间社会关系的复杂化，最后形成的整个社交网络结构可能会非常复杂。图 3-12 为法国作家维多克·雨果的小说《悲惨世界》的人物谱图（力引导布局）。结点用颜色对通过子群划分算法计算的人物分类类别进行编码，边的粗细表示两个结点代表的人物之间共同出现的频率。

图 3-12　法国作家维多克·雨果的小说《悲惨世界》的人物谱图（力引导布局）
图片来源：http://homes.cs.washington.edu/~jheer///files/zoo/

2. 多维尺度分析布局

多维尺度分析（MDS）是一种探索性数据分析技术，主要是用适当的降维方法将多个变量通过坐标定位在低维空间（二维或三维）中，变量之间的欧几里得距离就可以反映它们之间的差异性和相似性。MDS 布局的出现是为了弥补引导布局的局限性。它针对高维数据，用降维方法将数据从高维空间降到低维空间，力求保持数据之间的相对位置不变，同时也保持布局效果的美观性。力引导布局方法的局部优化使得在局部点与点之间的距离能够比较真实地表达内部关系，但却难以保持局部与局部之间的关系。相对地，MDS 是一种全局控制，目标是要保持整体的偏离最小，这使得 MDS 的输出结果更加符合原始数据的特性。

MDS 根据数据集特征分为不考虑个体差异 MDS 模型和考虑个体差异 MDS 模型。MDS 模型允许多种类型的数据输入，并且在实际应用中，也有多种测量相似性或差异性的方法，根据分析数据的类型分为以下两种：

（1）度量化 MDS 模型。也称为古典 MDS 模型，输入的数据是直接反映变量间差异或相似的距离或比率，例如，城市间的距离就是现成的反映差异的数据。

（2）非度量化 MDS 模型。输入的数据不是直接反映变量间的差异，而是通过对其属性的评分,间接地反映变量间的差异或相似性。

多维尺度分析的步骤如下:

(1)界定问题。明确研究的问题和范畴,确定相关的变量种类和数量。

(2)获取数据。根据实际情况获取分析数据。

(3)选择 MDS 模型。根据获得的数据类型,选择相应的 MDS 模型。

(4)确定维度。MDS 模型是为了生成一个用尽可能小的维度对数据进行最佳拟合的空间感知图,因此要确定一个合适的维度,维度太高不易于解读,维度太低会影响拟合度,通常采用二维或三维。

(5)模型评价。考察应力系数 Stress 和拟合指数 RSQ,应力系数越小越好,拟合指数越大越好。

(6)解读图表。多维尺度分析最重要的结果是感知图,图中各点之间的距离直接反映各变量的相似或差异程度,除了查看差异程度之外,如果要对图表进行整体的分析解读,还需要对每个维度进行解释。

3. 弧长链接图

弧长链接图(Arc Diagram)是结点-链接法的一个变种。它将结点沿某个线性轴或环状排列,圆弧表达结点之间的链接关系,例如,图 3-13 是法国作家维多克·雨果的小说《悲惨世界》的人物谱图(弧长链接图)。图 3-14 是 2011 年年末欧债危机时 BBC 新闻制作的各国之间错综复杂的借贷关系的可视化。各个国家被放置在圆环布局上,曲线的箭头表示两国之间的债务关系,箭头的粗细表示债务的多少,颜色标识了债务危机的严重程度,每个国家外债的数额决定了它们在圆环上所占的大小。由于债务关系太复杂,所以只有用户单击选中国家的债务关系才被标注出来。欧洲最严重的是希腊,外债达到国民生

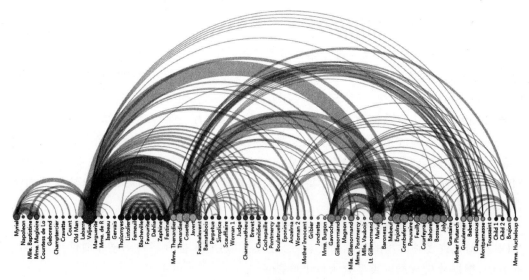

图 3-13　法国作家维多克·雨果的小说《悲惨世界》的人物谱图(弧长链接图)

图片来源:http://homes.cs.washington.edu/~jheer///files/zoo/

产总值的两倍。美国外债最多,主要的债权国是法国。弧长链接图不能像二维布局那样表达图的全局结构,但在结点良好排序后可清晰地呈现环和桥的结构。对结点的排序优化问题又称为序列化,在可视化、统计等领域有广泛的应用。

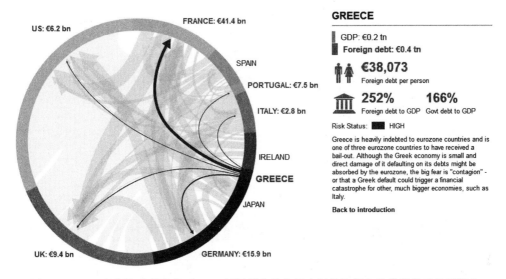

图 3-14　2011 年年末欧债危机时 BBC 新闻制作的各国之间错综复杂的借贷关系的可视化

图片来源:http://www.bbc.co.uk/news/business-15748696

3.3.2　相邻矩阵布局

相邻矩阵(Adjacency Matrix)指代表 N 个结点之间关系的 $N \times N$ 的矩阵,矩阵内的位置(i,j)表达了第 i 个结点和第 j 个结点之间的关系。对于无权重的关系网络,用 0-1 矩阵(Binary Matrix)表达两个结点之间的关系是否存在;对于带权重的关系网络,相邻矩阵则可用(i,j)位置上的值代表其关系紧密程度;对于无向关系网络,相邻矩阵是一个对角线对称矩阵;对于有向关系网络,相邻矩阵的对角线表达结点与自己的关系。相邻矩阵关系图的示例如图 3-15 所示。

相邻矩阵布局能够完全规避边的交叉,所以非常适用于密集的图。其视觉伸缩性强;能更好地表达两两关联的网络数据。但同时它的可视化结果比较抽象,难以呈现网络的拓扑结构。另外,它不能直观地表达关系传递性和网络中心性,难以跟踪出路径。

相邻矩阵的表达简单易用,可以用数值矩阵,也可以将数值映射到色彩空间表达。但是,从相邻矩阵中挖掘出隐藏的信息并不容易,需要结合人机交互。最关键的两种交互是排序和路径搜索,前者使具有相似模式的结点靠得更近,而后者则用于探索结点之间的传递关系。图 3-16 为相邻矩阵法实例,是城市交易相邻矩阵,横向和纵向分别表示收货和发货的关系。饱和度越低,颜色越白,表示交易值越小;颜色越深,表示交易值越大。

相邻矩阵排序的意义是凸显网络关系中存在的模式。类似于弧长链接图,这个问题也称为序列化问题。一个 $N \times N$ 的相邻矩阵共有 $n!$ 种排序方式,在这 $n!$ 种组合中找到使代价函数最小的排序方式称为最小化线性排列,是一个 N-P 难度的问题。在实际应

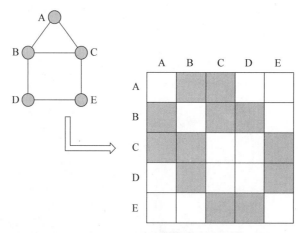

图 3-15 相邻矩阵关系图

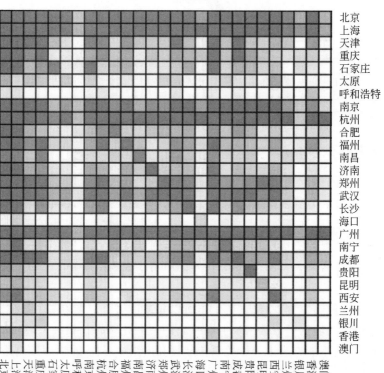

图 3-16 城市交易相邻矩阵

用中,通常采用启发式算法,不求达到最优。

　　常规的排序方法依据网络数据的某一数值(矩阵值或结点的度)的大小执行。选择不同的排序项产生不同的矩阵排序结果。图 3-17 为法国作家维多克·雨果的小说《悲惨世界》的人物谱图(相邻矩阵)。图中采用子群聚类算法获得的人物分类结果对相邻矩阵的行和列进行排序。

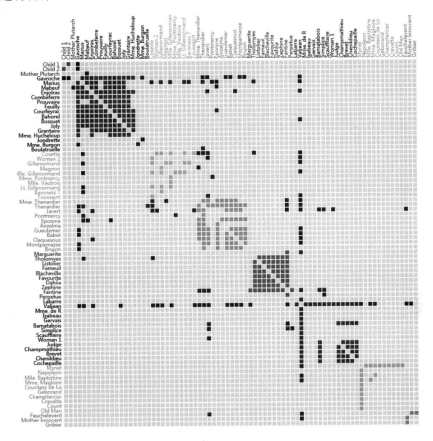

图 3-17　法国作家维多克·雨果的小说《悲惨世界》的人物谱图（相邻矩阵）

图片来源：http://homes.cs.washington.edu/～jheer///files/zoo/

3.3.3　混合布局

　　结点-链接布局适用于结点规模大但边关系较为简单，并且能从布局中看出图的拓扑结构的网络数据；而相邻矩阵恰恰相反，适用于结点规模较小，但边关系复杂，甚至是两两结点之间都存在关系的数据。这两种数据的特点是用户选择布局的首要区分原则。对于部分稀疏、部分稠密的数据，单独采用任何一种布局都不能良好地表达数据，这时便可以混合两者的布局来设计。一些人认为不同的布局各有所长，取长补短的混合布局永远优于单一布局的选择，但实际上顾此失彼的例子常常见到。是否需要混合布局、如何设计混合布局必须经过仔细思考。

　　是否一种布局已经足以表达数据的模式？无须为了混合而混合，尤其不应为了花哨的可视效果而混合。可视化是一个科学严谨的过程，如果增加布局并不能表达重要的额外信息特征，或者另一种布局的可视化效果重叠，那么混合布局不是一种好的选择。

　　多种布局如何混合成一种布局？简单的多种布局罗列称为仪表盘（dashboard）或多

视图模式,即将不同的布局结果放置于同一个页面,在视图之间实现可视交互的同步。根据可视化布局组合研究,除并列式组合外还有载入式、嵌套式、主从式、结合式 4 种组合模式,对可视化布局更丰富的组合能大大提高可视化结果的分析效率。

3.4　可视化案例分析

在本节中将结合两个实际案例介绍可视分析的实际应用。在 3.4.1 节中介绍在完成 China VIS 2015 比赛中所采用的一些可视化方法以及分析过程。在 3.4.2 节中介绍在完成 VAST Challenge 2016 比赛中所采用的一些可视化方法以及分析过程。

3.4.1　案例一: China VIS 2015 竞赛题

1. 简介

本题关注对正常网络流量日志数据的分析。TSZNet 公司将提供一周的 tcpflow 日志数据,希望参赛者找到公司内部网络的客户端和服务器,分析公司内网的网络体系结构,总结公司内网的正常网络通信模式有哪些。

2. 数据

一周的 tcpflow(TCP 协议层的数据传输记录)日志,正常流量。tcpflow 日志字段包括 time(时间)、sip(源 IP)、dip(目的 IP)、proto(协议)、dport(目的端口)、uplen(上行字节数)、downlen(下行字节数)。

3. 问题

(1) 找出 TSZNet 公司内部网络中的客户端与服务器,并给出该公司网络的体系结构拓扑图。

(2) 对 TSZNet 公司内部网络中的服务器进行分类,分类标准不限,如按照功能、时间特点、行为特点、流量特点等。

(3) 说明 TSZNet 公司内部网络的客户端-服务器、客户端-客户端、服务器-服务器之间的常规通信模式。

4. 解答

(1) 通过对一周 tcpflow 数据的可视分析,找出 TSZNet 公司内部网络中的客户端与服务器,并给出该公司网络体系结构拓扑图。

首先,根据日志记录中内网与内网之间的通信数据,用力导向图表示内网之间的通信(如图 3-18 所示),每一个结点代表一个主机。用连线表示两台主机之间有通信,连线的宽度代表两个结点之间的流量大小,其中颜色表示使用最多的通信协议,结点的大小表示流量。从图 3-18 可以看出,有一些主机与很多台主机都有连接关系,并且流量大于大多数主机,那么可以认为该主机可能为服务器。接着依次找出可能是服务器的主机,如图中黑框内所示,然后进行下一次筛选。

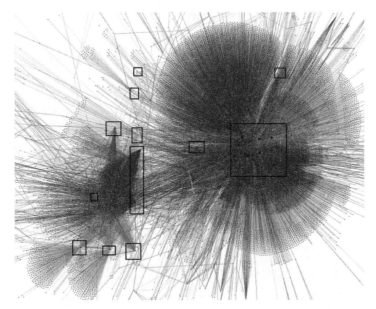

图 3-18 内网通信的力导向图

其次,根据第一次筛选结果再次画出通信网络图(如图 3-19 所示),然后从中去除孤立的点和度小于平均度的结点,剩下的基本可以确定为服务器。

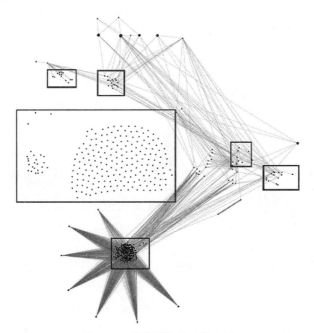

图 3-19 通信网络的力导向图

图 3-20 表示内网主机与服务器之间的通信关系,其中白色的结点表示客户端的 IP

段,精确到每个IP地址的前3段,如10.59.23.X。红色的代表服务器,同样,服务器流量用结点大小编码。

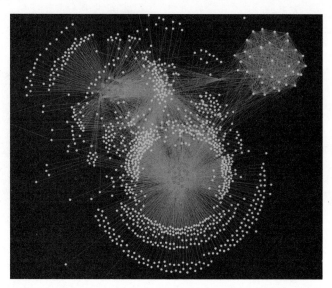

图 3-20　内网主机与服务器之间通信关系的力导向图(见彩图)

图 3-21 为公司网络体系结构拓扑图。从通信日志可以看出,公司内部使用 A 类私有地址,因此可以根据客户端 IP 所在的 IP 段对客户端进行分组,每个网段内的主机通过核心交换机与内网中其他网段主机和服务器进行通信。服务器与核心交换机直接相连,内网主机通过代理服务器访问外网。

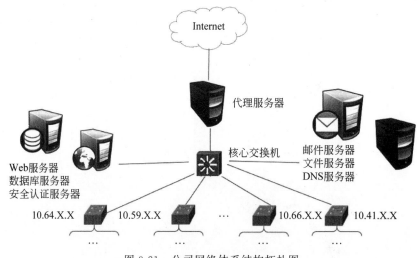

图 3-21　公司网络体系结构拓扑图

(2)通过对一周的 tcpflow 数据的可视分析,对 TSZNet 公司内部网络的服务器进行分类,分类标准不限,如按照功能、时间特点、行为特点、流量特点等。

主要通过功能对服务器进行分类,因此主要通过日志记录中的协议区分每台服务器的功能。首先使用 Python 统计出每台服务器通过什么样的协议与多少台不同的客户端主机通信,然后根据这些统计数据做分析。

　　根据统计结果,使用热点图的可视化方式从中发现每台服务器的类型(如图 3-22 所示)。在图 3-22 中,横轴表示每台服务器的 IP,纵轴表示服务器使用的协议,然后可以画出热点图,其中每个矩形都对应一台服务器和协议,颜色表示对应的服务器通过对应的协议通信的客户端的数量。颜色越深,代表与之通信的客户端数量越多。而颜色浅的代表对应的服务器通过对应协议与客户端通信数量比较少甚至没有。从图 3-22 中可以看出,HTTP 协议使用最多,那么可以推断出这些服务器中大都是 Web 服务器。

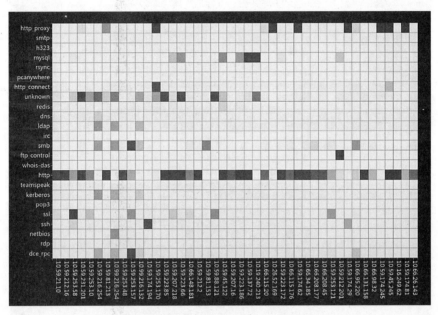

图 3-22　服务器类型的热点图(见彩图)

　　此外,可以通过交互的方式查看某台服务器通过某种协议与多少台客户端进行通信(如图 3-23 所示)。对于一台服务器而言,主要通过判断颜色的深浅确定这台服务器主要使用的协议。在图 3-23 中,查看了 10.59.223.186 这台服务器通过 HTTP 协议与多少台客户端通信,鼠标移动到对应的矩形上时,就会显示对应的矩形代表的信息。如图 3-23 所示,10.59.223.186 这台服务器通过 HTTP 与超过 10 000 台客户端通信(大于 10 000 的记为 10 000),那么可以确定 10.59.223.186 这台服务器的类型为 Web 服务器。

　　最后,图 3-24 表示对服务器进行分类的结果,使用分区图表示,最上面一层是根结点,表示下面的都是服务器,第二层和第三层分别表示服务器的类型和服务器的 IP,颜色相同表示的是同一种类型的服务器。从图 3-24 中可以看出服务器总共分为 8 类,有 Web 服务器、代理服务器、dns_ldap 服务器、文件服务器、邮件服务器和数据库服务器等。

　　(3) 通过对一周的 tcpflow 数据的可视分析,说明 TSZNet 公司内部网络的客户端-服务器、客户端-客户端、服务器-服务器之间的常规通信模式。

　　为了发现客户端与服务器之间的通信模式,根据内部通信数据绘制平行坐标系,如

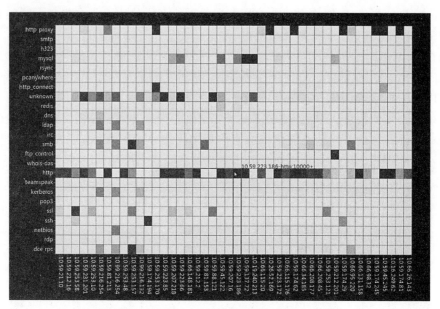

图 3-23　服务器与客户端通信的热点图(见彩图)

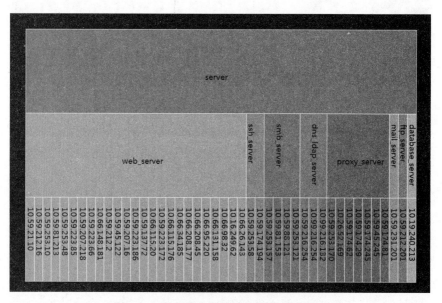

图 3-24　服务器分类结果的树图(见彩图)

图 3-25 所示。因为客户端数量比较多,不适合使用 D3.js 同时绘制,所以使用 IP 段表示,图中左边坐标轴表示客户端 IP 段,中间表示使用的协议,右边表示服务器 IP。然后根据数据,将有通信关系的客户端和服务器通过使用的协议连接起来。

　　从图 3-25 可以看出,在客户端与服务器的常规通信模式中,使用 http 协议和 unknown 协议居多,http 为常规的 Web 通信协议,unknown 协议猜测可能为公司内部开发的通信协议。此外,ssl 和 ssh 协议也使用比较多,表示客户端和服务器通过比较安全的方式进行通信。其他使用比较多的通信协议还有 http_proxy、mysql、smb 等。

图 3-25　内部通信的平行坐标系（一）（见彩图）

在图 3-25 中可以看出整体通信模式，当然也可以查看指定的客户端 IP 段的主要的通信模式，如图 3-26 所示，可以选择查看特定的客户端通过什么样的协议与哪些服务器通信。例如，10.26.X.X 这个网段内的主机主要通过 http、unknown 等协议与服务器进行通信。

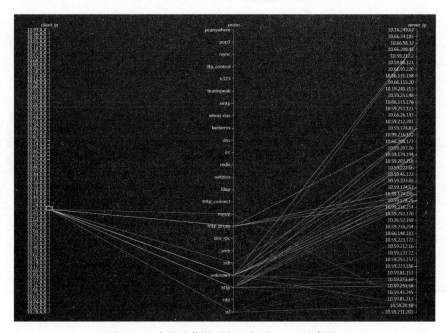

图 3-26　内部通信的平行坐标系（二）（见彩图）

服务器与服务器之间通信模式使用如图 3-27 所示的弧长链接图表示。从图中可以看出,服务器与服务器之间主要通过 http、ldap、dns、dec_rpc 等协议进行通信。

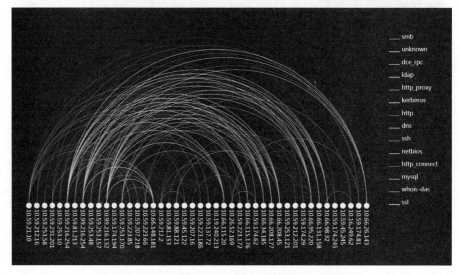

图 3-27　服务器与服务器通信的弧长链接图(见彩图)

客户端与客户端之间的通信模式同样使用平行坐标系的方式展示,如图 3-28 所示,左右两端分别表示网段,因为主机数量比较多,所以没有将所有主机一一列出。从图中可以看出,客户端与客户端之间主要通过 unknown、http 等协议通信,此外还有 ssl、ssh 等协议。

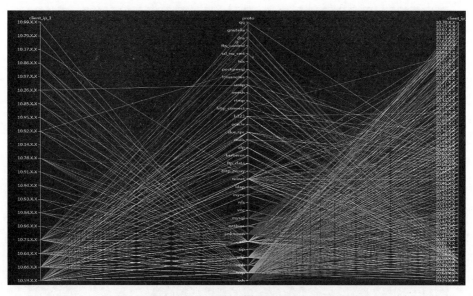

图 3-28　客户端与客户端通信的平行坐标系(见彩图)

（4）模拟实时通信。在完成预设问题之后,结合所有的数据,对整个内部网络中的通信进行模拟,试图在模拟过程中发现网络中流量的变化规律。使用图 3-29 模拟内部网络中的实时通信流量。其中选取了一天内的通信数据,之后按照数据包的时间戳进行排序。在程序运行时,依次读取对应时间的数据,并将其可视化。

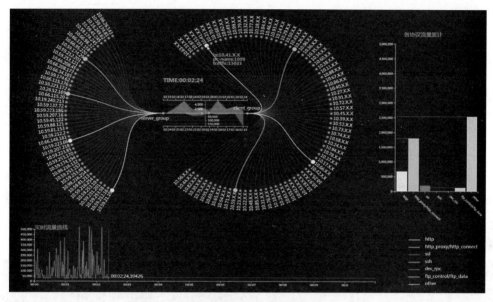

图 3-29　模拟内部网络的实时通信流量(见彩图)

在图 3-29 中,使用两个扇形布局分别表示客户端分组和服务器,客户端和服务器之间的每次通信都会经过之间的堆叠图。堆叠图分为上下两个部分,上半部分表示服务器发送给客户端的流量,下半部分表示客户端发送给服务器的流量。并使用不同的填充颜色表示不同的协议。

在图 3-29 下半部分,使用折线图实时记录时间与网络中流量的关系,可以分析出在一段时间之内流量的变化规律。右侧柱状图表示经过不同协议传输数据流量的累计。

3.4.2　案例二：VAST Challenge 2016 竞赛题

1. 简介

VAST Challenge 2016 要求参赛者对 GAStech 公司建筑物内人员流动以及传感器数据进行分析,建筑物总共有 3 层,每一层都被分为不同的区域,包括 prox 和 HVAC 两种区域。要求参赛者根据提供的数据发现员工一些典型的行为模式,并对数据进行分析,从中发现一些异常事件。

2. 数据

- 建筑物平面图,包括 prox 区域和 HVAC 区域。
- 雇员列表,包括雇员姓名、职务和办公室标记。

- 数据格式描述。
- prox 卡记录。
- 每个 HVAC 区域内的传感器读数。
- Hazium 传感器读数。

3. 问题

(1) prox 卡的典型模式是什么？一个 GAStech 雇员一天的典型行为模式是什么？

(2) 描述 10 种最有趣的模式,并解释这些模式可能的意义。

(3) 描述 10 种值得注意的异常事件,尤其是那些可能进行危险操作的事件。

(4) 描述 5 种 prox 卡和其他数据之间的关系,并分析可能的因果关系。

4. 解答

根据题目要求,需要对雇员和传感器两类数据进行分析,其中雇员数据主要包括雇员的 prox 行为轨迹以及部门分布。传感器数据包括 3 个楼层的设备传感器、通用传感器以及 Hazium 传感器。将主界面分为左右两大块区域,左侧对雇员数据可视化,右侧对各类传感器进行可视化,如图 3-30 所示。

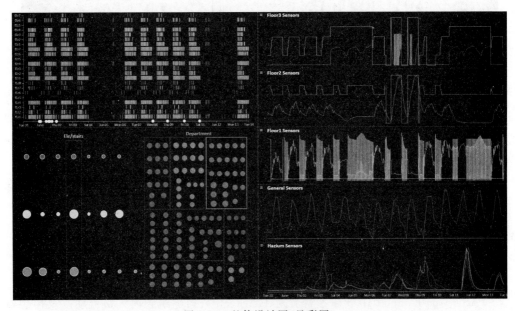

图 3-30　整体设计图(见彩图)

在左侧,对雇员数据可视化时,使用散点图表示雇员的活动规律。横轴表示时间,纵轴表示出入区域。并且将不经过楼梯/电梯而直接穿越不同楼层的定义为异常轨迹,异常轨迹使用黄色圆点标注在时间轴上。

在右侧对传感器数据可视化时,考虑到传感器数量过多,不宜同时展示,因而设计了交互。通过交互选择指定的传感器并进行展示,进而分析传感器读数与时间的关系,解答预设的问题。

（1）prox 卡的典型模式是什么？一个 GAStech 雇员一天的典型行为模式是什么？

在图 3-31 中，将 prox 卡数据以散点图的形式可视化，其中竖轴表示建筑物内所有的
prox 区域，使用横轴表示时间。将人员的活动编码为不同颜色的散点。在图 3-31 中，可
以发现以下几种基本的模式：

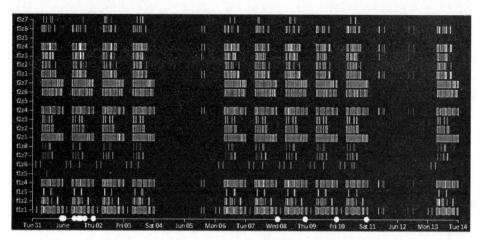

图 3-31　prox 卡数据的散点图（见彩图）

- 公司的工作日为每周的周一到周五。
- 工作时间从 7:00 到 24:00。
- 在周末有雇员轮流值班。

通过分析雇员的轨迹，可以发现大多数雇员只在固定的某些区域活动。例如，在
图 3-32 中，可以看出雇员从未在三层活动，而是大多数时间出现在二层。而图 3-33 中，
雇员则经常出现在三楼。因为建筑物的出入口在一楼，所以每个雇员的轨迹都会在第一
层出现。

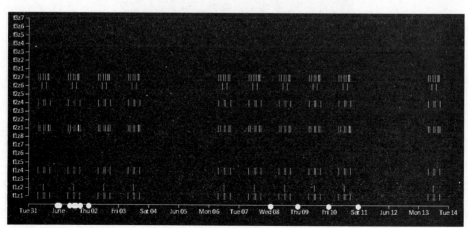

图 3-32　分析雇员轨迹（一）（见彩图）

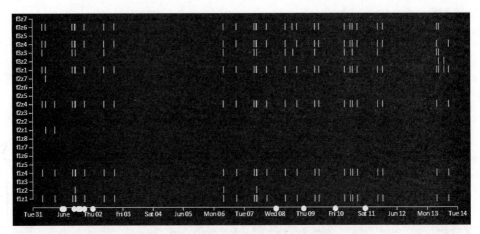

图 3-33　分析雇员轨迹(二)(见彩图)

图 3-34 展示了每个雇员在不同 prox 区域的轨迹。使用不同的颜色表示不同楼层的 prox 区域。红色表示一楼,绿色表示二楼,蓝色表示三楼。点的大小表示经过这个区域的人员流量。使用线条表示雇员的轨迹,同楼层之间的轨迹使用灰色线条表示,不同楼层之间的轨迹使用对应楼层的颜色表示。通过对雇员轨迹的模拟,可以发现:

- 每个雇员在进入建筑物后都会经过一楼的第一个 prox 区域。
- 雇员大多数时间都在同一楼层内活动,因为同楼层内的轨迹明显多于不同楼层之间的轨迹。

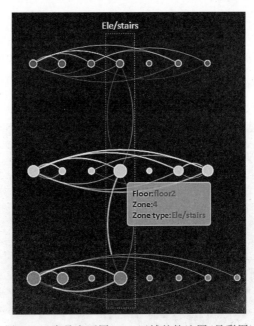

图 3-34　雇员在不同 prox 区域的轨迹图(见彩图)

(2) 描述 10 种最有趣的模式,并解释这些模式可能的意义。

图 3-35 使用折线图展示了 Hazium 传感器数据的读数，可以从图中发现 4 个 Hazium 传感器的变化规律几乎一致，说明这 4 个区域是互通的，其中一个区域的 Hazium 浓度变化会引起其他 3 个浓度的变化。

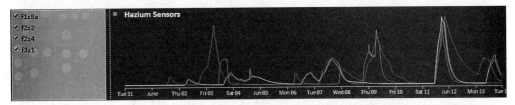

图 3-35　Hazium 传感器数据读数的折线图（见彩图）

图 3-36 展示了热水器燃气消耗和热水器水箱温度的变换规律，从图中可以发现在上班时间两个传感器的数据会上下波动，而夜晚或者周末则处于稳定状态。

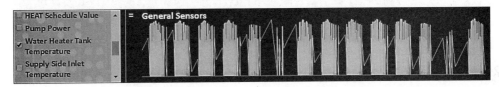

图 3-36　热水器燃气消耗和热水器水箱温度变换规律的折线图（见彩图）

图 3-37 展示了建筑物内所有区域的照明电路的开关，从图中可以看出，这些照明电源也是随着工作时间变化的。

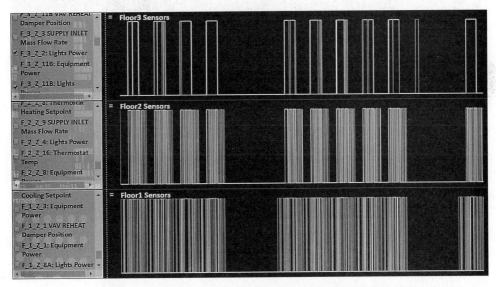

图 3-37　建筑物内所有区域的照明电路开关图（见彩图）

图 3-38 展示了通风口处二氧化碳浓度传感器读数的变化，它可以大致反映雇员的数量变化，在工作时间，随着雇员数量的增加，二氧化碳的浓度也会随之升高。而在非工作时间，二氧化碳的浓度则会降低。

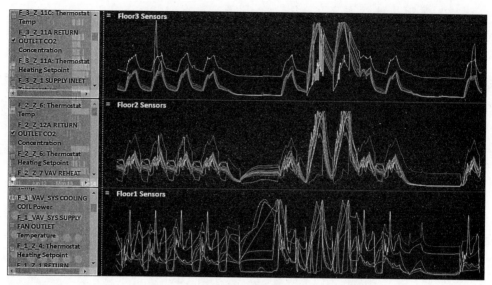

图 3-38　通风口处二氧化碳浓度传感器读数变化的折线图(见彩图)

图 3-39 展示了建筑物内设备用电量的变化规律,它反映了电力设备在工作时间内的周期性,即工作时间内的功耗比下班时间大得多。

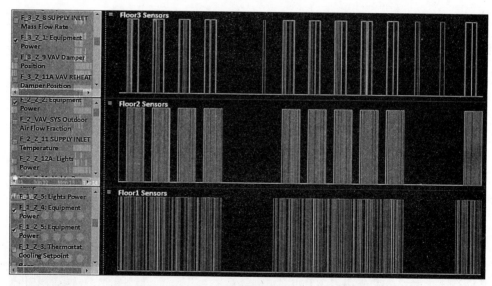

图 3-39　建筑物内设备用电量变化规律图(见彩图)

图 3-40 反映了干球温度传感器的读数变化,从图中可以看出这个温度传感器的读数变化比较稳定,说明在这段时间内没有由温度变化引起的异常。

图 3-41 展示了不同部门的雇员分布,从图中可以看出工程部的人数多于其他部门的人数,而人力资源部仅有 3 个雇员。

图 3-42 中对一层的区域 6 分析发现,在每个工作日,都会有同一个雇员出现在这个区

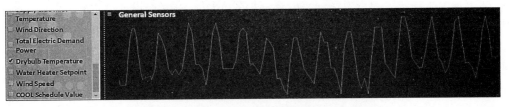

图 3-40　干球温度传感器的读数变化图（见彩图）

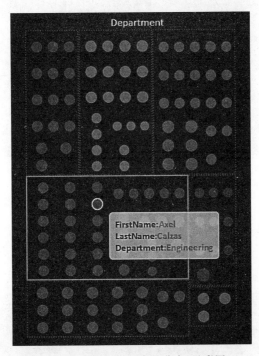

图 3-41　不同部门的雇员分布（见彩图）

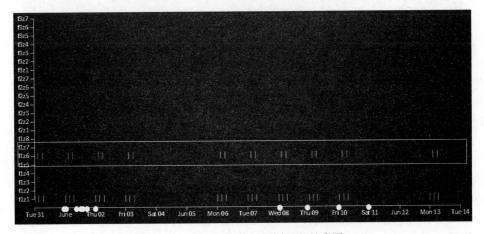

图 3-42　对一层区域 6 的分析图（见彩图）

域,查询建筑平面图发现这个区域为配置室。可以看出,建筑物内的设施都有专门的维护人员进行维护。

图 3-43 展示了 HVAC 区域的用电量和 Hazium 浓度之间的关系,从图中可以发现,当 Hazium 浓度升高时,HVAC 区域的用电量也会升高,可以看出,在 Hazium 浓度升高时,建筑物内会启动某些设备进行通风。

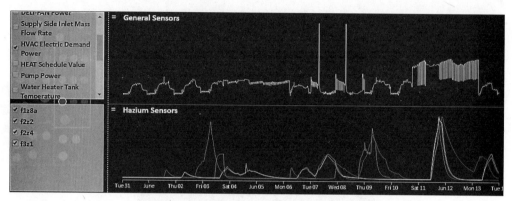

图 3-43　HVAC 区域的用电量和 Hazium 浓度之间的关系图(见彩图)

图 3-44 展示了 prox 卡的散点图,从图中可以发现在两周内没有人员出现在三层的区域 5 和二层的区域 5。在查询设计图之后发现,三层的区域 5 是一个未开发区域,因此并没有人员进出;而二层的区域 5 推测可能是一个特别区域,一般的员工并没有权限进入这个区域。

图 3-44　prox 卡的散点图(见彩图)

(3) 描述 10 种值得注意的异常事件,尤其是那些可能进行危险操作的事件。

从图 3-45 中可以发现,在 6 月 1 日 1 点左右,ID 为 ibaza001 和 edavies001 的 prox 卡在没有经过楼梯的情况下直接从一楼的区域 1 到二楼的区域 1,这可能为一个异常的时间。

从图 3-46 可以看出,6 月 7 日 12:00 到 8 日 11:00,SUPPLY INLET Temperature 传感器读数明显高于其他时间段,因此这个时间段发生异常,并且这个异常可能是由于 HVAC 系统的异常导致的。

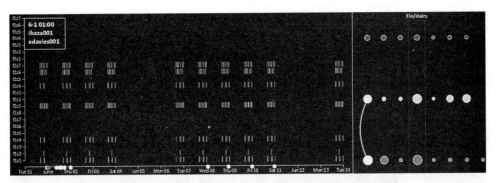

图 3-45　对 ibaza001 和 edavies001 活动异常的分析（见彩图）

图 3-46　SUPPLY INLET Temperature 传感器读数异常（见彩图）

从图 3-47 可以看出，一层的区域 2 的设备功率传感器明显与其他时间段不同，也将其定义为一个异常事件，并且推测可能是与建筑物内其他异常事件有关联。

图 3-47　一层的区域 2 设备功率传感器异常（见彩图）

在图 3-48 中，电源功率在 6 月 7 日的 7：00 和 8 日的 7：00 的读数高于其他时间段，因此推测在这两个时间点出现异常事件导致某些设备自动启动。

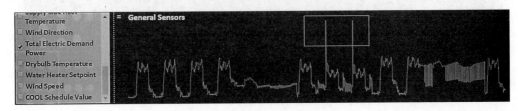

图 3-48　电源功率异常（见彩图）

图 3-49 展示了 Availability Manager Night Cycle Control Status 的读数，对比 3 个楼层的读数可以发现，一层和二层的读数都符合工作时间规律，而三层的读数则一直没有变化，据此推测三层的这个设备可能损坏或被人为关闭。

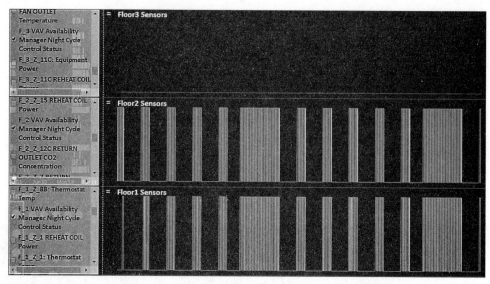

图 3-49　Availability Manager Night Cycle Control Status 的读数异常(见彩图)

　　图 3-50 展示了冷却系统的功率,对比可以发现 3 个楼层的这些传感器的读数在 6 月 7 日和 8 日都出现了升高。因此可以推测这两天发生了某些异常事件,导致建筑物内冷却系统用电量升高。

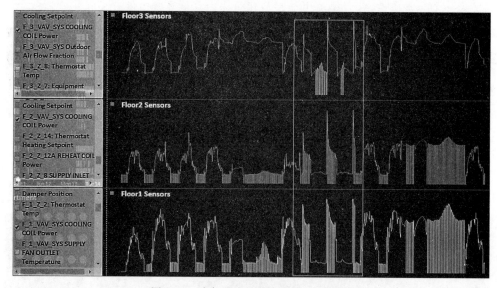

图 3-50　冷却系统的功率异常(见彩图)

　　图 3-51 展示了 3 个楼层的风扇用电功率,在周末的时候,二层和三层的功率下降,而三层的功率却上升。说明在周末的时候三层出现了异常事件导致风扇用电量增加。

　　在图 3-52 所示的人员活动散点图中,可以发现在第二个周末时,建筑物内除了值班人员之外还有其他人员活动,结合 Hazium 浓度可以发现,在同一时间段,Hazium 的浓度

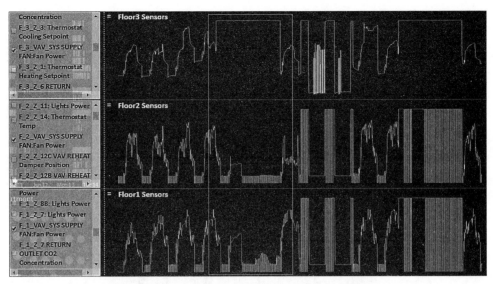

图 3-51　3 个楼层的风扇用电功率异常(见彩图)

也上升了,因此推测可能是这些人员的行为导致 Hazium 浓度上升。

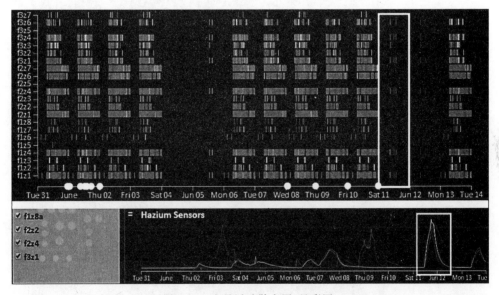

图 3-52　人员活动散点图(见彩图)

图 3-53 展示了温度控制器冷却值读数变化,在 6 月 7 日至 6 月 9 日,3 个楼层的读数
变化明显与其他时间段的变化规律不同,因此推测在这个时间段出现了异常事件导致温
度控制器的读数发生变化。

在图 3-54 中,对比 3 个楼层的系统冷却电源用电量和 Hazium 浓度变化发现,从 6 月
11 日 7:00 开始,在 Hazium 浓度开始升高的同时,3 个楼层的冷却系统用电量也随之升
高,可以推测,当 Hazium 浓度升高时,系统会自动启动某些设备调节浓度的变化,因此用

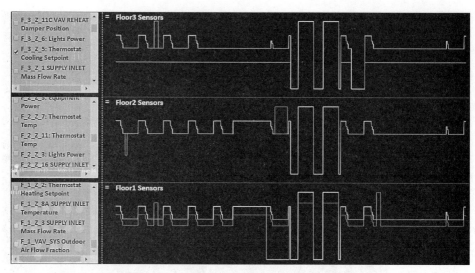

图 3-53　温度控制器冷却值读数异常(见彩图)

电量也会随之升高。

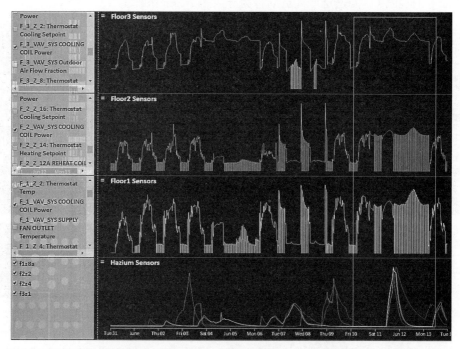

图 3-54　3 个楼层的系统冷却电源用电量和 Hazium 浓度变化(见彩图)

(4) 描述 5 种 prox 卡和其他数据之间的关系,并分析可能的因果关系。

从图 3-55 中可以发现三层的区域 5 没有人员活动,经过查询设计图后发现这个区域为未开发区域。

在图 3-56 中,发现雇员在穿越不同楼层时基本上都会经过每层的区域 4,在查询设计

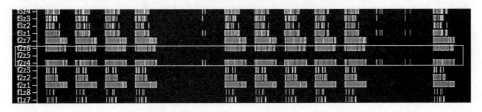

图 3-55　三层 prox 卡散点图（见彩图）

图后发现每层的区域 4 为电梯或者楼梯。

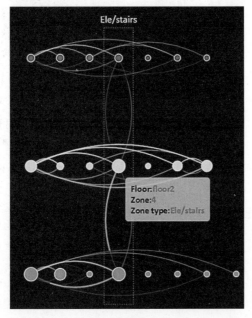

图 3-56　雇员运动轨迹图（见彩图）

在图 3-57 中，发现没有人员进出二层的区域 5，但是设计图上并没有这个区域的说明，因此推测这个区域为一个限制区域，一般的雇员并不能进入这个区域。

图 3-57　二层 prox 卡散点图（见彩图）

从图 3-58 中，发现只有两个特定的雇员出现在一层的区域 6，在查询 prox 区域设计图后发现这个区域为配置室，因此可以推测这两个雇员为管理员，只有这两个雇员才有权限进入这个区域。

从图 3-59 中，在对雇员轨迹模拟后发现一层的区域 1 人流量最大，并且所有的人员

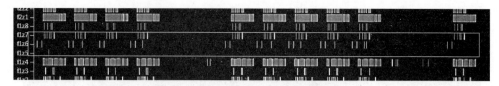

图 3-58 一层 prox 卡散点图(见彩图)

进入建筑都会经过这个区域,而这个区域为进出建筑的唯一通道。

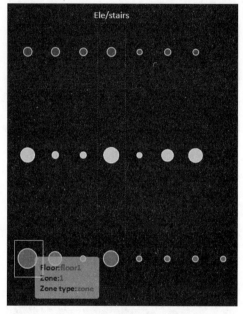

图 3-59 雇员运动轨迹图(见彩图)

3.5 小 结

本章从可视化的概念出发,论述了可视化技术的分类与可视化效果的评判标准;针对大数据发展的需求,特别选择两类数据类型的可视化:**高维数据可视化**和**网络数据可视化**。

高维数据可视化中介绍了两种常见的降维处理方法:主成分分析(principle component analysis,PCA)和多维尺度分析(multi-dimensional scaling,MDS);以及常见的高维数据可视化方法:星形图(star plots)、切尔诺夫脸谱图(Chernoff faces)、散点图矩阵(scatterplot matrix)和平行坐标(parallel coordinates)。

网络数据可视化中介绍了最常用的结点-链接和相邻矩阵两种网络布局方法以及使用混合布局实现多视图模式的原则。其中结点-链接布局中对力引导(fruchterman-reingold)布局、多维尺度分析(multi-dimensional scaling)布局以及弧长链接图(arc diagram)进行了详细描述。

最后,在此基础上介绍了两个具体的可视化实例,学生可以借助实例建立自己的可视化方案,从而达到从理论到实践的提升。

3.6　习　　题

1. 简答题

对高维数据可视化的方法进行优缺点总结。

2. 编程题

(1) 采用多种算法对 MNIST 数据集降维和可视化,并对实验结果作出说明。

(2) 利用学习到的可视化方法,任选两种实现,可以是弧长链接法、相邻矩阵法、力引导法或者其他方法,如邻接图、矩阵树图、气泡图。

(3) 比较混合布局的 MatrixExplorer(矩阵探索器)和 NodeTrix(矩阵节点图)两种方法,分析它们的优缺点。

3.7　参 考 文 献

[1] 袁晓如,郭翰琦,肖何,等. 高维数据可视化[J]. 中国计算机学会通讯,2011,7(4):13-16.

[2] Elzen S,Holten D,Blaas J,et al. Reducing Snapshots to Points:A Visual Analytics Approach to Dynamic Network Exploration[J]. IEEE Transactions on Visualization and Computer Graphics,2015,22(1):1-10.

[3] 阿尔帕伊登. 机器学习导论[M]. 北京:机械工业出版社,2014.

[4] 陈为,沈则潜,陶煜波. 数据可视化[M]. 北京:电子工业出版社,2013.

[5] 赵守盈,吕红云. 多维尺度分析技术的特点及几个基础问题[J]. 中国考试,2010(4):13-19.

[6] 吕之华. 精通 D3.js:交互式数据可视化高级编程[M]. 北京:电子工业出版社,2015.

数据关联分析方法

本章主要关注大数据分析中数据对象之间的关联分析方法,从而发现大数据下对象之间的隐含关系及相互影响。确定是否存在一(多)事件的发生,引发了另一(多)事物的反应。通过这种关联分析,能够更好地发现这些现象本质,更好地掌握事物动态发展趋势。关联分析技术已经被广泛应用在金融行业,它可以用于预测银行客户需求。通过应用这些信息,银行可以改善自身营销方案。比如,各银行可以在自己的 ATM 机上捆绑顾客感兴趣的本行产品信息,供使用本行 ATM 机的用户了解。同样,如果数据库中显示某个客户更换了常住地址,说明这个客户很有可能新近购买了一栋更大的住宅,因此该客户可能需要更高信用限额的更高端信用卡,或者需要一个住房改善贷款,这些产品信息都可以通过信用卡账单邮寄给客户。同样当该客户打电话咨询的时候,在数据库中显示的相关信息可以有力地帮助电话销售代表进行产品营销。随着互联网经济的发展,一些知名的购物网站也从强大的关联分析方法中受益。这些购物网站使用关联分析方法进行规则挖掘,可以分析出用户有意要一起购买的捆绑包。也有一些购物网站使用这些规则设置相应的交叉销售,这就是我们平时在网上购物时经常会在所购商品网页上看见相关的另一些商品广告的原因。

关联分析方法中很多算法都有着成熟的应用,它的实际应用推动了机器学习算法的发展,也对数据分析研究领域产生了巨大的影响。本章将从一个问题案例引入出发(4.1节),然后介绍关联规则分析中的基本概念和术语(4.2 节),在 4.3 和 4.4 节,将对 3 种典型的频繁项集挖掘算法进行学习,了解关联规则挖掘的整个方法过程;然而在实际应用中,并不是所有挖掘到的关联规则都是有效的,如何评估它们的可用性和有效性将成为关联规则分析中的一个重要研究内容,在 4.5 节将讨论几种典型的评估指标和计算方法;接下来将把讨论扩展到频繁项集挖掘的一些高级方法,比如多维关联规则挖掘(4.6 节)以及多层关联规则挖掘(4.7 节),最后我们使用 Python 语言给出了一个经典的 Apriori 算法应用案例的全过程(4.8 节)。

4.1 问题引入

为了便于概念理解,下面将通过一个超市的销售案例介绍关联规则算法的应用。

例 4-1 某大型超市为了能够科学合理地重新布局放置架和物品,根据顾客的购买事务数据进行了购物篮分析,有效地解决了问题。如图 4-1 所示,超市的原始布局模式比较单一,食品区域只是简单地分为主食与零食区、饮料区。

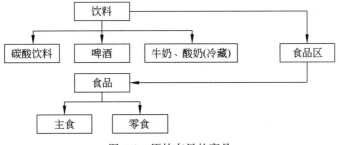

图 4-1　原始布局的商品

超市收集的顾客购物的交易数据如表 4-1 所示,为简单描述关联分析算法应用的情况,在这里只抽取 10 条数据和 6 个特征进行展示。

表 4-1　顾客购物交易数据

订　单　号	啤　　酒	碳酸饮料	主　　食	牛　　奶	酸　　奶	零　　食
08012101	1	0	1	1	0	1
08012102	0	1	0	0	1	1
08012103	1	0	1	1	0	0
08012104	0	1	0	0	0	1
08012105	1	0	1	0	0	1
08012106	0	1	0	0	1	0
08012107	0	1	0	0	0	1
08012108	1	0	0	0	0	1
08012109	1	1	1	1	0	0
08012110	0	1	0	0	1	1

在数据表中,第一行为商品名称,从第二行开始每一行代表一个购物记录事务。表中的 1 为购买,0 为没有购买。

用 Python 语言完成 Apriori 算法的编写,对表 4-1 中的数据进行关联规则分析。导入表 4-1 中的 10 条数据,调节 Apriori 的相关参数,在最小支持度为 0.3,最小置信度为 0.9 的情况下,得到了 6 条频繁 1 项集,6 条频繁 2 项集,1 条频繁 3 项集。为了让读者能够理解分析的过程,在这里对 7 条关联规则结果进行分析,这 6 条关联规则的置信度均为 1,相关的分析数据如下所示:

(1) 牛奶=yes→主食=yes

(2) 主食=yes→啤酒=yes

(3) 酸奶=yes→碳酸饮料=yes

(4) 牛奶=yes→啤酒=yes

(5) 主食=yes,牛奶=yes→啤酒=yes

（6）啤酒＝yes，牛奶＝yes→主食＝yes

（7）牛奶＝yes→啤酒＝yes，主食＝yes

根据以上计算的关联规则，可以得到如下分析：

1. 顾客在购买牛奶的情况下，有很大可能会购买主食。

2. 顾客在购买主食的情况下，有很大可能会购买啤酒。

3. 顾客在购买酸奶的情况下，有很大可能会购买碳酸饮料。

4. 顾客在购买牛奶的情况下，有很大可能会购买啤酒。

5. 顾客在购买主食和牛奶的情况下，有很大可能会购买啤酒。

6. 顾客在购买啤酒和牛奶的情况下，有很大可能会购买主食。

7. 顾客在购买牛奶的情况下，有很大可能会购买啤酒和主食。

通过分析，得到的结论如下：

1. 牛奶与主食、啤酒应陈列在一起销售。

2. 酸奶与碳酸饮料应陈列在一起销售。

通过结合其他数据的计算结果，得到能够相互促进购买的商品组合如下：

啤酒↔主食

主食↔牛奶

综上所述，例 4-1 得到的超市重新布局放置架和物品的情况如图 4-2 所示。

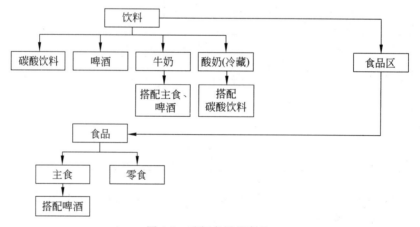

图 4-2　重新布局的商品

4.2　基本概念

由 4.1 节的例子可知，频繁模式得到后，可以被进一步描述成数据对象间的关联规则。如何判断交易序列是否是频繁模式，由该频繁模式生成的关联规则是否有用，通常使用两个基本的度量：支持度（support）和置信度（confidence）。支持度表示该序列模式在所有被考察的数据对象中的占比，也就是体现了该模式的有用性；置信度表示由模式的前因推出后果的可信度，体现了规则的确定性。由频繁模式产生的相应关联规则，只有在满足规则的确定性条件下,才被认为是有效的,有效的关联规则才可以被用于为决策层和高层管理人员提供制定商品营销方式的依据。

本节将首先在 4.2.1 节介绍频繁项集和关联规则中的基本概念和计算公式。在频繁项集的实际计算中,往往会获得庞大的频繁项集,造成产生的关联规则数量非常庞大,因此实际使用中通常只需要求出闭项集或极大频繁项集,相关概念将在 4.2.2 节中给出。在关联规则的实际应用中,我们不仅对数据集的频繁模式感兴趣,可能还会对不频繁的稀有模式或负模式感兴趣,这些概念定义将在本节的 4.2.3 节介绍。

4.2.1　频繁项集和关联规则

假设 $I = \{I_1, I_2, \cdots, I_m\}$ 是项的集合。给定一个交易数据库 D,其中每次交易事务 T(transaction)是 I 的非空子集,即 $T \subseteq I$,每个 T 都与一个唯一的标识符 TID(transaction ID)对应。

定义 4-1　项集(itemsets)定义:是指项的集合。包含 k 个项的项集称为 k 项集。如集合{computer, printer}中 computer、printer 分别是一个项,该集合包含 2 个项,它被称为 2 项集。项集的出现频率是指包含项集的事务数,简称为项集的频率、支持度或计数。

定义 4-2　支持度(support)定义:简单的字面理解就是支持的程度,一般以百分比表示。设 A 是一个项集,A 的支持度表示在所有的事务 T 中同时出现 A 项集的概率,计算公式如下:

$$\text{support}(A) = \frac{\text{count}(A \subseteq T)}{|D|} \tag{4-1}$$

支持度也可以通过计算项集在数据集 D 中出现的次数考察其频率,这时也可以称为支持度计数。

定义 4-3　频繁项集(frequent itemsets)定义:在一个具体的数据分析任务中,用户或者领域专家可以自行设定最小支持度阈值,那么如果项集 A 的支持度满足预定义的最小支持度阈值(即 A 的支持度不小于最小支持度阈值),则 A 是频繁项集。如果一个包含 k 个项的项集的支持度大于或等于最小支持度阈值,则该项集称为 k 频繁集。

定义 4-4　关联规则(association rule)定义:关联规则可以描述成一种蕴含式,比如 $A \Rightarrow B$,其中 A 和 B 分别称为关联规则的前件(antecedent 或 left-hand-side,LHS)和后件(consequent 或 right-hand-side,RHS)。例如:在某超市分析中发现,购买面包的顾客一般会购买牛奶,则{面包}$\Rightarrow${牛奶}就是一条关联规则。关联规则从一个侧面揭示了事务之间的某种联系。支持度和置信度总是伴随着关联规则存在的,它们是对关联规则的必要的补充。关联规则支持度的定义与频繁集支持度定义基本相同。在事务集合 D 中,对关联规则 $A \Rightarrow B$ 而言,其支持度 s 表示在所有的事务 T 中同时出现 A 和 B 的概率,即 $P(AB)$,其计算公式如下:

$$\text{support}(A \Rightarrow B) = \frac{\text{count}(A \bigcup B)}{|D|} \tag{4-2}$$

定义 4-5　置信度(confidence)定义:置信度又称为可信度,它表示关联规则的前件出现时,后件是否也会出现,如果出现,那么出现的概率有多大。在事务集合 D 中,对某

条关联规则 $A \Rightarrow B$ 而言,其置信度 c 表示 A 出现时,B 同时出现的概率,即 $P(B|A)$。例如,在某超市分析中,发现 A 和 B 的置信度非常高,则二者可以捆绑销售了。如果置信度太低,则说明 A 的出现与 B 是否出现关系不大,二者捆绑销售意义不大。其计算公式如下:

$$\text{confidence}(A \Rightarrow B) = \frac{\text{support}(A \bigcup B)}{\text{support}(A)} \tag{4-3}$$

同样,在一个具体的数据分析任务中,用户或者领域专家可以为关联规则自行设定最小支持度阈值和最小置信度阈值,如果某个关联规则同时满足最小支持度阈值(min_sup)和最小置信度阈值(min_conf),则认为这个关联规则是有效的。

定义 4-6 强关联规则定义:如果某关联规则 $A \Rightarrow B$ 满足 support$(A \Rightarrow B) \geqslant$ min_sup 且 confidence$(A \Rightarrow B) \geqslant$ min_conf,则称该关联规则是强关联规则,否则称为弱关联规则。

例 4-2 支持度和置信度分析

为了能够更加详细地阐述支持度和置信度,下面以运动商品的购买交易数据为例进行分析。事务数据如表 4-2 所示。

表 4-2 运动商品购买交易事务数据

TID	网 球 拍	网 球	运 动 鞋	羽 毛 球
1	1	1	1	0
2	1	1	0	0
3	1	0	0	0
4	1	0	1	0
5	0	0	1	1
6	1	1	0	0

以上为运动商品购买事务数据库中的 6 条数据和 4 个特征,第一行为商品名称和事务编号,第一列为事务编号。每个事务中商品购买记录 1 表示购买,0 表示未购买。如果讨论网球拍和运动鞋的关联规则关系,首先要考虑 2 项集 $I = \{$网球拍,运动鞋$\}$ 是否为频繁 2 项集。设定最小支持度阈值 min_sup $= 0.4$,最小置信度阈值 min_conf $= 0.4$。由表 4-2 可见,在事务数据的 1、2、3、4、6 个事务包含网球拍,第 1、4、5 个事务包含运动鞋。令包含网球拍的事务集为 x,包含运动鞋的事务集为 y,则 $|x \bigcap y| = 2$,整个事务数据集合 $|D| = 6$,于是关联规则"网球拍→运动鞋"的支持度和置信度计算如下:

支持度:$|(x \bigcap y)|/|D| = 0.33$(同时包含 x 和 y 的概率)
置信度:$|(x \bigcap y)|/|x| = 0.40$(在 x 条件下含有 y 的概率)

由此得出关联规则"网球拍→运动鞋"不满足强关联规则的定义。

同理,分析 2 项集 $I = \{$网球拍,网球$\}$ 的关联规则,在事务数据记录中,第 1、2、3、4、6 个事务记录包含了网球拍,第 1、2、5、6 个事务记录包含了网球,因此网球和网球拍为频繁 2 项集。根据支持度和置信度的计算方法,可以得到关联规则"网球拍→网球"的支持度为 0.5,置信度为 0.6,是强关联规则。

一般只有支持度和置信度均较高的规则才是用户感兴趣的,这也是关联规则的核心所在。

关联规则的挖掘主要有两个关键步骤:

(1) 第一阶段先从数据集合中找出所有的频繁项集:是指从数据集合中找到的项目集合的支持度必须大于或等于所设定的最小支持度阈值,通常是先找出频繁 1 项集,然后从频繁 1 项集找出频繁 2 项集,以此类推,进一步从频繁 k 项集中再产生频繁 $k+1$ 项集,直到无法再找到更长的频繁项集为止。

(2) 第二阶段是从找到的所有长度大于 2 的频繁 k 项集中产生关联规则:是指利用第一阶段产生的长度大于或等于 2 的频繁项集产生规则。通过将每一个长度大于 2 的频繁项集拆分成子集和补集,分别将每个子集和其对应的补集组成关联规则的前件和后件。在最小置信度的条件门槛下,若一规则所求得的置信度满足最小置信度阈值,则称此规则为强关联规则。

4.2.2　闭频繁项集和极大频繁项集

从庞大数据集中挖掘频繁项集常常带来的问题是产生大量满足最小支持度阈值的项集,当最小支持度阈值(min_sup)设置得很低时更是如此。主要是因为一个项集是频繁的,则它的每一个子集都是频繁项集,一个长项集合可以包含组合个数的频繁子集。例如,一个长度为 100 的频繁项集 $\{a_1, a_2, \cdots, a_{100}\}$ 包含 100 个频繁 1 项集,4950 个频繁 2 项集 $\{a_1, a_2\}, \{a_1, a_3\}, \{a_1, a_4\}, \cdots, \{a_1, a_{100}\}, \{a_2, a_3\}, \{a_2, a_4\}, \cdots, \{a_2, a_{100}\}, \cdots,$ $\{a_{99}, a_{100}\}$,以此类推。这样,频繁项集的总个数约为 1.27×10^{30}。可见,如果要获取关联规则,频繁项集个数越多,意味着关联规则分析所要花费的时间和空间越大,这对任何计算机的计算能力和存储都提出了很高的要求。而实际应用中,并不需要分析所有满足条件的频繁项集和关联规则,因此,为了让其具有一般性,提出了闭频繁项集和极大频繁项集的概念。

定义 4-7　超项集(super itemsets)定义:若一个集合 S_2 中的每一个元素都在集合 S_1 中,且集合 S_1 中可能包含 S_2 中没有的元素,则集合 S_1 就是 S_2 的一个超项集,而 S_2 称为 S_1 的子集。

定义 4-8　闭频繁集(closed frequent itemsets)定义:在事务数据库 D 中,对于一个项集 X,它的真超项集 Y 的支持度计数不等于它本身的支持度计数,则称它为数据集 D 的闭项集。如果闭项集 X 在数据集 D 中同时也是频繁的,也就是它的支持度大于或等于最小支持度阈值,则也称它为 D 中的闭频繁项集。

定义 4-9　极大频繁集(maximal frequent itemsets)定义:如果 X 是数据集 D 中的一个频繁项集,而且 X 的任意一个超项集 Y 都是非频繁的,则称 X 是数据集 D 中的极大频繁项集,也就是说 X 这个频繁项集进一步扩充就不是频繁集了。

从以上定义看出,3 种频繁项集间存在如下的关系:极大频繁集<闭频繁集<频繁项集。不过实际应用中,极大频繁集会丢失很多信息,比如,在超市商品销售分析中,可能在同时购买酒、花生和饼干的人群中,还有一部分同时也购买了洗发水,其项集的支持度

也达到最小支持度阈值,那么项集{酒、花生、饼干、洗发水}就是项集{酒、花生、饼干}的一个超项集,这样项集{酒、花生、饼干}这个食品集合的独特性就不会在极大频繁集合里出现;而闭频繁集就能够保留这类独特食品频繁项集的信息,可以继续被作为频繁项集获得有用的关联规则。

例 4-3 闭频繁集和极大频繁集分析

为了更清晰地了解闭频繁项集和极大频繁项集的概念,这里将通过一个实例进行分析,数据信息如表 4-3 所示。

表 4-3 项集列表

项 集	支 持 度	极大频繁集	闭 频 繁 集
A	4	NO	NO
B	5	NO	YES
C	3	NO	NO
AB	4	YES	YES
AC	2	NO	NO
BC	3	YES	YES
ABC	2	NO	NO

这里定义最小支持度计数为 3,则 A、B、C、AB、BC 支持度都大于或等于 3,因此它们为频繁项集,其中 AB 为 A、B 的并集,其他并集以此类推。

由极大频繁项集的定义 4-9,观察表 4-3 可知,A、B 是频繁项集,但是它们的组合超项集 AB 也是频繁集,而 AB 的超项集 ABC 不是频繁集,所以 AB 为极大频繁项集。同理,可以得到 BC 也为极大频繁项集。

由闭频繁项集的定义 4-8,观察表 4-3 可知,A 是频繁项集,它的超项集 AB 是频繁集,而且它的支持度等于 A 的支持度,所以 A 不是闭频繁项集。进一步分析项集 AB,其支持度大于它的超项集 ABC 的支持度,所以 AB 是闭项集,而且其为频繁项集,所以 AB 为闭频繁项集。同理,可以分析得到 B 和 BC 分别为闭频繁项集。

4.2.3 稀有模式和负模式

以上主要介绍的都是与挖掘频繁模式相关的概念,然而在数据分析中,不同的应用需求也必须具备多种求解复杂问题的思维模式,例如,在饰品中宝石是稀有的,在服饰中奢侈品也总是少数人能够拥有的,对这类商品间的关联分析挖掘也通常是最让人感兴趣的。同样,在超市商品销售分析中,购买可口可乐的顾客一般不会购买百事可乐,而顾客购买了这两种商品可能就是负相关事件,发现和观察这种异常现象对数据挖掘同样起着重要作用,以上的数据关联分析称为稀有模式的分析和负模式的分析,因此本节给出稀有模式和负模式的相关概念。

定义 4-10 **稀有模式(rare mode)定义**:又称为非频繁模式。给定一个用户指定的正常数 δ,满足 $0<\delta<1$,则该类模式的最小支持度阈值通常定义为

$$R\min\_sup = \delta \times \min\_sup \tag{4-4}$$

其中 min_sup 为频繁项集的最小支持度阈值,若一个模式其支持度低于(或远低于)该最小支持度阈值,这个模式就称为稀有模式。

在一些应用领域,数据集中不频繁出现的序列,反而会揭示出异常行为。例如在金融安全领域,相比于普通的交易行为,银行管理人员更关注非正常的交易行为,比如欺诈交易等,但这种欺诈行为也不是随机出现的,它们也具有一些共性的特征,因此可以通过采用数据分析中的稀有模式挖掘算法进行分析,揭示出非正常的稀有行为。

定义 4-11 负模式(negative mode)定义:在数据集 D 中,某数据项集 X 的出现会减少另一数据项集 Y 的出现,甚至使得 Y 不出现,这一类模式称为负模式,由此产生的关联规则称为负关联规则。例如,在超市商品销售中,分别购买可口可乐和百事可乐的支持度都非常高,但是二者存在很强的负相关性,因此它们可以组成负模式,由负模式生成的关联规则称为负关联规则。

负关联规则的描述是一个形如 $X \Rightarrow \neg Y$(或者 $\neg X \Rightarrow Y$ 或 $\neg Y \Rightarrow \neg Y$)的蕴含式,其中 $X, Y \subseteq I$,$X \bigcap Y = \phi$,X 称为规则的前件,Y 称为规则的后件。

在发现负关联规则的过程中,可以利用一些正关联规则的分析技术,同样可以将负关联规则分为两个步骤,一是产生所有的负模式集,二是产生负关联规则。正如正关联规则可以为经营者管理层提供决策支持一样,负关联规则的发现也有助于企业营销质量的提高。负模式分析的研究目前还较少,已有的一些相关算法包括 PNSP(positive and negative sequential pattern mining,正负序列模式挖掘),Negative-GSP(Negative-generalized sequential patterns,负向-通用序列模式),NSPM(negative sequential pattern mining,负向序列模式挖掘)等。

4.3　A-Priori 算法

关联规则是数据分析中最有效的手段之一,从关联规则挖掘的两个步骤可以看出,分析的关键和难点都集中在频繁项集的挖掘上。通过对频繁项集的分析,可以挖掘出在数据集中经常同时出现的相关性较大的数据对象。目前,对频繁项集分析的研究,不存在已知的多项式复杂度的算法,普遍都需要进行计算量非常大的搜索工作,因此主流的频繁项集挖掘方法都需要对搜索空间进行有效的剪枝处理,其解决问题的思路可以归纳如下:在数据集的遍历上采用自底向上、自顶向下或混合遍历的方法;在空间搜索上采用广度优先或深度优先;在频繁项集的产生上着眼于是否首先产生候选项集。不同的遍历方法和搜索策略产生了不同的算法,实践证明,有些算法适用于稀疏事务集,有些算法适用于稠密事务集,但是没有一种挖掘算法可以很好地解决所有情形下的问题,每种相对较优的算法都有它具体的适用环境。所以,有必要熟知不同算法的不同特性,掌握不同的适用环境。

本节主要介绍频繁项集挖掘的 A-Priori 算法的基本概念和思想,该算法在关联分析中较为重要,是主要的算法之一。算法采用广度优先的搜索策略,自底向上的遍历,遵循首先产生候选集进而获得频繁集的思路。A-Priori 算法思想将在 4.3.1 节详细介绍,具体的算法描述在 4.3.2 节中以伪代码形式表示,在 4.3.3 节中针对 A-Priori 算法可能产生大量的候选集,以及可能需要重复扫描数据库多次的问题,详细介绍改进的 A-Priori 算法,即 DHP 算法。

4.3.1 A-Priori 算法的核心思想

1993 年,Agrawal 等首先提出关联规则的概念,同时给出相应的关联规则挖掘算法 AIS,但是性能较差。1994 年,他们建立项目集格空间理论,并依据其中的两个定理,提出著名的 A-Priori 算法,此后诸多研究人员相继对关联规则的挖掘问题进行了大量的研究,至今 A-Priori 仍然作为关联规则挖掘的经典算法被广泛讨论和应用,它已经成为一种最有影响的挖掘关联规则频繁项集的简单适用的算法。作为最经典的关联分析算法,A-Priori 算法采用广度优先的搜索策略,自底向上的遍历思想,遵循首先产生候选集进而获得频繁集的思路。该算法适合用在数据集稀疏,事务宽度较小,频繁模式较短,最小支持度较高的环境中;对于稠密数据和长频繁模式,由于候选项集占据大量的内存,计算成本急剧增加,数据集的遍历次数加大,因而性能会显著下降。

不管是哪种频繁项集挖掘算法,都用到了频繁项集的反单调性原理,基于该原理可以对搜索空间进行有效的剪枝。

定义 4-12 反单调性原理:如果一个项集是频繁的,那么它的所有子集也是频繁的,也就是说如果一个项集是非频繁的,那么它的所有超项集也一定是非频繁的。

A-Priori 算法的核心思想,即首先扫描数据集,统计数据集中交易的数量和各个不同的 1 项集出现的次数,进而根据最小支持度 min_sup 获得所有的频繁 1 项集,即 L_1,然后利用 L_1 查找频繁 2 项集,如此循环直到不再有新的频繁项集被找到为止。在这个算法中,获取不同长度的频繁项集之前,都需要先查找候选集,只有满足条件的候选集,才能被用于判断是否为频繁集。候选集的查找归纳起来是两个步骤:连接步和剪枝步。

(1) **连接步**:为找 L_k(频繁 k 项集),通过将 L_{k-1} 进行自连接,产生 k 项集,该 k 项集为候选集,记作 C_k,但是两两自连接时只能将只差最后一个项目不同的项集进行连接。

(2) **剪枝步**:显然超集 C_k 中的成员有些是频繁的,有些不是频繁的。但所有的频繁 k 项集都包含在其中。如果扫描数据集,对其中每个成员项集都进行计数,找出那些计数值不小于 min_sup 的成员来构成 L_k(即 k 频繁项集),这会使得计算量增大。因此 A-Priori 算法在实际操作中使用反单调性原理,通过判断候选集中所有成员的子集 $k-1$ 项集是否是频繁的,只要有一个不是 $k-1$ 频繁项集,那么该成员不可能成为 k 频繁项集,从而可以将其从 C_k 中删除,最后剩下的成员构成了被剪枝的满足条件的候选集,然后再采用对数据集扫描的方式对 C_k 中的成员进行计数,确定计数值不小于 min_sup 的成员,以构成频繁项集 L_k。

例 4-4 生成候选集方法

为了便于理解相关概念,给出一个简单的例子,让读者明白候选集的构成过程。现有数据集合 D,已经找到的频繁 3 项集如下:

$$L_3 = \{abc, abd, acd, ace, bcd\}$$

为找到频繁 4 项集合 L_4,将通过连接步和剪枝步实现,过程如下:

(1) 连接步:$L_3 * L_3$

由频繁 3 项集 $\{abc\}$ 和 $\{abd\}$ 得到自连接后的集合 $\{abcd\}$,同样,由频繁 3 项集 $\{acd\}$ 和 $\{ace\}$ 得到自连接后的集合 $\{acde\}$。于是有 $C_4 = \{\{abcd\}, \{acde\}\}$。

(2) 剪枝步:分析以上得到的候选 4 项集合 C_4,其中一个候选 4 项集 $\{acde\}$ 的子集 $\{cde\}$ 不在频繁 3 项集 L_3 中,于是根据反单调性原理要进行剪枝,因此候选 4 项集合 $C_4 = \{abcd\}$,然后再扫描数据库,对该候选集进行计数,判断其计数值是否大于或等于最小支持度计数,进而找出频繁 4 项集 L_4。

4.3.2 A-Priori 算法描述

A-Priori 算法的功能是寻找所有支持度不小于 min_sup 的频繁项集。它使用一种称作逐层搜索的迭代方法。在后续的每次遍历中,利用上一次遍历所得频繁项集作为搜索项集,产生新的潜在频繁项集—候选项集,然后对候选项集进行筛选,寻找频繁项集,循环往复直到不能再找到更长的频繁项集。

算法 4-1 Apriori 算法伪代码描述:

输入:交易数据库 D;最小支持度 min_sup 阈值。

输出:D 中的频繁项集 L。

1. $L_1 = $ find_frequent_1-itemsets(D);
2. for(int k=2; L_{k-1}! $= \phi$; k++){
3. $C_k = $ apriori_gen(L_{k-1}, min_sup);
4.   for each 事务 $T \in D$ {   //扫描 D 进行计数
5. $C_t = $ subset(C_k, T);   //从 C_k 候选集合中提取每一个候选集 C_t
6.   for 每一个候选 $C_t \in C_k$
7. C_t.count++;
8.   }
9. $L_k = \{ C_t \in C_k | C_t.count \geq $ min_sup$\}$
10. }
11. return $L = \bigcup_k L_k$;

apriori_gen(L_{k-1}, 频繁 k-1 项集)   //生成候选集的过程

1. for 每一个项集 $l_1 \in L_{k-1}$
2.   for 每一个项集 $l_2 \in L_{k-1}$
3.   if(($l_1[1] = l_2[1]$) $\wedge$ ($l_1[2] = l_2[2]$) $\wedge \cdots \wedge$ ($l_1[k-2] = l_2[k-2]$) $\wedge$ ($l_1[k-1] < l_2[k-1]$)then{
4. $c = l_1 \infty l_2$;   //连接步:产生候选
5.   if has_infrequent_subset(c, L_{k-1}) then
6.   delete c;   //剪枝步:删除子集不是频繁集的候选集
7.   else add c to C_k;}
8.   return C_k;

has_infrequent_subset(c:候选 k 项集;L_{k-1}:频繁 k-1 项集)   //利用先验知识

1.   for c 中每一个长度为 k−1 的子集 S

2.   if S ∉ L_{k-1} then

3.   return TRUE;

4.   return FALSE;

例 4-5 A-Priori 算法实例分析。该数据来源于 weka 购物篮测试数据,选取其中的 10 条购物篮事务数据集合 D 进行说明,如表 4-4 所示。为了便于理解和计算,用如 I1、I2 等编号表示商品。这里最小支持度计数为 2,即 min_sup=2。

表 4-4 购物篮抽取事务数据

购物篮 TID	商品 ID 列表	购物篮 TID	商品 ID 列表
T001	I2, I3, I11	T006	I1, I9, I5
T002	I2, I11	T007	I7, I5
T003	I4, I6, I7, I10	T008	I1, I6, I9
T004	I3, I8	T009	I1, I10
T005	I2, I8, I10	T010	I1, I2, I3, I4, I8, I10

在第一次扫描整个数据库后,可以确定频繁 1 项集 L_1={{I1},{I2},{I3},{I4}, {I5},{I6},{I7},{I8},{I9},{I10},{I11}},其中每一项的支持度都大于或等于最小支持度,再从 L_1 中产生候选 2 项集 C_2={{I1, I2},{I1, I3},…,{I10, I11}},比较每个 2 项集支持度与最小支持度的大小,得到频繁 2 项集 L_2={{I1, I9},{I1, I10},{I2, I3},{I2, I8},{I3, I8},{I4, I10},{I8, I10}}。其他频繁项集以此方法类推,直到再也不能寻找到更长的频繁项集为止,流程如图 4-3 所示。

4.3.3 改进的 A-Priori 算法

从以上对 A-Priori 算法的介绍可以看出来,其最主要的两大缺点是可能产生大量的候选集,以及可能需要重复扫描数据库多次。针对 A-Priori 算法的不足,人们提出各种不同的优化方法,主要包括 DHP(direct hashing and pruning)算法、Partition 算法、Sample 算法和 DIC(dynamic itemsets counting)算法等。DHP 算法主要是针对 A-Priori 算法大量的时间开销集中在从数据集中提取有效信息的初始阶段,采用了散列表对频繁 2 项集搜索进行了优化。其思想是在 k 频繁项集产生过程中,将可能的 $(k+1)$ 候选项集存放到散列表中,于是在下一步由 k 频繁项集产生 $(k+1)$ 候选集时,使用前一阶段建立的散列表可以得到有可能是频繁的候选项集,从而减少扫描数据集需要花费的时间。该算法还有一个特点是能够逐步减少数据集的大小,包括其中事务的宽度和数目。考虑到 A-Priori 算法对数据集的扫描次数和扫描效率的瓶颈问题,Partition 算法采用分治的思想,将数据集在逻辑上分成几个不重叠的分区,分区的大小原则是保证每个分区能够被放入内存,其核心思想是全局频繁项集至少在一个分区中应该是频繁项集,该算法总共只需要扫描数据集两次,第一次是产生和合并各个分区各自的频繁项集,第二次是验证全局频

候选项集	支持度计数
{I1}	4
{I2}	4
{I3}	3
{I4}	2
{I5}	2
{I6}	2
{I7}	2
{I8}	3
{I9}	2
{I10}	4
{I11}	2

扫描数据库D对每个候选集计数 → 产生频繁1项集 →

频数项集	支持度计数
{I1}	4
{I2}	4
{I3}	3
{I4}	2
{I5}	2
{I6}	2
{I7}	2
{I8}	3
{I9}	2
{I10}	4
{I11}	2

得到2项候选集

候选项集	支持度计数
{I1, I9}	2
{I1, I10}	2
{I2, I3}	2
{I2, I8}	2
{I3, I8}	2
{I4, I10}	2
{I2, I10}	2

产生频繁2项集

候选项集	支持度计数
{I1, I2}	1
{I1, I3}	1
{I1, I4}	1
{I1, I5}	1
⋮	⋮
{I9, I11}	0
{I10, I11}	0

得到3项候选集

候选项集	支持度计数
{I1, I9, I10}	1
{I2, I3, I8}	1
{I2, I8, I10}	2

产生频繁3项集 →

频繁项集	支持度计数
{I2, I8, I10}	2

图 4-3 A-Priori 算法实例流程图

繁项集,但是该算法受到数据集不平衡情况以及占用内存不好估计的影响,在使用上受到一定的限制。Sample 算法使用抽样的思想,抽取事务数据形成可以放入内存大小的数据集,然后对此抽样数据集进行频繁项集的挖掘,该算法虽然减少了数据集的大小,降低了扫描等分析数据的计算量,但是容易漏掉一些频繁项集,对结果有一定影响。DIC 算法从减少扫描次数入手,将原数据集进行划分,循环扫描各个数据划分,本质主要还是集中在优化 I/O 开销上,对于巨量候选项集的运算和开销并没有优化。下面将介绍一个高效的基于散列思想获取频繁集的 DHP 算法。

1. DHP算法的核心思想

DHP算法是一个典型的基于散列思想的算法。散列思想实质就是通过一定的处理方式,尽量将要处理的所有数据放入内存,以提高处理效率。其实A-priori算法如果在计算的过程中内存能够满足算法中数据处理的需求,是能够很好地执行的,但是当频繁项集的数量比较大以至于内存存放不了时,对这些项集的频繁计数将会使得内存中页面频繁地换入换出,这在操作系统中称为内存抖动,这种现象会大幅降低执行效率。尤其是针对候选2项集 C_2,其中包含的候选项集数量通常都非常大,因此针对这一问题,许多优化算法提出针对减少 C_2 数量的改进策略,DHP算法就是其中之一。

基于A-Priori算法,DHP算法的核心思想是在计算第 k 维的频繁项集时,先从 $k-1$ 频繁项集 L_{k-1} 中计算出所有的 k 项集,并应用散列技术检验每个 k 项集所对应 H_k 桶的支持度。若支持度大于或等于最小支持度 min_sup,则将此 k 项集选入候选项集(candidate itemsets) C_k。然后对事务集 D_k 中的每一个事务,过滤掉不必要的事务项,并去除事务集 D_k 中不可能产生 $k+1$ 频繁项集的事务,得到的事务集作为 D_{k+1},并且在产生 D_{k+1} 过程中建立一个 H_{k+1} 的散列桶,然后由数据集 D_{k+1} 扫描 C_k 得到 L_k,为下次处理做好准备。归纳起来,DHP算法主要有如下优化思想:定义散列表和用位图(bitmap)方式进行存储,并对数据集进行剪枝。

在DHP算法中,散列表的数据结构由三个部分组成,即:桶编号(对应的散列函数值)、散列表中具体存放的元素、放入到散列桶中的元素个数。在最初的DHP算法中并没有给出散列表的长度定义方式以及具体的散列函数,后续有很多学者对这方面开展研究,提出能够减少散列冲突的规则方法。下面举例说明DHP算法的原理。

例4-6 已知数据集 D,如表4-5所示。为方便说明,选取最简单的除留余数法的散列函数,如式4-5所示,其中 order(x) 表示项 x 的序号,散列表长度为7。在数据集 D 中,order(I1)=1,order(I2)=2,order(I3)=3,order(I4)=4,order(I5)=5,最小支持度计数为2。

$$h(\{x,y\}) = \lceil \text{order}(x) * 10 + \text{order}(y) \rceil \bmod 7 \tag{4-5}$$

表4-5 购物篮抽取事务数据

购物篮 TID	商品 ID 列表	购物篮 TID	商品 ID 列表
T001	I1, I3, I4	T003	I1, I2, I3, I5
T002	I2, I3, I5	T004	I2, I5

算法步骤如下:

(1) 生成候选1项集: $C_1 = \{\{I1\}, \{I2\}, \{I3\}, \{I4\}, \{I5\}\}$,通过扫描数据集D,获得以上各个候选1项集的支持度,得到频繁1项集 $L_1 = \{\{I1\}, \{I2\}, \{I3\}, \{I5\}\}$;

(2) 为候选2项集 C_2 建立快速统计支持度的散列表 H_2:对数据集 D 中的各项事务依据要构造的候选集的长度进行拆分和组合,如表4-6所示。将表中拆分出来的2项集分别代入散列函数,根据求得的散列值压入散列表。例如,对于2项集{I1,I4},代入散列

函数公式(4-5),求得其散列地址为 0;

表 4-6　分解后的数据集 *D*

购物篮 TID	商品 ID 列表
T001	{I1, I3}, {I3, I4}, {I1, I4}
T002	{I2, I3}, {I2, I5}, {I3, I5}
T003	{I1, I2}, {I1, I3}, {I1, I5}, {I2, I3}, {I2, I5}, {I3, I5}
T004	{I2, I5}

(3) 构建 2 项集散列表:算法检测上面每个 2 项集是否在散列表中,如果是,则把该项对应的桶计数加 1,否则将该项集添加到对应地址的散列桶中,并将散列桶对应的计数值由 0 改为 1。图 4-4 给出了所有 2 项集在散列表中的对应情况,根据散列表中散列桶的计数是否大于最小支持度计数,将该散列表描述成位图形式(1, 0, 1, 0, 1, 0, 1);

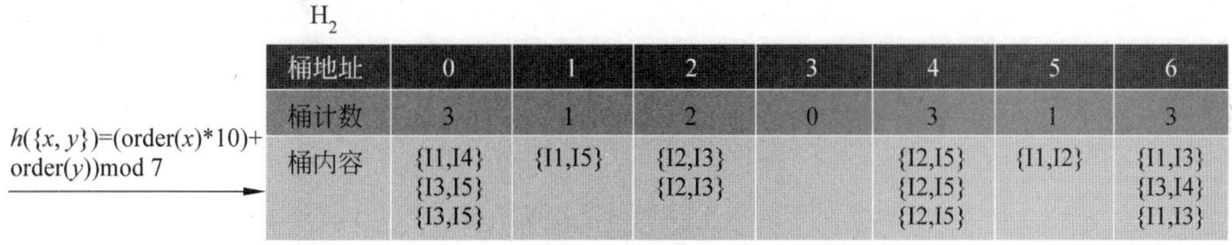

H_2

桶地址	0	1	2	3	4	5	6
桶计数	3	1	2	0	3	1	3
桶内容	{I1,I4} {I3,I5} {I3,I5}	{I1,I5}	{I2,I3} {I2,I3}		{I2,I5} {I2,I5} {I2,I5}	{I1,I2}	{I1,I3} {I3,I4} {I1,I3}

$h(\{x,y\})=(order(x)*10)+order(y))\bmod 7$

图 4-4　2 项集散列表

(4) 获取频繁 2 项集:由 A-Priori 算法,将前面获得的频繁 1 项集,通过自连接得到候选 2 项集合,为每个候选 2 项集计算散列地址,查找散列表,如果该 2 项集对应的散列桶在位图对应位为 0,则其不可能成为频繁集,由此经过过滤后,得到的候选 2 项集合 $C_2 = \{\{I3, I5\}, \{I2, I3\}, \{I2, I5\}, \{I1, I3\}\}$,然后再在数据集中进行扫描判断各个候选 2 项集是否为频繁 2 项集;

(5) 对数据集进行裁剪:在对数据集进行扫描获得频繁 2 项集时,同时对数据集进行裁剪,包括两个过程,一个是裁剪事务,另一个是裁剪事务中的项。二者的核心思想都是判断各事务中包含的候选 2 项集中的各个项的计数。表 4-7 给出了数据集 *D* 每个事务包含的候选 2 项集,图 4-5 描述了数据集 *D* 裁剪后的数据集 *D′* 结果。数据集中事务和包含在事务中的项被裁剪主要是考察候选项集中各项在该事务中出现的计数,如果某一项出现的计数小于支持度阈值,则被删除,否则保留。如果某个事务中候选项集内所有的项的计数均小于支持度阈值,则该事务被删除。如表 4-7 中的事务 T001,其包含有一个候选 2 项集,这个候选 2 项集的各项出现次数均为 1,小于 2,所以在数据集 *D′* 中被删除。对事务 T003,其包含的 4 个候选 2 项集,其中 I1 支持度为 1,I2 支持度为 2,I3 支持度为 3,I5 支持度为 2,因此 I1 项从该事务中删除,该事务只保留 {I2, I3, I5},如图 4-5 所示。

表 4-7　数据集 *D* 中各个事务包含的候选 2 项集

购物篮 TID	商品 ID 列表
T001	{I1，I3}
T002	{I2，I3}，{I2，I5}，{I3，I5}
T003	{I1，I3}，{I2，I3}，{I2，I5}，{I3，I5}
T004	{I2，I5}

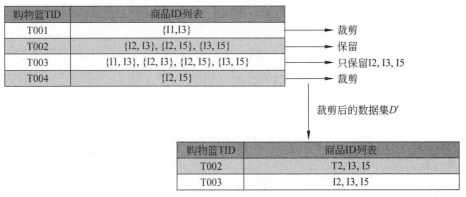

图 4-5　裁剪后的数据集 *D'*

通过例 4-6 可以发现,在扫描一次数据库的过程中,DHP 算法在获得频繁 *k* 项集 L_k 时与 A-Priori 算法一样都是通过 L_{k-1} 来产生 *k* 项集。但是不同之处是 DHP 前一次扫描的时候建立了散列表的位向量,能够快速地用它来检测每个 *k* 项集是否是满足条件的候选集,而不是直接把 L_{k-1} 自连接得到的所有 *k* 项集放到 C_k 中,只把通过过滤的 *k* 项集放到 C_k 中,有效地减少了 C_k 的规模,尤其是在生成候选 2 项集的时候大幅提高了算法的性能。

2. DHP 算法的伪代码描述

DHP 算法中散列表使用的好处并不是绝对最优的,它还取决于数据大小和空闲内存大小。在最坏的情形下,所有的桶都是频繁的,那么 DHP 计算的项对与 A-Priori 算法是一样的。然而,在通常实际使用中,大多数的桶都是非频繁的。这种情况下,DHP 算法能够大大缓解 A-Priori 算法的瓶颈问题。DHP 算法在每一次数据集的扫描要做三件事情:①扫描数据集,为通过散列表过滤后的候选 *k* 项集计算每个候选 *k* 项集的支持度,获得频繁 *k* 项集;②构建有可能成为候选 *k*+1 项集的散列表,为下一次获得满足条件的候选 *k*+1 项集做准备;③为数据集剪枝。其中包括减少数据集中事务的项数目,如果一个事务含有某些 *k*+1 频繁项集,则含在这些 *k*+1 频繁项集中的任何项一定会出现在该事务所包含的其他 C_k 中,并且该项出现在候选 *k* 项集中的次数最少为 *k*。满足这个条件的项在下一次迭代中有用;反之,将此项删除。其次包括剪枝每个事务行,如果一个事务包含的项目数小于或等于 *k*,则这一事务在下一次为产生 *k*+1 频繁项集的过程中将不会起到任何作用,所以将此事务行删除。

下面给出该算法主要框架的伪代码,其中的子函数可以分别参考文献[1]和[9]。该算法主要分为 3 个部分:Part1 主要是用于生成频繁 2 项集,其中包括建立散列表;Part2 主要是在 k 项集的散列表中,大于支持度阈值的 k 项集数目超过阈值 LARGE 时,建立散列表,剪枝数据集,获得频繁 k 项集的过程;Part3 是在不满足 Part2 的情况下,生成频繁 k 项集的过程,该过程中不会构建散列表,但是会对数据集进行剪枝处理。

算法 4-2　DHP 算法的伪代码描述

/ * Part 1 * /

1.　s＝最小支持度

2.　设置散列表 H_2 对应的所有散列桶均设置为 0 //散列表初始化

3.　for all 事务 t∈ D do begin

4.　　　将每个事务进行拆分,然后组合成 2 项集;

5.　　　for 每个事务中的所有 2 项集 do

6.　　　　　$H_2[h_2(x)]$＋＋;　　　　　　　　　　//依据散列函数压入散列桶,并对桶计数加 1

7.　　end

8.　L_1＝{c | c.count＞＝s };　　　　　　　//扫描数据集获得频繁 1 项集合 L_1

/ * Part 2 * /

1.　k＝2;

2.　D_k＝D; / * k 项集的事务数据 * /

3.　while($|\{x | H_k[x]＞＝s\}|$ ＞＝ LARGE) { //在 k 项集散列表中的 k 项集个数大于阈
　　　　　　　　　　　　　　　　　　　　　　　　　//值 LARGE

4.　　　/ * 创建散列表 * /

5.　　　gen_candidate(L_{k-1}, H_k, C_k);

6.　　　设置 H_{k+1} 所有的桶为 0;

7.　　　D_{k+1}＝φ;

8.　　for all 事务 t∈D_k do begin

9.　　　　count_support(t,C_k,k,t1);　　　　　　　//t1 是 t 的子集

10.　　　　if($|$t1$|＞$k)then do begin　　　　　　　//如果 t1 的长度大于 k

11.　　　　　　make_hasht (t1,H_k,k,H_{k+1},t2);

12.　　　　　　if($|$t2$|＞$k)then $D_{k+1}－D_{k+1}\bigcup\{t2\}$;　　//数据集中保留 t2

13.　　　　end

14.　end

15.　L_k＝{C∈C_k|C.count＞＝s};　　　　　　//扫描数据集获得频繁 k 项集合 L_k

16.　k＋＋;

17.　}

/ * Part3 * /

1.　gen_candidate(L_{k-1},H_k,C_k);

2.　while($|C_k|＞$0){

3.　　D_{k+1}＝φ;

4.　　for all 事务 t∈D_k do begin

5.　　　　count_support(t,C_k,k,t1);　　　　　　　　　　//t1 是 t 的子集

6.　　　　if（|t1|＞k）then ＝D_{k+1}∪{t1}

7.　　end

8.　　L_k＝{c∈C_k|C.count＞＝s}；

9.　　if（|D_{k+1}|＝0）then break；

10.　C_{k+1}＝A-Priori_gen（L_k）；

11.　k++；

12.　}

4.4　FP-Growth 算法

不同于上述两个算法都需要首先产生候选集，然后进行频繁项集验证的方式，FP-Growth 算法采用模式段增长的方式分而治之地构建频繁项集。当数据集比较稠密时，本算法使用扩展的前缀树 FP-tree（frequent-pattern tree），将全部的数据集压缩入主存，由此采用分治策略将对整体数据集的分析转化为对各个条件模式库分析的子任务，显著减少了搜索空间。由于 FP-Growth 算法降低了 I/O 开销，减少了同一时刻内存中存储的频繁项集数目，因而大大提高了算法运行性能。但是对于稀疏的大型数据集，仍然不能保证一次装入内存。由于实际上 FP-tree 对数据集的压缩率比较低，在这种情况下 FP-Growth 算法效率依旧会严重降低。

本节主要介绍关联规则的 FP-Growth 算法，针对比较稠密的数据集，该算法具有很好的计算效果，能够有效地解决大量 I/O 问题。在 4.4.1 节中详细地介绍了 FP-Growth 算法的核心思想，该算法在 4.4.2 节中以伪代码表示形式进行了详细描述。

4.4.1　FP-Growth 算法的核心思想

定义 4-13　频繁模式树（frequent pattern tree）定义：简称为 FP-tree，它是一棵将代表频繁项集的数据库压缩之后形成的树，该树仍保留项集的关联信息。其结构满足下列条件：由一个根结点（值为 null）、项前缀子树（作为子女）和一个频繁项头表组成。

定义 4-14　项前缀子树定义：该子树的每个结点数据结构包括 3 个域：item_name、count 和 node_link，其中：item_name 记录结点表示的项的标识；count 记录到达该结点的子路径的事务数；node_link 用于连接树中相同标识的下一个结点，如果不存在相同标识的下一个结点，则其值为 null。

定义 4-15　频繁项头表定义：本表中的每个表项存储一个频繁 1 项集的标识（item_name）和一个头指针（head of node_link），它指向项前缀子树中该频繁 1 项集第一次出现的位置。

定义 4-16　条件数据库（conditional data base）定义：又称为条件模式库，一种特殊类型的投影数据库，即通过上述频繁模式树对原数据库压缩后的数据库就称为条件模式库。

定义 4-17　条件模式基（conditional pattern base）定义：在 FP-tree 中每个任意的后缀模式可以形成各自的不同前缀子路径，所有这些路径组成了该后缀的条件模式基，即该后缀的子数据库。

定义 4-18　条件模式树(Conditional pattern tree)定义：由某个后缀的条件模式基所构建的 FP-tree 称为该后缀的条件模式树(conditional FP-tree)。

基于 FP-tree 挖掘频繁项集,需要了解 FP-tree 的一些重要性质:

性质 4-1　结点链性质：对于任何频繁项 item,从 FP-tree 的项头表对应 item 项的头指针(head of node_link)开始,通过遍历 item 的结点链(node_link)可以挖掘出所有包含 item 的频繁模式。

性质 4-2　前缀路径性质：为了计算以 item 为后缀的频繁模式,仅仅需要在 FP-tree 中计算 item 结点的前缀路径,所有这些前缀路径的频繁度(支持计数)为该后缀 item 的频繁度(支持计数)。

性质 4-3　条件模式树构造性质：为了构造 item 的条件模式树,首先累加其每个条件模式基上所有其他 item 的频繁度(支持计数),过滤掉那些低于最小支持度阈值的其他 item,用剩下的 item 和该后缀一起构建条件模式树。

4.4.2　FP-Growth 算法描述

FP-Growth 算法第一遍扫描数据集时,找出频繁 1 项集 L_1,对它们按降序排序;第二遍扫描数据集时,对每个事务过滤掉不频繁的项集,将剩下的频繁项按 1 项集 L_1 中的顺序排序,然后把每个事务的频繁 1 项集插入 FP-tree 中,建立频繁模式树,相同前缀的路径可以共用。同时增加一个项头表,把 FP-tree 中的相同 item 连接起来,然后在得到的 FP-tree 上进行后续频繁项集的挖掘,具体挖掘过程如下:

(1) 从项头表最下面的 item 开始,构造每个 item 的条件模式基:顺着项头表中每个 item 的链表,分别找出所有包含该 item 的前缀路径,这些前缀路径就是该 item 的条件模式基。所有这些条件模式基的频繁度(支持计数)满足性质 4-2。

(2) 通过采用性质 4-3 构造条件模式树,首先获得频繁项的前缀路径,然后将前缀路径作为新的数据集,以此构建前缀路径的条件模式树。然后对条件模式树中的每个频繁项,计算在前缀路径中的支持计数和,并以此构建新的条件模式树。不断迭代,直到找到条件模式树只有一条路径(或只有一个分支),最后通过组合的方式进一步构建出该分支中的所有频繁项集。

算法 4-3　FP-Growth 算法伪代码描述:

输入:

D:事务数据库

min_sup:最小支持度阈值

输出:频繁模式的完全集

Procedure1: /* 构造 FP-tree */

1.一次扫描事务数据库 D,收集频繁 1 项集合 F 和它们的支持度计数,对 F 中的各项按支持度计数降序排列,结果构成频繁 1 项集列表 L_1

2.创建 FP-tree 的根结点,以"null"标记。对于事务数据库 D 中的每一个事务,分别执行以下步骤:选择每个事务中的频繁项,并对其按照 L_1 列表中的次序排序。对排序后的每个频繁项调用子函数创建 FP-tree。

该函数的执行过程如下:若根结点 T 的子结点为该频繁项,则相应子结点的计数加 1,否则为根结点 T 创建一个新的子结点,并将其计数置为 1,同时将该结点链入项头表中具有相同 item-name 的结点上,递归调用该创建频繁模式树的子函数,直至该事务中的频繁 1 项集为空。

Procedure 2:Procedure FP-growth(Tree,α)　//频繁模式挖掘过程,α 表示项头表中的每个项//

1. if 频繁模式树只包含单个路径 P then
2. 　for 路径 P 中构建结点的每个组合(记作 β)
3. 　　形成频繁模式 β∪α,其支持度计数 sup_count 等于 β 中所有结点中的最小支持度计数;
4. else for Tree 的项头表中每个 a_i {　//从项头表的最后一个结点开始
5. 　　搜索 a_i 的前缀路径,产生条件模式基 β,其支持度计数 sup_count=a_i. sup_count;
6. 　　根据条件模式基 β,然后构造 β 的条件 FP-tree Tree$_β$;
7. 　　if Tree$_β$≠φ then
8. 　　　调用 FP-Growth(Tree$_β$,β);
9. 　}

例 4-7　FP-growth 算法的实现过程,数据如表 4-8 所示,假设最小支持度计数为 3。

表 4-8　购物篮抽取事务数据

购物篮 TID	商品 ID 列表
T001	I6, I1, I3, I4, I7, I9, I13, I16
T002	I1, I2, I3, I6, I12, I13, I15
T003	I2, I6, I8, I10, I15, I17
T004	I2, I3, I11, I18, I16
T005	I1,I6, I3, I5, I12, I16, I13, I14

根据以上数据,生成频繁 1 项集,并对其中各 1 项集按照支持度计数进行排序,得到 L_1={I6:4,I3:4,I1:3,I2:3,I13:3,I16:3},压缩后的购物篮事务数据库如表 4-9 所示,生成项头表见表 4-10,事务数据项头表对应的 FP-tree 如图 4-6 所示。

表 4-9　压缩后的购物篮事务数据库

购物篮 TID	商品 ID 列表
T001	I6, I3, I1, I13, I16
T002	I6, I3, I1, I2, I13
T003	I6, I2
T004	I3, I2, I16
T005	I6, I3, I1, I13, I16

表 4-10　事务数据项头表

项 ID	支持度计数	结点链
I6	4	null
I3	4	null
I1	3	null
I2	3	null
I13	3	null
I16	3	null

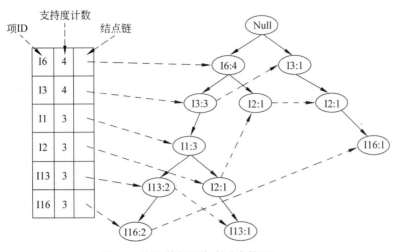

图 4-6　事务数据项头表对应的 FP-tree

FP-tree 的挖掘过程：由项头表的最后一项开始，对每一个长度为 1 的频繁集构造它的条件模式基(由 FP-tree 中与该后缀模式一起出现的前缀路径集组成)。然后，构造它的条件 FP-tree，并递归地在该树上进行挖掘，模式增长通过后缀模式与条件 FP-tree 产生的频繁模式连接实现，得到的项头表各项的条件模式基如表 4-11 所示。对于 I16，它的两个前缀形成条件模式基{{I6,I3,I1,I13：2}，{I3,I2：1}}，产生一个单结点的条件 FP-tree<I3：3>，并导出一个频繁模式{I3,I16：3}。则由这个条件 FP-tree 产生的频繁模式以及项头表如表 4-12 所示，得到的 FP-tree 如图 4-7 所示。

表 4-11　条件模式表

项 ID	条件模式基	条件 FP-tree	产生的频繁模式
I16	{{I6,I3,I1,I13：2},{I3,I2：1}}	<I3：3>	{I16,I3：3}
I13	{{I6,I3,I1：2}, {I6,I3,I1,I2：1}}	<I6,I3,I1：3>	{I13,I6：3},{I13,I3：3},{I13,I1：3}, {I6,I13,I3：3},{I1,I13,I3：3}, {I6,I13,I1：3},{I13,I6,I3,I1：3}
I2	{{I6,I3,I1：1},{I6：1},{I3：1}}		{I2：3}
I1	{{I6,I3：3}}	<I6,I3：3>	{I6,I1：3},{I3,I1：3},{I1,I3,I6：3}
I3	{I6：3}		{I3,I6：3}

表 4-12　事务数据头表

项 ID	支持度计数	结点链	项 ID	支持度计数	结点链
I3	3	I3：3	I16	3	I16：3

针对 FP-growth 算法的缺点，人们提出了 H-mine 算法、FPGrowth * 算法、CT-pro 算法、OP 算法等。它们主要在数据结构方面进行了优化，以便提高内存访问的效率。H-mine 算法从减小大数据下的内存消耗入手，构建了基于数组的 H-struct 结构，并采用

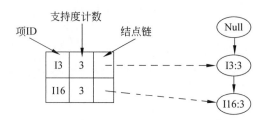

图 4-7　事务数据头表对应的 FP-tree

分片思想,保证每一片都能够在使用时装入内存。FPGrowth * 算法使用局部性较好的数组存储 FP-Growth 算法中产生的条件模式库的支持度计数,在此基础上,构建条件模式树时,依靠该数组可以只扫描一遍原来的频繁模式树,明显提高了执行效率,该算法可以较好地运用在稀疏数据集上。CT-pro 算法使用了压缩的 FP-tree,其结点数是原来 FP-tree 的一半,极大地节省了内存空间,提高了树的构建和遍历速度。OP 算法综合了 FP-Growth 算法和 H-mine 算法的优点,分别用树投影的方法处理稠密数据集,用数组结构处理稀疏数据集,而且能够根据数据集的动态特征动态选取相关策略,在效率和空间上做出了较好的权衡。

4.5　关联规则有效性的评估方法

支持度和置信度是评价关联规则的两个常用的指标,通常一条通过数据分析得到的关联规则,只要它的支持度和置信度大于用户所设定的最小支持度和最小置信度,那么它就是强关联规则。但是否所有的强关联规则都是可用的呢?试想一想,如果一条规则的后件本来的支持度就非常高,那么由此计算出来的该规则的置信度并不能说明这条规则的可用性。

例 4-8　在一个交易数据库中共有 10 000 条交易记录,其中购买电子游戏的有 6000人,购买 VCD 的人有 7500 人,而同时购买这二者的人数是 4000 人,假定最小支持度阈值为 30%,最小置信度阈值为 60%,对于一条如下的关联规则:

电子游戏⇒VCD[support＝40%，confidence＝66%]

从表面上看,这条规则是一条满足条件的强关联规则,但是仔细分析会发现,该规则的后件 VCD 本身的支持度已经高达 75%,必然会拉升规则的置信度值,使它超过最小置信度阈值。因此这并不能说明该规则的前件销售必然带来后件交易的增加,相反会发现,VCD 原来的交易支持度已经达到 75%,而电子游戏的出现反而使其支持度只有 66%,明显地说明了二者之间的一种负关系。

总之,判断一条强关联规则是否可用且有趣,可以采用两种评价方法,一种是客观评价方法,还有一种是主观评价方法,客观评价方法应用统计学原理,用定量的数值判定规则的有趣性,从而避免人为的主观臆断,可见客观性评价更可靠更有说服力。但是客观评价完全基于数据而没有考虑到规则之间的联系和用户的感觉,所以目前在一些关联规则评价方法的研究中会增加一些主观度量方法或约束限制。比如,考虑在强关联规则中,前件或者后件中部分项目可能对未来的决策和分析产生一定的影响,起到直接或间接的作用,这种作用表现在两个方面:①它们在整个规则中都表现出很重要的影响,常常引发发现者的关注;②具有一定的时效性,它们的确定和现实情况联系较为紧密。针对第一种情况,相关领域的专家通常会给出相应的感兴趣度值,设置值域在 0 到 1 之间,0 为无关紧要的,1 为最重要的。针对第二种情况,会根据当时系统用户的感兴趣程度赋值,因而表现出一定的时效性,值域同样为 0 到 1,最后评判该规则是否有用时,会通过衡量指标取二者的平均值来确定。

本节主要介绍关于关联规则有效性的几种评估方法,在 4.5.1 节中详细地介绍了关联规则兴趣度的评估,进一步确认强关联规则的有效性。针对关联规则的最小支持度和置信度无法完全过滤无趣关联的问题,4.5.2 节中通过相关度的介绍对此类问题进行了详细讲解,最后在 4.5.3 节讲解了关于关联规则度量的其他几类方法。

4.5.1　关联规则兴趣度评估

从上面的分析可以知道强关联规则不一定是有趣的。当规则发现之后,只有当时的用户能够评价这种规则是否有趣,并且这种判断是主观的,因人而异的。但是,可以首先采用客观统计分析的兴趣度过滤掉无趣的规则。

定义 4-19　正关联规则兴趣度(Interest)定义:关联规则本身置信度与包含规则后件的支持度之间的差值,即规则的兴趣度=规则的置信度-后件在事务数据库中的支持度。

也就是说,如果规则前件对后件没有任何影响,那么包含前件的交易中同时也包含后件的比例就应该等于所有交易中包含后件的比例,即该规则的兴趣度为 0。但是,不论是非正式还是严格意义上说,若一条规则的兴趣度很高或者是一个绝对值很大的负值,都是令用户十分关注的,前者说明在交易中前件的存在在某种程度上会促进后件的发生,而后者意味着前件的存在会抑制后件的发生。

例 4-9　在一个交易数据库中共有 10 000 条交易记录,其中购买电子游戏的有 6000 人,购买 VCD 的人有 7500 人,而同时购买这二者的人数是 4000 人,假定最小支持度阈值为 30%,最小置信度阈值为 60%,对于一条如下的关联规则:

电子游戏⇒VCD[support=40%,confidence=66%]

规则兴趣度(Interest)=规则置信度-购买 VCD 的支持度=-0.09

由上例可知,电子游戏的购买会抑制 VCD 的购买意愿。

定义 4-20　负关联规则兴趣度定义:对于一条负关联规则 $X \Rightarrow \neg Y$,它的兴趣度计算公式定义如下:

$$\mathrm{RI} = \frac{\exp\_\sup(X) - \sup(X \bigcup Y)}{\sup(X)} \tag{4-6}$$

其中 $\exp\_\sup(X)$ 是项集 X 的期望支持度。

4.5.2　关联规则相关度评估

正如前面所看到的,由于支持度和置信度不足以过滤掉那些无趣无用的关联规则,为了解决这个问题,除了可以用兴趣度评估之外,通常也会定义相关度量指标扩充支持度和

置信度的强关联规则判断框架。这就导致了获取一条真正有效的强关联规则评价标准如下所示:

$$A \Rightarrow B \left[support，confidence，correlation \right] \quad (4-7)$$

以上公式不仅使用了支持度和置信度,而且加入了项集 A 和项集 B 的相关度指标。下面介绍提升度(lift)评估指标。

提升度(lift)是一种简单的相关度量,对于一条关联规则 $X \Rightarrow Y$,其提升度表示含有 X 的条件下,同时含有 Y 的概率,与 Y 总体发生的概率之比,其计算公式如下:

$$lift(X，Y) = \frac{p(Y \mid X)}{p(Y)p(X)} \quad (4-8)$$

如果上式的值小于 1,则 X 的出现与 Y 的出现是负相关的,意味着一个出现可能导致另一个不出现;如果结果值大于 1,则 X 和 Y 是正相关的,代表一个出现另一个也会出现;如果结果值等于 1,则 X 和 Y 是独立的,它们之间没有相关性。

例 4-10 在一个交易数据库中共有 10 000 条交易记录,其中购买电子游戏的有 6 000 人,购买 VCD 的人有 7500 人,而同时购买这二者的人数是 4 000 人,假定最小支持度阈值为 30%,最小置信度阈值为 60%,这些事务可以汇总在一个相依表中,如表 4-13 所示。

表 4-13 汇总关于购买电子游戏和 VCD 事务 2×2 相依表

	电 子 游 戏	$\overline{\text{电 子 游 戏}}$	$\sum_{\text{row}}$
VCD	4 000	3 500	7 500
$\overline{\text{VCD}}$	2 000	500	2 500
$\sum_{\text{col}}$	6 000	4 000	10 000

对于一条如下的关联规则:

$$电子游戏 \Rightarrow VCD \left[support = 40\%，confidence = 66\% \right]$$

$$lift(电子游戏，VCD) = \frac{p(VCD|电子游戏)}{p(电子游戏)} = 0.88$$

由计算结果可知,该强关联规则的提升度值为 0.88,说明规则的前件电子游戏的购买会抑制规则后件 VCD 的购买,将这条规则提供给用户是没有意义的。

4.5.3 其他的评估度量方法

上面的讨论表明,评估关联规则模式必须引入其他度量,如兴趣度、相关度等,这样才能真正揭示模式的内在联系和有趣性,然而仅仅这样度量,效果就一定很好吗?我们所分析的数据集本身还存在不同的特点,比如,有些是倾斜的数据集,有些是不平衡数据集,有些数据集里对于我们要考察的项集所包含的零事务太多,这些都会影响以上讨论到的各种评价模式的指标,造成分析结果的可用性不高。从关联规则算法研究发展的近几十年来,有许多关于模式评估度量方法的研究,这里介绍几种公认为较好的可以度量以上特殊数据集的评估指标。首先介绍几个相关概念。

定义 4-21 **不平衡比(imbalance ratio,IR)的定义**:是指关联规则 $X \Rightarrow Y$ 的前件和后件所包含的项集 X 和 Y 在交易数据集中被包含的不平衡程度。其计算公式如下:

$$\text{IR}(X,Y) = \frac{|\sup(X) - \sup(Y)|}{\sup(X) + \sup(Y) - \sup(X \bigcup Y)} \tag{4-9}$$

如果 X 和 Y 在数据集中被包含的程度基本相同,则该不平衡比之值为 0;否则,两者之差越大,不平衡比就越大。

定义 4-22 **零事务(null-transaction)的定义**:是指在所有的交易数据中不包含所考察的规则前件和后件项集的事务。从 4.5.2 节介绍的提升度的计算公式可以看出,计算概率时采用的是整个数据库中事务的总数,因此必然受零事务影响非常大,不能很好地识别任何数据集下关联规则的有效性。

定义 4-23 **零不变性(null-invariant)的定义**:是指规则的度量值独立于零事务的个数,即不受零事务影响的程度,零不变性是度量大型事务数据库中关联规则的重要性质。

除了兴趣度和相关度指标,业内领域专家也提出了其他度量模式有效性的评估方法。这里将主要介绍 4 种相关的度量:全置信度、最大置信度、余弦度量和 Kulczynski 度量。

定义 4-24 **全置信度(all-confidence)的定义**:

$$\text{all\_conf}(X,Y) = \frac{\sup(X \bigcup Y)}{\max\{\sup(X), \sup(Y)\}} = \min\{P(X \mid Y), P(Y \mid X)\} \tag{4-10}$$

定义 4-25 **最大置信度(max_confidence)的定义**:

$$\text{max\_conf}(X,Y) = \max\{P(X \mid Y), P(Y \mid X)\} \tag{4-11}$$

定义 4-26 **余弦度量的定义**:

$$\text{cosin}(X,Y) = \frac{P(X \bigcup Y)}{\sqrt{P(X) \times P(Y)}} = \frac{\sup(X \bigcup Y)}{\sqrt{\sup(X) \times \sup(Y)}}$$

$$= \sqrt{P(X \mid Y) \times P(Y \mid X)} \tag{4-12}$$

定义 4-27 **Kulczynski(kulc)度量的定义**:该度量是波兰数学家 S.Kulczynski 于 1927 年提出的,它是两个置信度的平均值,更确切地说,它是两个条件概率的平均值。

$$\text{Kulc}(X,Y) = \frac{1}{2}[P(X \mid Y) + P(Y \mid X)] \tag{4-13}$$

例 4-11 在典型的数据集上比较 6 种模式评估度量

电子游戏和 VCD 两种商品购买之间的关系可以通过把它们的购买历史记录汇总在表 4-14 的 2×2 相依表中来考察,其中的 gv 表示包含电子游戏和 VCD 的事务数。

表 4-14　两个项的 2×2 相依表

	电子游戏(g)	电子游戏($\overline{\text{g}}$)	$\sum_{\text{row}}$
VCD(v)	gv	$\overline{\text{g}}$ v	v
$\overline{\text{VCD}}(\overline{\text{v}})$	g$\overline{\text{v}}$	$\overline{\text{gv}}$	$\overline{\text{v}}$
$\sum_{\text{col}}$	g	$\overline{\text{g}}$	$\sum$

表 4-15 显示了一组事务数据集以及它们对应的数据值和 5 个评价度量的值。先考察前 4 个数据集 D_1 至 D_4。考察后面定义的 4 个相关度计算指标,从该表可以看出,g 和 v 在数据集 D_1 和 D_2 中是正相关的,在 D_3 中是负关联的,而在 D_4 中是中性的。对于 D_1 和 D_2,直观上看,g 和 v 是正相关的,因为 gv(10 000)显著大于 $\bar{g}$v(1 000)和 g$\bar{v}$(1 000),即对于购买电子游戏的人(g = 10 000 + 1 000) = 11 000 而言,他们非常可能也购买了 VCD(gv/g = 10/11 = 91%),反之亦然。而对于 D_3,可以直观地看出,电子游戏和 VCD 在数据集上的表示是负相关的,因为 gv 为 100 时,而 $\bar{g}$v 和 g$\bar{v}$ 分别都是 1000。

表 4-15 使用不同数据集的相依表比较 6 种模式评估度量

数据集	gv	$\bar{g}$v	g$\bar{v}$	$\bar{g}\bar{v}$	提升度	全置信度	最大置信度	Kluc	余弦
D_1	10 000	1 000	1 000	100 000	9.26	0.91	0.91	0.91	0.91
D_2	10 000	1 000	1 000	100	1	0.91	0.91	0.91	0.91
D_3	100	1 000	1 000	100 000	8.44	0.09	0.09	0.09	0.09
D_4	1 000	1 000	1 000	100 000	25.75	0.5	0.5	0.5	0.5
D_5	1 000	100	10 000	100 000	9.18	0.09	0.09	0.09	0.09
D_6	1 000	10	100 000	100 000	1.97	0.01	0.99	0.5	0.1

后 4 种度量在前两个数据集上均产生了度量值 0.91,显示 g 和 v 是强正相关的。然而,提升度对前两个数据集计算出的相关度结果却与后 4 个指标不一致,D_1 是强正相关的,D_2 却是独立的。同理,在 D_3 数据集上,后 4 个度量都正确地表明 g 和 v 是强负相关,因为 gv 和 v 之比等于 g$\bar{v}$ 和 g 之比,即 100/1 100 = 9.1%。但是提升度却正好相反。对于数据集 D_4,提升度显示了 g 和 v 之间正相关,而其他度量显示独立关系,因为 gv 与 g$\bar{v}$ 之比等于 $\bar{g}$v 与 $\bar{g}\bar{v}$ 之比,均等于 1。这意味着如果一位顾客购买了电子游戏,则也会购买 VCD 的概率恰好为 50%。产生上述差异的原因都在于计算中对 $\bar{g}\bar{v}$ 的敏感性(即零事务数量),产生了显著不同的结果。事实上,在许多实际情况下,$\bar{g}\bar{v}$ 通常都很大且不稳定。例如,在购物篮数据集中,事务的总数虽然按天波动,但它一般都会大大超过要考察的包含有规则前件和后件项的事务数。因此,一个好的度量相关度的指标不应该受零事务的影响,否则会产生不可信的结果。

可见,全置信度、最大置信度、余弦和 Kulc 度量 4 个相关度量中都具有很好的零不变性,原因在于这 4 个度量仅受 X、Y 和 X∪Y 的个数的影响,更准确地说,仅受条件概率 $p(X|Y)$ 和 $p(Y|X)$ 的影响,而不受事务总数的影响。但当上面 4 个相关度量值在 0.5 附近时,不容易断定是正相关还是负相关,此时可以结合使用提升度分析。

分析数据集 D_5 和 D_6,5 个指标反映的规则前件和后件相关性均不一样,提升度和最大置信度都反映出二者的正相关,全置信度和余弦度量反映出规则前件和后件的负相关,而 Kluc 度量却反映的是独立关系。那么从数据集本身情况来看,在 D_5 数据集中,gv/(gv + g$\bar{v}$) = 1 000/1 100 = 90.9%,这个计算结果显示 90.9% 购买了电子游戏的顾客也购买了 VCD,说明二者的强正相关性。但是 gv/(gv + $\bar{g}$v) = 1 000/(1 000 + 10 000) = 9.09%,

却说明只有 9.09％购买了 VCD 的顾客会购买电子游戏,这又反映了二者的强负相关。同理,观察 D_6 数据集,也可以得到相似的结果。因此,从正反两面的角度衡量,Kluc 度量的评价结果应该是最好也最真实的。因此,当数据集对于考察的规则的项集具有不平衡性或倾斜时,通常使用 Kluc 度量比较好,同时配合不平衡比(IR)的值,对于 D_5,IR(g, v)＝0.89,而在数据集 D_6 中,IR(g, v)＝0.99,这些计算结果很好地反映了规则的前件和后件在数据集中呈现的不平衡情况。因此,当数据集不平衡的时候,使用 Kluc 度量加上不平衡比 IR 能够较好地说明数据的真实情况。

总之,如果只是使用支持度和置信度挖掘关联,可能产生大量规则。但是其中有很多规则是无用的,是用户所不感兴趣的。因此,必须使用附加的度量来分析有趣有用的关联规则,使规则数量得到很好的控制,同时促使有意义的规则呈现出来。

4.6　多维关联规则的挖掘

到目前为止,我们研究的基本上都是同一个字段的值,也就是同一个维之间的关系,比如用户购买的物品关联规则"电子游戏⇒VCD"。然而在用于数据分析的商品交易数据中,实际存储的数据往往是多维的,除了在销售事务中记录购买的商品之外,还会记录购买商品的顾客信息、销售商品的时间、地点及商品的型号等附加信息。如果沿用数据库中的概念术语,上面的那条关联规则只有一个维,即商品维,而实际上决定销售数量和好坏的不仅有商品本身,还应该包括销售商品的时间、地点及顾客群体特征,一个好的关联规则必然和多个维相关,只有包含多个维的关联规则才能够提供关于现实世界更为有用的信息,然而传统的关联规则分析算法都只限于单维关联规则的挖掘,因此对这方面的研究将是一件十分具有实际意义和广泛应用背景的工作。为了便于读者更好地理解多维关联规则,首先介绍一些相关的概念,沿用数据库的术语,规则中的维也可以称为谓词。

本节主要介绍在多维数据的情况下关联规则的挖掘方法。首先给出相关概念的定义,其次介绍针对数值属性所采用的 4 种分析方法,以及对静态和动态属性离散化的处理方式。以下讨论中,在各种规则两端出现的 X 均代表所分析的交易数据集。

定义 4-28 单维(single-dimensional)或维内关联规则(intra-dimensional association rule)的定义:在一条关联规则的前件和后件中都只有同一个谓词出现。

$$\text{buys}(X, \text{"电子游戏"}) \Rightarrow \text{buys}(X, \text{"VCD"}) \tag{4-14}$$

定义 4-29 多维关联规则(multidimensional association rule)的定义:是指涉及两个或多个维或谓词的关联规则。

$$\text{age}(X, \text{"20} \cdots \text{29"}) \wedge \text{occupation}(X, \text{"student"}) \Rightarrow \text{buys}(X, \text{"laptop"}) \tag{4-15}$$

定义 4-30 维间关联规则(interdimension association rule)的定义:是指不允许规则中所涉及的维或谓词重复出现的关联规则,如式(4-15)就属于此类。

定义 4-31 混合维关联规则(hybrid-dimension association rule)的定义:是指允许规则中所涉及的维或谓词在规则的左右两边同时出现的关联规则。

$$\text{age}(X, \text{"20} \cdots \text{29"}) \wedge \text{buys}(X, \text{"ipad"}) \Rightarrow \text{buys}(X, \text{"iphone"}) \tag{4-16}$$

在挖掘维间关联规则和混合维关联规则的时候,还要考虑不同的字段属性,如标称属性和数值属性。对于标称属性,原先的算法都可以处理,而对于数值属性,需要进行一定的离散化处理之后才可以使用。处理数值属性的方法基本上有以下几种:

(1)数值属性被分成一些预定义的层次结构。这些层次结构都是由用户预先定义的,得出的规则也叫作静态数量关联规则。

(2)数值属性根据数据的分布分成了一些布尔字段。每个布尔字段都表示一个数值属性的区间,落在其中则为1,反之为0,这种分法是动态的,得出的规则叫布尔数量关联规则。

(3)数值属性被分成一些能体现其含义的区间。它考虑了数据之间的距离因素,得出的规则叫基于距离的关联规则。

(4)直接用数值属性中的原始数据进行分析。使用一些统计的方法对数值属性的值进行分析,并且结合多层关联规则的概念,在多个层次之间进行比较,从而得出一些有用的规则,得出的规则叫多层数量关联规则。

相比于混合维关联规则,维间关联规则的研究比较成熟,以下将简单介绍几种常用的,仅限于挖掘维间关联规则的方法。在维间关联规则的频繁集搜索中,与单维关联规则挖掘不同,它不是搜索频繁项集,而是搜索频繁谓词集,例如,搜索 k 谓词集就是搜索频繁的 k 个合取谓词集。

1. 使用数值属性的静态离散化挖掘多维关联规则

使用概念离散化的方法对数值属性进行离散化。这种离散化在挖掘之前进行,数值属性的值用区间替代。如果任务相关的结果数据存放在关系表中,则 A-Priori 算法只需要稍加修改就可以找出所有的频繁谓词集,而不是频繁项集(即通过搜索所有的相关属性,而不是仅搜索一个属性)。找出所有的频繁 k 谓词集将需要 k 或 $k+1$ 次表扫描。其他策略如散列、划分和选样,同样可以结合,用来改进性能。

2. 使用数值属性的动态离散化挖掘量化关联规则

首先根据数据的分布,将数值属性动态地离散化到"箱",这些箱可能在挖掘过程会被进一步组合,因此说这个离散化过程是动态的。组合目的是满足某种挖掘标准,如最大化所挖掘的规则的置信度。由于这种方法将数值属性的值处理成量,而不是区间标号之类,其挖掘出来的关联规则称为量化关联规则。典型的代表是算法 ARCS(association rule clustering system)。该方法的挖掘思想源于图像处理,本质上就是将量化属性对映射到满足分类属性条件的 2D 栅格上,然后搜索栅格点进行聚类,由此产生关联规则。整个 ARCS 算法的步骤分为以下几步:

(1)分箱:数值属性可能具有很宽的值域。以 age 和 income 为例,每个 age 值对应在一个平面栅格的 x 轴上有一个唯一的位置,类似地,每个 income 的可能值在另一个 y 轴上有一个唯一的位置,为了使得这个平面压缩到一个可管理的尺寸,将数值属性的坐标离散化到区间,这些区间可以根据挖掘期间的要求动态进行合并,其中的分箱策略可以采用等宽或等深的方法。将上述产生的两个数值属性的每种可能进行组合,得到一个 2D 数组;

（2）查找频繁谓词集：一旦 2D 数组设置好，就可以扫描它，以便找出满足最小支持度的频繁谓词集；

（3）关联规则聚类：采用类似于前面介绍的关联规则生成算法产生关联规则，将得到的强关联规则映射到 2D 栅格上，然后对这些规则进行组合或聚类，形成一条汇总的规则，以取代零散的规则。图 4-8 显示了给定数值属性 age 和 income，预测规则后件 buys $(X,"laptop")$ 的 2D 量化关联规则，从图上可知，以下规则（4-17）到规则（4-20）紧密相连，所以可以进行合并，得到规则（4-21）：

$$age(X,34) \wedge income(X,"31k\cdots40k") \Rightarrow buys(X,"laptop") \tag{4-17}$$

$$age(X,35) \wedge income(X,"31k\cdots40k") \Rightarrow buys(X,"laptop") \tag{4-18}$$

$$age(X,34) \wedge income(X,"41k\cdots50k") \Rightarrow buys(X,"laptop") \tag{4-19}$$

$$age(X,35) \wedge income(X,"41k\cdots50k") \Rightarrow buys(X,"laptop") \tag{4-20}$$

$$age(X,34) \wedge income(X,"31k\cdots50k") \Rightarrow buys(X,"laptop") \tag{4-21}$$

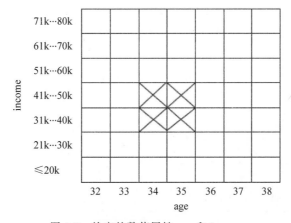

图 4-8　给定的数值属性 age 和 income

（4）优化：依据用户满意的关联规则要求，对求取强关联规则的最小支持度和最小置信度值进行启发式优化，提升关联规则的质量。

3. 挖掘基于距离的关联规则

量化关联规则获取时，要将数值属性进行分箱的离散化，但是这种离散化是机械的，等宽分箱可能使距离很近的值分开，并且有可能创建一个没有值的区间，而等深分箱可能将很远的值放在一组，由此产生的离散化往往缺乏意义。基于距离的划分既能够考虑稠密性或区间内的点数，又可以考虑一个区间内点的"接近性"，因此可以产生更有意义的离散化。R.J. Miller 提出一个非常经典的基于距离的算法，其主要分为以下两个步骤：

（1）使用聚类找出区间或簇：定义一个直径度量，评估数据对象的接近性，这个直径是投影到某个属性 X 上的数据对象两两距离的平均值，直径越小，其投影到属性 X 上越接近，因此直径度量可以评估簇的稠密性。满足稠密度阈值和频繁度阈值的数据对象形成一个簇。

（2）将簇进行组合,形成基于距离的关联规则:例如,一个简单的形如 $C_X \Rightarrow C_Y$ 的基于距离的关联规则,意味着代表 X 属性的簇 C_X 中的数据对象在投影到属性 Y 的簇 C_Y 上时,应该落在后者的区间内,或者接近。二者的距离越小,意味着它们之间的关联程度越强。

4.7 多层关联规则挖掘

对于许多应用,在较高层发现的强关联规则可能是常识性知识。这时我们希望在更细的层次发现新颖的模式。然而在低层或在原始层可能存在比较零碎的模式,并且其中一些也只不过是较高层模式的特例化,所以多层关联规则的挖掘引起更多学者的关注。本节主要介绍多层关联规则的挖掘思想,详细地给出了相关的定义和概念,期望帮助读者了解如何从更细的层次发现更加新颖的关联规则。

例 4-12 假定购买事务的相关数据集如表 4-16 所示,它是某超市商店的部分销售交易数据。将表中所涉的商品进行抽象分层,由低层概念抽象到高层更一般的概念,如图 4-9 所示。

表 4-16 购买事务数据记录

TID	购 买 商 品		
T1	光明常温奶	天友冷藏酸奶	
T2	多鲜白面包	回头客全麦面包	RIO 鸡尾酒
T3	可口可乐汽水	雪花啤酒	天友冷藏酸奶
T4	回头客全麦面包	光明常温奶	绿源果汁
⋮	⋮		

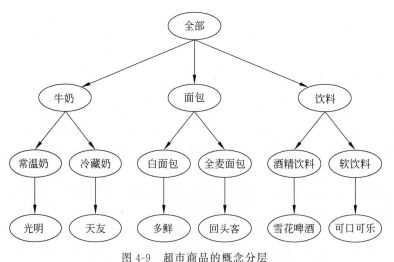

图 4-9 超市商品的概念分层

表 4-16 的项集都属于图 4-9 的最底层,通常在这样的原始数据层很难找到有趣的购

买模式。例如,光明常温奶和多鲜白面包,每个都是很少量地出现在交易事务中,因此很难找到涉及它们的强关联规则,显然很少有人会同时购买这么具体的商品,因此"{光明常温奶,多鲜白面包}"不太可能满足最小支持度。但是把光明常温奶直接抽象化为常温奶,多鲜白面包抽象化为白面包更容易发生关联,且可能发生强关联。

作为传统单层关联规则挖掘技术的拓展,多层关联规则挖掘的研究方向通常分为同层关联规则挖掘和跨层关联规则挖掘两个方面。跨层关联规则最早是由 R.Srikant 和 R.Agrawal 在 1995 年提出的,他们在分析了具有分类特性数据的基础上,指出不同层也可能存在人们感兴趣的关联规则,并提出了一个多层关联规则挖掘算法,即 Cumulate 算法。此后诸多的研究人员和学者对多层关联规则的挖掘算法进行了大量的研究。目前,已提出的多层关联规则挖掘算法大多是通过对 A-Priori 算法进行扩展得到的,比如 R.Srikant 和 R.Agrawal 提出的 Cumulate 算法、ML_T2 算法等。这类算法的核心仍源于 A-Priori 算法,需要先求出候选集,再扫描数据集,获得候选集的支持度。比如,ML_T2 算法采用自顶向下的策略,在每个层中采用 A-Priori 算法挖掘每层的频繁模式,算法扫描的次数取决于频繁模式的长度。

如今的许多数据库或者数据仓库存储着大量的数据,在这样的数据中挖掘关联规则需要很强的处理能力,分布式系统是一种解决方案,一些研究者提出了在分布式环境下对于每一层使用不同支持度的多层关联规则挖掘算法,该方法采用轮询方式处理分布式系统中各个结点间的通信问题,在各个结点上利用集合的"或"和"与"运算,在求候选频繁模式的同时就求出模式的支持度,减少数据库的扫描次数。随着空间和地理数据的大量累积,空间知识发现(SKD)和地理知识发现(GKD)逐渐成为相关研究领域的热点。研究人员以定性空间推理的 RCC 理论为基础,结合模糊逻辑,提出了一种面向空间数据库的近似区域空间关系模型,在此基础上给出了多层空间关联规则的挖掘算法 QSRSAR,该算法首先使用 MBR(最小外包矩形)优先判定、顶点近似等手段针对大型空间数据库进行了优化预处理,进而在此基础上进行多层关联规则的挖掘。

定义 4-32 多层关联规则(**Multi-level association rules**)的定义:在多个抽象层的数据上挖掘产生的关联规则,这种挖掘通常采用自顶向下的策略。在置信度—支持度的框架下,从最高的概念抽象层开始,向下到较低的、更特定的概念层,在每个概念层累积计数,寻找频繁项集,直到不能再找到频繁项集。对于每一层,可以使用发现频繁项集的任何算法。

在多层关联规则挖掘中,对每一抽象层频繁项集最小支持度设置非常重要。由于较低层次的项不大可能像较高层次的项出现得那么频繁,如果最小支持度设置得太高,可能丢掉出现在较低层次中有意义的关联规则;如果设置得太低,可能产生许多较高层无意义的关联规则。因此在不同的研究中,对每一层项集的最小支持度会有不同方式的设置,通常有以下几种:

1. 对于所有层使用一致的最小支持度

在每一个抽象层挖掘时使用相同的最小支持度阈值。如图 4-10 所示,对所有抽象层上频繁项集的挖掘都使用最小支持度阈值 5%。

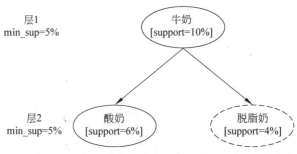

图 4-10　使用相同最小支持度阈值

使用一致的最小支持度阈值时,搜索的过程变得简单。用户只需要指定一个最小支持度阈值,根据祖先是其后代超集的相关知识,可以采用只搜索闭频繁项集或者极大频繁项集的优化策略进行频繁项集的查找,大大减少查找时间。然而正如前面提到的一致支持度方法也有一些缺点一样,较低抽象层的项不可能像较高层的项出现得那么频繁。如果最小支持度阈值设置得太高,可能错失出现较低抽象层中有意义的关联规则;相反,可能产生过多较高层中无意义的关联规则。

2. 在较低层使用递减的最小支持度

每一个抽象层拥有自己的最小支持度阈值。如图 4-11 所示,层 1 和层 2 的最小支持度阈值分别是 5% 和 3%。使用这种方法,会得到"牛奶""酸奶"和"脱脂奶"都是频繁项集的结论。

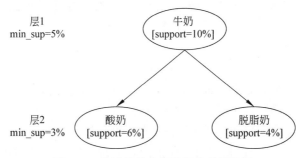

图 4-11　递减的最小支持度的多层挖掘

3. 使用基于项或基于分组的最小支持度

在挖掘多层关联规则时,有时更希望建立用户指定的基于项或基于分组的最小支持度阈值,因为用户和专家通常更清楚哪些组比其他组更重要。例如,超市经理更想了解"售价大于 20 元/盒的 950mL 纯鲜奶"的销售情况,为了能够发掘这类商品的关联模式,他们可以为此类商品的支持度设置更小的支持度阈值。

递减的最小支持度的多层关联规则挖掘能够搜索到更多有用的关联模式,许多研究和实际应用中采用了多种递减搜索的策略:

1）层交叉单项过滤

一个第 i 层的项被考察，当且仅当它在第 $(i-1)$ 层的父结点是频繁的。如图 4-12 所示，由于父结点"牛奶"低于所在层的最小支持度，因此其子结点"酸奶"和"脱脂奶"不可能成为频繁集，也就不会被考察。

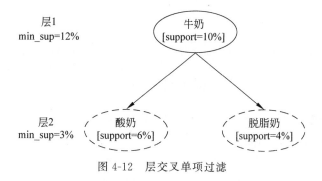

图 4-12　层交叉单项过滤

2）层交叉 k 项集过滤

一个第 i 层的 k 项集被考察，当且仅当它在第 $(i-1)$ 层的对应父结点 k 项集是频繁的。如图 4-13 所示，由于父结点 2 项集"牛奶和面包"是频繁集，因此其子结点 2 项集"脱脂奶和白面包""酸奶和白面包""脱脂奶和黑面包"以及"酸奶和黑面包"都必须考察是否是频繁项集。

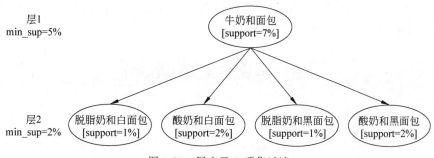

图 4-13　层交叉 k 项集过滤

3）受控的层交叉单项过滤策略

设置一个层传递阈值，用于向较低层传递相对频繁的项。如图 4-14 所示，虽然父结点"牛奶"的支持度小于本层的最小支持度阈值，但是所设置的层传递阈值为 8%，其支持度大于 8%，因此其子结点"酸奶"和"脱脂奶"都要被考察是否为频繁项集。

4）交叉层关联规则

应当使用较低层的最小支持度阈值，使得较低层的项可以包含在分析中，关联规则中的项不要求属于同一抽象层。

定义 4-33　多层关联规则的冗余性：在挖掘多层关联规则时，由于项间的"祖先"关系，有些发现的关联规则时常是冗余的，也就是说，如果一个一般性的规则不提供新的信息，则是一个无趣和冗余的规则。通常根据此规则的祖先规则的支持度和置信度进行判

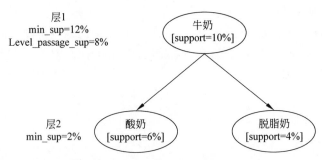

图 4-14 受控的层交叉单项过滤策略

断,如果它的支持度和置信度都接近于"期望值",则被认为是冗余的。

例 4-13 多层关联规则的冗余性:

$$\text{buys}(X,\text{"酸奶"})\Rightarrow\text{buys}(X,\text{"白面包"})$$
$$[\text{support}=8\%,\text{confidence}=70\%]\tag{4-22}$$

$$\text{buys}(X,\text{"光明酸奶"})\Rightarrow\text{buys}(X,\text{"沁园白面包"})$$
$$[\text{support}=2\%,\text{confidence}=72\%]\tag{4-23}$$

如果在超市的销售中大约 1/4 的酸奶都是光明品牌,则由以上两式可知,式(4-23)的支持度正好是式(4-22)的 1/4,而置信度相当,因此式(4-23)不能提供任何更多有效的用于营销策略的信息,应该从所得到的关联规则中作为冗余规则删除。

综上可见,在多层概念下找到的关联规则比在原始数据下找到的单层关联规则更有趣,同时也更有用。

4.8 案例分析(Python)

4.8.1 A-Priori 算法

汽车评估可以根据汽车的各种属性,对汽车的大致价值进行初步判断,使买主能够根据评估结果决定购买意向。对汽车评估进行关联分析可以发现汽车的哪些属性对评估结果有较大的影响。

1. 数据准备

汽车评估数据库源自一个简单的分层决策模型,该模型根据汽车的性能、整体价格、买入价、维修保养价格、技术特点、舒适度、车门数、载人数、后备厢大小、安全性评估汽车。

这个数据集共有 1728 条汽车数据,每条数据记录汽车的 7 个属性,分别为:

买入价:vhigh, high, med, low

维修保养价格:vhigh, high, med, low

车门数:2, 3, 4, 5, more

载人数:2, 4, more

后备厢大小:small, med, big

安全性：low，med，high

价值：unacc，acc，good，vgood

为清晰地理解数据记录形式，下面选取前 20 条数据，如表 4-17 所示，实际参与算法运行的数据包括整个汽车评估数据 1728 条。

表 4-17　汽车评估数据

买入价	维修价	车门数	载人数	后备厢大小	安全性	价值
vhigh	vhigh	2	2	small	low	unacc
vhigh	vhigh	2	2	small	med	unacc
vhigh	vhigh	2	2	small	big	unacc
vhigh	vhigh	2	2	med	low	unacc
vhigh	vhigh	2	2	med	med	unacc
vhigh	vhigh	2	2	med	big	unacc
vhigh	vhigh	2	2	big	low	unacc
vhigh	vhigh	2	2	big	med	unacc
vhigh	vhigh	2	2	big	big	unacc
vhigh	vhigh	2	2	small	low	unacc
vhigh	vhigh	2	2	small	med	unacc
vhigh	vhigh	2	2	small	big	unacc
vhigh	vhigh	2	2	med	low	unacc
vhigh	vhigh	2	2	med	med	unacc
vhigh	vhigh	2	2	med	big	unacc
vhigh	vhigh	2	2	big	low	unacc
vhigh	vhigh	2	2	big	med	unacc
vhigh	vhigh	2	2	big	big	unacc
vhigh	vhigh	2	2	small	low	unacc
vhigh	vhigh	2	2	small	med	unacc

由于部分属性存在相同取值的情况，故在数据预处理时在每项数据前添加了属性说明，如 persons：more、ug_boot：small。

2. 算法描述

A-Priori算法需要不断寻找候选集,然后剪枝去掉包含非频繁子集的候选集。其包含以下两个主要步骤,具体 Python 代码见图 4-15 和图 4-16。

```python
#连接步
def aproiri_gen(keys1):
    keys2 = []
    for k1 in keys1:
        for k2 in keys1:
            if k1 != k2:
                key = []
                for k in k1:
                    if k not in key:
                        key.append(k)
                for k in k2:
                    if k not in key:
                        key.append(k)
                key.sort()
                if key not in keys2:
                    keys2.append(key)
    return keys2
```

图 4-15　连接步代码

```python
#剪枝步
def getCutKeys(keys, C, min_sup, length):
    for i, key in enumerate(keys):
        if float(C[i]) / length < min_sup:
            keys.remove(key)
    return keys
```

图 4-16　剪枝步代码

(1) 连接步:利用已经找到的 L_k,通过两两连接得出 C_{k+1},进行连接的 $L_k[i]$,$L_k[j]$,必须前 $k-1$ 个属性值相同,另外两个属性值不同,这样求出的 C_{k+1} 为 L_{k+1} 的候选集。

(2) 剪枝步:候选集 C_{k+1} 中的各 $k+1$ 项集并不都会是频繁项集,必须剪枝,以防止所处理的数据无效项越来越多。其依据的原理是只有子集都是频繁 k 项集的候选 $k+1$ 项集才有可能是频繁集。

3. 结果分析

完成数据集的加载和预处理之后,可通过交互界面设置最小支持度阈值,并进行频繁项集的发现计算。

由于表 4-17 选取的是汽车评估数据集中的前 20 条数据,存在数据之间差距不大的情况,因此这里不再举例说明具体的操作流程。通过汽车评估数据集全部 1728 条数据得到的结果如图 4-17 所示,本例采用的最小支持度为 0.1,最多可查找到频繁 3 项集。

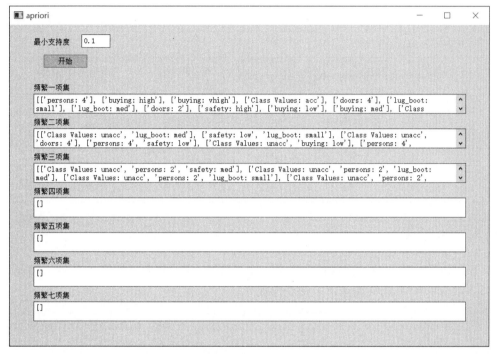

图 4-17　A-Priori 算法结果展示

4.8.2　FP-Growth 算法

1. 数据准备

在本案例中,采用的是 groceries 数据集进行频繁项集发现,每一条数据是一次顾客的购买记录,商品包括蔬菜、水果、饮料、坚果等多种类型的商品。下面以此数据集为例,介绍如何利用 FP-Growth 算法进行关联性分析。

该数据集共有 9835 条购买数据,部分数据信息如表 4-18 所示。

表 4-18　groceries 数据集部分数据信息

Id	购 物 信 息				
1	frankfurter	sausage	butter milk	rolls/buns	margarine
2	pip fruit	whole milk	pastry	hygiene articles	napkins
3	chicken	pork	coffee	canned beer	
4	pastry	newspapers			

续表

Id	购 物 信 息				
5	dessert	white bread	margarine	sugar	chocolate	
6	whole milk	curd	bottled water			
7	ice cream					
8	sliced cheese	frozen meals	margarine	red/blush wine		
9	beef	root vegetables	other vegetables	frozen vegetables	frozen dessert	domestic eggs
10	meat	hamburger meat	Instant food products	soda		
11	citrus fruit	berries	other vegetables	whole milk	frozen meals	newspapers

2. 算法描述

在构建 FP-tree 之前，需要首先定义一个结点类，用来保存各结点的信息，如商品名称、父结点、子女结点、同商品下一结点位置等。

```
#定义结点类
class Node:
    def __init__(self, node_name,count,parentNode):
    self.name = node_name
    self.count = count
    self.nodeLink = None        #根据 nideLink 可以找到整棵树中所有 nodename 一
                                #样的结点
    self.parent = parentNode    #父亲结点
    self.children = {}          #子结点{结点名字:结点地址}
```

图 4-18　定义结点类代码

构建 FP-tree 时，首先统计数据集中各元素出现的频度数，将频度数小于最小支持度的元素删除，剩下的这些元素称为频繁 1 项集，然后将数据集中的各条记录按出现频度数排序（见图 4-19）；接着，用更新后的数据集中的每条记录构建 FP-tree（如图 4-20 所示），同时更新头指针表（见图 4-21）。头指针表包含所有频繁 1 项集及它们的频度数，以及每个频繁项指向下一个相同元素的指针，该指针主要在对 FP-tree 进行挖掘时使用。

```
#创建 FP-tree
def create_fptree(self, data_set, min_support, flag=False):  #建树主函数
    item_count = {}  #统计各项出现次数
    for t in data_set:  #第 1 次遍历,得到频繁 1 项集
        for item in t:
            if item not in item_count:
                item_count[item] = 1
            else:
                item_count[item] += 1
    headerTable = {}
    for k in item_count:  #剔除不满足最小支持度的项
        if item_count[k] >= min_support:
            headerTable[k] = item_count[k]

    freqItemSet = set(headerTable.keys())  #满足最小支持度的频繁项集
    if len(freqItemSet) == 0:
        return None, None
    for k in headerTable:
        headerTable[k] = [headerTable[k], None]  #element: [count, node]
    tree_header = Node('head node', 1, None)
    if flag:
        ite = tqdm(data_set)
    else:
        ite = data_set
    for t in ite:  #第 2 次遍历,建树
        localD = {}
        for item in t:
            if item in freqItemSet:  #过滤,只取该样本中满足最小支持度的频繁项
                localD[item] = headerTable[item][0]  #element: count
        if len(localD) > 0:
            #根据全局频数从大到小对单样本排序
            order_item = [v[0] for v in sorted(localD.items(), key=lambda x:
x[1], reverse=True)]
            #用过滤且排序后的样本更新树
            self.update_fptree(order_item, tree_header, headerTable)
    return tree_header, headerTable
```

图 4-19　构建 FP-tree 代码

```
#更新 FP-tree
def update_fptree(self, items, node, headerTable):   #用于更新 fptree
    if items[0] in node.children:
        #判断 items 的第一个结点是否已作为子结点
        node.children[items[0]].count += 1
    else:
        #创建新的分支
        node.children[items[0]] = Node(items[0], 1, node)
        #更新相应频繁项集的链表,往后添加
        if headerTable[items[0]][1] == None:
            headerTable[items[0]][1] = node.children[items[0]]
        else:
            self.update_header(headerTable[items[0]][1], node.
children[items[0]])
    #递归
    if len(items) > 1:
        self.update_fptree(items[1:], node.children[items[0]],
headerTable)
```

图 4-20　更新 FP-tree 代码

```
#更新头表
def update_header(self, node, targetNode):   #更新 headertable 中的 node 结点
                                             #形成的链表
    while node.nodeLink != None:
        node = node.nodeLink
    node.nodeLink = targetNode
```

图 4-21　更新头表代码

得到 FP-tree 后,需要对每一个频繁项,逐个挖掘频繁项集。具体过程为:首先获得频繁项的前缀路径,然后将前缀路径作为新的数据集,以此构建前缀路径的条件 FP-tree (见图 4-22)。然后对条件 FP-tree 中的每个频繁项,获得前缀路径并以此构建新的条件 FP-tree(见图 4-23)。不断迭代,直到条件 FP-tree 中只包含一个频繁项为止。

```
#查找条件模式基
def find_cond_pattern_base(self, node_name, headerTable):
    treeNode = headerTable[node_name][1]
    cond_pat_base = {}   #保存所有条件模式基
    while treeNode != None:
        nodepath = []
        self.find_path(treeNode, nodepath)
        if len(nodepath) > 1:
            cond_pat_base[frozenset(nodepath[:-1])] = treeNode.count
        treeNode = treeNode.nodeLink
    return cond_pat_base
```

图 4-22　查找条件模式基代码

```
#查找频繁项
def create_cond_fptree(self, headerTable, min_support, temp, freq_items,
support_data):
    #最开始的频繁项集是 headerTable 中的各元素
    freqs = [v[0] for v in sorted(headerTable.items(), key=lambda p: p[1]
[0])] #根据频繁项的总频次排序
    for freq in freqs:    #对每个频繁项
        freq_set = temp.copy()
        freq_set.add(freq)
        freq_items.add(frozenset(freq_set))
        if frozenset(freq_set) not in support_data:    #检查该频繁项是否在
                                                        #support_data 中
            support_data[frozenset(freq_set)] = headerTable[freq][0]
        else:
            support_data[frozenset(freq_set)] += headerTable[freq][0]
        cond_pat_base = self.find_cond_pattern_base(freq, headerTable)
                                        #寻找到所有条件模式基
        cond_pat_dataset = []           #将条件模式基字典转化为数组
        for item in cond_pat_base:
            item_temp = list(item)
            item_temp.sort()
            for i in range(cond_pat_base[item]):
                cond_pat_dataset.append(item_temp)
        #创建条件模式树
        cond_tree, cur_headtable = self.create_fptree(cond_pat_dataset,
min_support)
        if cur_headtable != None:
            self.create_cond_fptree(cur_headtable, min_support, freq_set,
freq_items, support_data)    #递归挖掘条件 FP-tree
```

图 4-23　查找频繁项代码

3. 结果分析

完成数据集的加载和预处理之后,可通过交互界面设置最小支持度阈值,并进行频繁项集的发现计算。本案例采用 groceries 数据集,设置的最小支持度计数为 25,在 9835 条购买记录中,最多查找到频繁 5 项集,如图 4-24 所示。

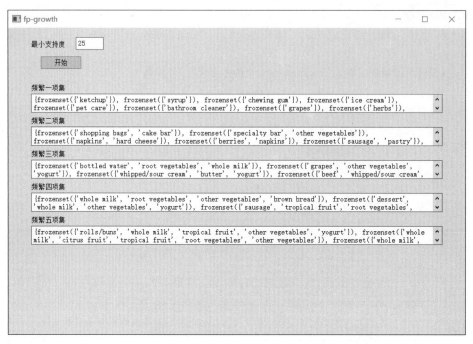

图 4-24 FP-Growth 算法结果展示

4.9 小 结

- 海量数据中频繁模式、相关关系和关联规则的发现在商品促销、商业决策和市场规划中是有用的。在众多此类应用中,**购物篮分析**是一种最热门的应用,通过在购物事务记录中搜索经常一起购买的商品集合,研究顾客的购买行为和习惯。

- 关联规则的挖掘过程主要是获得频繁项集,例如,在项集中有"牛奶"和"面包",它们满足**最小支持度阈值**或任务相关元组的百分比,就可以由它们产生形如"牛奶⇒面包"的关联规则。如果这些规则还满足**最小置信度阈值**,就可以获得项集"牛奶"和"面包"之间的强关联规则。

- 在频繁项集挖掘中,算法主要有 3 类:① **A-Priori 算法**;② **改进的 DHP 算法**;③**FP-Growth 算法**。

- **A-Priori 算法**是一种挖掘关联规则的频繁项集算法,其核心思想是通过候选集生成和向下封闭检测两个阶段挖掘频繁项集。它逐层进行挖掘,利用先验性质:频繁项集的所有非空子集也是频繁的,进行剪枝压缩。A-Priori 算法的两个输入参数分别是最小支持度和数据集。该算法首先会生成所有单个元素的 1 项集列表。接着扫描数据集查看哪些项集满足最小支持度要求,不满足最小支持度的 1 项集会被去掉。然后,对剩下来的项集进行组合以生成包含两个元素的 2 项集。接下来,再重新扫描交易记录,去掉不满足最小支持度的 2 项集。该过程重复进行,直到找不到更长的频繁项集为止。

- **频繁模式增长**(FP-Growth)算法基于 A-Priori 构建,采用高级的数据结构减少扫描次数,大大加快算法速度。FP-Growth 算法只需要对数据库进行两次扫描,而 A-Priori 算法对于每个潜在的频繁项集都会扫描数据集判定给定模式是否频繁,因此 FP-Growth 算法的速度要比 A-Priori 算法快。
- 并非所有的强关联规则都是有趣的。需要运用适当的模式评估度量来扩展支持度-置信度框架,促进更加有趣的规则挖掘,以产生更加可行的相关规则。本章对**兴趣度**、**全置信度**、**最大置信度**、**提升度**、**余弦**和 **Kulczynski** 度量 6 种评估度量进行了讨论,并说明了置信度、最大置信度、余弦和 Kulczynski 度量 4 种是零不变的。不平衡数据情况下,一般可以将 Kulczynski 度量与不平衡比一起使用,以便提供项集间的模式联系。

4.10　习　　题

简答题

(1) 给出一个例子表明关联规则中的负模式。

(2) 试说明在 A_Priori 算法中,支持度和置信度分别扮演的角色。

(3) 给定一高频项目集$\{A,B,C,D,E,F\}$,则在此项目集之下,最多可能存在多少条关联规则。

(4) 假定某超市销售的商品包括 bread、beer、cake、cream、milk 和 tea,超市的每笔交易数据如下表所示。

交易号 TID	顾客购买商品 Items	交易号 TID	顾客购买商品 Items
T1	bread、cream、milk、tea	T6	bread、tea
T2	bread、cream、milk	T7	beer、milk、tea
T3	cake、milk	T8	bread、tea
T4	milk、tea	T9	bread、cream、milk、tea
T5	bread、cake、milk	T10	bread、milk、tea

① 考虑规则 1{bread}⇒{milk}的置信度和支持度。

② 考虑规则 2{milk}⇒{bread}的置信度和支持度,你认为规则 2 新颖吗? 解释你的结论。

(5) 大部分频繁模式挖掘算法只考虑事务中的不同项。然而,一种商品在一个购物篮中多次出现(如 4 盒牛奶或 3 份面包)的情况在销售数据分析中可能是重要的。考虑项的多次出现,如何有效地挖掘频繁项集? 对著名的算法,如 A-Priori 算法和 FP-Growth 算法,提出修改方案,以适应这类情况。

4.11 参 考 文 献

[1] Agrawal R, Srikant S. Fast Algorithms for Mining Association Rules in Large Databases[J], Journal of Computer Science and Technology, 2000, 15(6): 619-624.

[2] Liu Y X. Study on Application of Apriori Algorithm in Data Mining[C].International Conference on Computer Modeling and Simulation, 2010, 3: 111-114.

[3] Cheng Y, Xiong Y. Research and Improvement of Apriori Algorithm for Association Rules[C]. International Workshop on Intelligent Systems & Applications, 2010: 1-4.

[4] 雷雨, 李曼, 胡卫松, 等. 高效的稀有序列模式挖掘方法[J]. 计算机科学与探索, 2015, 9(04): 49-57.

[5] 陈才扣. 数据挖掘中负关联规则的研究[D]. 南京: 东南大学, 2000.

[6] Purdom P W, Van Gucht D, Groth D P. Average-case Performance of the Apriori Algorithm[J]. SIAM Journal on Computing, 2004, 33(5): 1223-1260.

[7] Niu Z, Nie Y, Zhou Q, et al. A Brain-region-based Meta-analysis Method Utilizing the Apriori Algorithm[J]. BMC neuroscience, 2016, 17(1): 1-7.

[8] Wang F, Li Y H. An Improved Apriori Algorithm based on the Matrix[J]. International Seminar on Future Biomedical Information engineer, 2008, 30(10): 152-155.

[9] Park J S, Chen M S, Yu P S. An Effective Hash-based Algorithm for Mining Association Rules[J]. Acm Sigmod Record, 1995, 24(2): 175-186.

[10] Yang G, Zhao H, Wang L, et al. An Implementation of Improved Apriori Algorithm[C]//2009 International Conference on Machine Learning and Cybernetics. IEEE, 2009, 3: 1565-1569.

[11] Han J W, Kamber M. 数据挖掘概念与技术[M]. 范明, 孟晓峰, 等译. 3rd ed. 北京: 机械工业出版社, 2012.

[12] Borgelt C. An Implementation of the FP-growth Algorithm [C]//Proceedings of the 1st International Workshop on Open Source Data Mining: Frequent Pattern Mining Implementations. 2005: 1-5.

[13] 窦祥国. 关联规则评价方法研究[D].合肥: 合肥工业大学, 2005.

[14] Wang L, Fan X J, Long XL, et al. Mining Data Association Basedon a Revised FP-Growth Algorithm[C].International Conference on Machine Learning and Cybernetics, 2010: 91-95.

[15] Deng Y G, She Y, Jia W Q. Research on the Improvement of FP-growth Based on Hash[C]. International Conference on Information Science and Engineering, 2010: 5362-5365.

[16] Zhu T Y, Ma Z X, Liu S J, et al. Improved Negative Selection Algorithm Based on Bloom Filter [C].International Conference on E-business & Information System Security, 2009: 1-4.

[17] 喻昌祺. 多维关联规则算法设计[D]. 北京: 北京邮电大学, 2006.

[18] Shanal J, Venkatachalam T. An Improved Method for Counting Frequent Itemsets Using Bloom Filter[C]. Procedia Computer Science, 2015, 47: 84-91.

[19] Pontarelli S, Reviriego P, Maestro J A. Improving Counting Bloom Filter Performance with Fingerprints[J]. Information Processing Letters, 2016, 116(4): 304-309.

[20] Lent B, Swami A, Widom J.Clustering Association Rules[C].International Conference on Data Engineering, 1997: 220-231.

［21］Padual R D，Santos F F D，Conrado M D S，et al. Subjective Evaluation of Labeling Methods for Association Rule Clustering［C］. Mexican International Conference on Artificial Intelligence，2013，8266：289-300.

［22］Balcazar J L，Dogbey F. Evaluation of Association Rule Quality Measures through Feature Extraction［C］.Lecture Notes in Computer Science. 2013：1-4

［23］Shimada K，Hanioka K. An Evolutionary Method for Exceptional Association Rule Set Discovery from Incomplete Database［J］. Information Technology in Bio- Medical Informatic，2014，8649(3)：133-147.

［24］Sawanta V，Shah K. Performance Evaluation of Distributed Association Rule Mining Algorithms ［J］.Procedia Computer Science，2016，79：127-134.

［25］Miller R J，Yang Y.Association Rules over Interval Data［J］.Acm Sigmod Record，1998，26(2)：452-461.

［26］刘大有，王生生，虞强源，等. 基于定性空间推理的多层空间关联规则挖掘算法［J］.计算机研究与发展，2004，41(4)：565-570.

［27］任家东，任东英，高伟. 分布式多层关联规则挖掘［J］.计算机工程，2003，29(5)：96-98.

［28］Termier A，Rousset M C，Sebag M. A New Approach for Discovering Closed Frequent Trees in Heterogeneous Tree Databases［C］. IEEE International Conference on Data Mining. 2004：543-546.

［29］Witten I H，Frank E，Hall M A. Data Mining：Practical Machine Learning Tools and Techniques ［M］. 3rd ed. 北京：机械工业出版社，2011.

［30］Miller R J，Yang Y .Association Rules over Interval Data［J］.ACM SIGMOD Record，1997，26(2)：452-462.

第5章

数据分类分析方法

分类(classification)是一种重要的数据分析形式,它是提取刻画重要数据类的模型,也是机器学习和数据挖掘领域中的一整套用于处理分类问题的方法。该类方法是有监督学习类型的,即:给定一个数据集,所有实例都由一组属性来描述,每个实例仅属于一个类别,在给定数据集上运行可以学习得到一个从属性值到类别的映射,进而可使用该映射去分类新的未知实例,这种映射又称为模型或分类器(classifer)。在数据挖掘社区遴选出的十大算法中六个都是这类方法,这也反映出此类方法在数据挖掘中被使用的广泛程度。最早这类算法只能处理标称类别数据,如今已扩展到支持数值、符号乃至混合型的数据类型。具体的应用领域也很广泛,如临床决策、生产制造、文档分析、生物信息学、空间数据建模(地理信息系统)等。

本章先引入分类的基本概念(5.1节),然后介绍数据分类分析的基本技术,包括最常用的决策树分类器的构建方法(5.2节),基于概率统计思想的贝叶斯分类算法(5.3节),具有统计学习理论坚实基础的在所有知名的数据挖掘算法中最健壮、最准确的支持向量机(Support Vector Machine)算法(5.4节),以及通过构建一组基于学习器进行集成学习的 Adaboost 算法(5.7节),最后通过使用 Python 语言给出具体案例,使大家能够熟悉数据分类分析的整个过程。

5.1 基本概念和术语

本节给出分类分析相关的基本概念及其基本术语,为读者研究分类分析建立基础。5.1.1节通过一个描述性模型介绍分类中的有关定义。5.1.2节介绍分类的方法,并对相关的术语做出了解释。

5.1.1 什么是分类

分类(**classfication**)任务就是通过学习得到一个目标函数(target function)f,把每个属性集 x 映射到一个预先定义的类标号 y。

目标函数也称分类模型(classfication model)。分类模型可以用于以下目的。

描述性建模,分类模型可以作为解释性工具,用于区分不同类中的对象。例如,对于生物学家或者其他人,一个描述性模型有助于概括表 5-1 中的数据,并说明哪些特征决定一种脊椎动物是哺乳类、爬行类、鸟类、鱼类或者两栖类。

表 5-1 脊椎动物的数据集

名字	体温	表皮覆盖	胎生	水生动物	飞行动物	有腿	冬眠	类标号
人类	恒温	毛发	是	否	否	是	否	哺乳类
蟒蛇	冷血	鳞片	否	否	否	否	是	爬行类
鲑鱼	冷血	鳞片	否	是	否	否	否	鱼类
鲸	恒温	毛发	是	是	是	否	否	哺乳类
青蛙	冷血	无	否	半	否	是	是	两栖类
巨蜥	冷血	鳞片	否	否	否	是	否	爬行类
蝙蝠	恒温	毛发	是	否	是	是	是	哺乳类
鸽子	恒温	羽毛	否	是	是	是	否	鸟类
猫	恒温	软毛	是	否	否	是	否	哺乳类
豹纹鲨	冷血	鳞片	是	是	否	否	否	鱼类
海龟	冷血	鳞片	否	半	否	是	否	爬行类
企鹅	恒温	羽毛	否	半	否	是	否	鸟类
豪猪	恒温	刚毛	是	否	否	是	是	哺乳类
鳗	冷血	鳞片	否	是	否	否	否	鸟类
蝾螈	冷血	无	否	半	否	是	是	两栖类

预测性建模,分类模型还可以用于预测未知记录的类标号。如图 5-1 所示,分类模型可以看作一个黑箱,当给定未知记录的属性集上的值时,它自动地赋予未知样本类标号。例如,假设有一种叫作毒蜥的生物,其特征如表 5-2 所示。

输入属性集(x) ⟹ | 分类模型 | ⟹ 输入类标号(y)

图 5-1 分类器的任务是根据输入属性集 x 确定类标号 y

表 5-2 毒蜥特征

名字	体温	表皮覆盖	胎生	水生动物	飞行动物	有腿	冬眠	类标号
毒蜥	冷血	鳞片	否	否	否	是	是	?

可以根据表 5-1 中的数据集建立的分类模型确定该生物所属的类。

假设销售经理希望预测一位给定的顾客一次购物期间将花多少钱,这个数据分析任务就是**数值预测**(numeric prediction)的一个例子,其中所构造的模型预测一个连续值函数或有序值,而不是类标号。这种模型是**预测器**(predictor)。**回归分析**(regression analysis)是数值预测最常用的统计方法,因此这两个术语常作为同义词使用,尽管还存在其他数值预测方法。分类和数值预测是预测问题的两种主要类型。

5.1.2 解决分类问题的一般方法

分类技术(或分类法)是一种根据输入数据集建立分类模型的系统方法。分类法包括决策树分类法、基于规则的分类法、神经网络、支持向量机和朴素贝叶斯分类法。这些技术都使用一种**学习算法**(learning algorithm)确定分类模型,该模型能够很好地拟合输入数据中类标号和属性集之间的联系。学习算法得到的模型不仅要很好地拟合输入数据,还要能够正确地预测未知样本的类标号。因此,训练算法的主要目标就是建立具有很好的泛化能力的模型,即建立能够准确地预测未知样本类标号的模型。

图 5-2 展示了解决分类问题的一般流程。首先,需要一个**训练集**(training set),它由类标号已知的记录组成。使用训练集建立分类模型,该模型随后将运用于**检验集**(test set),检验集由类标号未知的记录组成。

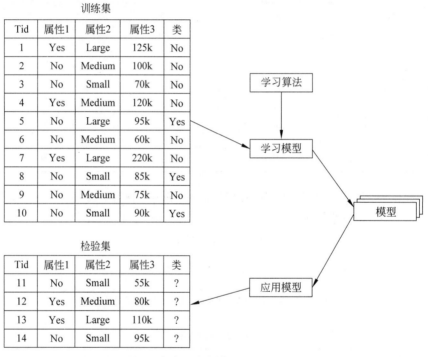

图 5-2　建立分类模型的一般流程

由于提供了每个训练元组的类标号,这一阶段也成为**监督学习**(supervised learning,即分类器的学习是在被告知每个训练元组属于哪个类的"监督"下进行的)。它不同于**无监督学习**(unsupervised learning,或聚类),每个训练元组的类标号是未知的,并且要学习的类的个数或集合也可能事先不知道。例如,如果没有用于训练集的数据,则可以使用聚类尝试确定"相似元组的组群"。

分类过程的学习模型也可以看作是学习一个映射或函数 $y = f(X)$,它可以预测给定元组 X 的类标号 y。在这种观点下,我们希望学习把数据类分开的映射或函数。在典型情况下,该映射用分类规则、决策树或数学公式的形式提供。

在应用模型阶段,使用模型进行分类。首先要评估分类器的预测准确率。如果使用训练集衡量分类器的准确率,则评估可能是乐观的,因为分类器趋向于**过分拟合**(overfitting)该数据(即在学习期间,它可能包含了训练数据中的某些特定的异常,这些异常不在一般数据集中出现)。因此,需要使用由检验元组和与它们相关联的类标号组成的**检验集**(test set)。它们独立于训练元组,即不使用它们构造分类器。

分类器在给定检验集上的**准确率**(accuracy)是分类器正确分类的检验元组所占的百分比。每个检验元组的类标号与学习模型对该元组的类预测进行比较。如果认为分类器的准确率是可以接受的,那么就可以用它对类标号未知的数据元组进行分类(这种数据在机器学习中也称为"未知的"或"先前未见到的"数据)。

5.2   决策树算法

本节介绍决策树分类法,这是一种简单但广泛使用的分类技术。在 5.2.1 节通过案例对决策树归纳过程做了介绍。决策树的建立过程在 5.2.2 节给出。5.2.3 节和 5.2.4 节分别给出属性测试条件的方法和选择最佳划分的度量的方法。5.2.5 节给出决策树归纳算法。树剪枝的概念在 5.2.6 节介绍。5.2.7 节对决策树归纳的特点做了总结。

5.2.1   决策树归纳

决策树归纳是从有类标号的训练元组中学习决策树。**决策树**(decision tree)是一种类似于流程图的树结构,其中,每个**内部结点**(internal node,即非树叶结点)表示在一个属性上的测试,每个分枝代表该测试的一个输出,而每个**树叶结点**(leaf node)(或终端结点)存放一个类标号。树的最顶层结点是**根结点**(root node)。叶结点用矩形表示,而内部结点和根结点用椭圆表示。有些决策树算法只产生二叉树,而另一些决策树算法可能产生非二叉的树。例如,在图 5-3 中,在根结点处,使用体温这个属性把冷血脊椎动物和恒温脊椎动物区别开来。因为所有的冷血脊椎动物都是非哺乳动物,所以用一个类标号为非哺乳动物的叶结点作为根结点的右孩子。如果脊椎动物的体温是恒温的,则接下来用胎生这个属性区分哺乳动物与其他恒温动物。

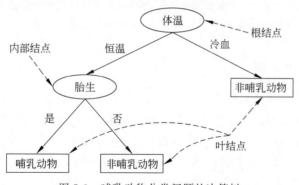

图 5-3   哺乳动物分类问题的决策树

如何使用决策树分类？给定一个类标号未知的元组 X，在决策树上测试该元组的属性值。跟踪一条由根到叶结点的路径，该叶结点就存放着该元组的类预测。决策树容易转换成分类规则。

为什么决策树分类器如此流行？决策树分类器的构造不需要任何领域知识或参数设置，因此适合于探测式知识发现。决策树可以处理高维数据。获取的知识用树的形式表示是直观的，并且容易被人理解。决策树归纳的学习和分类步骤是简单和快速的。一般而言，决策树分类器具有很好的准确率。然而，成功的使用可能依赖手头的数据。决策树归纳算法已经成功地应用于许多领域的分类，如医学、制造和生产、金融分析、天文学和分子生物学。决策树是许多商业规则归纳系统的基础。

一旦构造了决策树，对检验记录进行分类就相当容易了。从树的根结点开始，将测试条件用于检验记录，根据测试结果选择适当的分枝。沿着该分枝或者到达另一个内部结点，使用新的测试条件，或者到达一个叶结点。到达叶结点之后，叶结点的类标号就被赋值给该检验记录。例如，图 5-4 显示应用决策树预测火烈鸟的类标号所经过的路径，路径终止于类标号为非哺乳动物的叶结点。

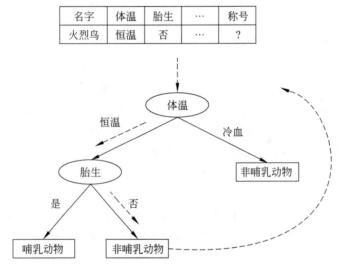

图 5-4　对一种未标记的脊椎动物分类(虚线表示在未标记的脊椎动物上使用各种属性测试条件的结果，该脊椎动物最终被指派到非哺乳动物类。)

5.2.2　如何建立决策树

原则上讲，对于给定的属性集，可以构造的决策树的数目达指数级。尽管某些决策树比其他决策树更准确，但是由于搜索空间是指数规模的，找出最佳决策树在计算上是不可行的。尽管如此，人们还是开发了一些有效的算法，能够在合理的时间内构造出具有一定准确率的次最优决策树。这些算法通常都采用贪心策略(非回溯的)，在选择划分数据的属性时，采取一系列局部最优决策构造决策树，Hunt 算法就是一种这样的算法。Hunt算法是许多决策树算法的基础，包括 ID3、C4.5 和 CART。

在 Hunt 算法中,通常将训练记录相继划分成较纯的子集,以递归方式建立决策树。设 D_t 是与结点 t 相关联的训练记录集,而 $y=\{y_1,y_2,\cdots,y_c\}$ 是类标号,Hunt 算法的递归定义如下。

(1) 如果 D_t 中所有记录都属于同一个类 y_t,则 t 是叶结点,用 y_t 标记。

(2) 如果 D_t 中包含属于多个类的记录,则选择一个**属性测试条件**(attribute test condition),将记录划分成较小的子集。对于测试条件的每个输出,创建一个子女结点,并根据测试结果将 D_t 中的记录发布到子女结点中。然后,对于每个子女结点,递归地调用该算法。

为了解释该算法如何执行,考虑如下问题:预测贷款申请者是会按时归还贷款,还是会拖欠贷款。对于这个问题,训练数据集可以通过考察以前贷款者的贷款记录来构造。在表 5-3 所示的例子中,每条记录都包含贷款者的个人信息,以及贷款者是否拖欠贷款的类标号。

表 5-3　训练数据集:预测拖欠银行贷款的贷款者

Tid	有房者(二元)	婚姻状况(分类)	年收入(连续)	拖欠贷款者(类)
1	是	单身	125k	否
2	否	已婚	100k	否
3	否	单身	70k	否
4	是	已婚	120k	否
5	否	离异	95k	是
6	否	已婚	60k	否
7	是	离异	220k	否
8	否	单身	85k	是
9	否	已婚	75k	否
10	否	单身	90k	是

该分类问题的初始决策树只有一个结点,类标号为"拖欠贷款者＝否"(见图 5-5(a)),意味着大多数贷款者都按时归还贷款。然而,该树需要进一步地细化,因为根结点包含两个类的记录。根据"有房者"测试条件,这些记录被划分为较小的子集,如图 5-5(b)所示。选取属性测试条件的理由稍后讨论,目前,假定此处这样选是划分数据的最优选择。接下来,对根结点的每个子女递归地调用 Hunt 算法。从表 5-3 给出的训练数据集可以看出,有房的贷款者都按时偿还了贷款,因此,根结点的左子女为叶结点,标记为"拖欠贷款者＝否"(见图 5-5(b))。对于右子女,需要继续递归调用 Hunt 算法,直到所有的记录都属于同一个类为止。每次递归调用所形成的决策树显示在图 5-5(c)和图 5-5(d)中。

如果属性值的每种组合都在训练数据中出现,并且每种组合都具有唯一的类标号,则 Hunt 算法是有效的,但是对于大多数实际情况,这些假设太苛刻,因此,需要附加的条件来处理以下情况。

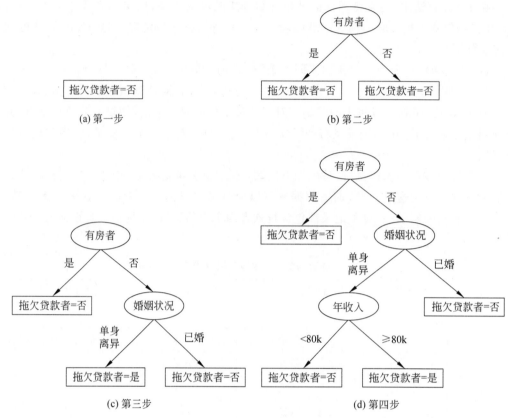

图 5-5　Hunt 算法构造决策树

（1）算法的第二步（如图 5-5(b)所示）所创建的子女结点可能为空，即不存在与这些结点相关联的记录。如果没有一个训练记录包含与这样的结点相关联的属性值组合，这种情形就可能发生。这时，该结点成为叶结点，类标号为其父结点上训练记录中的多数类。

（2）在第二步，如果与相关联的所有记录都具有相同的属性值（目标属性除外），则不可能进一步划分这些记录。在这种情况下，该结点为叶结点，其标号为与该结点相关联的训练记录中的多数类。

决策树归纳的学习算法必须解决下面两个问题。

（1）**如何分裂训练记录**？树增长过程的每个递归步都必须选择一个属性测试条件，将记录划分成较小的子集。为了实现这个步骤，算法必须提供为不同类型的属性指定测试条件的方法，并且提供每个测试条件的客观度量。

（2）**如何停止分裂过程**？需要有结束条件，以终止决策树的生长过程。一个可能的策略是分裂结点，直到所有的记录都属于同一个类，或者所有的记录都具有相同的属性值。尽管每个结束条件对于结束决策树归纳算法都是充分的，但是还可以使用其他的标准提前终止树的生长过程。

5.2.3　表示属性测试条件的方法

决策树归纳算法必须为不同类型的属性提供表示属性测试条件和其对应输出的方法。

（1）**二元属性**：二元属性的测试条件产生两个可能的输出，如图 5-6 所示。

（2）**标称属性**：由于标称属性有多个属性值，它的测试条件可以用两种方法表示，如图 5-7 所示。对于多路划分（见图 5-7(a)），其输出数取决于该属性不同属性值的个数。例如，如果属性婚姻状况有 3 个不同的属性值——单身、已婚、离异，则它的测试条件就会产生一个三路划分。另外，某些决策树算法（如 CART）只产生二元划分，他们考虑创建 k 个属性值的二元划分的所有 $2^{k-1}-1$ 种方法。图 5-7(b)显示了把婚姻状况的属性值划分为两个子集的 3 种不同的分组方法。

图 5-6　二元属性的测试条件

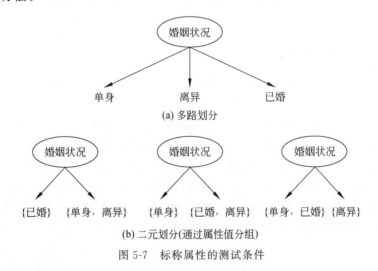

图 5-7　标称属性的测试条件

序值属性：序值属性也可以产生二元或多路划分，只要不违背序数属性值的有序性，就可以对属性值进行分组。图 5-8 显示了按照属性衬衣尺码划分训练记录的不同的方法。图 5-8(a)和图 5-8(b)中的分组保持了属性值间的序关系，而图 5-8(c)所示的分组则违反这一性质，因为它把小号和大号分为一组，把中号和加大号放在另一组。

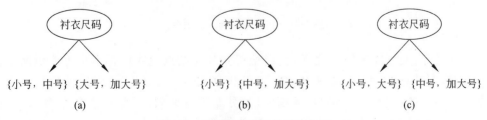

图 5-8　序值属性分组的不同方式

连续属性:对于连续属性来说,测试条件可以是具有二元输出的比较测试($A < v$)或($A \geqslant v$),也可以是具有形如 $v_i \leqslant A < v_{i+1} (i = 1, 2, \cdots, n)$ 输出的范围查询。图 5-9 显示了这些方法的差别。对于二元划分,决策树算法必须考虑所有可能的划分点 v,并从中选择产生最佳划分的点。

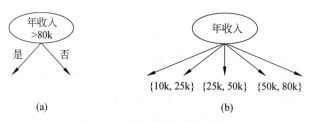

(a)   (b)

图 5-9   连续属性的测试条件

对于多路划分,算法必须考虑所有可能的连续值区间。可以采用离散化的策略,离散化之后,每个离散化区间赋予一个新的序数值,只要保持有序性,相邻的值还可以聚集成较宽的区间。

5.2.4   选择最佳划分的度量

有很多度量可以用来确定划分记录的最佳方法,这些度量用划分前和划分后记录的类分布定义。

设 $p(i|t)$ 表示给定结点 t 中属于类 i 的记录所占的比例,有时,省略结点 t,直接用 p_i 表示该比例。在二元分类问题中,任意结点的类分布都可以记作 (p_0, p_1),其中 $p_1 = 1 - p_0$。例如,考虑图 5-10 中的测试条件,划分前的类分布是 $(0.5, 0.5)$,因为来自每个类的记录数相等。如果使用性别属性划分数据,则子女结点的类分布分别为 $(0.6, 0.4)$ 和 $(0.4, 0.6)$,虽然划分后两个类的分布不再平衡,但是子女结点仍然包含两个类的记录;按照第二个属性车型进行划分,将得到纯度更高的划分。

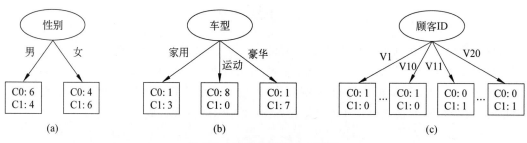

(a)   (b)   (c)

图 5-10   多路划分与二元划分

一般而言,随着决策树的建立,我们希望其分支结点包含的样本尽可能地属于同一个类别,即结点的"纯度"越来越高。通常根据划分后子女结点不纯性的程度作为选择最佳划分的度量。不纯的程度越低,类分布就越倾斜。例如,类分布为 $(0, 1)$ 的结点具有零不纯性,而均衡分布 $(0.5, 0.5)$ 的结点具有最高的不纯性。不纯性度量的例子包括:

$$\text{Entropy}(t) = -\sum_{i=0}^{c-1} p(i \mid t) \log_2 p(i \mid t) \qquad (5\text{-}1)$$

$$\text{Gini}(t) = 1 - \sum_{i=0}^{c-1} \left[p(i \mid t) \right]^2 \qquad (5\text{-}2)$$

$$\text{Classification error}(t) = 1 - \max_i \left[p(i \mid t) \right] \qquad (5\text{-}3)$$

其中 c 是类的个数，并且在计算熵时，$O(\log_2 0) = 0$。

图 5-11 显示了二元分类问题不纯性度量值的比较，p 表示属于其中一个类的记录所占的比例。从图中可以看出，3 种方法都在类分布均衡时（当 $p = 0.5$ 时）达到最大值，而当所有记录都属于同一个类时（p 等于 1 或 0）达到最小值。下面给出 3 种不纯性度量方法的计算实例。

结点 N_1	计数
类 = 0	0
类 = 1	6

$\text{Gini} = 1 - (0/6)^2 - (6/6)^2 = 0$
$\text{Entropy} = -(0/6)\log_2(0/6) - (6/6)\log_2(6/6) = 0$
$\text{Error} = 1 - \max[0/6, 6/6] = 0$

结点 N_2	计数
类 = 0	1
类 = 1	5

$\text{Gini} = 1 - (1/6)^2 - (5/6)^2 = 0.278$
$\text{Entropy} = -(1/6)\log_2(1/6) - (5/6)\log_2(5/6) = 0.650$
$\text{Error} = 1 - \max[1/6, 5/6] = 0.167$

结点 N_3	计数
类 = 0	3
类 = 1	3

$\text{Gini} = 1 - (3/6)^2 - (3/6)^2 = 0.5$
$\text{Entropy} = -(3/6)\log_2(3/6) - (3/6)\log_2(3/6) = 1$
$\text{Error} = 1 - \max[3/6, 3/6] = 0.5$

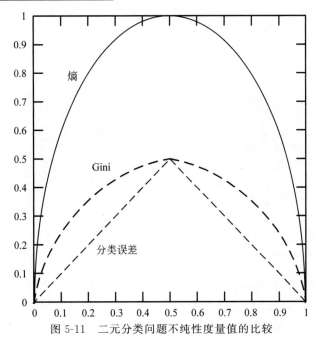

图 5-11　二元分类问题不纯性度量值的比较

从上面的例子及图 5-11 可以看出,不同的不纯性度量是一致的。根据计算,结点 N_1 具有最低的不纯性度量值,接下来依次是 N_2、N_3。虽然结果是一致的,但是作为测试条件的属性选择仍然因不纯性度量的选择而异。

为了确定测试条件的效果,需要比较父结点(划分前)的不纯程度和子女结点(划分后)的不纯程度,它们的差越大,测试条件的效果就越好。增益 Δ 是一种可以用来确定划分效果的标准:

$$\Delta = I(\text{parent}) - \sum_{j=1}^{k} \frac{N(v_j)}{N} I(v_j) \tag{5-4}$$

其中,$I(\text{parent})$ 是给定结点的不纯性度量;N 是父结点上的记录总数;k 是属性值的个数;$N(v_j)$ 是与子女结点 v_j 相关联的记录个数。决策树归纳算法通常选择最大化增益 Δ 的测试条件,因为对所有的测试条件来说,$I(\text{parent})$ 是一个不变的值,所以最大化增益等价于最小化子女结点的不纯性度量的加权平均值。最后,当选择熵(Entropy)作为式(5-4)的不纯性度量时,熵的差就是所谓信息增益(information gain),用 Δ_{info} 表示。

1. 二元属性的划分

考虑图 5-12 中的图表,假设有两种方法将数据划分成较小的子集。划分前,Gini 指标等于 0.5,因为属于两个类的记录个数相等。如果选择属性 A 划分数据,结点 N_1 的 Gini 指标等于 0.4898,而 N_2 的 Gini 指标等于 0.480,派生结点的 Gini 指标的加权平均为 $(7/12) \times 0.486 + (5/12) \times 0.480 = 0.486$。类似地,可以计算属性 B 的 Gini 指标加权平均是 0.371。因为属性 B 具有更小的 Gini 指标,它比属性 A 更可取。

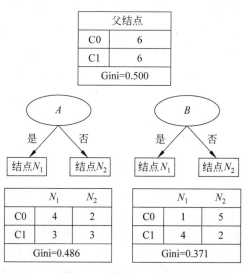

图 5-12　划分二元属性

2. 标称属性的划分

正如前面强调到的,标称属性可以产生二元划分或多路划分,如图 5-13 所示。二元划分的 Gini 指标的计算与二元属性类似。对于车型属性第一种二元分组,{运动,豪华}的 Gini 指标是 0.4922,而{家用}的 Gini 指标是 0.3750。该分组的 Gini 指标加权平均是

$$16/20 \times 0.4922 + 4/20 \times 0.3750 = 0.468$$

	车型	
	{运动，豪华}	{家用}
C0	9	1
C1	7	3
Gini	0.468	

	车型	
	{运动}	{家用，豪华}
C0	8	2
C1	0	10
Gini	0.167	

	车型		
	{家用}	{运动}	{豪华}
C0	1	8	1
C1	3	0	7
Gini	0.163		

图 5-13　划分标称属性

类似地，对第二种二元分组{运动}和{家用，豪华}，Gini 指标加权平均是 0.167。第二种分组的 Gini 指标值相对较低，因为其对应的子集的纯度高得多。

对于多路划分，需要计算每个属性值的 Gini 指标。Gini({家用})=0.375，Gini({运动})=0，Gini({豪华})=0.219，多路划分的总 Gini 指标等于：

$$4/20 \times 0.375 + 8/20 \times 0 + 8/20 \times 0.219 = 0.163$$

多路划分的 Gini 指标比两个二元划分都小。这一结果并不奇怪，因为二元划分实际上合并了多路划分的某些输出，自然降低了子集的纯度。

3. 连续属性的划分

考虑图 5-14 的例子，其中测试条件"年收入≤y"用来划分拖欠贷款分类问题的训练记录。用穷举方法确定 v 的值，将 N 个记录中所有的属性值都作为候选划分点。对每个候选 v，都要扫描一次数据集，统计年收入大于 v 和小于或等于 v 的记录数，然后计算每个候选的 Gini 指标，并从中选择具有最小值的候选划分点。这种方法的计算代价是昂贵的，因为对每个候选划分点计算 Gini 指标需要 $O(N)$ 次操作，由于有 N 个候选，总的计算复杂度为 $O(N^2)$。为了降低计算复杂，按照年收入将训练记录排序，所需要的时间为 $O(N\log N)$，从两个相邻的排过序的属性值中选择中间值作为候选划分点，得到候选划分点 55、65、72 等。无论如何，与穷举方法不同，在计算候选划分点的 Gini 指标时，不需考察所有 N 个记录。

类	No		No		No		Yes		Yes		Yes		No		No		No		No	
	年收入																			
	60		70		75		85		90		95		100		120		125		220	
	55		65		72		80		87		92		97		110		122		172		230	
	<=	>	<=	>	<=	>	<=	>	<=	>	<=	>	<=	>	<=	>	<=	>	<=	>
Yes	0	3	0	3	0	3	0	3	1	2	2	1	3	0	3	0	3	0	3	0
No	0	7	1	6	2	5	3	4	3	4	3	4	3	4	4	3	5	2	6	1	7	0
Gini	0.420		0.400		0.375		0.343		0.417		0.400		0.300		0.343		0.375		0.400		0.420	

图 5-14　连续属性的划分

对第一个候选 $v=55$,没有年收入小于 55k 的记录,所以年收入<55k 的派生结点的 Gini 指标是 0,;另一方面,年收入大于或等于 55k 的样本记录数目为 3(类 Yes)和 7(类 No),这样,该结点的 Gini 指标是 0.420。该候选划分的总 Gini 指标等于 $0\times0+1\times0.420=0.420$。

对第二个候选 $v=65$,通过更新上一个候选的类分类,就可以得到该候选的类分布。更具体地说,新的分布通过考察具有最低年收入(即 60k)的记录的类标号得到。因为该记录的类标号是 No,所以类 No 的数量从 0 增加到 1(对于年收入≤65k),和从 7 降到 6(对于年收入>65k),类 Yes 的分布保持不变。新的候选划分点的加权平均 Gini 指标为 0.400。

重复这样的计算,直到算出所有候选的 Gini 指标值,如图 5-14 所示。最佳的划分点对应于产生最小 Gini 指标值的点,即 $v=97$。该过程代价相对较低,因为更新每个候选划分点的类分布所需的时间是一个常数。该过程还可以进一步优化:仅考虑位于具有不同类标号的两个相邻记录之间的候选划分点。例如,因为前 3 个排序后的记录(分别具有年收入 60k、70k 和 75k)具有相同的类标号,所以最佳划分点肯定不会在 60k 和 75k 之间,因此,候选划分点 $v=55$k、65k、72k、87k、92k、110k、122k 和 230k 都将被忽略,因为它们都位于具有相同类标号的相邻记录之间。该方法使得候选划分点的个数从 11 个降到 2 个。

4. 增益率

熵和 Gini 指标等不纯性度量趋向有利于具有大量不同值的属性。图 5-10 显示了 3 种可供选择的测试条件,划分本章习题 5.7 中的数据集。第一个测试条件中"性别"与第二个测试条件"车型"相比,容易看出"车型"似乎提供了更好的划分数据的方法,因为它产生更纯的划分,但"顾客 ID"不是一个有预测性的属性,因为每个样本在该属性上的值都是唯一的。即使在不太极端的情形下,也不会希望产生大量输出的测试条件,因为与每个划分相关联的记录太少,以致不能做出可靠的预测。

解决该问题的策略有两种。第一种策略是限制测试条件只能是二元划分,CART 这样的决策树算法采用的就是这种策略;第二种策略是修改评估划分的标准,把属性测试条件产生的输出数也考虑进去,例如,决策树算法 C4.5 采用称作增益率(gain ratio)的划分标准来评估划分。增益率定义如下:

$$\text{Gain ratio} = \frac{\Delta_{\text{info}}}{\text{Split Info}} \tag{5-5}$$

其中,划分信息 $\text{Split Info} = -\sum_{i=1}^{k} P(v_i)\log_2 P(v_i)$,而 k 是划分的总数。例如,如果每个属性值具有相同的记录数,则 $\forall i: P(v_i) = 1/k$,而划分信息等于 $\log_2 k$。这说明如果某个属性产生了大量的划分,它的划分信息将会很大,从而降低增益率。

5.2.5 决策树归纳算法

算法 5.1 给出称作 TreeGrowth 的决策树归纳算法的框架。该算法的输入是训练记

录集 E 和属性集 F。算法递归地选择最优的属性划分数据(步骤 7),并扩展树的叶结点(步骤 11 和步骤 12),直到满足结束条件(步骤 1)。算法的细节如下:

(1) 函数 createdNode() 为决策树建立新的结点。决策树的结点或者是一个测试条件,记作 node.test_cond,或者是一个类标号,记作 node.label。

(2) 函数 find_best_split() 确定应当选择哪个属性作为划分训练记录的测试条件。如前所述,测试条件的选择取决于使用哪种不纯性度量评估划分,一些广泛使用的度量包括熵、Gini 指标和 χ^2 统计量。

(3) 函数 classify() 为叶结点确定类标号。对于每个叶结点 t,$p(i|t)$ 表示该结点上属于类 i 的训练记录所占的比例,在大多数情况下,都将叶结点指派到具有多数记录的类:

$$\text{leaf.label} = \arg \max_i p(i \mid t) \tag{5-6}$$

其中,操作 arg max 返回最大值 $p(i|t)$ 的参数值 i。$p(i|t)$ 除了确定叶结点类标号所需要的信息之外,还可以用来估计分配到叶结点 t 的记录属于类 i 的概率。

(4) 函数 stopping_cond() 检查是否所有的记录都属于同一个类,或者都具有相同的属性值,决定是否终止决策树的增长。终止递归函数的另一种方法是,检查记录数是否小于某个最小阈值。

算法 5-1　决策树归纳算法的框架

TreeGrowth(E,F)
1： **if** stopping_cond(E,F) = true **then**
2：　　leaf = createNode()
3：　　leaf.label = Classify(E)
4：　　return leaf
5： **else**
6：　　root = createNode()
7：　　root.test_cond = find_best_split(E,F)
8：　　令 $V = \{v|v$ 是 root.test_cond 的一个可能的输出$\}$
9：　　**for** 每个 $v \in V$ **do**
10：　　$E_v = \{e\,|\,$root.test$_{cond(e)} = v$ 并且 $e \in E\}$
11：　　child = TreeGrowth(E_v,F)
12：　　将 child 作为 root 的派生结点添加到树中,并将变(root→child)标记为 v
13： **end for**
14： **end if**
15： return root

建立决策树之后,可以进行**树剪枝**(tree-pruning),以减小决策树的规模。决策树过大容易受所谓**过分拟合**(overfitting)现象的影响。通过修剪初始决策树的分枝,剪枝有助于提高决策树的泛化能力。

5.2.6　树剪枝

在决策树创建时,由于数据中的噪声和离群点,许多分枝反映的是训练数据中的异常。

剪枝方法用处理这种过分拟合数据问题。通常,这种方法使用统计度量剪掉最不可靠的分枝。一棵未剪枝的树和它剪枝后的版本显示在图 5-15 中。剪枝后的树更小、更简单,因此更容易理解。通常,它们在正确地对独立的检验集分类时比未剪枝的树更快、更好。

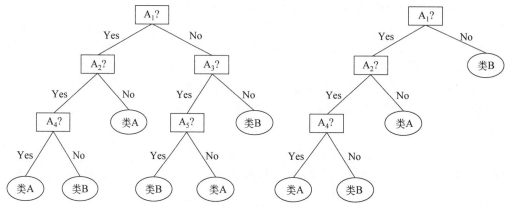

图 5-15　一棵未剪枝的决策树和它剪枝后的版本

如何进行剪枝?有两种常用的剪枝方法:先剪枝和后剪枝。

在**先剪枝**(prepruning)方法中,通过提前停止树的构建(例如,通过决定在给定的结点不再分裂或划分训练元组的子集)而对树"剪枝"。一旦停止,结点就称为树叶。该树叶可以持有子集元组中最频繁的类,或这些元组的概率分布。

在构造树时,可以使用诸如统计显著性、信息增益、Gini 指数等度量评估划分的优劣。如果划分一个结点的元组导致低于预定义阈值的划分,则给定子集的进一步划分将停止。然而,选取一个适当的阈值是困难的。高阈值可能导致过分简化的树,而低阈值可能使得树的简化太少。

第二种更常用的方法是**后剪枝**(postpruning)。它由"完全生长"的树剪去子树,通过删除结点的分枝,并用树叶替换它而剪掉给定结点的子树,树叶用被替换的子树中最频繁的类标记。例如,注意图 5-15 未剪枝树的结点"A_3?"的子树。假设该子树中最频繁的类是"类 B",在剪枝的版本中,该子树被剪枝,用树叶"类 B"替换。

CART 使用的**代价复杂度**剪枝算法是后剪枝方法的一个实例。该方法把树的复杂度看作树中树叶结点的个数和树的错误率的函数(其中,**错误率**是树误分类的元组所占的百分比)。它从树的底部开始。对于每个内部结点 N,计算 N 的子树的代价复杂度和该子树剪枝后 N 的子树(即用一个树叶结点替换)的代价复杂度。比较这两个值。如果剪去结点 N 的子树导致较小的代价复杂度,则剪掉该子树;否则,保留该子树。

使用一个标记类元组的**剪枝集**评估代价复杂度。该集合独立于用于建立未剪枝树的训练集和用于准确率评估的检验集。算法产生一个渐进的剪枝树的集合。一般而言,最小化代价复杂度的最小决策树是首选。

C4.5 使用一种称为**悲观剪枝**的方法,它类似于代价复杂度方法,因为它也是用错误率评估,对子树剪枝做出决定。然而,悲观剪枝不需要使用剪枝集,而是使用训练集估计错误率。注意,基于训练集评估准确率或错误率过于乐观,具有较大的偏倚。因此,悲观剪枝方法通过加上一个惩罚来调节从训练集得到的错误率,以抵消所出现的偏倚。

可以根据对树编码所需要的二进位位数,而不是根据估计的错误率,对树进行剪枝。"最佳"剪枝树是最小化编码二进位位数的树。这种方法采用 MDL 原则。其基本思想是:最简单的解是首选的解。与代价复杂性剪枝不同,它不需要独立的元组集。

另外,对于组合方法,先剪枝和后剪枝可以交叉使用。后剪枝所需要的计算比先剪枝多,但是通常产生更可靠的树。并未发现一种剪枝方法优于所有其他方法。尽管某些剪枝方法需要额外的数据支持,但是在处理大型数据库时,这并不是问题。

尽管剪枝后的树一般比未剪枝的树更紧凑,但是它们仍然可能很大、很复杂。决策树可能受到重复和复制的困扰,使得它们很难解释。沿着一条给定的分枝反复测试一个属性(如"age < 60?",后面跟着"age < 45?"等)时就会出现**重复**(repetition)。**复制**(replication)是树中存在重复的子树。这些情况影响了决策树的准确率和可解释性。使用多元划分(基于组合属性的划分)可以防止该问题的出现。另一种方法是使用不同形式的知识表示(如规则),而不是决策树。

5.2.7 决策树归纳的特点

下面是对决策树归纳算法重要特点的总结。

(1)决策树归纳是一种构建分类模型的非参数方法。换句话说,它不要求任何先验假设,不假定类和其他属性服从一定的概率分布。

(2)找到最佳的决策树是 NP 完全问题。许多决策树算法都采取启发式的方法指导对假设空间的搜索。

(3)已开发的构建决策树技术不需要昂贵的计算代价,即使训练集非常大,也可以快速建立模型。此外,决策树一旦建立,未知样本分类非常快,最坏情况下的时间复杂度是 $O(w)$,其中 w 是树的最大深度。

(4)决策树相对容易解释,特别是小型的决策树。在很多简单的数据集上,决策树的准确率也可以与其他分类算法相媲美。

(5)决策树是学习离散值函数的典型代表。然后,它不能很好地推广到某些特定的布尔问题。一个著名的例子是奇偶函数,当奇数(偶数)个布尔属性为真时其值为 0(1)。对这样的函数准确建模需要一棵具有 2^d 个结点的满决策树,其中 d 是布尔属性的个数。

(6)决策树算法对于噪声的干扰具有相当好的鲁棒性,采用避免过分拟合的方法之后尤其如此。

(7)冗余属性不会对决策树的准确率造成不利的影响。一个属性如果在数据中与另一个属性是强相关的,那么它是冗余的。在两个冗余属性中,如果已经选择其中一个作为用于划分的属性,则另一个将被忽略。然而,如果数据集中含有很多不相关的属性(即对分类任务没有用的属性),则某些不相关的属性可能在树的构造过程中偶然被选中,导致决策树过于庞大。通过在预处理阶段删除不相关的属性,特征选择技术能够帮助提高决策树的准确率。

(8)由于大多数的决策树算法都采用自顶向下的递归划分方法,因此沿着树向下,记录会越来越少。在叶结点,记录可能太少,对于叶结点代表的类,不能做出具有统计意义的判决,这就是所谓的**数据碎片**(data fragmentation)问题。解决该问题的一种可行的方法是,当样本数小于某个特定阈值时停止分裂。

(9) 子树可能在决策树中重复多次,如图 5-16 所示,这使得决策树过于复杂,并且可能更难解释。当决策树的每个内部结点都依赖单个属性测试条件时,就会出现这种情形。由于大多数的决策树算法都采用分治划分策略,因此在属性空间的不同部分可以使用相同的测试条件,从而导致子树重复问题。

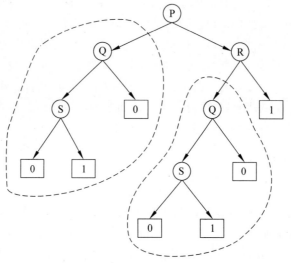

图 5-16 子树重复问题。相同的子树可能出现在不同的分枝

(10) 迄今为止,本章介绍的测试条件都只涉及一个属性。这样,可以将决策树的生长过程看成划分属性空间不相交的区域的过程,直到每个区域都只包含同一类的记录(见图 5-17)。两个不同类的相邻区域之间的边界称作**决策边界**(decision boundary)。由于测试条件只涉及单个属性,因此决策边界是直线,即平行于"坐标轴",这就限制了决策树

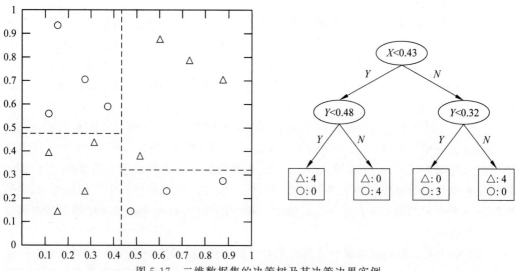

图 5-17 二维数据集的决策树及其决策边界实例

对连续属性之间复杂关系建模的表达能力。图 5-18 显示了一个数据集,使用一次只涉及一个属性的测试条件的决策树算法很难有效地对它进行分类。

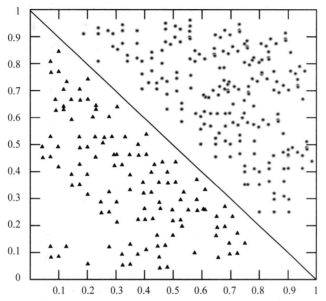

图 5-18　使用仅涉及单个属性的测试条件不能有效划分的数据集的例子

斜决策树(oblique decision tree)可以克服以上的局限,因为它允许测试条件涉及多个属性。图 5-18 中的数据集可以很容易地用斜决策树表示,该斜决策树只有一个基点,其测试条件为

$$x + y < 1$$

尽管这种技术具有更强的表达能力,并且能够产生更紧凑的决策树,但是为给定的结点找出最佳测试条件的计算可能是相当复杂的。

归纳构造(constructive induction)提供另一种将数据划分成齐次非矩形区域的方法,该方法创建复合属性,代表已有属性的算术或逻辑组合。新属性提供了更好的类区分能力,并在决策树归纳之前就增广到数据集中。与斜决策树不同,构造归纳不需要昂贵的花费,因为在构造决策树之前,它只需要一次性地确定属性的所有相关组合。相比之下,在扩展每个内部结点时,斜决策树都需要动态地确定正确的属性组合。然而,归纳构造会产生冗余的属性,因为新创建的属性是已有属性的组合。

(11) 研究表明不纯性度量方法的选择对决策树算法的性能影响很小,这是因为许多度量方法相互之间都是一致的。实际上,树剪枝对最终决策树的影响比不纯性度量的选择的影响更大。

5.3　贝叶斯分类算法

在很多应用中,属性集和类变量之间的关系是不确定的。换句话说,尽管测试记录的属性集和某些训练样例相同,但是也不能正确地预测它的类标号。这种情况产生的原因可能是噪声,或者出现了某些影响分类的因素却没有包含在分析中。例如,考虑根据一个人的饮食和锻炼的频率预测他是否有患心脏病的危险。尽管大多数饮食健康、经常锻炼身体的人患心脏病的概率较小,但仍有人由于遗传、过量抽烟、酗酒等其他原因而患病。确定一个人的饮食是否健康、体育锻炼是否充分也是需要论证的课题,这反过来也会给学习问题带来不确定性。

什么是贝叶斯分类算法?贝叶斯分类法是统计学分类方法,可以预测类隶属关系的概率,如一个给定的元组属于一个特定类的概率。

贝叶斯分类基于贝叶斯定理。分类算法的比较研究发现,一种称为朴素贝叶斯分类法的简单贝叶斯分类法可以与决策树和经过挑选的神经网络分类器相媲美。用于大型数据库时,贝叶斯分类法也表现出高准确率和高速度。

朴素贝叶斯分类法假定一个属性值在给定类上的影响独立于其他属性的值。这一假定称为类条件独立性。做此假定是为了简化计算,并在此意义下称为"朴素的"。

5.3.1 节介绍基本的概率概念和贝叶斯定理。5.3.2 节将学习如何进行贝叶斯分类。5.3.3 节则对贝叶斯信念网络做基本介绍。

5.3.1 贝叶斯定理

贝叶斯定理用 Thomas Bayes 的名字命名。Thomas Bayes 是一位不墨守成规的英国牧师,是 18 世纪概率论和决策论的研究者。设 X 是数据元组,在贝叶斯的术语中,X 看作"证据"。通常,X 用 n 个属性集的测量值描述。令 H 为某种假设,如数据元组 X 属于某个特定类 C。对于分类问题,希望确定给定"证据"或观测数据元组 X,假设 H 成立的概率 $P(H|X)$。换言之,给定 X 的属性描述,找出元组 X 属于类 C 的概率。

$P(H|X)$ 是后验概率(posterior probability),或在条件 X 下,H 的后验概率。例如,假设数据元组事件限于分别由属性 age 和 income 描述的顾客,而 X 是一位 35 岁的顾客,其收入为 4 万美元。令 H 为某种假设,如顾客将购买计算机。则 $P(H|X)$ 反映当知道顾客的年龄和收入时,顾客 X 将购买计算机的概率。

相反,$P(H)$ 是先验概率(prior probability),或在条件 X 下,H 的先验概率。对于上面的例子,它是任意给定顾客将购买计算机的概率,而不管他们的年龄、收入或任何其他信息。后验概率 $P(H|X)$ 比先验概率 $P(H)$ 基于更多的信息(如顾客的信息)。$P(H)$ 独立于 X。

类似的,$P(X|H)$ 是在条件 H 下,X 的后验概率。也就是说,它是已知顾客 X 将购买计算机,该顾客是 35 岁并且收入为 4 万美元的概率。

$P(X)$ 是 X 的先验概率。使用上面的例子,它是顾客集合中的年龄为 35 岁并且收入为 4 万美元的概率。

如何估计这些概率?正如下面将看到 $P(X)$、$P(H)$ 和 $P(X|H)$ 可以由给定的数据估计。贝叶斯定理是有用的,它提供了一种由 $P(X)$、$P(H)$ 和 $P(X|H)$ 计算后验概率 $P(H|X)$ 的方法。贝叶斯定理是

$$P(H \mid X) = \frac{P(X \mid H)P(H)}{P(X)} \tag{5-7}$$

5.3.2 朴素贝叶斯分类

朴素贝叶斯(Naive Bayesian)分类法或简单贝叶斯分类法的工作过程如下：

(1) 设 D 是训练元组和它们相关联的类标号的集合。通常，每个元组用一个 n 维属性向量 $X=\{x_1,x_2,\cdots,x_n\}$ 表示，描述由 n 个属性 $A_1,A_2,\cdots,A_n$ 对元组的 n 个测量。

(2) 假定有 m 个分类 $C_1,C_2,\cdots,C_m$。给定元组 X，分类法将预测 X 属于具有最高后验概率的类(在条件 X 下)。也就是说，朴素贝叶斯分类法预测 X 属于类 C_i，当且仅当

$$P(C_i \mid X) > P(C_j \mid X) \quad 1 \leqslant j \leqslant m, j \neq i$$

这样，最大化 $P(C_i|X)$。$P(C_i|X)$ 最大的类 C_i 称为最大后验假设。根据贝叶斯定理(式(5-7))，有

$$P(C_i \mid X) = \frac{P(X \mid C_i)P(C_i)}{P(X)} \tag{5-8}$$

(3) 由于 $P(X)$ 对所有类为常数，所以只需要 $P(X|C_i)P(C_i)$ 最大即可。如果类的先验概率未知，则通常假定这些类是等概率的，即 $P(C_1)=P(C_2)=\cdots=P(C_m)$，并据此对 $P(X|C_i)$ 最大化；否则，最大化 $P(X|C_i)P(C_i)$。注意，类先验概率可以用 $P(C_i)=|C_{i,D}|/|D|$ 估计，其中 $|C_{i,D}|$ 是 D 中类 C_i 的训练元组数。

(4) 给定具有许多属性的数据集，计算 $P(X|C_i)$ 的开销可能非常大。为了降低计算 $P(X|C_i)$ 的开销，可以做类**条件独立**的朴素假定。给定元组的类标号，假定属性值有条件地相互独立(即属性之间不存在依赖关系)。因此，

$$P(X \mid C_i) = \prod_{k=1}^{n} P(x_k \mid C_i) = P(x_1 \mid C_i)P(x_2 \mid C_i)\cdots P(x_n \mid C_i) \tag{5-9}$$

可以很容易地由训练元组估计概率 $P(x_1|C_i),P(x_2|C_i),\cdots,P(x_n|C_i)$。注意，$x_k$ 表示元组 X 在属性 A_k 的值。对于每个属性，考察该属性是分类的还是连续值的。例如，为了计算 $P(X|C_i)$，考虑如下情况：

① 如果 A_k 是分类属性，则 $P(x_k|C_i)$ 是 D 中属性 x_k 的 C_i 类的元组数除以 D 中 C_i 类元组数 $|C_{i,D}|$。

② 如果 A_k 是连续值属性，则需要多做一点工作，但是计算很简单。通常，假定连续值属性服从均值为 μ，标准差为 σ 的高斯分布，由下式定义

$$g(x,\mu,\sigma) = \frac{1}{\sqrt{2\pi}\sigma} e^{-\frac{(x-\mu)^2}{2\sigma^2}} \tag{5-10}$$

因此

$$P(x_k \mid C_i) = g(x_k,\mu_{C_i},\sigma_{C_i}) \tag{5-11}$$

这些公式看上去可能有点令人生畏，但是沉住气，需要计算 μ_{C_i} 和 σ_{C_i}，它们分别是 C_i 类训练元组属性 A_k 的均值和标准差。将这两个量与 x_k 一起代入式(5-10)，计算 $P(x_k|C_i)$。

例如，设 $X=(35\ 540\ 000\ 美元)$，其中 A_1 和 A_2 分别是属性 age 和 income。设类标号属性为 buys_computer。X 相关联的类标号是"yes"(即 buys_computer=yes)。假设 age 尚未离散化，因此是连续值属性。假设从数据集发现 D 中购买计算机的顾客年龄为 38 ± 12 岁。换言之，对于属性 age 和这个类，有 $\mu=38$ 和 $\sigma=12$。可以把这些量与元组 X 的

$x_1 = 35$ 一起代入式(5-10),估计 $P(age=35|buys\_computer=yes)$。

(5) 为了预测 X 的类标号,对每个类 C_i,计算 $P(X|C_i)P(C_i)$。该分类法预测输入元组 X 的类为 C_i,当且仅当

$$P(X|C_i)P(C_i) > P(X|C_j)P(C_j) \quad 1 \leqslant j \leqslant m, j \neq i \qquad (5\text{-}12)$$

换言之,被预测的类标号是使 $P(X|C_i)P(C_i)$ 最大的类 C_i。

贝叶斯分类法的有效性如何?该分类法与决策树和神经网络分类法的各种比较试验表明,在某些领域,贝叶斯分类法具有最小的错误率。然而,实际中并非总是如此。这是由于对其使用的假定(如类条件独立性)的不正确性,以及缺乏可用的概率数据造成的。

贝叶斯分类还可以用来为其他分类法提供理论判定。例如,在某种假定下,可以证明:与朴素贝叶斯分类法一样,许多神经网络和曲线拟合算法输出最大的后验假定。

考虑图 5-19(a)中的数据集。可以计算每个分类属性的类条件概率,同时利用前面介绍的方法计算连续属性的样本均值和方差。这些概率汇总在图 5-19(b)中。

Tid	有房	婚姻状况	年收入	拖欠贷款
1	是	单身	125k	No
2	否	已婚	100k	No
3	否	单身	70k	No
4	是	已婚	120k	No
5	否	离婚	95k	Yes
6	否	已婚	60k	No
7	是	离婚	220k	No
8	否	单身	85k	Yes
9	否	已婚	75k	No
10	否	单身	90k	Yes

$P(有房=是|No)=3/7$
$P(有房=否|No)=4/7$
$P(有房=是|Yes)=0$
$P(有房=否|Yes)=1$
$P(婚姻状况=单身|No)=2/7$
$P(婚姻状况=离婚|No)=1/7$
$P(婚姻状况=已婚|No)=4/7$
$P(婚姻状况=单身|Yes)=2/3$
$P(婚姻状况=离婚|Yes)=1/3$
$P(婚姻状况=已婚|Yes)=0$
年收入:
• 如果类=No:样本均值=110,样本方差=2975
• 如果类=Yes:样本均值=90,样本方差=25

(a) 数据集   (b) 概率汇总

图 5-19　贷款分类问题的朴素贝叶斯分类器

为了预测测试记录 $X=(有房=否,婚姻状况=已婚,年收入=120k)$ 的类标号,需要计算后验概率 $P(No|X)$ 和 $P(Yes|X)$。

每个类的先验概率可以通过计算属于该类的训练记录所占的比例来估计。因为有 3 个记录属于类 Yes,7 个记录属于类 No,所以 $P(Yes)=0.3$,$P(No)=0.7$。使用图 5-19 中提供的信息,类的条件概率计算如下:

$$P(X|No)=P(有房=否|No) \times P(婚姻状况=已婚|No) \times P(年收入=120k|No)$$
$$=4/7 \times 4/7 \times 0.0072 = 0.0024$$

$$P(X|Yes)=P(有房=否|Yes) \times P(婚姻状况=已婚|Yes) \times P(年收入=120k|Yes)$$
$$=1 \times 0 \times 1.2 \times 10^{-9} = 0$$

放到一起可得到类 No 的后验概率 $P(No|X)=\alpha \times 7/10 \times 0.0024=0.0016\alpha$,其中 $\alpha=1/P(X)$ 是个常量。同理,可以得到类 Yes 的后验概率等于 0,因为它的类条件概率等于 0。因为 $P(No|X) > P(Yes|X)$,所以记录分类为 No。

5.3.3　贝叶斯信念网络

朴素贝叶斯分类假定类条件独立,即给定样本的类标号,属性的值相互条件独立。但在实践中,变量之间的依赖可能存在。贝叶斯信念网络有效地表达了属性之间的条件独立性。贝叶斯网络中将属性的联合分布定义为

$$P(x_1, x_1, \cdots, x_n) = \prod_{i=1}^{n} P(x_i \mid PA_i)$$

其中 PA_i 为贝叶斯网络中指向属性 x_i 的属性的集合。贝叶斯网络提供一种因果关系的图形,其主要由两部分构成:有向无环图和条件概率表。

举个简单的例子,如图 5-20 所示,它对下雨(R)引起草地变湿(W)建模,如图 5-21 所示。天下雨的可能性为 40%,并且下雨时草地变湿的可能性为 90%;也许 10% 的时间雨下得不长,不足以让我们真正认为草地被淋湿了。

在这个例子中,随机变量是二元的:真或假。存在 20% 的可能性草地变湿而实际上并没有下雨,例如,使用喷水器时,草地会变湿但并没有下雨。

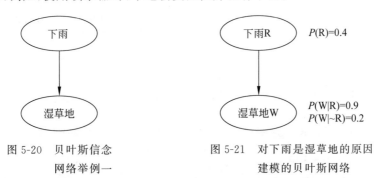

图 5-20　贝叶斯信念　　　　　图 5-21　对下雨是湿草地的原因
网络举例一　　　　　　　　　建模的贝叶斯网络

可以看到 3 个值就可以完全指定 $P(R, W)$ 的联合分布。如果 $P(R) = 0.4$,则 $P(\sim R) = 0.6$。类似地,$P(\sim W \mid R) = 0.1$,而 $P(\sim W \mid \sim R) = 0.8$。这是一个因果图,解释草地变湿的主要原因是下雨。可以颠倒因果关系并且做出诊断。例如,已知草地是湿的,则下过雨的概率可以计算如下:

$$
\begin{aligned}
P(R \mid W) &= \frac{P(W \mid R)P(R)}{P(W)} \\
&= \frac{P(W \mid R)P(R)}{P(W \mid R)P(R) + P(W \mid \sim R)P(\sim R)} \\
&= \frac{0.9 \times 0.4}{0.9 \times 0.4 + 0.2 \times 0.6} = 0.75
\end{aligned}
$$

现在,假设想把喷水器(S)作为草地变湿的另一个原因,如图 5-22 所示。

结点 W 有两个父结点 R 和 S,因此它的概率是这两个值上的条件概率 $P(W \mid R, S)$。对喷水器(S)和下雨(R)是湿草地的原因建模,如图 5-23 所示。可以计算喷水器开着草地会湿的概率。这是一个因果(预测)推理:

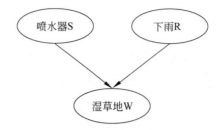

图 5-22   贝叶斯信念网络举例二

$$P(W \mid S) = P(W \mid R,S)P(R \mid S) + P(W \mid \sim R,S)P(\sim R \mid S)$$
$$= P(W \mid R,S)P(R) + P(W \mid \sim R,S)P(\sim R)$$
$$= 0.95 \times 0.4 + 0.9 \times 0.6 = 0.92$$

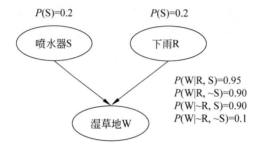

图 5-23   对喷水器和下雨是湿草地的原因建模的贝叶斯信念网络举例

给定草地是湿的,能够计算喷水器开着的概率。这是一个诊断推理。

$$P(S \mid W) = \frac{P(W \mid S)P(S)}{P(W)} = \frac{0.92 \times 0.2}{0.52} = 0.35$$

其中:

$$P(W) = P(W \mid R,S)P(R,S) + P(W \mid \sim R,S)P(\sim R,S) +$$
$$P(W \mid R,\sim S)P(R,\sim S) + P(W \mid \sim R,\sim S)P(\sim R,\sim S)$$
$$= P(W \mid R,S)P(R)P(S) + P(W \mid \sim R,S)P(\sim R)P(S) +$$
$$P(W \mid R,\sim S)P(R)P(\sim S) + P(W \mid \sim R,\sim S)P(\sim R)P(\sim S)$$
$$= 0.95 \times 0.4 \times 0.2 + 0.9 \times 0.6 \times 0.2 + 0.9 \times 0.4 \times 0.8 + 0.1 \times 0.6 \times 0.8 = 0.52$$

知道草是湿的增加了喷水器开着的可能。现在假设下过雨,有

$$P(S \mid R,W) = \frac{P(W \mid R,S)P(S \mid R)}{P(W \mid R)} = \frac{P(W \mid R,S)P(S)}{P(W \mid R)} = 0.21$$

注意,这个值比 $P(S \mid W)$ 小。这叫作**解释远离**(explaining away)。给定已知下过雨,则喷水器导致湿草地的可能性降低了。已知草地是湿的,下雨和喷水器成为相互依赖的。

5.4   支持向量机算法

支持向量机(support vector machine,SVM)已经成为一种备受关注的分类技术。这种技术具有坚实的统计学理论基础,并在许多实际应用(如手写数字的识别、文本分类等)

中展示了大有可为的实践效用。此外,SVM 可以很好地应用于高维数据,避免了高维灾难问题。这种方法具有一个独特的特点,它使用训练实例的一个子集表示决策边界,该子集称作支持向量(support vector)。

支持向量机的第一篇论文由 Vladimir Vapnik 和他的同事 Bernhard Boser 及 Isabelle Guyon 于 1992 年发表,尽管其基础工作早在 20 世纪 60 年代就已经出现。尽管最快的 SVM 的训练也非常慢,但是其对复杂的非线性边界的建模是非常准确的。与其他模型相比,SVM 不容易过分拟合。SVM 还提供了学习模型的紧凑表示。SVM 可以用于数值预测和分类。

5.4.1 节和 5.4.2 节分别就数据线性可分和数据非线性可分的情况做了介绍。

5.4.1　数据线性可分的情况

为了解释 SVM,首先考察最简单的情况——二元分类问题,其中两个类是线性可分的。简单地解释,就是如果用一个线性函数可以将两类样本完全分开,就称这些样本是"线性可分"的。

设给定的数据集 D 为 $(X_1,y_1),(X_2,y_2),\cdots,(X_n,y_n)$,其中 X_i 是训练元组,具有类标号 y_i。每个 y_i 可以取值 +1 或 -1(即 $y_i \in \{+1,-1\}$),分别对应于类 buys_computer=yes 和 buys_computer=no。为了便于可视化,考虑一个基于两个输入属性 A_1 和 A_2 的例子,如图 5-24 所示。从该图可以看出,该二维数据是线性可分的(或简称"线性的"),因为可以画一条直线,把类 +1 的元组与类 -1 的元组分开。

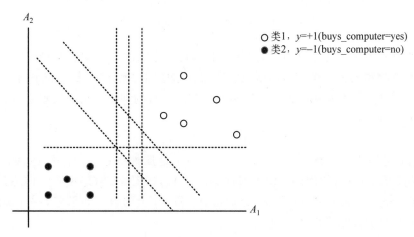

图 5-24　线性可分的 2D 数据集。有无限多个(可能的)分离超平面或
　　　　　"决策边界",其中一些用虚线显示

可以画出无限多条分离直线。我们想找出"最好的"一条,即在先前未见到的元组上具有最小分类误差的那一条。如何找到这条最好的直线? 注意,如果数据是 3D 的(即具有 3 个属性),则我们希望找出最佳分离平面。推广到 n 维,我们希望找出最佳超平面。下面使用术语"超平面"表示寻找的决策边界,而不管输入属性的个数是多少。这样,换一句话说,如何找出最佳超平面?

SVM 通过搜索**最大边缘平面**(maximum marginal hyperplane,MMH)来处理该问题。考虑图 5-25,它显示了两个可能的分离超平面和它们的相关联的边缘。在给出边缘的定义之前,先直观地考察该图。两个超平面都对所有的数据元组正确地进行了分类。然而,直观地看,我们预料具有较大边缘的超平面在对未来的数据元组分类上比具有较小边缘的超平面更准确。这就是为什么(在学习或训练阶段)SVM 要搜索最大边缘的超平面。MMH 相关联的边缘给出类之间的最大分离性。

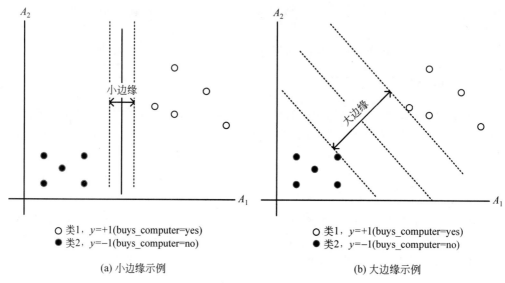

○ 类1, $y=+1$(buys_computer=yes)
● 类2, $y=-1$(buys_computer=no)

(a) 小边缘示例   (b) 大边缘示例

图 5-25　两个可能的分离超平面和它们的边缘

关于边缘的非形式化定义,可以说从超平面到其边缘的一个侧面的最短距离等于从该超平面到其边缘的另一个侧面的最短距离,其中边缘的"侧面"平行于超平面。事实上,在处理 MMH 时,这个距离是从 MMH 到两个类的最近的训练元组的最短距离。

分离超平面可以记为

$$\boldsymbol{W}^{\mathrm{T}}X + b = 0 \tag{5-13}$$

其中,$\boldsymbol{W}$ 是权重向量,即 $\boldsymbol{W} = \{w_1, w_2, \cdots, w_n\}$;$n$ 是属性数;b 是标量,通常称作偏倚(bias)。为了便于观察,考虑两个输入属性 A_1 和 A_2,如图 5-25(b)所示。训练元组是二维的,如 $\boldsymbol{X} = (x_1, x_2)$,其中 x_1 和 x_2 分别是 A_1 和 A_2 上的值。如果把 b 看作附加的权重 w_0,则可以把分离超平面改写成

$$w_0 + w_1 x_1 + w_2 x_2 = 0 \tag{5-14}$$

这样,位于分离超平面上方的点满足

$$w_0 + w_1 x_1 + w_2 x_2 > 0 \tag{5-15}$$

类似地,位于分离超平面下方的点满足

$$w_0 + w_1 x_1 + w_2 x_2 < 0 \tag{5-16}$$

可以调整权重使得定义边缘"侧面"的超平面可以记为

$$H_1: w_0 + w_1 x_1 + w_2 x_2 \geqslant 1, \quad 对于\ y_i = +1 \tag{5-17}$$

$$H_2: w_0 + w_1 x_1 + w_2 x_2 \leqslant -1, \quad 对于\ y_i = -1 \tag{5-18}$$

也就是说,落在 H_1 上或上方的元组都属于类 $+1$,而落在 H_2 上或下方的元组都属于类 -1。结合两个不等式(5-17)和式(5-18),得到

$$y_i(w_0 + w_1 x_1 + w_2 x_2) \geqslant 1, \forall i \qquad (5\text{-}19)$$

落在超平面 H_1 或 H_2(定义边缘的"侧面")上的任意训练元组都使式(5-19)的等号成立,**称为支持向量**(support vector)。也就是说,它们离 MMH 一样近。在图 5-26 中,支持向量用加粗的圆圈显示。本质上,支持向量是最难分类的元组,并且给出了最多的分类信息。

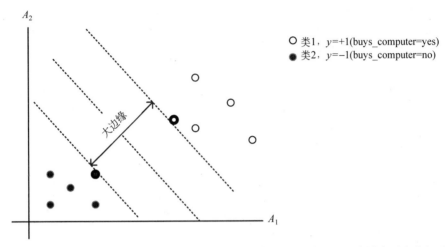

图 5-26 支持向量。SVM 发现最大分离超平面,即与最近的训练元组具有最大距离的超平面

由上,可以得到最大边缘的计算公式。从分离超平面到 H_1 上任意点的距离是 $\frac{1}{\|\boldsymbol{W}\|}$,其中 $\|\boldsymbol{W}\|$ 是欧几里得范数,即 $\sqrt{\boldsymbol{W} \cdot \boldsymbol{W}}$(如果 $\boldsymbol{W} = \{w_1, w_2, \cdots, w_n\}$,则 $\sqrt{\boldsymbol{W} \cdot \boldsymbol{W}} = \sqrt{w_1^2 + w_2^2 + \cdots + w_n^2}$)。根据定义,它等于 H_2 上任意点到分离超平面的距离。因此,最大边缘是 $\frac{2}{\|\boldsymbol{W}\|}$。

SVM 如何找出 MMH 和支持向量?使用某种"特殊的数学技巧",可以改写式(5-19),将它变换成一个被约束的(凸)二次最优化问题。

如果数据很少(例如,少于 2000 个训练元组),则可以使用任何求解约束的凸二次最优化问题的最优化软件包找出支持向量和 MMH。对于大型数据,可以使用特殊的、更有效的训练 SVM 的算法。一旦找出支持向量和 MMH(注意,支持向量定义 MMH),就有了一个训练后的支持向量机。MMH 是一个线性类边界,因此对应的 SVM 可以用来对线性可分数据进行分类。这种训练后的 SVM 称为线性 SVM。

一旦得到训练后的支持向量机,如何用它对检验元组(新元组)分类?根据拉格朗日公式,最大边缘超平面可以改写成决策边界

$$d(\boldsymbol{X}^{\mathrm{T}}) = \sum_{i=1}^{l} y_i \alpha_i \boldsymbol{X}_i \boldsymbol{X}^{\mathrm{T}} + b_0 \qquad (5\text{-}20)$$

其中,y_i 是支持向量 $\boldsymbol{X}_i$ 的类标号;$\boldsymbol{X}^{\mathrm{T}}$ 是检验元组;α_i 和 b_0 是由上面的最优化或 SVM 算

法自动确定的数值参数；而 l 是支持向量的个数。

给定检验元组 $\boldsymbol{X}^{\mathrm{T}}$，将它代入式(5-20)，然后检查结果的符号。这将告诉我们检验元组落在超平面的哪一侧。如果该符号为正，则 $\boldsymbol{X}^{\mathrm{T}}$ 落在 MMH 上或上方，因而 SVM 预测 $\boldsymbol{X}^{\mathrm{T}}$ 属于类＋1(在此情况下，代表 buys_computer＝yes)。如果该符号为负，则 $\boldsymbol{X}^{\mathrm{T}}$ 落在 MMH 上或下方，因而 SVM 预测 $\boldsymbol{X}^{\mathrm{T}}$ 属于类－1(代表 buys_computer＝no)。

注意，拉格朗日公式(5-20)包含支持向量 $\boldsymbol{X}_i$ 和检验元组 $\boldsymbol{X}^{\mathrm{T}}$ 的点积。正如下面要介绍的，当给定数据非线性可分时，这对于发现 MMH 和支持向量是非常有用的。

在考虑非线性可分的情况之前，还有两件重要的事情要注意。学习后的分类器的复杂度由支持向量数而不是由数据的维数刻画。因此，与其他方法相比，SVM 不太容易过分拟合。支持向量是基本或临界的训练元组——它们距离决策边界(MMH)最近。如果删除其他元组并重新训练，则将发现相同的分离超平面。此外，找到的支持向量数可以用来计算 SVM 分类器的期望误差率的上界，这独立于数据的维度。具有少量支持向量的 SVM 可以具有很好地泛化性能，即使数据的维度很高时也是如此。

5.4.2 数据非线性可分的情况

在 5.4.1 节，学习了对线性可分数据分类的线性 SVM。但是，如果数据不是线性可分的，如图 5-27 中的数据，怎么办？在这种情况下，不可能找到一条将这些类分开的直线。5.4.1 节研究的线性 SVM 不可能找到可行解，怎么办？

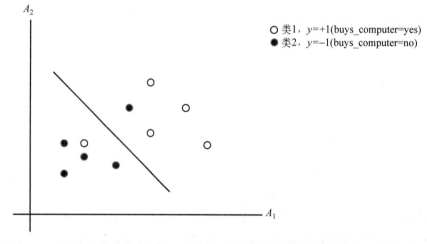

图 5-27　显示线性不可分数据的一个简单 2 维例子(与图 5-24 线性可分的数据不同，
　　　　　这里不可能画一条直线将两个类分开，该决策边界是非线性的。)

好消息是，可以扩展上面介绍的线性 SVM，为线性不可分的数据(也称非线性可分的数据，或简称非线性数据)的分类创建非线性的 SVM。这种 SVM 能够发现输入空间中的非线性决策边界(即非线性超曲面)。

如何扩展线性 SVM？按如下方法扩展线性 SVM，得到非线性的 SVM。有两个主要步骤。第一步，用非线性映射把原输入数据变换到较高维空间。这一步可以使用多种常用的非线性映射。一旦将数据变换到较高维空间，第二步就在新的空间搜索分离超平面。

此时又遇到二次优化问题,可以用线性 SVM 公式求解。在新空间找到的最大边缘超平面对应于原空间的非线性分离超曲面。

在求解线性 SVM 的二次最优化问题时(即在新的较高维空间搜索线性 SVM 时),训练元组仅出现在形如 $\phi(\boldsymbol{X}_i) \cdot \phi(\boldsymbol{X}_j)$ 的点积中,其中 $\phi(X)$ 是用于训练元组变换的非线性映射函数。结果表明,它完全等价于将核函数 $K(\boldsymbol{X}_i, \boldsymbol{X}_j)$ 应用于原输入数据,而不必在变换后的数据元组上计算点积。即

$$K(\boldsymbol{X}_i, \boldsymbol{X}_j) = \phi(\boldsymbol{X}_i) \cdot \phi(\boldsymbol{X}_j) \tag{5-21}$$

换言之,每当 $\phi(\boldsymbol{X}_i) \cdot \phi(\boldsymbol{X}_j)$ 出现在训练算法中时,都可以用 $K(\boldsymbol{X}_i, \boldsymbol{X}_j)$ 替换它。这样,所有的计算都在原来的输入空间上进行,这可能会降低难度。我们可以避免这种映射——事实上,我们甚至不必知道该映射是什么。使用这种技巧之后,可以找出最大分离超平面。

可以用来替换上面的点积的核函数的性质已经被深入研究。可以使用的核函数包括:

h 次多项式核函数: $K(\boldsymbol{X}_i, \boldsymbol{X}_j) = (\boldsymbol{X}_i \cdot \boldsymbol{X}_j + 1)^h$

高斯径向基函数核函数: $K(\boldsymbol{X}_i, \boldsymbol{X}_j) = \mathrm{e}^{-||\boldsymbol{X}_i - \boldsymbol{X}_j||^2 / 2\sigma^2}$

S 型核函数: $K(\boldsymbol{X}_i, \boldsymbol{X}_j) = \tanh(\kappa \boldsymbol{X}_i \cdot \boldsymbol{X}_j - \delta)$

不同的核函数导致(原)输入空间上出现了不同的非线性分类器。神经网络的爱好者可能注意到,非线性的 SVM 所发现的决策超曲面与其他著名的神经网络分类器所发现的同属一种类型。例如,具有高斯径向基函数(RBF)的 SVM 与称作径向基函数网络的一类神经网络产生相同的决策超曲面。具有 S 型核的 SVM 等价于一种称作多层感知器(无隐藏层)的简单 2 层神经网络。

没有一种"黄金规则"可以确定哪种可用的核函数将推导出最准确的 SVM。在实践中,核函数的选择一般并不导致结果准确率的很大差别。SVM 训练总是发现全局解,而不像后向传播等神经网络常存在局部最小。

至此已经介绍了二元(即两类)分类的线性和非线性 SVM。但是实际生活中并不全是二元分类问题,还存在多个类别的分类问题。对于多类问题,可以用组合 SVM 分类器。

关于 SVM,主要研究目标是提高训练和检验速度,使得 SVM 可以成为超大型数据集(如数以百万计的支持向量)更可行的选择。其他问题包括:为给定的数据集确定最佳核函数,为多类问题找出更有效的方法。

5.5　粗糙集分类算法

粗糙集理论是 1982 年由波兰著名的科学家 Z.Pawlak 提出来的。它是一种能够有效地处理不精确、不确定性数据的数学工具,并且它还具有不需要任何的先验知识,只依赖数据集本身等优点。粗糙集理论已成为数据挖掘、机器学习等领域的研究热点之一。本节介绍粗糙集分类的相关算法。

粗糙集具有不需要任何的先验知识,只依赖数据集本身等优点,被广泛应用于数据挖掘与知识发现等领域。为了能够很好地刻画不确定性问题,粗糙集理论主要是根据某个

条件属性集所确定的不可分辨关系，并把它称作概念，从而可准确地判断出某样本是否属于该概念，也有可能不能够判断出某样本是否属于该概念。为了描述这一问题，粗糙集采用上下近似集的概念来描述。其中，下近似集表示可确定能够归入某一感兴趣概念的对象集合，上近似集表示可能属于某一感兴趣概念的对象集合。通过上下近似集可很好地刻画出数据集的不确定性区域，即边界区域如图 5-28 所示。由于它能够很好地刻画边界区域，使得粗糙集理论在数据挖掘与知识发现等领域中具有很强的生命力。

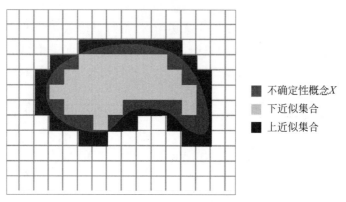

图 5-28　集合 X 的上、下近似集和边界区域的图示

粗糙集理论可以用于分类，发现不准确数据或噪声数据内的结构联系。它用于离散数值属性。因此，连续值属性必须在使用前离散化。

粗糙集也可以用于属性子集选择（或特征归约，可以识别和删除无助于给定训练数据分类的属性）和相关分析（根据分类任务评估每个属性的贡献或显著性）。找出可以描述给定数据集中所有概念的最小属性子集（归约集）是 NP 困难的。然而，目前已提出一些降低计算强度的算法。例如，有一种方法使用识别矩阵（discernibility matrix）存放每对数据元组属性值之差。不是在整个训练集上搜索，而是搜索矩阵，检测冗余属性。

由于粗糙集具有能够处理不确定、不精确的问题的能力，以及不需要任何的先验知识，只依赖数据集本身等优点。近年来，众多研究学者将其与其他分类算法相结合，取得了很好的成果。其主要表现在两个方面：一方面，粗糙集仅是计算出信息系统中不精确的区域，对该区域并没有进一步的处理方法，因此研究学者们将其他分类算法应用于粗糙集边界区域，从而能够很好地与粗糙集结合起来，提高其分类决策能力；另一方面，粗糙集属性约简过程能够删除信息系统不必要的属性，从而简化信息系统。在多维数据分析中，为了删除冗余属性、降低噪声的影响，通常将粗糙集属性约简应用于其他分类算法中，作为其他分类算法的预处理过程，从而提高其他分类算法的正确率。

5.6　分类器评估方法

既然已经建立了分类模型，你的脑海中就可能浮现许多问题。例如，假设使用先前的销售数据训练分类器，预测顾客的购物行为。你希望评估该分类器预测未来顾客购物行为（即未经过训练的未来顾客数据）的准确率。你甚至可能尝试不同的方法，建立多个分类器,并且希望比较它们的准确率。但是,什么是准确率? 如何估计它? 分类器"准确率"的某些度量比其他度量更合适吗? 如何得到可靠的准确率估计?

5.6.1 节介绍分类器准确率的各种评估度量。保持和随机子抽样(5.6.2 节)、k 折交叉验证(5.6.3 节)和自助方法(5.6.4 节)都是基于给定数据的随机抽样划分。5.6.5 节讨论如何使用统计显著性检验评估两个分类器的准确率之差是否纯属偶然。

5.6.1 评估分类器性能的度量

本节介绍一些评估度量,用来评估分类器预测元组类标号的性能或"准确率"。这里既考虑各类元组大致均匀分布的情况,也考虑类不平衡的情况(例如,在医学化验中,感兴趣的重要类稀少)。本节介绍的分类器评估度量汇总在表 5-4 中,包括准确率(又称为"识别率")、敏感度(或称为召回率)、特效性、精度、F_1 和 F_β。表中某些度量有多个名称。TP,TN,FP,FN,P,N 分别代表真正例、真负例、假正例、假负例、正和负样本数。注意,尽管准确率是一个特定的度量,但是"准确率"一词也是经常用于谈论分类器预测能力的通用术语。

表 5-4 分类器评估度量

度　　量	公　　式
准确率、识别率	$\dfrac{TP+TN}{P+N}$
错误率、误分类率	$\dfrac{FP+FN}{P+N}$
敏感度、真正例率、召回率	$\dfrac{TP}{P}$
特效性、真负例率	$\dfrac{TN}{N}$
精度	$\dfrac{TP}{TP+FP}$
F、F_1、F 分数 精度和召回率的调和均值	$\dfrac{2\times precision\times recall}{precision+recall}$
F_β,其中 β 是非负实数	$\dfrac{(1+\beta^2)\times precision\times recall}{\beta^2\times precision+recall}$

还有 4 个需要知道的术语。这些术语是用于计算许多评估度量的"构件",理解它们有助于领会各种度量的含义。

- 真正例/真阳性(true positive,TP):是指被分类器正确分类的正元组。令 TP 为真正例的个数。
- 真负例/真阴性(true negative,TN):是指被分类器正确分类的负元组。令 TN 为真负例的个数。
- 假正例/假阳性(false positive,FP):是被错误地标记为正元组的负元组(例如,类 buys_computer=no 的元组,被分类器预测为 buys_computer=yes)。令 FP 为假正例的个数。

- 假负例/假阴性（False Negative，FN）：是被错误地标记为负元组的正元组（例如，类 buys_computer=yes 的元组，被分类器预测为 buys_computer=no）。令 FN 为假负例的个数。

这些术语汇总在表 5-5 的混淆矩阵中。

表 5-5 一个混淆矩阵，显示了正元组和负元组的合计

Real\Predict	yes	no	合　　计
yes	TP	FN	P
no	FP	TN	N
合计	P'	N'	$P+N$

混淆矩阵（confusion matrix）是分析分类器识别不同类元组的一种有用工具。TP 和 TN 告诉我们分类器何时分类正确，而 FP 和 FN 告诉我们分类器何时分类错误。给定 m 个类（其中 $m \geqslant 2$），**混淆矩阵**是一个至少为 $m \times m$ 的表。前 m 行和 m 列中表目 $CM_{i,j}$ 支持类 i 的元组被分类器标记为类 j 的个数。理想地，对于具有高准确率的分类器，大部分元组应该被混淆矩阵从 $CM_{1,1}$ 到 $CM_{m,m}$ 的对角线上的表目表示，而其他表目为 0 或者接近 0。也就是说，FP 和 FN 接近 0。

该表可能有附加的行和列，提供合计。例如，在表 5-5 的混淆矩阵中，显示了 P 和 N。此外，P' 开始被分类器标记为正的元组数（TP+FP），N' 是被标记为负的元组数（TN+FN）。元组的总数为 TP+TN+FP+PN，或 $P+N$，或 $P'+N'$。注意，尽管所显示的混淆矩阵是针对二元分类问题的，但是很容易用类似的方法给出多类问题的混淆矩阵。

现在，从准确率开始，考察评估度量。分类器在给定检验集上的**准确率**（accuracy）是被该分类器正确分类的元组所占的百分比。即

$$accuracy = \frac{TP + TN}{P + N} \qquad (5\text{-}22)$$

在模式识别文献中，准确率又被称为分类器的总体**识别率**；即它反映分类器对各类元组的正确识别情况。

也可以说分类器 M 的错误率或误分类率，是 $1-accuracy(M)$，其中 $accuracy(M)$ 是 M 的准确率。它也可以用下式计算

$$error\ rate = \frac{FP + FN}{P + N} \qquad (5\text{-}23)$$

如果想使用训练集（而不是检验集）估计模型的错误率，则该量称为**再代入误差**（resubstitution error）。这种错误估计是实际错误率的乐观估计（类似地，对应的准确率估计也是乐观的），因为并未在没有见过的样本上对模型进行检验。

现在，考虑类不平衡问题，其中感兴趣的主类是稀少的。也就是说，数据集的分布反映负类显著地占多数，而正类占少数。例如，在欺诈检测应用中，感兴趣的类（或正类）是

"fraud"（欺诈），它的出现远不及负类"nonfraudulant"（非欺诈）频繁。在医疗数据中，可能也有稀有类，如"cancer"，而可能的类值是"yes"和"no"。97%的准确率使得分类器看上去相当准确，但是，如果实际只有 3%的训练元组是癌症，显然，97%的准确率可能不是可接受的。例如，该分类器可能只是正确地标记非癌症元组，而错误地对所有癌症元组分类。因此，需要其他的度量，评估分类器正确地识别正元组（"cancer＝yes"）的情况和正确地识别负元组（"cancer＝no"）的情况。

为此，可以分别使用**灵敏性**（sensitivity）和**特效性**（specificity）度量。灵敏度也称为真正例（识别）率（即正确识别的正元组的百分比），而特效性是真负例率（即正确识别的负元组的百分比）。这些度量定义为

$$\text{sensitivity} = \frac{\text{TP}}{P} \tag{5-24}$$

$$\text{specificity} = \frac{\text{TN}}{N} \tag{5-25}$$

可以证明准确率是灵敏性和特效性度量的函数：

$$\text{accuracy} = \text{sensitivity}\frac{P}{P+N} + \text{specificity}\frac{N}{P+N} \tag{5-26}$$

精度和召回率度量也在分类中广泛使用。**精度**（precision）可以看作是精确性的度量（即标记为正类的元组中实际为正类所占的百分比），而**召回率**（recall）是完全性的度量（即正元组标记为正的百分比）。召回率看上去很熟悉，因为它就是灵敏性（或真正例率）。这些度量可以进行如下计算：

$$\text{precision} = \frac{\text{TP}}{\text{TP}+\text{FP}} \tag{5-27}$$

$$\text{recall} = \frac{\text{TP}}{\text{TP}+\text{FN}} = \frac{\text{TP}}{P} \tag{5-28}$$

另一种使用精度和召回率的方法是把它们组合到一个度量中。这是 F 度量（又称为 F_1 分数或 F 分数）和 F_β 度量的方法。它们定义如下：

$$F = \frac{2 \times \text{precision} \times \text{recall}}{\text{precision} + \text{recall}} \tag{5-29}$$

$$F_\beta = \frac{(1+\beta^2) \times \text{precision} \times \text{recall}}{\beta^2 \times \text{precision} + \text{recall}} \tag{5-30}$$

其中，β 是非负实数。F 度量是精度召回率的调和均值。它赋予精度和召回率相等的权重。F_β 度量是精度和召回率的加权度量。它赋予召回率的权重是赋予精度的权重的 β 倍。通常使用的 F_β 是 F_2（它赋予召回率的权重是精度的 2 倍）和 $F_{0.5}$（它赋予精度的权重是召回率的 2 倍）。

还有其他准确率可能不合适的情况吗？在分类问题中，通常假定所有的元组都是唯一可分类的，即每个训练元组都只属于一个类。然而，由于大型数据库中的数据非常多样化，假定每个元组可以属于多个类是更可行的。这样，如何度量大型数据库上分类器的准确率呢？准确率度量是不合适的，因为它没考虑元组属于多个类的可能性。

有用的不是返回类标号，而是返回类分布概率。这样，准确率度量可以采用**二次猜测**

(second guess)试探：一个类预测被断定是正确的，如果它与最可能的或次可能的类一致。尽管这在某种程度上确实考虑了元组的非唯一分类，但它不是完全解。

除了基于准确率的度量外，还可以根据其他比较分类器：

- **速度**：这涉及产生和使用分类器的计算开销。
- **鲁棒性**：这是假定数据有噪声或有缺失值时分类器做出正确预测的能力。通常，鲁棒性用噪声和缺失值渐增的一系列合成数据集评估。
- **可伸缩性**：这涉及给定大量数据，有效地构造分类器的能力。通常，可伸缩性用规模渐增的一系列数据评估。
- **可解释性**：这涉及分类器或预测器提供的理解和洞察水平。可解释性是主观的，因而很难评估。决策树和分类规则可能容易解释，但随着它们变得复杂，它们的可解释性也随之消失。

5.6.2 保持方法和随机二次抽样

保持(holdout)方法是迄今为止讨论准确率时暗指的方法。在这种方法中，给定数据随机地划分成两个独立的集合：训练集和检验集。通常，2/3 的数据分配到训练集，其余 1/3 分配到检验集。使用训练集导出模型，其准确率用检验集估计(见图 5-29)。估计是悲观的，因为只有一部分初始数据用于导出模型。

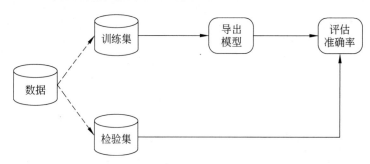

图 5-29　用保持方法估计准确率

随机二次抽样(random subsampling)是保持方法的一种变形，它将保持方法重复 k 次。总准确率估计取每次迭代准确率的平均值。

5.6.3 交叉验证

在 k 折交叉验证(k-fold cross-validation)中，初始数据被随机地划分成 k 个互不相交的子集或"折" $D_1, D_2, \cdots, D_k$，每个折的大小大致相等。训练和检验进行 k 次。在第 i 次迭代，分区 D_i 用做检验集，其余的分区一起用做训练模型。也就是说，在第一次迭代，子集 $D_2, \cdots, D_k$ 一起作为训练集，得到第一个模型，并在 D_1 上检验；第二次迭代在子集 $D_1, D_3, \cdots, D_k$ 上训练，并在 D_2 上检验；如此下去。与上面的保持和随机二次抽样不同，这里的每个样本用于训练的次数相同，并且用于检验一次。对于分类，准确率估计是 k 次迭代正确分类的元组总数除以初始数据中的元组总数。

留一(leave-one-out)是 k 折交叉验证的特殊情况，其中 k 设置为初始元组数。也就是说,每次只给检验集"留出"一个样本。在**分层交叉验证**(stratified cross-validation)中,折被分层,使得每个折中样本的类分布与在初始数据中的大致相同。

一般地,建议使用分层 10 折交叉验证估计准确率(即使计算能力允许使用更多的折),因为它具有相对较低的偏倚和方差。

5.6.4　自助法

与上面提到的准确率估计方法不同,**自助法**(bootstrap)从给定训练元组中有放回地均匀抽样。也就是说,每当选中一个元组,它等可能地被再次选中并被再次添加到训练集中。例如,想象一台从训练集中随机选择元组的机器。在有放回的抽样中,允许机器多次选择同一个元组。

有多种自助方法。最常用的一种是".632"自助法,其方法如下。假设给定的数据集包含 d 个元组。该数据集有放回地抽样 d 次,产生 d 个样本的自助样本集或训练集。原数据元组中的某些元组很可能在该样本集中出现多次。没有进入该训练集的数据元组最终形成检验集。假设进行多次这样的抽样。其结果是,在平均情况下,63.2% 的原数据元组将出现在自助样本中,而其余 36.8% 的元组将形成检验集(因此称为".632"自助法)。

数字 63.2% 从何而来? 每个元组被选中的概率是 $1/d$,因此未被选中的概率是 $(1-1/d)$。需要挑选 d 次,因此一个元组在 d 次挑选都未被选中的概率是 $(1-1/d)^d$。如果 d 很大,该概率近似为 $e^{-1}=0.368$,因此 36.8% 的元组未被选为训练元组而留在检验集中,其余 63.2% 的元组将形成训练集。

可以重复抽样过程 k 次,其中在每次迭代中,使用当前的检验集得到从当前自助样本得到的模型的准确率估计。模型的总体准确率则用下式估计:

$$\text{Acc}(M) = \sum_{i=1}^{k} \left[0.632 \times \text{Acc}(M_i)_{\text{test\_set}} + 0.368 \times \text{Acc}(M_i)_{\text{train\_set}} \right] \qquad (5\text{-}31)$$

其中,$\text{Acc}(M_i)_{\text{test\_set}}$ 是自助样本 i 得到的模型用于检验集 i 的准确率;$\text{Acc}(M_i)_{\text{train\_set}}$ 是自助样本 i 得到的模型用于原数据元组集的准确率。对于小数据集,自助法效果很好。

5.6.5　使用统计显著性检验选择模型

假设已经由数据产生了两个分类模型 M_1 和 M_2。已经进行了 10 折交叉验证,得到每个模型的平均错误率。如何确定哪个模型最好? 直观地,可以选择具有最低错误率的模型。然而,平均错误率只是对未来数据真实总体上的错误估计。10 折交叉验证试验的错误率之间可能存在相当大的方差。尽管由 M_1 和 M_2 得到的平均错误率看上去可能不同,但是差别可能不是统计显著的。如果两者之间的差别可能只是偶然的,怎么办? 本节讨论这些问题。

为了确定两个模型的平均错误率是否存在"真正的"差别,需要使用统计显著性检验。此外,希望得到平均错误率的置信界,以便可以做出这样的陈述:"对于未来样本的 95%,观测到的均值将不会偏离正、负两个标准差"或者"一个模型比另一个模型好,误差幅度为 $\pm 4\%$"。

为了进行统计检验,我们需要什么？假设对于每个模型,我们做了 10 次 10 折交叉验证,每次使用数据的不同 10 折划分。每个划分都独立地抽取。可以分别对 M_1 和 M_2 得到的 10 个错误率取平均值,得到每个模型的平均错误率。对于一个给定的模型,在交叉验证中计算的每个错误率都已看作是来自一种概率分布的不同的独立样本,一般地,它们服从具有 k-1 个自由度的 t 分布,其中 $k=10$(该分布看上去很像正态或高斯分布,尽管定义这两个分布的函数很不相同。两个分布都是单峰的、对称的和钟形的)。这使得我们可以做假设检验,其中所使用的显著性检验是 t **检验**,或**研究者的 t 检验**(student's t-test)。假设这两个模型相同,换言之,两者的平均错误率之差为 0。如果能够拒绝该假设(称为原假设(null hypothesis)),则可以断言两个模型之间的差是统计显著的,在此情况下,可以选择具有较低错误率的模型。

在数据挖掘实践中,通常使用单个检验集,即可能对 M_1 和 M_2 使用相同的检验集。在这种情况下,对于 10 折交叉验证的每一轮,逐对比较每个模型。也就是说,对于 10 折交叉验证的第 i 轮,使用相同的交叉验证划分得到 M_1 的错误率和 M_2 的错误率。设 $\text{err}(M_1)_i$(或 $\text{err}(M_2)_i$)是模型 M_1(或 M_2)在第 i 轮的错误率。对 M_1 的错误率取平均值得到 M_1 的平均错误率,记为 $\overline{\text{err}}M_1$。类似地,可以得到 $\overline{\text{err}}M_2$。两个模型差的方差记为 $\text{var}(M_1-M_2)$。t 检验计算 k 个样本具有 $k-1$ 自由度的 t 统计量。在这个例子中,$k=10$,因为这里的 k 个样本是从每个模型的 10 折交叉验证中得到的错误率。逐对比较的 t 统计量按下式计算:

$$t = \frac{\overline{\text{err}}(M_1) - \overline{\text{err}}(M_2)}{\sqrt{\text{var}(M_1 - M_2)/k}} \tag{5-32}$$

其中

$$\text{var}(M_1 - M_2) = \frac{1}{k}\sum_{i=1}^{k}\left[\text{err}(M_1)_i - \text{err}(M_2)_i - \right.$$
$$\left.(\overline{\text{err}}(M_1)_i - \overline{\text{err}}(M_2)_i)\right]^2 \tag{5-33}$$

为了确定 M_1 和 M_2 是否显著不同,计算 t 并选择**显著水平** sig。在实践中,通常使用 5% 或 1% 的显著水平。然后,在标准的统计学教科书中查找 t 分布表。通常,该表以自由度为行,显著水平为列。假定要确定 M_1 和 M_2 之间的差对总计的 95%(sig=5% 或 0.05)是否显著不同。需要从该表查找对应于 k-1 个自由度(对于本例,自由度为 9)的 t 分布值。然而,由于 t 分布是对称的,通常只显示分布上部的百分点。因此,找 $z=\text{sig}/2=0.025$ 的表值,其中 z 也称为**置信界**(confident limit)。如果 $t>z$ 或 $t<-z$,则 t 值落在拒斥域,在分布的尾部。这意味可以拒绝 M_1 和 M_2 的均值相同的原假设,并断言两个模型之间存在统计显著的差别;否则,如果不能拒绝原假设,于是断言 M_1 和 M_2 之间的差可能是随机的。

如果有两个检验集而不是单个检验集,则使用 t 检验的非配对版本,其中两个模型的均值之间的方差估计为

$$\text{var}(M_1 - M_2) = \sqrt{\frac{\text{var}(M_1)}{k_1} + \frac{\text{var}(M_2)}{k_2}} \tag{5-34}$$

其中,k_1 和 k_2 分别用于 M_1 和 M_2 的交叉验证样本数(在本例的情况下,为 10 折交叉验

证的轮)。这也是两个样本的 t 检验。在查 t 分布表时,自由度取两个模型的最小自由度。

5.7　组合分类器技术

组合分类器(ensemble)是一个复合模型,由多个分类器组合而成。个体分类器投票,组合分类器基于投票返回类标号预测。组合分类器比它的成员分类器更准确。

在 5.7.1 节,介绍一般性组合分类方法。后面几节分别介绍装袋(5.7.2 节)、提升(5.7.3 节)和随机森林(5.7.4 节)。5.7.5 节介绍提高类不平衡数据分类准确率的方法。

5.7.1　组合分类方法简介

装袋、提升和随机森林都是组合分类方法的例子。组合分类把 k 个学习得到的模型(或基分类器)$M_1, M_2, \cdots, M_k$ 组合在一起,旨在创建一个改进的复合分类模型 M^*。使用给定的数据集 D 创建 k 个训练集 $D_1, D_2, \cdots, D_k$,其中 D_i 用于创建分类器 M_i。给定一个待分类的新数据元组,每个基分类器通过返回类预测投票。组合分类器基于基分类器的投票返回类预测。

组合分类器往往比它的基分类器更准确。理想地,基分类器之间几乎不相关。基分类器还应该优于随机猜测。每个基分类器都可以分配到不同的 CPU 上,因此组合分类方法是可并行的。

5.7.2　装袋

先直观地考察装袋(bagging)如何作为一种提高准确率的方法。假设你是一个患者,希望根据你的症状做出诊断。你可能选择看多个医生,而不是一个。如果某种诊断比其他诊断出现的次数多,则你可能将它作为最终或最好的诊断。也就是说,最终诊断是根据多数表决做出的,其中每个医生都具有相同的投票权重。现在,将医生换成分类器,你就可以得到装袋的基本思想。直观地,更多医生的多数表决比少数医生的多数表决更可靠。

给定 d 个元组的集合 D,装袋过程如下。对于迭代 $i(i=1,2,\cdots,k)$,d 个元组的训练集 D_i 采用有放回抽样,由原始元组集 D 抽取。注意,术语装袋表示自助聚集(bootstrap aggregation)。每个训练集都是一个自助样本。由于使用有放回抽样,D 的某些元组可能不在 D_i 中出现,而其他元组可能出现多次。由每个训练集 D_i 学习,得到一个分类模型 M_i。为了对一个未知元组 X 分类,每个分类器 M_i 返回它的类预测,算作一票。装袋分类器 M^* 统计得票,并将得票最高的类赋予 X。通过取给定检验元组的每个预测平均值,装袋也可以用于连续值的预测。算法汇总在图 5-30 中。

装袋分类器的准确率通常显著高于从原训练集 D 导出的单个分类器的准确率。对于噪声数据和过分拟合的影响,它也不会很差并且更健壮。准确率的提高是因为复合模型降低了个体分类器的方差。

算法：装袋。装袋算法——为学习方案创建组合分类模型，其中每个模型给出等权重预测。

输入：
- D：d 个训练元组的集合；
- k：组合分类器中的模型数；
- 一种学习方案（如决策树算法、后向传播等）

输出： 组合分类器——复合模型 M^*。

方法：
（1）**for** $i=1$ to k **do**//创建 k 个模型
（2）通过对 D 有放回抽样，创建自助样本 D_i；
（3）使用 D_i 和学习方法导出模型 M_i；
（4）**end for**

使用组合分类器对元组 X 分类：
让 k 个模型都对 X 分类并返回多数表决；

图 5-30　装袋算法

5.7.3　提升和 Adaboost

现在考察组合分类方法提升。与 5.7.2 节一样，假设你是一位患者，有某些症状。你选择咨询多位医生，而不是一位。假设你根据医生先前的诊断准确率，对每位医生的诊断赋予一个权重。然后，将这些加权诊断的组合作为最终的诊断。这就是提升的基本思想。

在**提升**（boosting）方法中，权重赋予每个训练元组。迭代地学习 k 个分类器。学习得到分类器 M_i 之后，更新权重，使得其后的分类器 M_{i+1}"更关注"M_i 误分类的训练元组。最终提升的分类器 M^* 组合每个个体分类器的表决，其中每个分类器投票的权重是其准确率的函数。

Adaboost（adaptive boosting）是一种流行的提升算法。假设想提升某种学习方法的准确率。给定数据集 D，它包含 d 个类标记的元组 $(X_1, y_1), (X_2, y_2), \cdots, (X_d, y_d)$，其中 y_i 是元组 X_i 的类标号。开始，Adaboost 对每个训练元组赋予相等的权重 $1/d$。为组合分类器产生 k 个基分类器需要执行算法的其余部分 k 轮。在第 i 轮，从 D 中元组抽样，形成大小为 d 的训练集 D_i。使用有放回抽样——同一个元组可能被选中多次。每个元组被选中的机会由它的权重决定。从训练集 D_i 导出分类器 M_i，然后使用 D_i 作为检验集计算 M_i 的误差。训练元组的权重根据它们的分类情况调整。

如果元组分类不正确，则它的权重增加。如果元组分类正确，则它的权重减少。元组的权重反映对它们分类的困难程度——权重越高，越可能错误地分类。然后，使用这些权重，为下一轮的分类器产生训练样本。其基本思想是，当建立分类器时，希望它更关注上一轮错误分类的元组。某些分类器对某些"困难"元组分类可能比其他分类器好。这样，建立了一个互补的分类器系列。

现在考察该算法涉及的某些数学问题。为了计算模型 M_i 的错误率，求 M_i 误分类 D_i 中的每个元组的加权和，即，

$$\text{error}(M_i) = \sum_{j=1}^{d} w_i \times \text{err}(X_j) \tag{5-35}$$

其中 $\text{err}(X_j)$ 是元组 X_j 的误分类误差：如果 X_j 被误分类，则 $\text{err}(X_j)$ 为 1；否则，它为 0。如果分类器 M_i 的性能太差，错误率超过 0.5，则丢弃它，并重新产生新的训练集 D_i，由它导出新的 M_i。

M_i 的错误率影响训练元组权重的更新。如果一个元组在第 i 轮正确分类，则其权重乘以 $\text{error}(M_i)/(1-\text{error}(M_i))$。一旦所有正确分类元组的权重都被更新，就对所有元组的权重（包括误分类的元组）规范化，使得它们的和与以前一样。为了规范化权重，将它乘以旧权重之和。结果，正如上面介绍的一样，误分类元组的权重增加，而正确分类元组的权重减少。

一旦提升完成，如何使用分类器的组合预测元组 X 的类标号？不像装袋将相同的表决权赋予每个分类器，提升根据分类器的分类情况，对每个分类的表决权赋予一个权重。分类器的错误率越低，它的准确率就越高，因此它的表决权重就应当越高。分类器 M_i 的表决权重为

$$\log \frac{1-\text{error}(M_i)}{\text{error}(M_i)} \tag{5-36}$$

对于每个类 c，对每个将类 c 指派给 X 的分类器的权重求和。具有最大权重和的类是"赢家"，并返回作为元组 X 的类预测。

提升与装袋相比，情况如何？由于提升关注误分类元组，所以存在结果复合模型对数据过分拟合的危险。因此，提升的结果模型有时可能没有从相同数据导出的单一模型的准确率高。装袋不太受过分拟合的影响。尽管与单个模型相比，两者都能够显著提高准确率，但是提升往往得到更高的准确率。

5.7.4　随机森林

现在，介绍一种组合方法，称为**随机森林**。想象组合分类器中的每个分类器都是一棵决策树，因此分类器的集合就是一个"森林"。个体决策树在每个结点使用随机选择的属性决定划分。更准确地说，每一棵树都依赖于独立抽样，并与森林中所有树具有相同分布的随机向量的值。分类时，每棵树都投票并且返回得票最多的类。

随机森林可以使用装袋与随机属性选择结合来构建。给定 d 个元组的训练集 D，组合分类器产生 k 棵决策树的一般过程如下。对于每次迭代 i $(i=1,2,\cdots,k)$，使用有放回抽样，由 D 产生 d 个元组的训练集 D_i。也就是说，每个 D_i 都是 D 的一个自助样本，使得某些元组可能在 D_i 出现多次，而另一些可能不出现。设 F 是用来在每个结点决定划分的属性数，其中 F 远小于可用属性数。为了构造决策树分类器 M_i，在每个结点随机选择 F 个属性作为该结点划分的候选属性。使用 CART 算法的方法来增长树的规模。树增长到最大规模，并且不剪枝。用这种方式，使用随机输入选择形成的随机森林称为 Forest-RI。

随机森林的另一种形式称为 Forest-RC，使用输入属性的随机线性组合。它不是随机地选择一个属性子集，而是由已有属性的线性组合创建一些新属性（特征），即一个属性由指定的 L 个原属性组合产生。在每个给定的结点，随机选择 L 个属性，并且以从 $[-1,1]$ 中随机选取的数为系数相加。产生 F 个线性组合，并在其中搜索找到最佳划分。当只有

少量属性可用时,为了降低个体分类器之间的相关性,这种形式的随机森林是有用的。

随机森林的准确率可以与 Adaboot 相媲美,但是对错误和离群点更健壮。随着森林中树的个数增加,森林的泛化误差收敛。因此,过拟合不是问题。随机森林的准确率依赖于个体分类器的实例和它们之间的依赖性。理想情况是保持个体分类器的能力而不是提高它们的相关性。随机森林对每次划分所考虑的属性数很敏感。通常选取($\log_2 d + 1$)个属性。由于随机森林在每次划分时只考虑很少的属性,因此它们在大型数据库上非常有效。它们可能比装袋和提升更快。随机森林给出了变量重要性的内在估计。

5.7.5 提高类不平衡数据的分类准确率

本节再次考虑类不平衡问题。尤其是,研究提高类不平衡数据分类准确率的方法。

给定两类数据,该数据是类不平衡的,如果感兴趣的主类(正类)只有少量元组代表,而大多数元组都代表负类。对于多类不平衡数据,每个类的数据分布差别显著,其中,主类或感兴趣的类的元组稀少。类不平衡问题与代价敏感学习密切相关,那里每个类的错误代价并不相等。例如,在医疗诊断中,错误地把一位癌症患者诊断为健康(假阴性)的代价远高于错误地把一个健康人诊断为患有癌症(假阳性)。假阴性错误可能导致失去生命,因此比假阳性错误的代价高得多。类不平衡数据的其他应用包括欺诈检测、从卫星雷达图像检测石油泄漏和故障检测。

传统的分类算法旨在最小化分类误差。它们假定:假正例和假负例错误的代价是相等的。由于假定类平衡分布和相等的错误代价,所以传统的分类算法不适合类不平衡数据。尽管准确率度量假定各类的代价都相等,但是可以使用不同类型分类的其他评估度量。

本节考察提高类不平衡数据分类准确率的一般方法。这些方法包括:过抽样、欠抽样、阈值移动、组合技术。前3种不涉及对分类模型结构的改变。也就是说,过抽样和欠抽样改变训练集中的元组分布;阈值移动影响对新数据分类时模型如何决策。为了便于解释,针对两类不平衡数据问题介绍一般方法,其中较高代价的类比较低代价的类稀少。

过抽样和欠抽样都改变训练集的分布,使得稀有(正)类能够很好地代表。过抽样对正元组重复采样,使得训练集包含相同个数的正元组和负元组。欠抽样减少负元组的数量。它随机地从多数(负)类中删除元组,直到正元组和负元组的数量相等。

不平衡类问题的**阈值移动**(threshold-moving)方法不涉及抽样。它用于对给定输入元组返回一个连续输出值的分类器。即对于输入元组 X,这种分类器返回一个映射 $f(X) \rightarrow [0,1]$ 作为输出。该方法不是操控训练元组,而是基于输出值返回分类决策。最简单的方法是,对于某个阈值 t,满足 $f(X) \geqslant t$ 的元组 X 被视为正的,而其他元组被看作负的。其他方法可能涉及用加权操控输出。一般而言,阈值移动方法移动阈值 t,使得稀有类的元组容易分类。阈值移动方法尽管不像过抽样和欠抽样那么流行,但是它简单,并且对于两类不平衡数据已经表现得相当成功。

组合方法也已经用于类不平衡问题。组成组合分类器的个体分类器可以使用上面介绍的方法,如过抽样和阈值移动。

上面介绍的方法对两类任务的类不平衡问题相对有效。试验观察表明,阈值移动和组合方法优于过抽样和欠抽样。即便在非常不平衡的数据集上,阈值移动也很有效。多类任务上的类不平衡困难得多,使用过抽样和阈值移动都不太有效果。尽管阈值移动和组合方法表现出了希望,但是为多类不平衡问题寻找更好的解决方案仍然是尚待解决的问题。

5.8　惰性学习法(k 最近邻分类)

当给定训练元组集时,急切学习法(eager learner)在接收待分类的新元组之前就构造泛化模型(即分类模型)。可以认为学习后的模型已经就绪,并急于对先前未见过的元组进行分类。而惰性方法的学习过程直到对给定的检验元组分类之前的一刻才构造模型。也就是说,当给定一个训练元组时,惰性学习法(lazy learner)简单地存储它,并且一直等待,直到给定一个检验元组。本节将介绍一个惰性学习算法——k 最近邻分类。

最近邻分类法是基于类比学习,即通过将给定的检验元组与和它相似的训练元组进行比较来学习。训练元组用 n 个属性描述。每个元组代表 n 维空间的一个点。这样,所有的训练元组都存放在 n 维模式空间中。当给定一个未知元组时,k 最近邻分类(k-nearest-neighbor classifier)搜索模式空间,找出最接近未知元组的 k 个训练元组。这k 个训练元组是未知元组的 k 个"最近邻"。

"邻近性"用距离度量,如欧几里得距离。两个点或元组 $X_1 = (x_{11}, x_{12}, \cdots, x_{1n})$ 和 $X_2 = (x_{21}, x_{22}, \cdots, x_{2n})$ 的欧几里得距离是

$$\mathrm{dist}(X_1, X_2) = \sqrt{\sum_{i=1}^{n} (x_{1i} - x_{2i})^2} \tag{5-37}$$

换言之,对于每个数值属性,取元组 X_1 和 X_2 两个属性对应值的差,取差的平方和,并取其平方根。通常,在使用式(5-37)之前,要把每个属性的值规范化。这有助于防止具有较大初始值域的属性(如收入)比具有较小初始值域的属性(如二元属性)的权重过大。例如,可以通过计算式(5-38),使用最小-最大规范化把数值属性 A 的值 v 变换到 $[0, 1]$ 区间中的 v'。

$$v' = \frac{v - \min_A}{\max_A - \min_A} \tag{5-38}$$

其中,$\min_A$ 和 $\max_A$ 分别是属性 A 的最小值和最大值。

对于 k 最近邻分类,未知元组被指派到它的 k 个最近邻中的多数类。当 $k=1$ 时,未知元组被指派到模式空间中最接近它的训练元组所在的类。最近邻分类也可以用于数值预测,即返回给定未知元组的实数值预测。在这种情况下,分类器返回未知元组的 k 个最近邻的实数值标号的平均值。

上面的讨论假定用来描述元组的属性都是数值的。对于标称属性,一种简单的方法是比较元组 X_1 和 X_2 中对应属性的值。如果二者相同,则二者之间的差为 0;如果二者不同,则二者之间的差为 1。

通常,如果元组 X_1 或 X_2 在给定属性 A 上的值缺失,则假定取最大的可能差。假设每个属性都已经映射到 $[0, 1]$ 区间。对于标称属性,如果 A 的一个或两个对应值缺失,则取差

值为1。如果 A 是数值属性,并且在元组 X_1 和 X_2 上都缺失,则差值也取1。如果只有一个值缺失,而另一个存在并且已经规范化,则取差为 $|1-v'|$ 和 $|0-v'|$ 中的最大者。

近邻数 k 的值可以通过实验确定,从 $k=1$ 开始,使用检验集估计分类器的错误率。重复该过程,每次 k 增值1,允许增加一个近邻。可以选取产生最小错误率的 k。一般而言,训练元组越多,k 的值越大。随着训练元组数趋向于无穷并且 $k=1$,错误率不会超过贝叶斯错误率的2倍。如果 k 也趋向于无穷,则错误率趋向于贝叶斯错误率。

最近邻分类法使用基于距离的比较,本质上赋予每个属性相等的权重。因此,当数据存在噪声或不相关属性时,它们的准确率可能受到影响。然而,这种方法已经被改进,结合属性加权和噪声数据元组的剪枝。距离度量的选择可能是至关重要的,也可以使用曼哈顿距离或其他距离度量。

最近邻分类法在对检验元组分类时可能非常慢。如果 D 是由 $|D|$ 个元组组成的训练数据库,而 $k=1$,则对一个给定的检验元组分类需要 $O(|D|)$ 次比较。通过预先排序并将排序后的元组安排在搜索树中,比较次数可以降低到 $O(\log|D|)$。并行实现可以把运行时间降低为常数,即 $O(1)$,独立于 $|D|$。

加快分类速度的其他技术包括使用部分距离计算和编辑存储的元组。部分**距离**(partial distance)方法基于 n 个属性的子集计算距离。如果该距离超过阈值,则停止给定存储元组的进一步计算,该过程转向下一个存储元组。**编辑**(editing)方法可以删除被证明"无用的"元组。该方法也称**剪枝**或**精简**,因为它减少了存储元组的总数。

5.9 案例分析

5.9.1 SVM 案例分析

想要真正地理解支持向量机,不仅要知道理论,还要进行相关的代码编写和测试,二者相结合,才能更好地帮助我们理解它,本部分介绍 SVM 算法的代码实现。本节主要分为3部分,分别是数据集准备、算法描述和结果分析。

1. 准备数据集

在本案例中,使用 testSetRBF 数据集进行分析,该数据集是基于二值图像的构造向量。支持向量机本质上是一个二类分类器,其分类结果不是 +1 就是 -1;所以在本例中,只识别数字9,即一旦碰到9则输出类别标签 -1,否则输出 +1。其中训练集(如表 5-6 所示)和测试集(如表 5-7 所示)中各有 100 条数据,一条数据有两个属性和一个标签。以此数据集为例介绍 SVM 算法的 Python 实现过程。

表 5-6　testSetRBF 训练数据集示例

Attr 1	Attr 2	Label
-0.214 824	0.662 756	-1
-0.061 569	-0.091 875	1

续表

Attr 1	Attr 2	Label
0.406 933	0.648 055	−1
⋮	⋮	⋮
0.286 462	0.719 470	−1

表 5-7　testSetRBF 测试数据集示例

Attr 1	Attr 2	Label
0.676 771	−0.486 687	−1
0.008 473	0.186 070	1
−0.727 789	0.594 062	−1
⋮	⋮	⋮
−0.842 803	−0.423 115	−1

2. 算法描述

整个算法的设计思想是对于正反两类数据,使得分隔面与最近的数据点有着最大的距离,实现这个功能算法的代码部分分为 5 部分,分别是对于高斯函数的算法执行部分、对于数据的预处理部分、核心算法 SMO 算法部分、对于参数 alpha 和 b 的优化部分以及最后的数据可视化部分。

高斯函数的算法执行部分主要功能是:运行高斯核函数,对高斯核 SVM 进行训练和测试。

数据预处理部分主要功能是:对所使用的数据集进行处理,将属性和标签分开。

SMO 算法部分主要功能:类似于坐标上升算法,对 alpha 进行一系列的优化,不断迭代直到函数收敛达到最优值。

对参数的优化部分的主要功能:此部分的功能主要用于对于参数 alpha 和 b 的具体优化部分,在 SMO 算法中调用。

数据可视化部分主要功能:对数据分类的结果继续可视化,将正例和负例分别用不同的颜色进行标记。

下面将学习如何使用 Python 实现 SVM 算法。

首先编写 SVM 算法的主体,主要作用是使用训练集训练 SVM 模型,然后分别统计该模型在训练集上和测试集上的错误率。

SVM_algorithm()中的输入分别是训练数据集和测试数据集,主要调用了 SMO_algorithm 函数,loaddata()函数和 kernel_fiction()函数,主要实现了应用高斯核函数的分类,如图 5-31 所示。

```
#主要作用是使用训练集训练 SVM 模型,然后分别统计该模型在训练集上和测试集上的错
#误率
def SVM_algorithm(data_train, data_test):
    data_arr, label_arr = loaddata(data_train)          #样本和标签
    b, alpha = SMO_algorithm(data_arr, label_arr, 200, 0.0001, 10000, ('rbf',
0.2)) #用 SMO 算法计算 b 和 alpha
    data_mat = mat(data_arr)                            #转化为矩阵
    label_mat = mat(label_arr).transpose()    #调换行列索引值的位置,即矩阵转置
    index = nonzero(alpha)[0]                           #取出非零元素的索引
    nonzero_element = data_mat[index]                   #非零元素
    label_index = label_mat[index]                      #非零元素的标签
    print("这里有 %d 个支持向量" % shape(nonzero_element)[0])
                                                        #支持向量的个数
    m, n = shape(data_mat)                              #行列值
    error_count = 0                                     #训练时的错误
    for i in range(m):
        kernel_fiction_select = kernel_fiction(nonzero_element, data_mat
[i, :], ('rbf', 1.3))
        predict = kernel_fiction_select.T * multiply(label_index, alpha
[index]) + b
        if sign(predict) != sign(label_arr[i]):
            error_count += 1
    print("训练错误率: %f" % (float(error_count) / m))
    data_test, label_test = kernel_fiction(data_test)
    errorCount_test = 0                                 #测试时的错误率
    data_test_mat = mat(data_test)
    m, n = shape(data_test_mat)
    for i in range(m):
        kernel_fiction_select = kernel_fiction(nonzero_element, data_test_
mat[i, :], ('rbf', 0.1))                                #调用计算核函数的函数
        predict = kernel_fiction_select.T * multiply(label_index, alpha
[index]) + b
        if sign(predict) != sign(label_test[i]):
            errorCount_test += 1
    print("测试错误率: %f" % (float(errorCount_test) / m))
    return data_arr, label_arr, alphas
```

图 5-31　高斯核函数的代码

　　首先需要进行数据的加载和处理,之后将数据划分为数据属性集和数据标签集,如图 5-32 所示。

```
#加载数据,并将数据分隔为样本与标签
def loaddata(filename):
    data_set = []
    label_set = []
    file = open(filename)
    for line in file.readlines():
        sample_set = line.strip().split('\t')
        data_set.append([float(sample_set[0]),float(sample_set[1])])
        label_set.append(float(sample_set[2]))
    return data_set,label_set
```

图 5-32　数据预处理

```
#SMO 算法
def SMO_algorithm(data_mat,labels_mat,C_coefficient,toler_variable,
max_Cycles,KF=('lin',0)):
    Ds = Data_struct(mat(data_mat),mat(labels_mat),C_coefficient, toler_
variable, KF)
    number_Cycles = 0 #循环终止条件
    Whether_optimize = 0
    conditions = True
    while(number_Cycles < max_Cycles) and ((Whether_optimize > 0) or
(conditions)):
        Whether_optimize = 0
        if conditions:
            for i in range(Ds.m):
                Whether_optimize += Optimization_parameters(Ds,i)
                print("complete_set, 迭代次数:%d i:%d, 是否优化 %d" %\
                                    (number_Cycles, i, Whether_optimize))
            number_Cycles += 1
        else:#将 alpha 矩阵转化为数组,并找到不为零的元素的索引
            nonBoundIs = nonzero((Ds.alpha.A > 0) * (Ds.alpha.A < C_
coefficient))[0]
            for i in nonBoundIs:
                Whether_optimize += Optimization_parameters(Ds,i)
                print("non-bound_set, 迭代次数:%d i:%d, 是否优化 %d" %
(number_Cycles, i, Whether_optimize))
            number_Cycles += 1
        if conditions:
            conditions = False
        elif (Whether_optimize == 0):
            conditions = True
        print("Cycles number: %d" % number_Cycles) #迭代次数
    return Ds.b, Ds.alpha                          #返回更新的 b 和 alpha
```

图 5-33　SVM 中的 SMO 算法部分

 SMO 是一种用于训练 SVM 的强大算法，它将复杂的优化问题分解为多个简单的子问题来进行求解。而这些子问题相对更加容易求解，并且对它们进行顺序求解和对整体求解结果是一致的。SMO 算法的目标是找到一系列 alpha 和 b，而求出这些 alpha，就能求出权重 w，这样就能得到分隔超平面，从而完成分类任务（如图 5-33 所示）。

 SMO 算法是 SVM 分类的核心算法，smo_algorithm() 函数的输入是数据属性集，数据标签集，惩罚因子，松弛变量，迭代终止条件以及运用线性核函数的 KF，将迭代次数和是否优化输出。其中主要调用 Optimization_parameters() 函数对 alpha 进行优化，不断迭代直到函数收敛，不再进行优化（如图 5-34 所示）。

```python
#优化 alpha 和 b
def Optimization_parameters(Ds,i):
    error_i = Error_handling(Ds,i)
    if ((Ds.labelMat[i] * error_i < -Ds.toler) and (Ds.alpha[i] < Ds.C)) or (
            (Ds.labelMat[i] * error_i > Ds.toler) and (Ds.alpha[i] > 0)):
        j,error_j = Error_handing2(error_i,i,Ds)
        alpha_i = Ds.alpha[i].copy() #alpha i
        alpha_j = Ds.alpha[j].copy() #alpha j
        #当 yi 和 yj 异号时
        if(Ds.labelMat[i] != Ds.labelMat[j]):
            L = max(0, Ds.alpha[j] - Ds.alpha[i])
            H = min(Ds.C, Ds.C + Ds.alpha[j] - Ds.alpha[i])
        else:
            #yi 和 yj 同号时
            L = max(0, Ds.alpha[j] + Ds.alpha[i] - Ds.C)
            H = min(Ds.C, Ds.alpha[j] + Ds.alpha[i])
        if L == H:
            #当 L==H,说明这对 alpha 已经在边界上,不需要再优化
            #将这次循环跳过去,寻找下一对优化的 alpha
            print("L==H")   #
            return 0
        eta = 2.0 * Ds.K[i, j] - Ds.K[i, i] - Ds.K[j, j]
        #alpha 的更新
        if eta >= 0:
            print("eta>=0")
            return 0
        #alpha j 的更新
        Ds.alpha[j] -= Ds.labelMat[j] * (error_i - error_j) / eta
        ##规划 alpha 的范围
        if Ds.alpha[j] > H:
            Ds.alpha[j] = H
        if L > Ds.alpha[j]:
```

图 5-34　优化 alpha 和 b 的代码部分

```
        Ds.alpha[j] = L
    #更新数据结构中的 eCache
    Error_handing3(Ds, j)
    if (abs(Ds.alpha[j] - alpha_j) < Ds.toler):  #j 变化太小
        print("j 改变太小, 不需要更新。")
        return 0
    #alpha i 的更新,与 alpha j 大小相同,方向相反
    Ds.alpha[i] += Ds.labelMat[j] * Ds.labelMat[i] * (alpha_j - Ds.
alpha[j])
    Error_handing3(Ds, i)
    #b 的更新
    b1 = Ds.b - error_i - Ds.labelMat[i] * (Ds.alpha[i] - alpha_i) * Ds.
K[i, i] - Ds.labelMat[j] * (
            Ds.alpha[j] - alpha_j) * Ds.K[i, j]
    b2 = Ds.b - error_j - Ds.labelMat[i] * (Ds.alpha[i] - alpha_i) * Ds.
K[i, j] - Ds.labelMat[j] * (
            Ds.alpha[j] - alpha_j) * Ds.K[j, j]
    if (0 < Ds.alpha[i] < Ds.C):
        Ds.b = b1
    elif (0 < Ds.alpha[j] < Ds.C):
        Ds.b = b2
    else:
        Ds.b = (b1 + b2) / 2.0
    return 1
else:
    return 0
```

图 5-34 （续）

Optimization_parameters()函数的输入是 Ds 类和变量 i,主要功能是对 alpha 和 b 两个参数的优化更新,主要思路是,先挑选两个 alpha,alpha_i 以及 alhpa_j 视为变量,其余 alpha 视为常量,可以得出关于这两个 alpha 的方程,由于优化时有条件约束 0<alpha<C,所以还需要确定 alpha 优化的范围,最后将求出的 alpha 带入到优化方程中从而求出参数 b。

主要是用于对分类结果进行可视化,输出一个散点图,将分类结果的正例和负例通过颜色的不同标记出来,如图 5-35 所示。

```
#进行分类可视化的部分
def showClassifer(data, label, alphas):
    data_plus = []
    data_minus = []
```

图 5-35 可视化代码部分

```
    for i in range(len(data)):
        if label[i] > 0:
            data_plus.append(data[i])
        else:
            data_minus.append(data[i])
    data_plus_arr = array(data_plus)
    data_minus_arr = array(data_minus)
    plt.scatter(transpose(data_plus_arr)[0], transpose(data_plus_arr)[1],
s=30, s=0.7)
    plt.scatter(transpose(data_minus_arr)[0], transpose(data_minus_arr)
[1], \s=30, alpha=0.7)
    for i, alpha in enumerate(alphas):
        if abs(alpha) > 0:
            x, y = data[i]
            plt.scatter([x], [y], s=150, c='none', alpha=0.7, \
                              linewidth=1.5, edgecolor='red')
    plt.show()
```

图 5-35 （续）

3. 结果分析

SVM 是一种拥有坚实理论基础的小样本学习方法,基本上不涉及概率测度和大数定理等,从本质上讲,SVM 避开了从归纳到演绎的传统过程,实现了高效的从训练样本到测试样本的"转导推理",大大简化通常的分类和回归等问题。SVM 的最终决策函数主要由少数的支持向量决定,所以大大降低了算法的复杂性,这不但可以抓住关键的样本点,而且还具有比较好的"鲁棒性"。

在算法描述小节的代码展示了 SVM 的算法实现过程,实验选用线性不可分的数据集如图 5-36 所示,展示 SVM 的运行效果,实验结果如图 5-37 和图 5-38 所示。

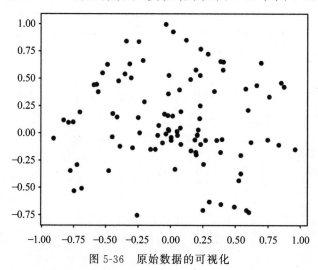

图 5-36 原始数据的可视化

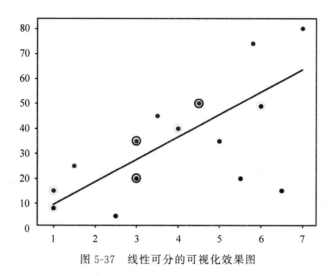

图 5-37　线性可分的可视化效果图

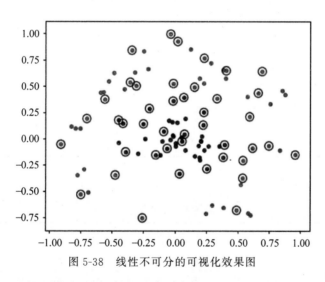

图 5-38　线性不可分的可视化效果图

如图 5-36 所示,这是所选数据集的原始数据的散点图,数据呈现散落状的分布,横坐标表示的是第一维的数据,纵坐标表示的是第二维数据。由于不是线性分布的,所以从我们的视角要分析出两类数据是非常困难的。这就是使用 SVM 的原因,可以在这种人类视角无法解决的分类发挥重要的作用。

图 5-37 所表示的就是线性可分情况下对数据的分类结果,图中比较容易看出在直线的上下方是两类不同的数据,直线将这些数据分类为正例和负例。

图 5-38 所表示的是线性不可分情况下对数据的分类结果,从图中比较容易得出数据被分成两类不同的数据,其中的横坐标与纵坐标是这两类数据的两个属性值。

在图 5-37 和图 5-38 中,有些样本用圆圈表示,这些用圆圈表示的样本点是支持向量,也是 SVM 最重要的样本点,这些样本点共同确定了分类超平面。

5.9.2　决策树案例分析

决策树分类的应用场景非常广泛,在各行各业都有应用,比如,在金融行业可以用决策树做贷款风险评估,医疗行业可以用决策树生成辅助诊断,电商行业可以用决策树对销售额进行预测等。本节将通过一个例子展示决策树如何解决泰坦尼克号沉没问题。

1. 准备数据集

在本案例中,使用泰坦尼克号乘客获救情况数据集进行分析,该数据集源于 Kaggle 网站,描述了当年泰坦尼克号客轮中乘客的一些基本信息情况(包括姓名、性别、年龄等),以及最后是否获救,以此数据集为例介绍针对基于 ID3 的决策树算法的 Python 建模过程。

该数据集共有 891 条样本,与 12 个属性列,部分数据信息如表 5-8 所示。

表 5-8　泰坦尼克号乘客获救情况数据集

PassengerId	Survived	⋯	Embarked
1	0		S
2	1		C
3	1		S
⋮	⋮	⋮	⋮
891	0		S

各字段含义如表 5-9 所示。

表 5-9　各字段含义

PassengerId	乘客编号
Survived	是否幸存(0-未幸存,1-幸存)
Pclass	乘客经济状况(1-高等,2-中等,3-低等)
Name	乘客姓名
Sex	乘客性别
Age	乘客年龄
SibSp	同行的兄弟姐妹及配偶人数
Parch	同行的父母及孩子的人数
Ticket	船票号
Fare	花费
Cabin	船舱编号
Embarked	乘客上船的港口(字母为沿途的三个港口)

2. 算法描述

下面将学习如何使用 Python 实现决策树算法。

获取到数据集后,需要对数据集进行处理,之后才能进入代码中运行,首先将数据集从磁盘中导入,同时使用 count() 方法查看数据缺失情况。代码如图 5-39 所示。

```
#导入数据集
import pandas as pd
titanic = pd.read_csv("train.csv")
titanic.count()
```

图 5-39　数据集导入及查看命令

分别使用平均值填充与众数填充的方式填补存在缺失值的两列,同时删除无关属性,最后对数据进行量化处理,代码如图 5-40 所示。

```
#进行缺失值填充与无关属性删除
titanic = titanic[['Survived','Pclass','Sex','Age','SibSp','Parch','Fare']]
titanic['Age'] = titanic['Age'].fillna(titanic['Age'].median())#用平均值填充
#数据量化
titanic.loc[titanic['Sex']=='male','Sex'] = 1 #男性为 1,女性为 0
titanic.loc[titanic['Sex']=='female','Sex'] = 0
titanic.loc[titanic['Embarked'] == 'Q','Embarked'] = 2
```

图 5-40　数据预处理

下面开始进行决策树的构建,首先定义几个函数:

(1) 计算信息熵函数:用于计算给定数据集的信息熵。

(2) 数值离散化函数:对数据中的连续属性值进行离散化。

(3) 计算信息增益函数:用于计算数据集中每个属性列的信息增益。

(4) 优分裂属性选择函数:用于选择当前最佳的分裂属性。

(5) 决策树构造函数:用于构建决策树。

(6) 预测函数:利用训练结果对数据集进行预测。

(7) 主函数:统筹调用以上所有函数,实现决策树的构建、预测、评优等工作。

首先是计算信息熵函数,根据信息熵计算公式,编写代码如图 5-41 所示。

```
#计算信息熵函数
def getEntropy(df,label):
    num_label = len(df[label].unique())
    y = len(df)
```

图 5-41　计算信息熵函数

```
    Entropy = 0
    for i in df[label].unique():
        x = list(df[label]).count(i)
        Entropy += -(x/y) * (np.log2(x/y))
    return Entropy
```

图 5-41 （续）

其次是数值离散化函数，数值离散化的原理是对某属性列的值按递增排序，将每对相邻值的中点作为可能的分裂点，然后计算出所有可能的分裂点分裂后的信息增益，选取信息增益最大者为该属性的分裂点，代码如图 5-42 所示。

```
def discretize(df,column,label,index):
    df.sort_values(column,inplace=True)
     #设置 inplace=True 表示直接对原始数据进行操作
    tempdict = {}
    allValues = df[column]
    entropy_begin = getEntropy(df,label)
    for i in range(0,len(df)-1):
        temp_split_point = (allValues[i]+allValues[i+1])/2
         #以二者的中点作为可能的分裂点
        subdata1 = df[df[column] <= temp_split_point]
        subdata2 = df[df[column] > temp_split_point]
        entropy_end = (len(subdata1)/len(df)) * getEntropy(subdata1,label) +
(len(subdata1)/len(df)) * getEntropy(subdata1,label)
        tempdict[temp_split_point] = entropy_begin - entropy_end
    split_point = sorted(tempdict.items(),key = lambda x:x[1],reverse =
True)[0][0]
     #得出最佳分裂点
    df.loc[df[column] <= split_point,[column]] = 0
     #条件替换,小于分裂点的值替换为 0,大于分裂点的值替换为 1
    df.loc[df[column] > split_point,[column]] = 1
    df.sort_values(index,inplace = True) #将数据按照原顺序调回
    return split_point
```

图 5-42　数值离散化函数

其次计算信息增益，其中需要调用 getEntropy()函数，分别为每一个属性列计算各自的信息熵，二者作差得到信息增益，将每个属性列的信息增益存入字典中返回，如图 5-43 所示。

```
def IG(df,label): #计算每个属性的信息增益
    ig = {}
    numy = len(df)
    entropy_begin = getEntropy(df,label)
    for i in df.columns[:-1]:#默认标签列是最后一列
        entropy_end  = 0
        unique = df[i].unique()
        for j in unique:
            subdf = df[df[i] == j]
            entropy_sub = getEntropy(subdf,label)
            numx = len(subdf)
            entropy_end += (numx/numy) * entropy_sub
        entropy_gain = entropy_begin - entropy_end
        ig[i] = entropy_gain
    return ig
```

图 5-43　计算信息增益函数

在最优分裂属性选择函数中,仅是对前面得到的字典数据进行排序,随后返回信息增益最大的属性,如图 5-44 所示。

```
#获取最佳分裂属性
def getBestColumn(df,label):
    ig = IG(df,label)
    sort = sorted(ig.items(),key = lambda x:x[1],reverse = True)
    return sort[0][0]
```

图 5-44　最优分裂属性选择函数

随后融合以上函数,进行决策树构造,将计算得到的决策树存放在另一个字典中,构造过程采用递归的方式。在每次递归中,以当前的分裂属性为 key 值,作为决策树中的一个结点,将以该属性的所有取值为 key 的一个新字典结构作为外层字典所对应的 value 值,利用这样的一个二层字典模拟决策树相应结点的分支选择,重复以上步骤建造左右子树最终即可实现一棵完整的决策树,代码如图 5-45 所示。

最后进行预测,通过遍历的方式对样本中的所有数据进行判断,通过内层的 while 循环,可以对决策树进行逐层判断,最终到达叶子结点,将所有的分类结果存入列表中返回,代码如图 5-46 所示。

```
#构造决策树
def getTree(df,label,tree,index):      #递归调用此方法,决策树使用字典存储方法
    if len(df[label].unique()) == 1:   #如果所有数据都在一个标签下,则递归停止,
                                       #返回该标签
```

图 5-45　决策树构造函数

```
            tree = df[label].unique()[0]
            return tree
        elif len(df.columns) == 1:#如果属性列仅剩1列,则递归停止,返回数目最多的类别
            tree = np.argmax(np.bincount(list(df[label])))
            return tree
        else:
            key = getBestColumn(df,label,index)#找出最佳分裂属性
            if key == ' ':
                tree = np.argmax(np.bincount(list(df[label])))
                return tree
            else:
                bestColumn = key
                param = df[bestColumn].unique()#根据分裂属性的值,划分子树
                value = {}
                for p in param:
                    subData = df[df[bestColumn] == p].drop(bestColumn,axis = 1)
                    value[p] = {}
                    value[p] = getTree(subData,label,value[p],index)
                tree[key] = value
            return tree
```

图 5-45 (续)

```
#预测
def predict(df):
    result = []
    for i in range(0,len(df)):
        line = df.iloc[i]
        temp_tree = tree
        param = list(temp_tree.keys())[0]#
        temp_tree = temp_tree[param]#
        while True: #通过while循环实现对树每一层的判断
            temp_tree = temp_tree[line[param]]
            if type(temp_tree) == dict:
                param = list(temp_tree.keys())[0]#
                temp_tree = temp_tree[param]#
            else:
                result.append(temp_tree)
                break
    return result
```

图 5-46 预测函数

最后通过如下的主函数调用以上函数完成本案例,其中选择数据集前 700 条为训练

集,其余为测试集,如图 5-47 所示。

```
from sklearn.metrics import accuracy_score
if __name__ == "__main__":
    train_set = titanic.loc[:700] #以前 700 条作为训练集,其余作为测试集
    test_set = titanic.loc[700:]
    test_set = test_set.reset_index(drop=True) #分割后的数据集下标需要从 0 开始
    source_data = test_set["Survived"]
    #添加索引列,同时调整标签列位置到最后

    train_set['index'] = [i for i in range(0,len(train_set))]
    label = train_set['Survived']
    train_set = train_set.drop("Survived",axis = 1)
    train_set['Survived'] = label

    test_set['index'] = [i for i in range(0,len(test_set))]
    label = test_set['Survived']
    test_set = test_set.drop("Survived",axis = 1)
    test_set['Survived'] = label

    about_split_point = {}
    for col in ['Age','Fare','SibSp','Parch']:
        about_split_point[col] = discretize(train_set,col,"Survived",
"index") #离散化处理
        discretize(test_set,col,"Survived","index")
    tree = {}
    tree = getTree(train_set,"Survived",tree,"index")
    pred = predict(test_set,tree)
    accuracy = accuracy_score(source_data,pred)
    print(accuracy)
```

图 5-47　主函数

3. 结果分析

首先看一下原始数据集的分类情况,如图 5-48 所示,其中以乘客年龄为横坐标,以乘客花费为纵坐标。

通过程序计算,本例中的"Age""Fare"两个属性的最佳分裂点分别 2.5 与 3.875,另外,由于属性"SibSp"与属性"Parch"的值的种类都达到 7 个之多,所以为避免分支过多的问题也应当为这两个属性选择合适的分裂点,以便将分支个数缩小到 2 个。通过可视化工具,训练得到的决策树模型如图 5-49 所示。以根结点为例,决策树的根结点为"Sex"属性,很容易发现,当"Sex"属性值为 1,即该样本为男性时,左子树下表示存活的结点数很少;相反,右子树下表示存活的结点数较多,这可以理解为,男性的责任感促使着他们将求生的机会更多地让给了妇女和儿童。

模型分类效果如图 5-50 所示,通过与图 5-48 对比看出模型的预测结果与原始数据缺失存在少许差别。经过程序计算,本模型的分类准确率为 83.77%。

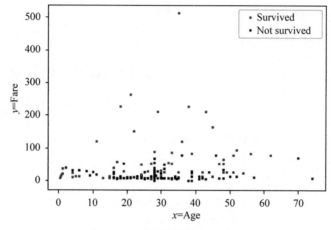

图 5-48　原始数据集的分类情况

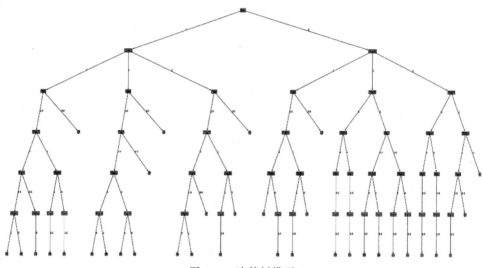

图 5-49　决策树模型

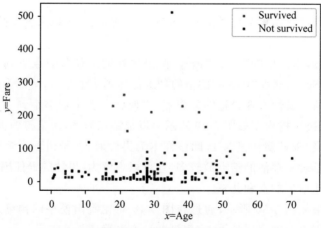

图 5-50　模型分类效果

算法实现过程灵活多变,读者可以根据算法自行尝试设计。

5.10　小　结

- **分类**是一种数据分析形式,它提取描述数据类的模型。分类器或分类预测类别标号(类)。**数值预测**建立连续值函数模型。分类和数值预测是两类主要的预测问题。

- **决策树归纳**是一种自顶向下递归树归纳算法,它使用一种属性选择度量为树的每个非树叶结点选择测试属性。**ID3**、**C4.5** 和 **CART** 都是这种算法的例子,它们使用不同的属性选择度量。**树剪枝**算法试图通过剪去反映数据中噪声的分枝,提高准确率。早期的决策树算法通常假定数据是驻留内存的。

- **朴素贝叶斯分类**基于后验概率的贝叶斯定理。它假定类条件独立——一个属性值对给定类的影响独立于其他属性的值。

- **支持向量机**(SVM)是一种用于线性和非线性数据的分类算法。它把源数据变换到较高维空间,使用称作**支持向量**的基本元组,从中发现分离数据的超平面。

- **混淆矩阵**可以用来评估分类器的质量。对于二元分类问题,它显示真正例、真负例、假正例、假负例。评估分类器预测能力的度量包括**准确率**、**灵敏度**(又称为召回率)、**特效性**、**精度**、**F** 和 **F_β**。当感兴趣的主类占少数时,过分依赖准确率度量可能受骗。

- 分类器的构造与评估需要把标记的数据集划分成训练集和检验集。**保持**、**随机抽样**、**交叉验证**和**自助法**都是用于这种划分的典型方法。

- **组合方法**可以通过学习和组合一系列个体(基)分类器模型提高总体准确率。**装袋**、**提升**和**随机森林**都是流行的组合方法。

- 当感兴趣的主类只由少量元组代表时就会出现**类不平衡问题**。处理这一问题的策略包括**过抽样**、**欠抽样**、**阈值移动**和**组合技术**。

5.11　习　题

1. 单选题

(1) 以下哪项关于决策树的说法是错误的?(　　　)

[A]冗余属性不会对决策树的准确率造成不利的影响

[B]子树可能在决策树中重复多次

[C]决策树算法对于噪声的干扰非常敏感

[D]寻找最佳决策树是 NP 完全问题

(2) 利用信息增益方法作为属性选择度量建立决策树时,已知某训练样本集的 4 个属性的信息增益分别为:Gain(收入)＝0.940 位,Gain(职业)＝0.151 位,Gain(年龄)＝0.780 位,Gain(信誉)＝0.048 位,则应该选择哪个属性作为决策树的测试属性?(　　　)

　　[A]"收入"属性　　　[B]"职业"属性　　　[C]"年龄"属性　　　[D]"信誉"属性

(3) 分类法包括决策树分类法和（　　）。

[A]基于规则的分类法　　　　　　　　　　[B]神经网络

[C]支持向量机　　　　　　　　　　　　　[D]朴素贝叶斯分类法

(4) 贝叶斯信念网络(BBN)有如下哪些特点？（　　）

[A]构造网络费时费力

[B]对模型的过分拟合问题非常鲁棒

[C]贝叶斯网络不适合处理不完整的数据

[D]网络结构确定后,添加变量相当麻烦

2. 判断题

(1) 分类是预测数据对象的离散类别,预测是用于数据对象的连续取值。

(2) 数据分类由两步过程组成：第一步,建立一个聚类模型,描述指定的数据类集或概念集;第二步,使用模型进行分类。

3. 计算题

考虑表 5-10 中的训练样本。

(a) 计算整个训练样本集的 Gini 指标值。

(b) 计算属性顾客 ID 的 Gini 指标值。

(c) 计算属性性别的 Gini 指标值。

(d) 计算使用多路划分属性车型的 Gini 指标值。

(e) 计算使用多路划分属性衬衣尺码的 Gini 指标值。

(f) 下面哪个属性更好,性别、车型,还是衬衣尺码？

(g) 解释为什么属性顾客 ID 的 Gini 值最低,但却不能作为属性测试条件。

表　5-10

顾客 ID	性　　别	车　　型	衬衣尺码	类
1	男	家用	小	C0
2	男	运动	中	C0
3	男	运动	中	C0
4	男	运动	大	C0
5	男	运动	加大	C0
6	男	运动	加大	C0
7	女	运动	小	C0
8	女	运动	小	C0
9	女	运动	中	C0
10	女	豪华	大	C0
11	男	家用	大	C1
12	男	家用	加大	C1

续表

顾客 ID	性　　别	车　　型	衬 衣 尺 码	类
13	男	家用	中	C1
14	男	豪华	加大	C1
15	女	豪华	小	C1
16	女	豪华	小	C1
17	女	豪华	中	C1
18	女	豪华	中	C1
19	女	豪华	中	C1
20	女	豪华	大	C1

5.12　参 考 文 献

[1] Ranka S, Singh V. CLOUDS: A Decision Tree Classifier for Large Datasets[C]//Proceedings of the 4th Knowledge Discovery and Data Mining Conference. 1998: 2-8.

[2] Bishop C M. Neural Networks for Pattern Recognition[M]. Oxford: Oxford University Press, 1995: 15-20.

[3] Breiman L, Friedman J H, Olshen R A, et al. Classification and Regression Trees [M]. Massachusetts: Wadsworth, 1984: 17-20.

[4] Breslow L A, Aha D W. Simplifying Decision Trees: A Survey[J]. The Knowledge Engineering Review, 1997, 12(01): 1-40.

[5] Buntine W. Learning Classification Trees[J]. Statistics and Computing, 1992, 2(2): 63-73.

[6] Cantú-Paz E, Kamath C. Using Evolutionary Algorithms to Induce Oblique Decision Trees[C]// Proceedings of the 2nd Annual Conference on Genetic and Evolutionary Computation. Morgan Kaufmann Publishers Inc., 2000: 1053-1060.

[7] Efron B, Tibshirani R J. Cross-validation and the Bootstrap: Estimating the Error Rate of a Prediction Rule[M]. Division of Biostatistics: Stanford University, 1995. 130-140.

[8] Esposito F, Malerba D, Semeraro G, et al. A Comparative Analysis of Methods for Pruning Decision Trees[J]. IEEE Transactions on Pattern Analysis and Machine Intelligence, 1997, 19(5): 476-491.

[9] Fisher R A. The Use of Multiple Measurements in Taxonomic Problems[J]. Annals of Eugenics, 1936, 7(2): 179-188.

[10] Jain A K, Duin R P W, Mao J. Statistical Pattern Recognition: A review[J]. IEEE Transactions on Pattern Analysis and Machine Intelligence, 2000, 22(1): 4-37.

[11] Kulkarni S R, Lugosi G, Venkatesh S S. Learning Pattern Classification-a Survey[J]. IEEE Transactions on Information Theory, 1998, 44(2): 2178-2206.

[12] Duda R P, Hart P E, Stork D G. Pattern Classification[M]. John Wiley & Sons, Bei Jing, 2012, 150-159.

[13] Fukunaga K. Introduction to Statistical Pattern Recognition[M]. Academic press, AMSTERDAM,

2013，47-55.

[14] Cherkassky V，Mulier F M. Learning from Data：Concepts，Theory，and Methods[M]. John Wiley & Sons，Wiley-IEEE Press，New Jersey，2007，88-90.

[15] Trevor H，Robert T，Jerome F. The Elements of Statistical Learning：Data Mining，Inference and Prediction[J]. New York：Springer-Verlag，2001，1(42)：371-406.

[16] Michie D，Spiegelhalter D J，Taylor C C. Machine Learning，Neural and Statistical Classification [M]. Ellis Horwood，Imprint of Simon and Schuster One Lake Street Upper Saddle River，NJ，United States，1994，90-96.

[17] Jordan M I，Mitchell T M. Machine Learning：Trends，Perspectives，and Prospects[J]. Science，2015，349(6245)：255-260.

[18] Moret，Bernard M E. Decision Trees and Diagrams[J]. Acm Computing Surveys，1982，14(4)：593-623.

[19] Murthy S K. Automatic Construction of Decision Trees from Data：A Multi-Disciplinary Survey[J]. Data Mining & Knowledge Discovery，1998，2(4)：345-389.

[20] Safavian S R，Landgrebe D. A Survey of Decision Tree Classifier Methodology[J]. IEEE Transactions on Systems，Man，and Cybernetics，1991，21(3)：660-674.

[21] Quinlan J R. Discovering Rules by Induction from Large Collections of Examples[M]. Edinburgh：Edinburgh University Press，1979：20-30.

[22] Quinlan J R. C4.5：Programs for Machine Learning[M]. Amsterdam：Elsevier，1993：50-56.

[23] Kass G V. An Exploratory Technique for Investigating Large Quantities of Categorical Data[J]. Journal of the Royal Statistical Society，1980，29(2)：119-127.

[24] Cover T M，Hart P E. Nearest Neighbor Pattern Classification[J]. IEEE Trans. Inf. Theory，1953，13(1)：21-27.

[25] Aha D W. A Study of Instance-based Algorithms for Supervised Learning Tasks：Mathematical，Empirical，and Psychological Evaluations[J]. UC Irvine：Donald Bren School of Information and Computer Sciences，1990，10(2)：63-94.

[26] Cost S，Salzberg S. A Weighted Nearest Neighbor Algorithm for Learning with Symbolic Features [J]. Machine Learning，1993，10(1)：57-78.

[27] Han E，Karypis G. Text Categorization Using Weight Adjusted K-nearest Neighbor Classification [C]// Pacific-asia Conference on Knowledge Discovery and Data Mining. Berlin：Springer，2001：51-65.

[28] Langley P，Iba W. An Analysis of Bayesian Classifiers[C]//Proceedings of the 10th National Conference on Artificial Intelligence. US：The MIT Press，1992：223-228.

[29] Ramoni M，Sebastiani P. Robust Bayes Classifiers[J]. Artificial Intelligence，2001，125(1)：209-226.

[30] Lewis D D. Naive (Bayes) at Forty：The Independence Assumption in Information Retrieval[C]// Machine Learning：ECML-98，10th European Conference on Machine Learning. Berlin：Springer，1998：4-15.

[31] Domingos P，Pazzani M. On the Optimality of the Simple Bayesian Classifier under Zero-One Loss [J]. Machine learning，1997，29(2-3)：103-130.

[32] Heckerman D. Bayesian Networks for Data Mining[J]. Data Mining and Knowledge Discovery，1997，1(1)：79-119.

[33] Vapnik V. The Nature of Statistical Learning Theory[M]. German：Springer Science & Business Media，2013：103-110.

[34] Vapnik V N，Vapnik V. Statistical Learning Theory[M]. New York：Wiley，1998：67-70.

[35] Cristianini N，Shawe-Taylor J. An Introduction to Support Vector Machines and Other Kernel-based Learning Methods[M]. England：Cambridge university press，2000：43-56.

[36] Scholkopf B，Smola A J. Learning with Kernels：Support Vector Machines，Regularization，Optimization，and Beyond[M]. US：MIT press，2001：59-66.

[37] Burges C J C. A Tutorial on Support Vector Machines for Pattern Recognition[J]. Data Mining and Knowledge Discovery，1998，2(2)：121-167.

[38] Bennett K P，Campbell C. Support Vector Machines：Hype or Hallelujah? [J]. ACM SIGKDD Explorations Newsletter，2000，2(2)：1-13.

[39] Hearst M A，Dumais S T，Osman E，et al. Support Vector Machines[J]. IEEE Intelligent Systems and their Applications，1998，13(4)：18-28.

[40] Mangasarian O L. Data Mining Via Support Vector Machines[C]//IFIP Conference on System Modeling and Optimization. Boston：Springer，2001：91-112.

[41] Kohavi R. A Study of Cross-validation and Bootstrap for Accuracy Estimation and Model Selection [C]//IJCAI. Canada：Montreal，1995，14(2)：1137-1145.

[42] Dietterich T G. Ensemble Methods in Machine Learning[C]//International Workshop on Multiple Classifier Systems. Springer Berlin Heidelberg，2000：1-15.

[43] Breiman L. Bagging Predictors[J]. Machine Learning，1996，24(2)：123-140.

[44] Freund Y，Schapire R E. A Decision-theoretic Generalization of On-line Learning and an Application to Boosting[J]. Journal of Computer and System Sciences，1997，55(1)：119-139.

[45] Breiman L. Bias，Variance，and Arcing Classifiers[J]. The Annals of Statistics，1998(3)：26-32.

[46] 刘继宇. 基于粗糙集分类算法的研究及应用[D]. 广西：广西师范大学计算机学院，2015：11-18.

[47] Han J W. 数据挖掘概念与技术[M]. 北京：机械工业出版社，2006：60-73.

[48] Pangning T，Steinbach M，Kumar V. 数据挖掘导论[M]. 北京：人民邮电出版社，2006：201-205.

数据聚类分析方法

在对世界的分析和描述中,类,或在概念上有意义的具有公共特性的对象组,扮演着重要的角色。的确,人类擅长将对象划分为组(聚类),并将特定的对象指派到这些组(分类)。例如,即使很小的孩子也能很快地将图片上的对象标记为建筑物、车辆、人、动物、植物等。就理解数据而言,簇是潜在的类,而聚类分析是研究自动发现这些类的技术。

因此,**聚类**是一个把数据对象集划分成多个组或簇的过程,使得簇内的对象具有很高的相似性,但与其他簇中的对象具有很高的相异性。相似性和相异性根据描述对象的属性值来评估,并且通常涉及聚类度量。

聚类分析在许多实际问题上都有应用。下面给出一些具体的例子,以方便读者理解。

- **信息检索**。万维网包含数以亿计的 Web 页面,网络搜索引擎可能返回数以千计的页面。可以使用聚类将搜索结果分成若干簇,每个簇捕获查询某个特定方面。例如,查询"电影"返回的网页可以分成诸如评价、电影预告片、影星和电影院等类别。每一个类别(簇)又可以划分成若干子类别(子簇),从而产生一个层次结构,帮助用户进一步探索查询结果。

- **心理学和医学**。一种疾病或健康状况通常有多种变种,聚类分析可以用来发现这些子类别。例如,聚类已经用来识别不同类型的抑郁症。聚类分析也可用来检测疾病的时间和空间分布模式。

- **商业**。商业点收集当前和潜在顾客的大量信息。可以使用聚类将顾客划分成若干组,以便进一步分析和开展营销活动。

除此之外,聚类作为一种数据挖掘工具还广泛应用于许多其他领域,如生物学、气候学、商务智能和 Web 搜索。

本章介绍聚类分析的基本概念和方法。在 6.1 节,引入该主题并介绍各种聚类方法和各种应用的要求。在 6.2 节~6.5 节,将学习一些基本的聚类技术。在 6.6 节,简要讨论如何评估聚类方法。6.7 节给出两个案例分析以帮助读者更好地理解聚类分析方法。

6.1 基本概念和术语

本节给出聚类分析相关的基本概念及其应用术语,为读者研究聚类分析建立基础。6.1.1 节给出聚类分析的定义并给出一些例子。6.1.2 节将介绍对聚类的基本要求。基本聚类方法的概述将在 6.1.3 节提供。

6.1.1　什么是聚类分析

聚类分析（cluster analysis）简称**聚类**（clustering），是一个把数据对象（或观测）划分成子集的过程，每个子集是一个簇（cluster），使得簇中的对象彼此相似，但与其他簇中的对象不相似。组内的相似性越大，组间差别越大，聚类就越好。

聚类分析与其他将数据对象分组的技术相关。例如，聚类可以看作一种分类，它用类（簇）标号创建对象的标记。然而，只能从数据导出这些标号。相比之下，分类是**监督分类**（supervised classification），即使用由类标号已知的对象开发的模型，对新的、无标记的对象赋予类标号。为此，有时称聚类分析为**非监督分类**（unsupervised classification）。

聚类分析已经广泛地应用于许多应用领域，包括商务智能、图像模式识别、Web 搜索、生物学和安全。在商务智能应用中，聚类可以用来把大量客户分组，其中组内的客户具有非常类似的特征，这有利于开发加强客户关系管理的商务策略。此外，考虑具有大量项目的咨询公司，为了改善项目管理，可以基于相似性把项目划分成类别，使得项目审计和诊断（改善项目提交和结果）可以更有效地实施。

在图像识别应用中，聚类可以在手写字符识别系统中用来发现簇或"子类"。假设有手写数字的数据集，其中每个数字标记为 1，2，3 等。注意，人们手写相同的数字可能存在很大差别。例如，数字"2"，有些人写的时候可能在左下方带一个小圆圈，而另一些人则不会。因此可以使用聚类确定"2"的子类，每个子类代表手写数字"2"可能出现的变体。使用基于子类的多个模型可以提高整体识别的准确率。

在 Web 搜索中也有许多聚类应用。例如，由于 Web 网页的数量巨大，关键词搜索常会返回大量命中对象（即与搜索相关的网页）。可以用聚类将搜索结果分组，以简明、容易访问的方式提交这些结果。此外，目前已经开发出把文档聚类成主题的聚类技术，这些技术已经广泛地用在实际的信息检索中。

作为一种数据挖掘功能，聚类分析也可以作为一种独立的工具，用来洞察数据的分布，观察每个簇的特征，将进一步分析集中在特定的簇集合上。另外，聚类分析可以作为其他算法（如特征化、属性子集选择和分类）的预处理步骤，之后这些算法将在检测到的簇和选择的属性或特征上进行操作。

6.1.2　对聚类的基本要求

聚类是一个富有挑战性的研究领域。本节将学习作为一种数据挖掘工具对聚类的要求。

- **可伸缩性**：许多聚类算法在小于 200 个数据对象的集合上工作得很好；但是，一个大规模数据库可能包含几百万个对象，在这样的集合上进行聚类可能会导致有偏的结果。因此，需要具有高度可伸缩的聚类算法。
- **处理不同类型数据的能力**：许多算法被设计用来聚类数值类型的数据。但是，某些应用可能要求聚类其他类型的数据，如二元类型（binary）、分类/标称类型（categorical/nominal）、序数型（ordinal）数据，或者这些数据类型的混合。
- **发现任意形状的聚类**：许多聚类算法基于欧几里得或者曼哈顿距离度量决定聚

类。基于这样的距离度量的算法趋向于发现具有相近尺度和密度的球状簇。但是，一个簇可能是任意形状。重要的是开发能够发现任意形状的簇的算法。

- **用于决定输入参数的领域知识最小化**：许多聚类算法在聚类分析中要求用户输入一定的参数，例如希望产生的簇的数目。数据结果对输入参数十分敏感，参数通常很难确定，特别是对于包含高维对象的数据集来说。这样不仅加重了用户的负担，也使得聚类的质量难以控制。

- **处理"噪声"数据的能力**：绝大多数现实中的数据库都包含了孤立点、缺失或错误的数据。一些聚类算法对于这样的数据敏感，可能导致低质量的聚类结果。因此，需要运用对噪声鲁棒的聚类算法。

- **对于输入记录的顺序不敏感**：一些聚类算法对于输入数据的顺序是敏感的。例如，同一个数据集合，当以不同的顺序交给同一个算法时，可能生成差别很大的聚类结果。需要开发对数据输入顺序不敏感的算法。

- **聚类高维数据的能力**：数据集可能包含大量的维或属性。例如，在文档聚类时，每个关键词都可以看作一个维，并且常常有数以千计的关键词。许多聚类算法擅长处理低维数据，如只涉及两三个维的数据。发现高维空间中数据对象的簇是一个挑战，特别是此类数据可能非常稀疏，并且高度倾斜。

- **基于约束的聚类**：现实世界的应用可能需要在各种约束条件下进行聚类。假设你的工作是在一个城市中为给定数目的自动提款机选择安放位置。为了做出决定，你可以对住宅进行聚类，同时考虑城市的河流和公路网、每个簇（地区）的客户的类型和数量等情况。找到既满足特定的约束又具有良好聚类特性的数据分组是一项具有挑战性的任务。

- **可解释性和可用性**：用户希望聚类结果是可解释的、可理解的和可用的。也就是说，聚类可能需要与特定的语义解释和应用相联系。重要的是研究应用目标如何影响聚类特征和聚类方法的选择。

6.1.3　不同的聚类方法

在如今的机器学习领域存在大量的聚类算法，本节对各种不同的聚类方法提供一个相对有组织的描述以区别不同类型的聚类。

划分方法（partitioning method）：给定一个 n 个对象的集合，划分方法构建数据的 k 个分组，其中每个分组表示一个簇，并且 $k \leqslant n$。而且这 k 个分组满足下列条件：①每一个分组至少包含一个数据记录；②每一个数据记录属于且仅属于一个分组（注意，这个要求在某些模糊聚类算法（6.5 节）中可以放宽）。

大部分划分方法是基于距离的。对于给定的分组数 k，算法首先给出一个初始的分组方法，以后通过反复迭代的方法改变分组，使得每一次改进之后的分组方案都较前一次好，而判定分组好坏的标准就是：同一分组中的记录越近越好，而不同分组中的记录越远越好。使用这个基本思想的算法有：k-means 算法、k 中心点算法、CLARANS 算法等。

为了达到全局最优，基于划分的聚类可能需要穷举所有可能的划分，计算量极大。实际上，大多数应用都采用流行的启发式方法，如 k-means 和 k 中心点算法，渐进地提高聚类质量,逼近局部最优解。这些启发式聚类方法很适合发现中小规模的数据库中的球状簇。为了发现具有复杂形状的簇和对超大型数据集进行聚类,需要进一步扩展基于划分的方法。在 6.2 节,将深入研究基于划分的聚类方法。

层次方法(hierarchical method):层次方法创建给定数据对象集的层次分解。根据层次分解如何形成,层次方法可以分为**凝聚的**或**分裂的**方法。**凝聚的方法**,也称**自底向上**的方法,开始将每个对象作为单独的一个组,然后逐次合并相近的对象或组,直到所有的对象合并为一个组(层次的最顶层),或者满足某个终止条件。**分裂的方法**,也称为**自顶向下**的方法,开始将所有的对象置于一个簇中。在每次相继迭代中,一个簇被划分成更小的簇,直到最终每个对象在单独的一个簇中,或者满足某个终止条件。代表算法有 BIRCH 算法、CURE 算法、Chameleon 算法等。

层次聚类方法可以是基于距离的或基于密度或连通性的。层次方法的缺陷在于,一旦一个步骤(合并或分裂)完成,它就不能被撤销。这个严格规定是有用的,因为无须考虑不同选择的组合数目,它将产生较小的计算开销。而这种技术不能更正错误的决定,针对这个问题已经提出一些提高层次聚类质量的方法。

基于密度的方法(density-based method):大部分划分方法基于对象之间的距离进行聚类。这样的方法只能发现球状簇,而在发现任意形状的簇时遇到了困难。因此诞生了基于密度概念的聚类方法,其主要思想是:只要一个区域中的点的密度(对象或数据点的数目)超过某个阈值,就把它加到与之相近的聚类中去。也就是说,对给定簇中的每个数据点,在给定半径的邻域中必须至少包含最少数目的点。这样的方法可以用来过滤噪声或离群点,发现任意形状的簇。代表算法有 DBSCAN 算法、OPTICS 算法、DENCLUE 算法等。

基于密度的方法可以把一个对象集划分成多个互斥的簇或簇的分层结构。通常,基于密度的方法只考虑互斥的簇,而不考虑模糊簇。此外,可以把基于密度的方法从整个空间聚类扩展到子空间聚类。

基于网格的方法(grid-based method):基于网格的方法把对象空间量化为有限个单元(cell),形成一个网格结构,所有的处理都是以单个的单元为对象。这种方法的主要优点是处理速度很快,通常这是与目标数据库中记录的个数无关的,它只与把数据空间分为多少个单元有关。代表算法有 STING 算法、CLIQUE 算法、WAVE-CLUSTER 算法。

基于模型的方法(model-based method):基于模型的方法给每一个聚类假定一个模型,然后去寻找能够很好地满足这个模型的数据集。这样一个模型可能是数据点在空间中的密度分布函数等。它的一个潜在的假定就是:目标数据集是由一系列的概率分布所决定的。通常有两种尝试方向:基于统计的方案和基于神经网络的方案。

表 6-1 简略地总结了这些方法。有些聚类方法集成了多种聚类方法的思想,因此有时很难将一个给定的算法只划归到一个聚类方法类别。此外,有些应用可能有某种聚类准则,要求集成多种聚类技术。

表 6-1　本章讨论的聚类方法概述

方　　　法	一　般　特　点
划分方法	• 发现球状互斥的簇 • 基于距离 • 可以用均值或中心点等代表簇中心 • 对中小规模数据集有效
层次方法	• 聚类是一个层次分解(多层) • 不能纠正错误的合并或划分 • 可以集成其他技术,如微聚类或考虑对象"连接"
基于密度的方法	• 可以发现任意形状的簇 • 簇是对象空间中被低密度区域分隔的稠密区域 • 簇密度:每个点的"邻域"内必须具有最少个数的点 • 可以过滤离群点
基于网格的方法	• 使用一种多分辨率网格数据结构 • 快速处理(典型地,独立于数据对象数,但依赖于网格大小)
基于模型的方法	• 假设模型寻找满足的数据集 • 不适合对大数据库进行聚类

6.2　划分方法

聚类分析最简单、最基本的方法是划分,它把对象组织成多个互斥的组或簇。在这里,为了使得问题说明简洁,假定簇的个数已给定。

给定 n 个数据对象的数据集 D,以及要生成的簇数 k。**划分方法**将 D 中的对象分配到 k 个簇 $C_1, C_2, \cdots, C_k$ 中,并利用一个目标函数评估划分的质量,使得簇内对象相互相似,而与其他簇中的对象相异。也就是说,该目标函数以簇内高相似性和簇间低相似性为目标。

本节将学习最常用的划分方法——k-means(6.2.1 节)和 k 中心点(6.2.2 节)。

6.2.1　k-means 算法

k-means 是一种基于形心的划分技术,即使用簇 C_i 的形心代表该簇。k-means 算法把簇的形心定义为簇内点的均值,它的算法比较简单,首先介绍它的处理流程。

首先,在数据集 D 中随机地选择 k 个对象,每个对象代表一个簇的初始均值或中心。对剩下的每个对象,根据其与各个簇中心的欧几里得距离,把它分配到最相似的簇。然后,对于每个簇,使用上次迭代分配到该簇的对象,计算新的均值。然后,使用更新后的均值作为新的簇中心,重新分配所有对象。继续迭代,直到分配稳定,即本轮形成的簇与前一轮形成的簇相同。k-means 的形式描述在算法 6-1 中。

算法 6-1　用于划分的 k-means 算法

输入:

　　k:簇的数目;

　　　　D：包含 n 个对象的数据集。

输出：k 个簇的集合

步骤：

（1）从 D 中任意选择 k 个对象作为初始簇中心；

（2）**repeat**

（3）　　根据簇中对象的均值，将每个对象分配到最相似的簇；

（4）　　更新簇均值，即重新计算每个簇中对象的均值；

（5）**until** 不再发生变化。

接下来，将更详细地考虑基本 k-means 算法的每个步骤，并给出一个实例的计算过程。

1. 分配到最近的质心

为了将数据点分配到最近的质心（中心），需要邻近性度量来量化所考虑的数据的"最近"概念。通常，对欧几里得空间中的点使用欧几里得距离，对文档用余弦相似性。然而，对于给定的数据类型，可能存在多种适合的邻近性度量。

通常，k-means 使用的相似性度量相对简单，因为算法要重复地计算每个点与每个质心的相似度。然而，在某些情况下，如数据在低维欧几里得空间时，许多相似度的计算都有可能避免，因此显著地加快了 k-means 算法的速度。二分 k-means 就是一种通过减少相似度计算量加快算法速度的方法。

2. 质心和目标函数

k-means 算法步骤（4）一般陈述为"重新计算每个簇的质心"，因为质心可能随数据邻近性度量和聚类目标不同而改变。聚类的目标通常用一个目标函数表示，该函数依赖点之间，或点到簇的质心的邻近性，如最小化每个点到最近质心的距离的平方。

考虑邻近性度量为欧几里得距离的数据，使用**误差的平方和**（Sum of the Squared Error，SSE）作为度量聚类质量的目标函数。换言之，计算每个数据点的误差，即它到最近质心的欧几里得距离，然后计算误差的平方和。给定由两次运行 k-means 产生的两个不同的簇集，我们更喜欢误差的平方和最小的那个，因为这说明此时聚类的质心可以更好地代表该类簇的中点。SSE 形式的定义如下：

$$\text{SSE} = \sum_{i=1}^{k} \sum_{x \in C_i} \text{dist}(c_i, x)^2 \tag{6-1}$$

其中，dist 是标准欧几里得距离；k 是类簇个数；x 是类 C_i 中的一个数据对象；c_i 是类簇 i 质心。

步骤（3）和步骤（4）试图直接最小化 SSE（或更一般地，目标函数）。步骤（3）通过将对象分配到最近的质心形成簇，最小化关于给定质心集的 SSE；而步骤（4）重新计算质心，进一步最小化 SSE。然而，k-means 的步骤（3）和步骤（4）只能确保找到关于 SSE 的局部最优，因为它们是对选定的质心和簇，而不是对所有可能的选择优化 SSE。

3. 选择初始质心

选择适当的初始质心是基本 k-means 过程的关键步骤。常见的方法是随机地选取初始质心，但是簇的质量常常很差。实践中，为了得到好的结果，通常以不同的初始簇中心，多次运行 k-means 算法。

例 6-1 使用 k-means 的聚类划分。考虑二维空间中的 10 个点，它们的值分别为 $A_1(0.5, 2)$，$A_2(0.8, 3)$，$A_3(1.2, 0.6)$，$A_4(1.6, 2.2)$，$A_5(2.4, 3.6)$，$A_6(2.5, 2.8)$，$B_1(2.2, 1.8)$，$B_2(3, 2.5)$，$B_3(2.8, 1.6)$，$B_4(4, 1)$（A_1、A_2、A_3、A_4、A_5、A_6 用灰色实心圆表示，B_1、B_2、B_3、B_4 用黑色实心圆表示），如图 6-1(a)所示。令 $k=2$，即用户要求将这些对象划分成 2 个簇。

根据算法 6-1，任意选择 2 个对象作为 2 个初始的簇中心，其中簇中心用"+"标记。

（1）假设选择 B_1，B_3 分别为每个簇的初始中心，即 $O_1 = B_1 = (2.2, 1.8)$，$O_2 = B_3 = (2.8, 1.6)$。

（2）对剩余的每个对象，根据其与各个簇中心的距离，将它赋给最近的簇。这种分配形成了如图 6-1(a)中虚线所描绘的轮廓。

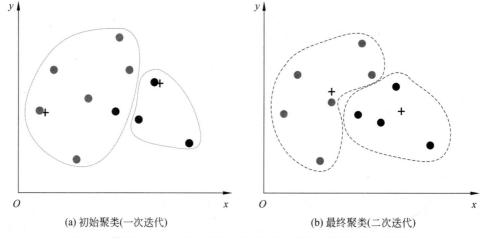

(a) 初始聚类(一次迭代)　　　　　　(b) 最终聚类(二次迭代)

图 6-1　使用 k-means 方法聚类对象集（每个簇的均值都用"+"标注）

对于 A_1，它与 2 个簇中心的距离为

$$d(O_1, A_1) = \sqrt{(0.5 - 2.2)^2 + (2 - 1.8)^2} = 1.712$$

$$d(O_2, A_1) = \sqrt{(0.5 - 2.8)^2 + (2 - 1.6)^2} = 2.377$$

显然 $d(O_1, A_1) < d(O_2, A_1)$，故将 A_1 分配给 O_1 所在簇。

同样地，对于 B_2，它与 2 个簇中心的距离为

$$d(O_1, B_2) = \sqrt{(3 - 2.2)^2 + (2.5 - 1.8)^2} = 1.063$$

$$d(O_2, B_2) = \sqrt{(3 - 2.8)^2 + (2.5 - 1.6)^2} = 0.912$$

此时 $d(O_1, B_2) > d(O_2, B_2)$，故将 B_2 分配给 O_2 所在簇。对剩余对象都分配完后，得到的新簇为 $O_1 = \{A_1, A_2, A_3, A_4, A_5, A_6, B_1\}$，$O_2 = \{B_2, B_3, B_4\}$，形成如图 6-1(a)中

虚线所描绘的轮廓。

（3）计算新的簇的中心。

$$O_1 = ((0.5+0.8+1.2+1.6+2.2+2.4+2.5)/7,$$
$$(2+3+0.5+2.2+1.3+3.6+3.8)/7) = (1.6, 2.3)$$
$$O_2 = ((2.8+3+4)/3, (1.5+2.5+1)/3) = (3.3, 1.7)$$

重复步骤（2），更新得到新簇 $O_1 = \{A_1, A_2, A_3, A_4, A_5, A_6\}$，$O_2 = \{B_1, B_2, B_3, B_4\}$，形成如图 6-1（b）中虚线所描绘的轮廓。

重复以上过程，在第三次迭代之后，此时簇中心不再改变，所以停止迭代过程，算法停止，最终划分结果如图 6-1（b）所示。

k-means 算法的时间复杂度为 $O(nkt)$，其中 n 是对象总数，k 为簇数，t 是迭代次数。通常 $k \ll n$ 并且 $t \ll n$。因此，对于处理大数据集，该算法是相对可伸缩的和有效的。

k-means 方法有一些变种，它们可能在初始 k 个均值的选择、相异度的计算、簇均值的计算策略上有所不同。然而，对于发现不同的簇类型，k-means 和它的变种都具有一些局限性。具体地说，当簇具有非球形形状或具有不同尺寸或密度时，k-means 很难检测到"自然的"簇。如图 6-2、图 6-3 和图 6-4 所示。在图 6-2 中，k-means 不能发现那 3 个自然簇，因为其中 1 个簇比其他 2 个大得多，因此较大的簇被划分开，而 1 个较小的簇与较大簇的一部分合并在一起。在图 6-3 中，k-means 未能发现那 3 个自然簇，因为 2 个较小的簇比较大的簇稠密得多。最后，在图 6-4 中，k-means 发现了 2 个簇（两个自然簇的混合体），因为两个自然簇的形状不是球形的。

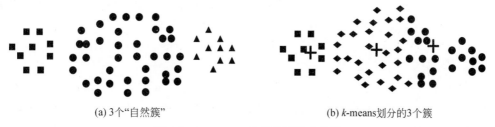

(a) 3个"自然簇"　　　　　　　　　(b) k-means划分的3个簇

图 6-2　k-means：具有不同尺寸的簇

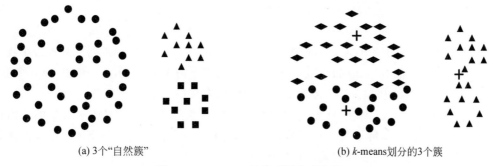

(a) 3个"自然簇"　　　　　　　　　(b) k-means划分的3个簇

图 6-3　k-means：具有不同密度的簇

这三种情况的问题在于 k-means 的目标函数与我们试图发现的簇的类型不匹配，因

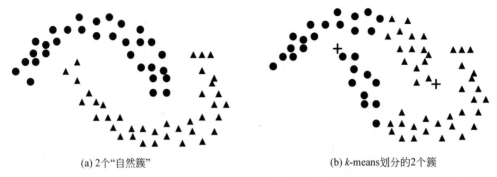

<table>
<tr><td>(a) 2个"自然簇"</td><td>(b) k-means划分的2个簇</td></tr>
</table>

图 6-4　k-means：非球形的簇

为 k-means 目标函数是最小化等尺寸和等密度的球形簇，或者明显分离的簇。

6.2.2　k 中心点算法

k-means 算法对离群点敏感，因为这种对象远离大多数数据，因此分配到一个簇时，它们可能严重地扭曲簇的均值，这不经意间影响其他对象到簇的分配。正如在例 6-2 中所观察到的，式(6-1)平方误差函数的使用更是严重恶化了这一影响。

例 6-2　k-means 的缺点。考虑一维空间的 7 个点，它们的值分别为 $1,2,3,8,9,10$ 和 25。

直观地，通过视觉观察，猜想这些点划分成簇$\{1,2,3\}$和$\{8,9,10\}$，其中点 25 被排除，因为它看上去是一个离群点。k-means 如何划分这些值？如果以 $k=2$ 和式(6-1)使用 k-means，划分为$\{\{1,2,3\},\{8,9,10,25\}\}$，具有簇内变差为

$$(1-2)^2+(2-2)^2+(3-2)^2+(8-13)^2+(9-13)^2+(10-13)^2+$$
$$(25-13)^2$$
$$=196$$

其中，簇$\{1,2,3\}$的均值为 2，簇$\{8,9,10,25\}$的均值为 13。把这一划分与划分$\{\{1,2,3,8\},$ $\{9,10,25\}\}$比较，后者的簇内变差为

$$(1-3.5)+(2-3.5)^2+(3-3.5)^2+(8-3.5)^2+(9-14.67)^2+$$
$$(10-14.67)^2+(25-14.67)^2$$
$$=189.67$$

其中，簇$\{1,2,3,8\}$的均值为 3.5，簇$\{9,10,25\}$的均值为 14.67。后一个划分具有最小簇内变差。因此，由于离群点 25 的缘故，k-means 方法把 8 分配到不同于 9 和 10 所在的簇。此外，第二个簇中心为 14.67，显著地偏离簇中的所有成员。

如何修改 k-means 算法，降低它对离群点的敏感性？可以不采用簇中对象的均值作为参照点，而是挑选实际对象来代表簇，每个簇使用一个代表对象。其余的每个对象被分配到与其最为相似的代表性对象所在的簇中。于是，划分方法基于最小化所有对象 p 与其对应的代表对象之间的相异度之和的原则来进行划分。确切地说，使用了一个**绝对误差标准**(absolute-error criterion)，其定义如下：

$$E = \sum_{i=1}^{k} \sum_{p \in C_j} \text{dist}(p, o_i) \qquad (6\text{-}2)$$

其中，E 是数据集中所有对象 p 与类 C_j 的代表对象 o_i 的绝对误差之和。这是 k 中心点（k-medoids）方法的基础。k 中心点聚类通过最小化该绝对误差（式（6-2）），把 n 个对象划分到 k 个簇中。

围绕中心点划分（paritioning around mediods，PAM）算法（算法 6-2）是 k 中心点聚类的一种流行实现。它用迭代、贪心的方法处理该问题。与 k-means 算法一样，初始代表对象（称作种子）任意选取。考虑用一个非代表对象替换一个代表对象是否能够提高聚类质量，尝试所有可能的替换。继续用其他的对象替换代表对象的迭代过程，直到结果聚类的质量不可能被任何替换提高。聚类质量用对象与其簇中代表对象的平均相异度的代价函数度量。

算法 6-2　PAM，一种基于中心的 k 中心点算法

输入：

  k：簇的数目；

  D：包含 n 个对象的数据集。

输出：k 个簇的集合

步骤：

（1）从 D 中任意选择 k 个对象作为初始的代表对象或种子；

（2）**repeat**

（3）　　将每个剩余的对象分配到最近的代表对象所代表的簇；

（4）　　随机地选择一个非代表对象 O_{random}；

（5）　　计算用 O_{random} 代替代表对象 O_j 的总代价 S；

（6）　　if $S < 0$，then O_{random} 替换 O_j，形成新的 k 个代表对象的集合；

（7）**until** 不再发生变化。

具体地说，设 $O_1, O_2, \cdots, O_k$ 是当前代表对象（即中心点）的集合。为了决定一个非代表对象 O_{random} 是否是一个当前中心点 $O_j (1 \leqslant j \leqslant k)$ 的好的替代，计算每个对象 p 到集合 $\{O_1, \cdots, O_{j-1}, O_{\text{random}}, O_{j+1}, \cdots, O_k\}$ 中最近对象的距离，并使用该距离更新代价函数。对象重新分配到 $\{O_1, \cdots, O_{j-1}, O_{\text{random}}, O_{j+1}, \cdots, O_k\}$ 中是简单的。假设对象 p 当前被分配到中心点 O_j 代表的簇中（见图 6-5(a) 或图 6-5(b)）。在 O_j 被 O_{random} 置换后，需要把 p 重新分配到不同的簇吗？对象 p 需要重新分配，被分配到 O_{random} 或者其他 $O_i (i \neq j)$ 代表的簇，取决于哪个最近。例如，在图 6-5(a) 中，p 离 O_i 最近，因此它被重新分配到 O_i。然而，在图 6-5(b) 中，p 离 O_{random} 最近，因此它被重新分配到 O_{random}。要是 p 当前被分配到其他对象 $O_i (i \neq j)$ 代表的簇中又该怎么办？只要对象 p 离 O_i 仍然比离 O_{random} 更近，那么它就仍然被分配到 O_i 代表的簇（见图 6-5(c)）；否则，p 被重新分配到 O_{random}（见图 6-5(d)）。

每当重新分配发生时，绝对误差 E 的差对代价函数有影响。因此，如果一个当前的代表对象被非代表对象所取代，则代价函数就计算绝对误差值的差。交换的总代价是所有非代表对象所产生的代价之和。如果总代价为负，则实际的绝对误差 E 将会减小，O_j 可以被 O_{random} 取代或交换。如果总代价为正，则认为当前的代表 O_j 是可接受的，在本次

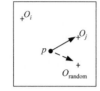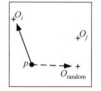

			数据对象
(a) 重新分配给 O_j	(b) 重新分配给 O_{random}	(c) 不发生变化	(d) 重新分配给 O_{random}

图 6-5　k 中心点聚类代价函数的 4 种情况

迭代中没有发生变化。

当存在噪声和离群点时，k 中心点方法比 k-means 更健壮，这是因为中心点不像均值那样容易受离群点或其他极端值影响。然而，k 中心点每次迭代的复杂度是 $O(k(n-k))$。当 n 和 k 的值很大时，这种计算开销远高于 k-means 方法。另外，这两种方法都要求用户指定簇数 k。

像 PAM（算法 6-2）这样的典型的 k 中心点算法在小型数据集上运行良好，但是不能很好地用于大数据集。为了处理大数据集，可以使用一种称作 CLARA（Clustering LARge Applications，大型应用聚类）的基于抽样的方法。CLARA 并不考虑整个数据集合，而是使用数据集的一个随机样本。然后使用 PAM 方法由样本计算最佳中心点。

6.3　层 次 方 法

在某些应用中，想把数据划分成不同层的组群，数据具有一个我们想要发现的基本层次结构。对于数据汇总和可视化，用层次结构的形式表示数据对象是有用的。例如，层次聚类可以揭示企业雇员在收入上的分层结构，可以把雇员组织成较大的组群，如主管、经理和职员。把这些组进一步划分成较小的子组群。例如，一般的职员组可以进一步划分成高级职工、职员和实习人员。所有这些组群形成一个层级结构。在进化研究中，层次聚类可以按动物的生物学特征对它们分组，发现进化路径，即物种的分层结构。

本节将学习层次聚类。在 6.3.1 节，首先介绍了凝聚的和分裂的层次聚类。对层次聚类算法的距离度量将在 6.3.2 节展开。

6.3.1　凝聚的与分裂的层次聚类

层次聚类技术是第二类重要的聚类方法。与 k-means 一样，与许多聚类方法相比，这些方法相对较老，但是它们仍然被广泛使用。根据层次分解的方式是自底向上（合并）还是自顶向下（分裂），有两种产生层次聚类的基本方法。

凝聚的层次聚类方法使用自底向上的策略。从每个对象作为个体簇开始，每一步合并两个最接近的簇。这需要定义簇的邻近性概念。

分裂的层次聚类方法使用自顶向下的策略。从包含所有对象的某个簇开始，每一步分裂一个簇，直到仅剩下单点簇。在这种情况下，需要确定每一步分裂哪个簇，以及如何分裂。

在凝聚的或分裂的层次聚类中,用户都可以指定期望的簇个数作为终止条件。

例 6-3　凝聚和分裂层次聚类。图 6-6 显示了一种凝聚的层次聚类算法和一种分裂的层次聚类算法在一个包含 5 个对象的数据集$\{a,b,c,d,e\}$上的处理过程。初始时,凝聚方法将每个对象自成一簇,然后这些簇根据某种准则逐步合并。例如,如果簇 C_1 中的一个对象和簇 C_2 中的一个对象之间的距离是所有属于不同簇的对象间欧几里得距离中最小的,则 C_1 和 C_2 可能被合并。簇合并过程反复进行,直到所有对象最终合并到一个簇。

分裂方法以相反的方法处理。所有的对象形成一个初始簇,根据某种原则(如簇中最近的相邻对象的最大欧几里得距离)将该簇分裂。簇的分裂过程反复进行,直到最终每个新的簇只包含一个对象。

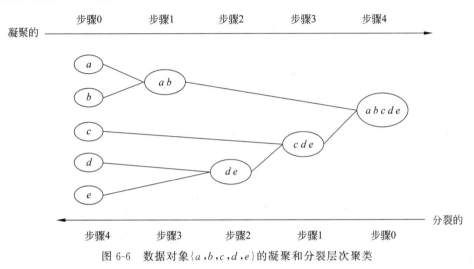

图 6-6　数据对象$\{a,b,c,d,e\}$的凝聚和分裂层次聚类

层次聚类常使用称作**树状图**(dendrogram)的类似于树的图显示。该图显示簇-子簇的联系和簇凝聚或分裂的次序。对于二维点的集合,层次聚类也可以使用**嵌套簇图**(nested cluster diagram)表示。图 6-7 为在树状图和嵌套图显示下的例 6-3 中 5 个对象的层次聚类结构。

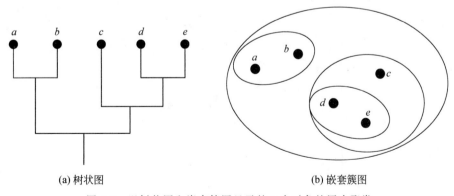

(a) 树状图　　　　　　　　　　　　　(b) 嵌套簇图

图 6-7　以树状图和嵌套簇图显示的 5 个对象的层次聚类

6.3.2　算法方法的距离度量

无论使用凝聚方法还是分裂方法,一个核心问题是度量两个簇之间的距离,其中每个簇一般是一个对象集。

根据簇间距离度量方法的不同,可将层次聚类分为**单连接**(single-linkage)、**全连接**(complete-linkage)和**平均连接**(average-linkage)3 种方法,其中单连接算法采用的是最小距离,全连接算法采用的是最大距离,平均连接采用的是平均距离。3 种距离定义分别如下,其中 $|p-p'|$ 是两个对象之间的距离。

$$最小距离:\mathrm{dist}_{\min}(C_i,C_j)=\min_{p\in C_i,p'\in C_j}\{|p-p'|\} \tag{6-3}$$

$$最大距离:\mathrm{dist}_{\max}(C_i,C_j)=\max_{p\in C_i,p'\in C_j}\{|p-p'|\} \tag{6-4}$$

$$平均距离:\mathrm{dist}_{\mathrm{avg}}(C_i,C_j)=\frac{1}{n_i n_j}\sum_{p\in C_i,p'\in C_j}|p-p'| \tag{6-5}$$

3 种层次聚类技术都源于簇的基于图的观点。单连接(也称最小距离)定义簇间距离为不同簇的两个最近的点之间的距离,或者使用图的术语,不同的结点子集中两个结点之间的最短边。全连接(也称为最大距离)取不同簇中两个最远的点之间的距离作为簇间距离,或者使用图的术语,不同的结点子集中两个结点之间的最长边。平均连接(也称为平均距离)定义簇间距离为取自不同簇的所有点对距离的平均值。图 6-8 是这三种方法的示意图。

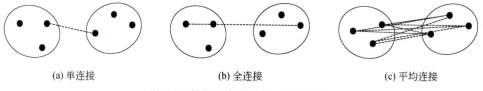

(a) 单连接　　　　　　　(b) 全连接　　　　　　　(c) 平均连接

图 6-8　簇间距离度量基于图的定义

例 6-4　连接度量的不同使用。为了解释不同距离度量方法,本例使用包含 6 个二维点的样本数据,如图 6-9 所示。6 个点的欧几里得距离矩阵见表 6-2。

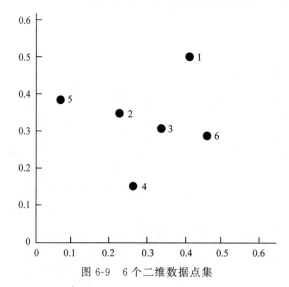

图 6-9　6 个二维数据点集

表 6-2　6 个点的欧几里得距离矩阵

点	p1	p2	p3	p4	p5	p6
p1	0.0000	0.2357	0.2218	0.3688	0.3421	0.2347
p2	0.2357	0.0000	0.1483	0.2042	0.1388	0.2540
p3	0.2218	0.1483	0.0000	0.1513	0.2843	0.1100
p4	0.3688	0.2042	0.1513	0.0000	0.2932	0.2216
p5	0.3421	0.1388	0.2843	0.2932	0.0000	0.3921
p6	0.2347	0.2540	0.1100	0.2216	0.3921	0.0000

1. 单连接(最小距离)

对于层次聚类的单连接或最小距离技术,两个簇的距离定义为两个簇中任意两点之间的最短距离(最大相似度)。使用图的术语,如果从所有点作为单点簇开始,每次在点之间加上一条链,最短的链先加,则这些链将合并成簇。单连接技术擅长处理非椭圆形状的簇,但对噪声和离群点很敏感。

图 6-10 显示了将单连接技术用于 6 个点数据集例子的结果。图 6-10(a)用嵌套的椭圆序列显示嵌套的簇,其中与椭圆相关联的数指示聚类的次序。图 6-10(b)显示了同样的信息,但使用树状图表示,树状图中两个簇合并处的高度反映两个簇的距离。例如,由表 6-2,可以看到点 3 和 6 的距离是 0.11,这就是它们在树状图里合并处的高度。另一个例子,簇{3,6}和{2,5}之间的距离是

$$\mathrm{dist}(\{3,6\},\{2,5\}) = \min(\mathrm{dist}(3,2),\mathrm{dist}(6,2),\mathrm{dist}(3,5),\mathrm{dist}(6,5))$$
$$= \min(0.15,0.25,0.28,0.29)$$
$$= 0.15$$

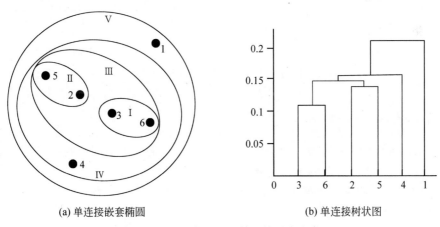

(a) 单连接嵌套椭圆　　　　　　　　(b) 单连接树状图

图 6-10　6 个数据点的单连接层次聚类

2. 全连接(最大距离)

对于层次聚类的全连接或最大距离技术,两个簇的距离定义为两个不同簇中任意两

点之间的最长距离(最小相似度)。使用图的术语,如果从所有点作为单点簇开始,每次在点之间加上一条链,最短的链先加,则一组点直到其中所有的点都完全被连接才形成一个簇。全连接对噪声和离群点不太敏感,但是它可能使得大的簇破裂,并且偏好球状。

图 6-11 显示了将全连接用于 6 个样本数点集的结果。与单连接一样,点 3 和 6 首先合并。然而,$\{3,6\}$ 与 $\{4\}$ 合并,并不是与 $\{2,5\}$ 或 $\{1\}$ 合并,因为

$$\begin{aligned} \mathrm{dist}(\{3,6\},\{4\}) &= \max(\mathrm{dist}(3,4),\mathrm{dist}(6,4)) \\ &= \max(0.15,0.22) \\ &= 0.22 \end{aligned}$$

$$\begin{aligned} \mathrm{dist}(\{3,6\},\{2,5\}) &= \max(\mathrm{dist}(3,2),\mathrm{dist}\{6,2\},\mathrm{dist}(3,5),\mathrm{dist}(6,5)) \\ &= \max(0.15,0.25,0.28,0.39) \\ &= 0.39 \end{aligned}$$

$$\begin{aligned} \mathrm{dist}(\{3,6\},\{1\}) &= \max(\mathrm{dist}(3,1),\mathrm{dist}(6,1)) \\ &= \max(0.22,0.23) \\ &= 0.23 \end{aligned}$$

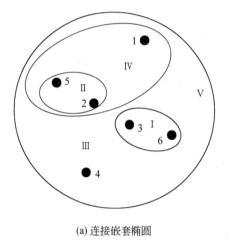

(a) 连接嵌套椭圆

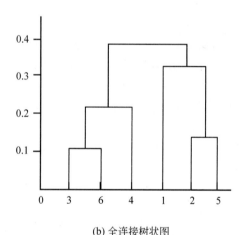

(b) 全连接树状图

图 6-11　6 个点的全连接层次聚类

3. 平均连接(平均距离)

对于层次聚类的平均连接度量方法,两个簇的距离定义为不同簇的所有点对距离的平均值。这是一种介于单连接和全连接之间的折中方法。

图 6-12 显示了将平均连接用于 6 个样本数据点集的结果。为了解释平均连接如何工作,计算某些簇之间的距离:

$$\mathrm{dist}(\{3,6,4\},\{1\}) = (0.22+0.37+0.23)/(3\times1) = 0.28$$
$$\mathrm{dist}(\{2,5\},\{1\}) = (0.2357+0.3421)/(2\times1) = 0.2889$$
$$\mathrm{dist}(\{3,6,4\},\{2,5\}) = (0.15+0.28+0.25+0.39+0.20+0.29)/(3\times2)$$
$$= 0.26$$

因为 $\mathrm{dist}(\{3,6,4\},\{2,5\})$ 比 $\mathrm{dist}(\{3,6,4\},\{1\})$ 和 $\mathrm{dist}(\{2,5\},\{1\})$ 小,所以簇 $\{3,6,4\}$ 和

{2,5}在第 4 阶段合并。

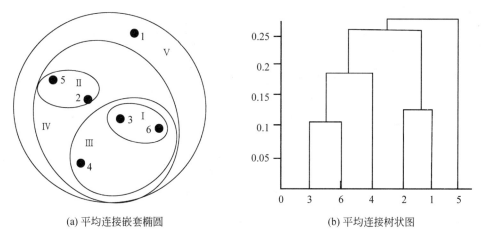

(a) 平均连接嵌套椭圆　　　　　　(b) 平均连接树状图

图 6-12　6 个点的平均连接层次聚类

6.4　基于密度的方法

划分和层次方法旨在发现球状簇。它们很难发现任意形状的簇,如图 6-13 中"S"形和椭圆形簇。给定这种数据,它们很可能不正确地识别凸区域,其中噪声或离群点被包含在簇中。

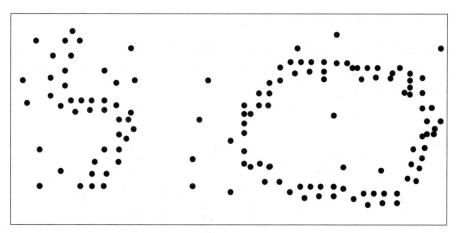

图 6-13　任意形状的簇

为了发现任意形状的簇,作为选择,可以把簇看作数据空间中被稀疏区域分开的稠密区域。这是基于密度的聚类方法的主要策略,该方法可以发现非球状的簇。本节介绍密度的主要概念(6.4.1 节)之后,再介绍一种基于密度聚类的代表性方法——DBSCAN(6.4.2 节)。

6.4.1 传统的密度：基于中心的方法

尽管定义密度的方法没有定义相似度的方法多，但仍存在几种不同的方法。本节讨论 DBSCAN 使用的基于中心的方法。

在基于中心的方法中，数据集中特定点的密度通过对该点 Eps 半径之内的点计数（包括点本身）来估计，如图 6-14 所示。点 A 的 Eps 半径内点的个数为 7，包括 A 本身。

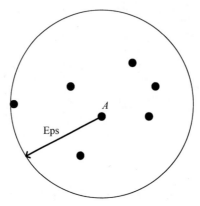

图 6-14　基于中心的密度

该方法实现简单，但是点的密度取决于指定的半径。例如，如果半径足够大，则所有点的密度都等于数据集中的点数 m。同理，如果半径太小，则所有点的密度都是 1。

根据基于中心的密度进行点分类

根据密度的基于中心的方法可以将点分类为稠密区域内部的点（核心点）、稠密区域边缘上的点（边界点）、稀疏区域中的点（噪声或背景点）。图 6-15 使用二维点集图示了核心点、边界点和噪声点的概念。

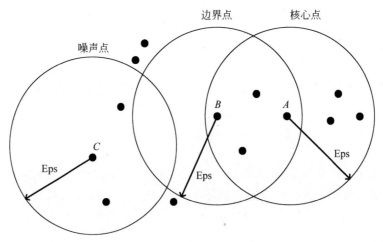

图 6-15　核心点、边界点和噪声点

- **核心点**(core point)：这些点在基于密度的簇内部。点的邻域由距离函数和用户指定的距离参数 Eps 决定。核心点的定义是，如果该点的给定邻域内的点的个数超过给定的阈值 MinPts，其中 MinPts 也是一个用户指定的参数。在图 6-15 中，点 A 是核心点。
- **边界点**(border point)：边界点不是核心点，但它落在某个核心点的邻域内。在图 6-15 中，点 B 是边界点。边界点可能落在多个核心点的邻域内。
- **噪声点**(noise point)：噪声点是既非核心点也非边界点的任何点。在图 6-15 中，点 C 是噪声点。

给定核心点、边界点和噪声点的定义，下面解释一些 DBSCAN 所用到的基本术语。

对象的 ε-邻域：给定对象在半径 ε 内的区域。

核心对象(core object)：如果一个对象的 ε-邻域至少包含最小数目 MinPts 个对象，则称该对象为核心对象。

直接密度可达(directly density-reachable)：给定一个对象集合 D，如果 p 是在 q 的 ε-邻域内，而 q 是一个核心对象，就说对象 p 从对象 q 出发是直接密度可达的。

密度可达的(density-reachable)：如果存在一个对象链 $p_1, p_2, \cdots, p_n$，使得 $p_1 = q$，$p_n = p$，并且对于 $p_i \in D (1 \leqslant i \leqslant n)$，$p_{i+1}$ 是从 p_i 关于 ε 和 MinPts 直接密度可达的，则对象 p 是从对象 q 关于 ε 和 MinPts 密度可达的。

密度相连的(density-connected)：如果对象集合 D 中存在一个对象 o，使得对象 p 和 q 是从 o 关于 ε 和 MinPts 密度可达的，那么对象 p 和 q 是关于 ε 和 MinPts 密度相连的。

例 6-5　密度可达和密度相连。给定圆的半径为 ε，另 MinPts＝3，如图 6-16 所示。

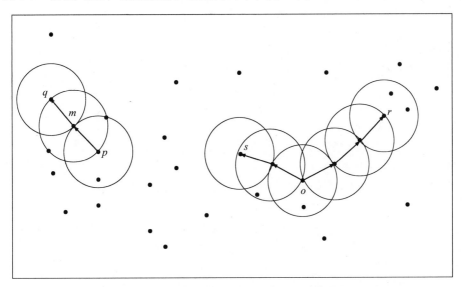

图 6-16　基于密度的聚类中的密度可达和密度相连

在被标记的点中，m，p，o 和 r 都是核心对象，因为它们的 ε-邻域内都至少包含 3 个对象。对象 q 是从 m 直接密度可达的。对象 m 是从 p 直接密度可达的，并且反之亦然。对象 q 是从 p（间接）密度可达的，因为 q 是从 m 直接密度可达的，并且 m 是从 p 直接密度可达的。然而,p 并不是从 q 密度可达的,因为 q 不是核心对象。类似地,r 和 s 是从 o 密度可达的,而 o 是从 r 密度可达的。因此,o、r 和 s 都是密度相连的。

6.4.2 DBSCAN 算法

初始时,给定数据集 D 中的所有对象都被标记为"**unvisited**"。DBSCAN 随机地选择一个未访问的对象 p,标记 p 为"**visited**",并检查 p 的 ε-邻域是否至少包含 MinPts 个对象。如果不是,则 p 被标记为**噪声点**;否则,为 p 创建一个新的簇 C,并且把 p 的 ε-邻域中的所有对象都放到候选集合 N 中。DBSCAN 迭代地把 N 中不属于其他簇的对象添加到 C 中。在此过程中,对于 N 中标记为"**unvisited**"的对象 p',DBSCAN 把它标记为 **visited**,并且检查它的 ε-邻域。如果 p'-邻域至少有 MinPts 个对象,则 p' 的 ε-邻域中的对象都被添加到 N 中。DBSCAN 继续添加对象到 C,直到 C 不能再扩展,即直到 N 为空。此时,簇 C 完全生成,于是被输出。

为了找出下一个簇,DBSCAN 从剩下的对象中随机地选择一个未访问的对象。聚类过程继续,直到所有对象都被访问。DBSCAN 算法的伪代码如算法 6-3 所示。

算法 6-3 DBSCAN,一种基于密度的聚类算法

输入:

        D:包含 n 个对象的数据集。

        ε:半径参数。

        MinPts:邻域密度阈值。

输出:基于密度的簇的集合。

步骤:

(1) 标记所有对象为 unvisited;

(2) **do**

(3)   随机选择一个 unvisited 对象 p;

(4)   标记 p 为 visited;

(5)   **if** p 的 **ε-**邻域至少有 MinPts 个对象

(6)   创建一个新簇 C,并把 p 添加到 C;

(7)   令 N 为 p 的 **ε-**邻域中的对象的集合;

(8)   **for** N 中每个点 p'

(9)   **if** p' 是 unvisited

(10)   标记 p' 为 visited;

(11)   **if** p' 的 ε-邻域至少有 MinPts 个点,把这些点添加到 N;

(12)   **if** p' 还不是任何簇的成员,把 p' 添加到 C;

(13)   **end for**

(14)   输出 C;

(15)   **else** 标记 p 为噪声;

(16) **until** 没有标记为 unvisited 的对象。

DBSCAN 的基本时间复杂度是 $O(n \times$ 找出 Eps 邻域中的点所需的时间$)$,其中 n 是点的个数。在最坏情况下,时间复杂度是 $O(n^2)$。然而,在低维空间,有一些数据结构,

如 kd 树,可以有效地检索特定点给定距离内的所有点,时间复杂度可以降低到 $O(n\log n)$。即使对于高维数据,DBSCAN 的空间也是 $O(n)$,因为对每个点,它只需要维持少量数据,即簇标号和每个点是核心点、边界点还是噪声点的标识。另外,如果用户定义的参数 ε 和 MinPts 设置恰当,则该算法可以有效地发现任意形状的簇。

6.5　概率模型的聚类方法

迄今为止,在我们讨论的所有聚类分析方法中,每个数据对象只能被指派到多个簇中的一个。这种簇分配规则在某些应用中是必要的,如把客户分配给销售经理。然而,在其他应用中,这种僵硬的要求可能并非我们期望的,正如下面给出的例子。

例 6-6　聚类产品评论。在一个网店中,顾客在在线购物的同时,可以对其产品发表评论。但并非每种产品都收到评论,而且某些产品可能有很多评论,而其他一些没有或很少。此外,一个评论可能涉及多种产品。这样,作为一名评论编辑,需要对这些评论进行聚类。

理想情况下,一个簇关于一个主题,例如,一组产品、服务或高度相关的问题。对于评论编辑的任务而言,把评论互斥地指派到一个簇效果并不好。假设关于照相机和摄像机有一个簇,关于计算机有另一个簇。如果一个评论谈论到摄像机与计算机的兼容性,应该怎么指派?该评论与这两个簇都相关,而且并不互斥地属于任何一个簇。

此时需要使用一种聚类方法,它允许一个评论属于多个簇,如果该评论确实涉及多个主题的话。为了反映一个评论属于某个簇的强度,可以在评论到簇的指派上附加一个代表这种部分隶属关系的权重。

本节系统地研究允许一个对象属于多个簇的聚类主题。6.5.1 节讨论模糊聚类,6.5.2 节推广到基于概率模型的聚类,6.5.3 节介绍期望极大化算法。

6.5.1　模糊聚类

如果数据对象分布在明显分离的组中,则把对象明确分类成不相交的簇看来是一种理想的方法。然而,在大部分情况下,数据集中的对象不能划分成明显分离的簇,指派一个对象到一个特定的簇也具有一定的任意性。考虑一个靠近两个簇边界的对象,它离其中一个稍微近一点。在大多数这种情况下,下面的做法更合适:对每个对象和每个簇赋予一个权值,指明该对象属于该簇的程度。从数学上讲,w_{ij} 是对象 x_i 属于簇 C_j 的权值。

1. 模 糊 集 合

1965 年,Lotfi Zadeh 引进模糊集合论(fuzzy set theory)和模糊逻辑(fuzzy logic)作为一种处理不精确和不确定性的方法。简要地说,模糊集合论允许对象以 0 和 1 之间的某个隶属度属于一个集合,而模糊逻辑允许一个陈述以 0 和 1 之间的确定度为真。传统的集合论和逻辑是对应的模糊集合论和模糊逻辑的特殊情况,它们限制集合的隶属度或确定度或者为 0,或者为 1。模糊概念已经用于许多不同的领域,包括控制系统、模式识别和数据分析(分类和聚类)。

考虑如下模糊逻辑的例子。陈述"天空有云"为真的程度可以定义为天空被云覆盖的百分比。例如,天空的 50% 被云覆盖,则"天空多云"为真的程度是 0.5。如果有两个集合"多云天"和"非多云天",则可以类似地赋予每一天隶属于这两个集合的程度。这样,如果一天 25% 多云,则它在"多云天"集合中具有 0.25 的隶属度,而在"非多云天"集合中具有 0.75 的隶属度。

2. 模糊簇

给定一个对象集 $X = \{x_1, x_2, \cdots, x_n\}$,模糊集 S 是 X 的一个子集,它允许 X 中的每个对象都具有一个属于 S 的 $0 \sim 1$ 隶属度。形式地,一个模糊集 S 可以用一个函数 $F_s : X \to [0, 1]$ 建模。

可以把模糊集概念用在聚类上。也就是说,给定对象的集合,一个簇就是对象的一个模糊集。这种簇称作**模糊簇**。因此,一个聚类包含多个模糊簇。

给定对象集 $o_1, o_2, \cdots, o_n$,k 个模糊簇 $C_1, C_2, \cdots, C_k$ 的模糊聚类可以用一个**隶属矩阵** $U = [w_{ij}]$ $(1 \leqslant i \leqslant n, 1 \leqslant j \leqslant k)$ 表示。其中 w_{ij} 是 o_i 在模糊簇 C_j 的隶属度。隶属矩阵应该满足以下三个要求:

- 对于每个对象 o_i 和簇 C_j,$0 \leqslant w_{ij} \leqslant 1$。这一要求强制模糊簇是模糊集。

- 对于每个对象 o_i,$\sum_{j=1}^{k} w_{ij} = 1$。这一要求确保每个对象同等地参与聚类。

- 对于每个簇 C_j,$0 < \sum_{i=1}^{n} w_{ij} < n$。这一要求确保对于每个簇,最少有一个对象,其隶属值非零。

3. 模糊 c 均值

尽管存在多种模糊聚类(事实上,许多数据分析算法都可以"模糊化"),我们只考虑 k-means 的模糊版本,称作模糊 c 均值。模糊 c 均值算法有时称作 FCM,它的算法过程如算法 6-4 所示。

算法 6-4 模糊 c 均值

输入:

      k:簇的数目;

      D:包含 n 个对象的数据集;

      $U = [w_{ij}]$:隶属矩阵。

输出:k 个簇的集合

步骤:

(1) 从 D 中任意选择 k 个对象作为初始簇中心;

(2) 用值在 0,1 之间的随机数初始化隶属矩阵 U,对所有的 w_{ij} 赋值;

(3) **repeat**

(4)   根据每个对象的隶属度,将其分配到隶属度最高的簇;

(5)   更新每个簇的质心;

(6)   重新计算隶属矩阵;

（7）**until** 不再发生变化。

初始化之后，FCM 重复地计算每个簇的质心和隶属矩阵，直到划分不再改变。FCM 的结构类似于 k-means。k-means 在初始化之后，交替地更新质心和指派每个对象到最近的簇。与 k-means 一样，FCM 可以解释为试图最小化误差的平方和（SSE），尽管 FCM 是基于 SSE 的模糊版本。事实上，k-means 可以看作 FCM 的特例。FCM 的细节介绍如下：

计算 SSE 误差的平方和（SSE）的定义修改为

$$\text{SSE}(C_1, C_2, \cdots, C_k) = \sum_{j=1}^{k} \sum_{i=1}^{n} w_{ij}^p \, \text{dist}(x_i, c_j)^2 \tag{6-6}$$

其中 c_j 是第 j 个簇的质心，而 $p(p \geqslant 1)$ 控制隶属度的影响。p 的值越大，隶属度的影响越大。

初始化 通常使用随机初始化。特殊地，权值随机地选取，同时限定与任何对象相关联的权值之和必须等于 1。与 k-means 一样，随机初始化是简单的，但是常常导致聚类结果代表 SSE 的局部最小。

计算质心 式（6-7）给出的质心定义可以通过发现最小化公式（6-6）给定的模糊 SSE 的质心推导出来。对于簇 C_j，对应的质心 c_j 由下式定义：

$$c_j = \sum_{i=1}^{n} w_{ij}^p x_i \Big/ \sum_{i=1}^{n} w_{ij}^p \tag{6-7}$$

模糊质心的定义类似于传统的质心定义，不同之处在于所有点都要考虑，并且每个点对质心的贡献要根据它的隶属度加权。对于传统的明确集合，所有的 w_{ij} 或者为 0，或者为 1。

如果所选取的 p 值接近 1，则模糊 c 均值的行为很像传统的 k-means。另一方面，随着 p 增大，所有的簇质心都趋向于所有数据点的全局质心。换言之，随着 p 增大，划分变得越来越模糊。

更新隶属矩阵 由于隶属矩阵有权值定义，因此这一步涉及更新与第 i 个点和第 j 个簇相关联的权值 w_{ij}。式（6-8）给出的权值更新公式可以通过限定权值之和为 1，最小化公式（6-6）中的 SSE 导出。

$$w_{ij} = (1/\text{dist}(x_i, c_j)^2)^{\frac{1}{p-1}} \Big/ \sum_{q=1}^{k} (1/\text{dist}(x_i, c_q)^2)^{\frac{1}{p-1}} \tag{6-8}$$

直观地看，权值 w_{ij} 指明点 x_i 在簇 C_j 中的隶属度。如果 x_i 靠近质心 c_j，即 $\text{dist}(x_i, c_j)$ 比较小，则 w_{ij} 应当相对较高；而如果 x_i 远离质心 c_j，即 $\text{dist}(x_i, c_j)$ 比较大，则 w_{ij} 相对较低。现在考虑式（6-8）中指数 $1/(p-1)$ 的影响。如果 $p > 2$，则该指数降低赋予离点最近的簇的权值。事实上，随着 p 趋向于无穷大，该指数趋向于 0，而权值趋向于 $1/k$。另一方面，随着 p 趋向于 1，该指数加大赋予离点最近的簇的权值。随着 p 趋向于 1，关于最近簇的隶属权值趋向于 1，而关于其他簇的隶属权值趋向于 0。

6.5.2 基于概率模型的聚类

模糊簇提供了一种灵活性，允许一个对象属于多个簇。有没有一种说明聚类的一般框架,其中对象可以用概率的方法参与多个簇?本小节介绍基于概率模型的聚类的一般概念来回答这一问题。

之所以在数据集上进行聚类分析,是因为假定数据集中的对象属于不同的固有类别。这里,隐藏在数据中的固有类别是潜在的,因为不可能直接观测到它们,而必须使用观测数据来推测。例如,6.5 节一开始提到的网店评论划分问题,评论集中的主题是潜在的,不能直接地了解到一个评论是属于哪一种主题。然而,可以从评论中推导出这些主题,因为每个评论都是关于一个或多个主题的。因此,聚类分析的目标是发现隐藏的类别。

从统计学讲,可以假定隐藏的类别是数据空间上的一个分布,可以使用概率密度函数(或分布函数)精确地表示。这种隐藏的类别称为**概率簇**(probabilistic cluster)。对于一个概率簇 C,它的密度函数 f 和数据空间的点 o,$f(o)$ 是 C 的一个实例在 o 上出现的相对似然。

假设要通过聚类分析找出 k 个聚类簇 $C_1,C_2,\cdots,C_k$。对于 n 个对象的数据集 D,可以把 D 看作这些簇的可能实例的一个有限样本。从概念上讲,可以假定 D 按如下方法形成。每个簇 $C_j(1\leqslant j\leqslant k)$ 都与一个实例从该簇抽样的概率 w_j 相关联。通常假定 w_1,$w_2,\cdots,w_k$ 作为问题设置的一部分给定,并且 $\sum\limits_{j=1}^{k}w_j=1$,确保所有对象都被 k 个簇产生。

然后,运行如下两步过程,产生 D 的一个对象。这些步骤总共执行 n 次,产生 D 的 n 个对象 $o_1,o_2,\cdots,o_n$。

(1) 按照概率 $w_1,w_2,\cdots,w_k$,选择一个簇 C_j。

(2) 按照 C_j 的概率密度函数 f_j,选择一个 C_j 的实例。

该数据产生过程是混合模型的基本假定。**混合模型**将数据看作从不同的概率分布得到的观测值的集合。概率分布可以是任何分布,但是通常是多元正态的,因为这种类型的分布已被人们完全理解,容易从数学上进行处理,并且已经证明在许多情况下都能产生好的结果。

从概念上讲,混合模型对应于如下数据产生过程。给定几个分布(通常类型相同但参数不同),随机地选取一个分布并由它产生一个对象,重复该过程 n 次,其中 n 是对象的个数。

更形式化地,假定有 k 个分布和 n 个对象 $X=\{x_1,x_2,\cdots,x_n\}$。设第 j 个分布的参数为 θ_j,并设 Θ 是所有参数的集合,即 $\Theta=\{\theta_1,\theta_2,\cdots,\theta_k\}$。则 $P(x_i|\theta_j)$ 是第 i 个对象来自第 j 个分布的概率。选取第 j 个分布产生一个对象的概率由权值 $w_j(1\leqslant j\leqslant k)$ 给定,其中权值(概率)受限于其和为 1 的约束,即 $\sum\limits_{j=1}^{k}w_j=1$。于是,对象 x 的概率由式(6-9)给出。

$$P(x\mid\Theta)=\sum_{j=1}^{k}w_jP_j(x\mid\theta_j) \tag{6-9}$$

如果对象以独立的方式产生,则整个对象集的概率是每个个体对象 x_i 的概率的乘积。

$$P(X\mid\Theta)=\prod_{i=1}^{n}P(x_i\mid\Theta)=\prod_{i=1}^{n}\sum_{j=1}^{k}w_jP_j(x_i\mid\theta_j) \tag{6-10}$$

对于混合模型,每个分布描述一个不同的组,即一个不同的簇。通过使用统计方法,可以由数据估计这些分布的参数,从而描述这些分布(簇)。也可以识别哪个对象属于哪个簇。然而,混合建模并不产生对象到簇的明确指派,而是给出具体对象属于特定簇的概率。

例 6-7　单变量的高斯混合模型。用高斯分布给出混合模型的具体解释。一维高斯分布在点 x 的概率密度函数是

$$P(x_i \mid \Theta) = \frac{1}{\sqrt{2\pi}\sigma} e^{-\frac{(x-\mu)^2}{2\sigma^2}} \tag{6-11}$$

该高斯分布的参数是 $\theta = (\mu, \sigma)$,其中 μ 是分布的均值,而 σ 是标准差。假定有两个高斯分布,具有共同的标准差 2,均值分别为 -4 和 4。还假定每个分布以等概率选取,即 $w_1 = w_2 = 0.5$。于是式(6-9)变成

$$P(x \mid \Theta) = \frac{1}{2\sqrt{2\pi}} e^{-\frac{(x+4)^2}{8}} + \frac{1}{2\sqrt{2\pi}} e^{-\frac{(x-4)^2}{8}} \tag{6-12}$$

图 6-17 显示该混合模型的概率密度函数图,使用单变量高斯混合模型的基于概率模型的聚类分析任务是推断 Θ,使得式(6-12)最大化。

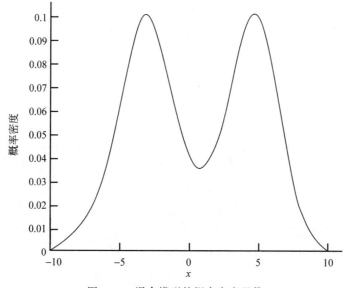

图 6-17　混合模型的概率密度函数

6.5.3　期望最大化算法

如何计算模糊聚类和基于概率模型的聚类?本节介绍一种原理性方法。

k-means 聚类可以看作是模糊聚类的一种特例,k-means 算法迭代执行直到不能再改进聚类。每次迭代包括两个步骤:

期望步(E-步):给定当前的簇中心,每个对象都被指派到簇中心离该对象最近的簇。这里,期望每个对象都属于最近的簇。

最大化步(M-步)：给定簇指派，对于每个簇，算法调整其中心，使得指派到该簇的对象到该新中心的距离之和最小化。也就是说，将指派到一个簇的对象的相似度最大化。

可以推广这两步过程来处理模糊聚类和基于概率模型的聚类。一般而言，**期望-最大化**(Expectation-Maximization，EM)算法是一种框架，它逼近统计模型参数的最大似然或最大后验估计。在模糊或基于概率模型的聚类的情况下，EM算法从初始参数集出发，并且迭代直到不能改善聚类，即直到聚类收敛或改变充分小(小于一个预先设定的阈值)。每次迭代也由两步组成：

- **期望步**根据当前的模糊聚类或概率簇的参数，把对象指派到簇中。
- **最大化步**发现新的聚类或参数，最大化模糊聚类的SSE或基于概率模型的聚类的期望似然。

例6-8 EM算法的简单例子。这个例子解释EM算法用于图6-17的数据时如何执行。为了使这个例子尽可能简单，假定已知两个分布的标准差都是2.0，并且点以相等的概率由两个分布产生。把左边和右边的分布分别称作分布1和分布2。

从对 μ_1 和 μ_2 的初始猜测开始EM算法，比如，取 $\mu_1=-2，\mu_2=3$。这样，对于两个分布，初始参数 $\theta=(\mu,\sigma)$ 分别是 $\theta_1=(-2,2)$ 和 $\theta_2=(3,2)$。整个混合模型的参数集是 $\Theta=\{\theta_1,\theta_2\}$。对于EM的期望步，要计算某个点取自一个特定分布的概率。即要计算 $P(分布1|x_i,\Theta)$ 和 $P(分布2|x_i,\Theta)$。这些值可以用下式表示，它是贝叶斯规则的直接应用。

$$P(分布\ j \mid x_i,\theta)=\frac{0.5P(x_i \mid \theta_j)}{0.5P(x_i \mid \theta_1)+0.5P(x_i \mid \theta_2)} \tag{6-13}$$

其中，0.5是每个分布的概率(权)，而 j 是1或2。

例如，假定其中一个点是0。计算 $P(0|\theta_1)=0.12，P(0|\theta_2)=0.06$(实际计算的是概率密度)。使用这些值和式(6-13)，发现 $P(分布1|0,\Theta)=0.12/(0.12+0.06)=0.66$，$P(分布2|0,\Theta)=0.06/(0.12+0.06)=0.33$。根据对参数值的当前假设，这意味着点0属于分布1的可能性是属于分布2的可能性的两倍。

计算了20 000个点的簇隶属概率之后，在EM算法的最大化步计算 μ_1 和 μ_2 的新的估计(使用式(6-14)和式(6-15))。注意，分布的均值的新的估计是点的加权平均，其中权值是点属于该分布的概率，即值 $P(分布j|x_i)$。

$$\mu_1=\sum_{i=1}^{20\,000} x_i \frac{P(分布1 \mid x_i,\Theta)}{\sum_{i=1}^{20\,000} P(分布1 \mid x_i,\Theta)} \tag{6-14}$$

$$\mu_2=\sum_{i=1}^{20\,000} x_i \frac{P(分布2 \mid x_i,\Theta)}{\sum_{i=1}^{20\,000} P(分布2 \mid x_i,\Theta)} \tag{6-15}$$

重复这两步，直到 μ_1 和 μ_2 的估计不再改变或变化很小。表6-3显示EM算法用于20 000个点的集合的前几次迭代。对于该数据，我们知道哪个分布产生哪些点，因此也可以由每个分布计算均值。这些均值是 $\mu_1=-3.98$ 和 $\mu_2=4.03$。

表 6-3 简单例子 EM 算法的前几次迭代

迭　　代	μ_1	μ_2	迭　　代	μ_1	μ_2
0	-2.00	3.00	3	-3.97	4.04
1	-3.74	4.10	4	-3.98	4.03
2	-3.94	4.07	5	-3.98	4.03

在许多应用中,基于概率模型的聚类已经表现出很好的效果,因为它比划分方法和模糊聚类方法更通用。它的一个突出优点是,使用合适的统计模型以捕获潜在的簇。EM 算法因其简洁性,已经广泛用来处理数据挖掘和统计学的许多学习问题。注意,一般而言,EM 算法可能收敛不到最优解,而是可能收敛于局部最大。研究者已经考察了许多避免收敛于局部极大的启发式方法。例如,可以使用不同的随机初始值,多次运行 EM 过程。此外,如果分布很多或数据集只包含很少观测数据点,则 EM 算法的计算开销可能很大。

6.6 聚类评估

到目前为止,我们已经学习了什么是聚类,并且已经认识了一些常见的聚类方法。你可能会问:"当我们在数据集上使用一种聚类方法时,如何评估聚类的结果是否好?"一般而言,**聚类评估**用于在数据集上进行聚类的可行性和被聚类方法产生的结果的质量进行评估。聚类评估主要包括以下任务:

- **估计聚类趋势**。在这项任务中,对于给定的数据集,评估该数据集是否存在非随机结构。如果盲目地在数据集上使用聚类方法返回一些簇,所挖掘的簇可能是误导。仅当数据中存在非随机结构时。数据集上的聚类分析才是有意义的。
- **确定数据集中的簇数**。一些诸如 k-means 这样的算法需要数据集的簇数作为参数。此外,簇数可以看作数据集的有趣并且重要的概括统计量。因此,在使用聚类算法导出详细的簇之前,估计簇数是可取的。
- **测定聚类质量**。在数据集上使用聚类方法之后,想要评估结果簇的质量。许多度量都可以使用。有些方法测定簇对数据的拟合程度,而其他方法测定簇与基准匹配的程度,如果这种基准存在。还有一些测定对聚类打分,因此可以比较相同数据集上的两组聚类结果。

6.6.1 估计聚类趋势

聚类趋势评估确定给定的数据集是否具有可以导致有意义的聚类的非随机结构。考虑一个没有任何非随机结构的数据集,如图 6-18 中数据空间中均匀分布的点。尽管聚类算法可以为该数据集返回簇,但是这些簇是随机的,没有任何意义。

为了处理这样的问题,可以使用多种算法来评估结果簇的质量。如果簇都很差,则可能表明数据中确实没有簇。

换一种方式,可以关注聚类趋势度量——试图评估数据集中是否包含簇,而不进行聚

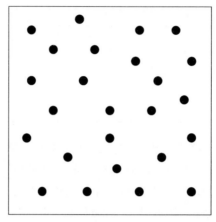

图 6-18　一个在数据空间均匀分布的数据集

类。最常用的方法(特别是对于欧几里得空间数据)是使用统计检验来检验空间随机性。然而,选择正确的模型、估计参数、评估数据是非随机的假设的统计数据,这一切可能非常具有挑战性。尽管如此,人们已经开发了许多方法,其中大部分都是针对低维欧几里得空间中的点。为了解释这一思想,下面考察一种简单但有效的统计量——霍普金斯统计量。

霍普金斯统计量(Hopkins Statistic)是一种空间统计量,检验空间分布的变量的空间随机性。给定数据集 D,它可以看作随机变量 o 的一个样本,想要确定 o 在多大程度上不同于数据空间中的均匀分布。可以按以下步骤计算霍普金斯统计量:

(1) 从 D 的空间中随机产生 n 个点 $p_1,p_2,\cdots,p_n$。也就是说,D 的空间中的每个点都以相同的概率包含在这个样本中。对于每个点 $p_i(1\leqslant i\leqslant n)$,找出 p_i 在 D 中的最近邻,并令 x_i 为 p_i 与它在 D 中的最近邻之间的距离,即

$$x_i = \min_{v\in D}\{\mathrm{dist}(p_i,v)\} \tag{6-16}$$

(2) 均匀地从 D 中抽取 n 个点 $q_1,q_2,\cdots,q_n$。对于每个点 $q_i(1\leqslant i\leqslant n)$,找出 q_i 在 $D-\{q_i\}$ 中的最近邻,并令 y_i 为 q_i 与它在 $D-\{q_i\}$ 中的最近邻之间的距离,即

$$y_i = \min_{v\in D,v\neq q_i}\{\mathrm{dist}(q_i,v)\} \tag{6-17}$$

(3) 计算霍普金斯统计量 H

$$H = \frac{\sum\limits_{i=1}^{n}y_i}{\sum\limits_{i=1}^{n}x_i + \sum\limits_{i=1}^{n}y_i} \tag{6-18}$$

如果 D 是均匀分布的,则 $\sum\limits_{i=1}^{n}x_i$ 和 $\sum\limits_{i=1}^{n}y_i$ 将会很接近,因为 H 大约为 0.5。H 值接近 0 或 1 分别表明数据是高度聚类的和数据在数据空间是有规律分布的。为了举例说明,对于 $p=20$ 和 100 的不同实验,计算了图 6-18 中数据的霍普金斯统计量。H 的平均值为 0.56,标准差为 0.03。

原假设是同质假设——D 是均匀分布的,因而不包含有意义的簇。非均匀假设(即 D 不是均匀分布的,因而包含簇)是备择假设。可以迭代地进行霍普金斯统计量检验,使

用 0.5 作为拒绝备择假设阈值,即如果 $H > 0.5$,则 D 不大可能具有统计显著的簇。

6.6.2 确定正确的簇个数

确定数据集中"正确的"簇数是重要的,不仅因为像 k-means 这样的聚类算法需要这个参数,而且因为合适的簇数可以控制适当的聚类分析粒度。这可以看作在聚类分析的**可压缩性与准确性**之间寻找好的平衡点。考虑两种极端情况,如果把整个数据集看作一个簇,会怎么样?这将最大化数据的压缩,但是这种聚类分析没有任何价值。另一方面,把数据集的每个对象看作一个簇将产生最细的聚类(即最准确的解,由于对象到其对应的簇中心的距离都为 0)。在像 k-means 这样的算法中,这甚至实现开销最小。然而,每个簇一个对象并不提供任何数据概括。

确定簇数并非易事,因为"正确的"簇数常常是含糊不清的。通常,找出正确的簇数依赖于数据集分布的形状和尺度,也依赖于用户要求的聚类分辨率。有许多估计簇数的可能方法。这里,简略介绍几种简单但流行和有效的方法。

一种简单的**经验方法**是,对于 n 个点的数据集,设置簇数 p 大约为 $\sqrt{n/2}$。在期望情况下,每个簇大约有 $\sqrt{2n}$ 个点。

肘方法(elbow method)基于如下观察:增加簇数有助于降低每个簇的簇内方差之和。这是因为有更多的簇可以捕获更细的数据对象簇,簇中对象之间更为相似。然而,如果形成太多的簇,则降低簇内方差和的边缘效应可能下降,因为把一个凝聚的簇分裂成两个只引起簇内方差和的稍微降低。因此,一种选择正确的簇数启发式方法是,使用簇内方差和关于簇数的曲线的拐点。

例 6-9 簇的个数。假设一个数据集有 10 个自然簇。图 6-19 显示了数据集的 k-means 聚类发现的簇数的 SSE 曲线,而图 6-20 显示了相同数据的簇数的平均轮廓系数曲线。当簇数等于 10 时,SSE 有一个明显的拐点,而轮廓系数有一个明显的尖峰。

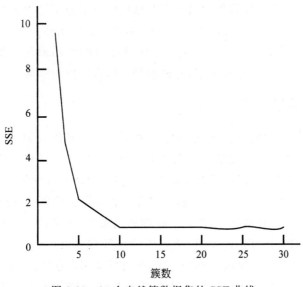

图 6-19 10 个自然簇数据集的 SSE 曲线

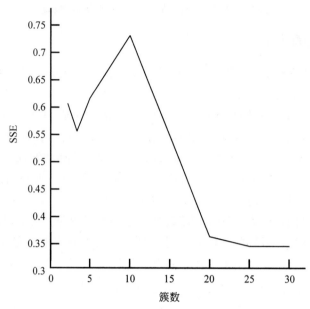

图 6-20　10 个自然簇数据集的平均轮廓系数曲线

　　当然,这种方法并不总是有效的,有时簇可能盘绕得或交叠得比较厉害。此外,数据中也可能包含嵌套的簇。

　　更高级的方法是使用信息准则或信息论的方法确定簇数。更多资料请参阅文献注释(6.10 节)。

　　数据集中"正确的"簇数还可以通过**交叉验证**确定。交叉验证是一种常用于分类的技术。首先,把给定的数据集 D 划分成 m 个部分。然后,使用 $m-1$ 个部分建立一个聚类模型,并使用剩下的一部分检验聚类的质量。例如,对于检验集中的每个点,可以找出最近的质心。因此,可以使用检验集中的所有点与它们的最近形心之间的距离的平方和来度量聚类模型拟合检验集的程度。对于任意整数 $k>0$,依次使用每一部分作为检验集,重复以上过程 m 次,导出 k 个簇的聚类。取质量度量的平均值作为总体质量度量。然后,对不同的 k 值,比较总体质量度量,并选取最佳拟合数据的簇数。

6.6.3　测定聚类质量

　　当得到有关于数据的外部信息(通常是从外部导出的数据对象的类标号形式)时,在这种情况下,惯常的做法是度量簇标号与类标号的对应程度。但是,这样做的目的是什么?归根结底,如果有了类标号,进行聚类分析的目的何在?这种分析的动机是比较聚类技术与"基本事实",或评估人工分类过程可以在多大程度上被聚类分析自动地实现。

　　一般而言,根据是否有基准(基准是一种理想的聚类,通常由专家构建)可用,可以有两类不同的方法。如果有可用的基准,则可以使用**外在方法**(extrinsic method),外在方法比较聚类结果和基准。如果没有基准可用,则可以使用**内在方法**(intrinsic method),通过考虑簇的分离情况评估聚类的好坏。基准可以看作一种"簇标号"形式的监督。因此,外在方法又称监督方法,而内在方法是无监督方法。

1. 外在方法

有许多度量(如熵、纯度、精度、召回率和 F 度量)普遍用来评估分类模型的性能。对于分类,度量预测的类标号与实际类标号的对应程度,但是对于上面提到的度量,通过使用簇标号而不是预测的类标号,不需要做重大改变。下面简略地介绍这些度量的定义。

- **熵**:每个簇由单个类的对象组成的程度。对于每个簇,首先计算数据的类分布,即对于簇 i,计算簇 i 的成员属于类 j 的概率 $p_{ij} = m_{ij}/m_i$,其中 m_i 是簇 i 中对象的个数,而 m_{ij} 是簇 i 中类 j 的对象个数。使用类分布,用标准公式 $e_i = -\sum_{j=1}^{L} p_{ij} \log_2 p_{ij}$ 计算每个簇 i 的熵,其中 L 是类的个数。簇集合的总熵用每个簇的熵的加权和计算,即 $e = \sum_{i=1}^{K} \frac{m_i}{m} e_i$,其中 K 是簇的个数,而 m 是数据点的总数。

- **纯度**:簇包含单个类的对象的另一种度量程度。使用前面的术语,簇 i 的纯度是 $p_i = \max_j p_{ij}$,而聚类的总纯度是 $\mathrm{purity} = \sum_{i=1}^{K} \frac{m_i}{m} p_i$。

- **精度**:簇中一个特定类的对象所占的比例。簇 i 关于类 j 的精度是 $\mathrm{precision}(i, j) = p_{ij}$。

- **召回率**:簇包含一个特定类的所有对象的程度。簇 i 关于类 j 的召回率是 $\mathrm{recall}(i, j) = m_{ij}/m_j$,其中 m_j 是类 j 的对象个数。

- **F 度量**:精度和召回率的组合,度量在多大程度上,簇只包含一个特定类的对象和包含该类的所有对象。簇 i 关于类 j 的 F 度量是 $F(i,j) = (2 \times \mathrm{precision}(i,j) \times \mathrm{recall}(i,j))/(\mathrm{precision}(i,j) + \mathrm{recall}(i,j))$。

例 6-10　监督评估度量。下面提供一个例子解释这些度量。具体地说,以余弦相似性度量使用 k-means,对取自《洛杉矶时报》的 3204 篇报道文章进行聚类。这些文章取自 6 个不同的类:娱乐、财经、国外、国内、都市和和体育。表 6-4 显示了 k-means 聚类发现 6 个簇的结果。第 1 列指示簇,接下来的 6 列形成混淆矩阵,则这些列指出每个类的文档在这些簇中如何分布。最后两列分别是熵和纯度。

表 6-4　《洛杉矶时报》文档数据集 k-means 聚类结果

簇	娱乐	财经	国外	国内	都市	体育	熵	纯度
1	3	5	40	96	506	27	1.2270	0.7474
2	4	7	280	39	29	2	1.1472	0.7756
3	1	1	1	4	7	671	0.1813	0.9796
4	10	162	3	73	119	2	1.7487	0.4390
5	331	22	5	13	70	23	1.3976	0.7134
6	5	358	12	48	212	13	1.5523	0.5525
合计	354	555	341	273	943	738	1.1450	0.7203

理想情况下,每个簇仅包含来自一个类的文档。事实上,每个簇包含来自多个类的文档。尽管如此,许多簇包含的文档主要来自一个类。具体地说,簇 3 包含的文档大部分来自体育版,纯度和熵都异常好。其他簇的纯度和熵没有这么好,但是如果数据被划分到更多的簇,则簇的纯度和熵可能大幅提高。

可以对每个簇计算精度、召回率和 F 度量。为了给出一个具体的例子,考虑表 6-4 的簇 1 和都市类。精度是 506/677,召回率是 506/943,因而 F 值是 0.39。相比之下,簇 3 和体育的 F 值是 0.94。

2. 内在方法

当没有数据集的基准可用时,必须使用内在方法来评估聚类的质量。一般而言,内在方法通过考察簇的分离情况和簇的紧凑情况来评估聚类。许多内在方法都利用数据集的对象之间的相似性度量。

轮廓系数(silhouette coefficient)就是这种度量。对于 n 个对象的数据集 D,假设 D 被划分成 k 个簇 $C_1, C_2, \cdots, C_k$。对于每个对象 $o \in D$,计算 o 与 o 所属的簇的其他对象之间的平均距离 $a(o)$。类似地,$b(o)$ 是 o 到不属于 o 的所有簇的最小平均距离。假设 $o \in C_i, (1 \leqslant i \leqslant k)$,则

$$a(o) = \frac{\sum\limits_{o' \in C_i, o \neq o'} \text{dist}(o, o')}{|C_i| - 1} \tag{6-19}$$

而

$$b(o) = \min_{C_j : 1 \leqslant j \leqslant k, j \neq i} \left\{ \frac{\sum\limits_{o' \in C_j} \text{dist}(o, o')}{|C_j|} \right\} \tag{6-20}$$

对象 o 的轮廓系数定义为

$$s(o) = \frac{b(o) - a(o)}{\max\{a(o), b(o)\}} \tag{6-21}$$

轮廓系数的值在 -1 和 1 之间。$a(o)$ 的值反映 o 所属的簇的紧凑性。该值越小,簇越紧凑。$b(o)$ 的值捕获 o 与其他簇的分离程度。$b(o)$ 的值越大,o 与其他簇越分离。因此,当 o 的轮廓系数值接近 1 时,包含 o 的簇是紧凑的,并且 o 远离其他簇,这是一种可取的情况。然而,当轮廓系数的值为负时(即 $b(o) < a(o)$),这意味在期望情况下,o 距离其他簇的对象比距离与自己同在簇的对象更近。在许多情况下,这是很糟糕的,应该避免。

为了度量聚类中的簇的拟合性,可以计算簇中所有对象的轮廓系数的平均值。为了度量聚类的质量,可以使用数据集中所有对象的轮廓系数的平均值。轮廓系数和其他内在度量也可以用在肘方法中,通过启发式地导出数据集的簇数取代簇内方差之和。

6.7 案 例 分 析

6.7.1 使用 k-means 算法进行西瓜品类分析

1. 数据准备

现在,通过一些数据采集的手段,获取到一部分西瓜的密度以及含糖率信息,数据集

命名为 watermelon4.0,该数据集中每一个样本是一个二维向量,每个西瓜分别作为一个样本数据占据数据集的一行,总共有 30 行,其中每条数据集包含如下的特征:

- 西瓜编号
- 密度
- 含糖量

表 6-5 给出了编号前 9 个西瓜的密度以及含糖量。接下借用 Python 平台,对这 30 个西瓜的含糖量和密度进行 k-means 聚类,希望能挖掘出其背后隐藏的信息。

表 6-5　部分西瓜数据集

西 瓜 编 号	密　度	含　糖　量
1	0.697	0.460
2	0.774	0.376
3	0.634	0.264
4	0.608	0.318
5	0.556	0.215
6	0.403	0.237
7	0.481	0.149
8	0.437	0.211
9	0.666	0.091

2. 使用 k-means 算法进行聚类分析

在将上述特征数据输入到聚类器之前,必须将待处理数据的格式改变为聚类器可以接受的格式,删除不需要的特征。首先,只取数据集中的"密度"和"含糖量"两个特征,而"西瓜编号"特征则标识为每条数据的标号,并不参与聚类过程。然后,用 Python 命令加载数据集,如图 6-21 所示:

```
#导入数据集
def loadDataSet(fileName):
    data = np.loadtxt(fileName, encoding='utf-8', skiprows=1)   #过滤第一行
    return data
```

图 6-21　导入数据集命令

现在,有一个符合标准的密度、含糖量列表存储在 watermelon4.0.csv 中。接下来,开始通过 k-means 聚类系统对这些西瓜进行聚类分析。

首先,需要制作原始数据的散点图。

输出效果如图 6-22 所示,散点图的横坐标和纵坐标分别表示特征值"密度"和"含糖量",从图中也可看出数据的大致分布情况。

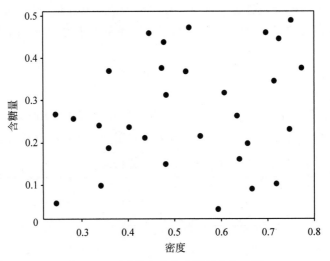

图 6-22　西瓜的密度和含糖量分布情况

```
#主函数
def main():
    dataSet = loadDataSet("watermelon4.0.txt")
    k = 3
    centroids, clusterAssment = k_means(dataSet, k)
    print(centroids)
    print(clusterAssment)
    showCluster(dataSet, k, centroids, clusterAssment)
if __name__ == "__main__":
    main()
```

图 6-23　*k*-means 算法主函数入口

在聚类算法的主函数处,如图 6-23 所示,运行聚类算法前,需要确定好需要的最终形成的类簇的个数。在这里,只考虑"含糖量"和"密度"两个特征。算法最终返回每个类簇的中心以及每个样本最终的标签。

k-means 算法的主函数部分如图 6-24 所示。

```
#计算欧几里得距离
def dist(x, y):
    return np.sqrt(np.sum((x - y) ** 2))
#从给定的数据集中选择 k 个样本作为初始均值向量
def randCent(dataSet, k):
    m, n = dataSet.shape
    #初始化质心
    centroids = np.zeros((k, n))
```

图 6-24　聚类过程程序清单

```
    for i in range(k):
        index = np.random.randint(0, m)          #随机选择一个样本的下标
        centroids[i, :] = dataSet[index, :]      #将样本值赋值给聚类中心
    return centroids
#k-means算法实现
def k_means(dataSet, k):
    m = dataSet.shape[0]                          #行的数目——样本数
    '''
    定义一个矩阵clusterAssment
    第一列存样本属于哪一簇
    第二列存样本的到簇的中心点的误差
    '''
    clusterAssment = np.mat(np.zeros((m, 2)))
    clusterChange = True                         #用来判断聚类是否已经收敛
    #第一步 初始化centroids
    centroids = randCent(dataSet, k)
    #迭代过程
    while clusterChange:
        clusterChange = False
        #遍历所有样本
        for i in range(m):
            #定义两个变量miniIndex和miniDist分别记录距样本i最近的簇中心的下
            #标值和相应的距离
            miniDist = 10000.0
            miniIndex = -1
            #遍历所有质心,找出最近的质心
            for j in range(k):
                #计算样本到质心的欧几里得距离
                distance = dist(centroids[j, :], dataSet[i, :])
                if distance < miniDist:
                    miniDist = distance
                    miniIndex = j
            #第三步 更新每个样本所属的簇
            if clusterAssment[i, 0] != miniIndex:
                clusterChange = True
                clusterAssment[i, :] = miniIndex, miniDist ** 2
        #第四步 更新质心
        for j in range(k):
            pointsInCluster = dataSet[np.nonzero(clusterAssment[:, 0].
                                A == j)[0]]
                #找到样本中第一列等于j的所有列
            centroids[j, :] = np.mean(pointsInCluster, axis=0)
                #算出这些数据的中心点
    return centroids, clusterAssment
```

图 6-24 （续）

上述程序清单包含了 k-means 聚类的基本过程,其中 dist 函数计算两个向量之间的欧几里得距离,randCent 函数从给定的数据集中选择初始均值向量。

最后对聚类结果进行可视化展示,在 Python 提示符下输入如下命令,如图 6-25 所示。

```python
#数据可视化
def showCluster(dataSet, k, centroids, clusterAssment):
    m, n = dataSet.shape
    plt.xlabel(u"密度")
    plt.ylabel(u"含糖量")
    plt.rcParams['font.sans-serif'] = ['SimHei']
    plt.rcParams['axes.unicode_minus'] = False

    #设定普通点颜色形状,这里'or'代表中的'o'代表画圈,'r'代表颜色为红色,后面的依
    #次类推
    mark = ['or', 'ob', 'og', 'ok', '^r', '+r', 'sr', 'dr', '<r', 'pr']
    if k > len(mark):
        print("k的值太大了")
        return 1

    #绘制所有样本
    for i in range(m):
        markIndex = int(clusterAssment[i, 0])
        plt.plot(dataSet[i, 0], dataSet[i, 1], mark[markIndex])

    #设定质心颜色形状
    mark = ['Dr', 'Db', 'Dg', 'Dk', '^b', '+b', 'sb', 'db', '<b', 'pb']
    #绘制质心
    for i in range(k):
        plt.plot(centroids[i, 0], centroids[i, 1], mark[i])

    plt.show()
```

图 6-25 可视化程序清单

该可视化程序使用 Python 的一个绘图所使用的库 matplotlib,因此需要使用代码 import matplotlib.pyplot as plt 导入对应的库。最终聚类结果如图 6-26 所示。

如图 6-26 所示,根据数据点的分布,大致可将这 30 个西瓜归为 3 个类簇。从图中可以大致看出,红色区域的西瓜普遍表现为高密度低含糖量;绿色区域的西瓜则普遍为高密度高含糖量;相比而言,蓝色区域的西瓜普遍表现为低密度低含糖量。

6.7.2　使用层次聚类算法进行股票分析

1. 数据准备

在上证 50 中选取 20 只股票,使用 tushare 股票数据接口(需要下载安装 tushare 库)

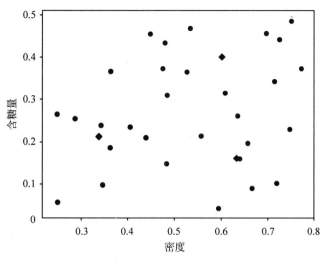

图 6-26　对 30 个西瓜的含糖量与密度的聚类结果

获取它们在 2020 年 7、8 月的日线数据，使用开放接口中获取的数据的三个字段，分别是：code（股票代码）、open（第一天的开盘价）、close（最后一天的收盘价）。计算出它们在该时间段内总的涨幅（四位小数）和成交额（千元）作为聚类依据。因此每条数据包含如下的特征，见表 6-6。

- code
- change
- amount

表 6-6　部分股票数据集

code	change	amount
600703.SH	0.0783	126 163 216
601066.SH	0.3277	144 285 216.1
601336.SH	0.351	73 060 936.02
601318.SH	0.0703	338 410 838
601166.SH	0.0215	99 270 636.46
600745.SH	0.0962	141 369 955
600887.SH	0.3421	126 086 720.4
601888.SH	0.3152	200 913 755.8
600030.SH	0.3195	443 882 764.6
600837.SH	0.2059	105 792 315.5

表 6-6 给出了部分股票数据集的涨幅以及成交额。接下来借用 Python 平台，使用层次聚类算法对股票数据进行挖掘其潜藏的信息。

2.使用层次聚类算法进行聚类分析

　　Tushare api 可以在 tushare.pro 免费申请,申请方式见其官方网站。在获取到 2020 年 7 月 1 日到 2020 年 8 月 31 日的股票交易开放数据后,必须将原始的数据改变为聚类器可以接受的格式,因此需要对原始数据进行进一步处理。数据加载以及数据预处理代码片段如图 6-27 所示。

```
import tushare as ts
import pandas as pd
from matplotlib import pylab as pl
ts.set_token('5f*********************************ec8')
stockString = '600519.SH,600030.SH,600196.SH,601318.SH,601012.SH' \
              ',601888.SH,600036.SH,600703.SH,601628.SH,600887.SH' \
              ',600276.SH,601066.SH,600745.SH,601688.SH,601336.SH' \
              ',600837.SH,600690.SH,600009.SH,601166.SH,603160.SH'
#获取指定代码的股票在指定时间内的日线数据
pro = ts.pro_api()
data = pro.daily(ts_code=stockString, start_date='20200701', end_date=
'20200831')
#更改列名
columns = list(data.columns)
columns[columns.index('ts_code')] = 'code'
columns[columns.index('trade_date')] = 'date'
data.columns = columns
#选定字段
data1 = data.loc[:, ['code', 'date', 'open', 'close', 'amount']]
codes = set(data1['code'])
#股票代码、涨跌额、成交额
df = pd.DataFrame(columns=('code', 'change', 'amount'))
for code in codes:
    data2 = data1[data['code'] == code]
    #重置索引编号
    data2.reset_index(inplace=False)
    amount = format(data2['amount'].sum(), '.2f')      #成交额
    start = data2.tail(1)['open'].sum()                #第一天的开盘价
    end = data2.head(1)['close'].sum()                 #最后一天的收盘价
    change = format((end - start) / start, '.4f')      #涨幅
    df = df.append(pd.DataFrame({'code': [code], 'change': [change],
'amount': [amount]}), ignore_index=True)
#更改列的数据类型
df[['change', 'amount']] = df[['change', 'amount']].astype(float)
```

图 6-27　数据预处理命令

```
#数据标准化,将变量的取值区间化为[0,1]
d_change = df['change'].max() - df['change'].min()   #涨跌幅极差
d_amount = df['amount'].max() - df['amount'].min()   #成交额极差
df['change'] = ((df['change'] - df['change'].min()) / d_change).apply
(lambda x: format(x, '.4f'))
df['amount'] = ((df['amount'] - df['amount'].min()) / d_amount).apply
(lambda x: format(x, '.4f'))
df.to_csv('stock_std.csv', sep=',', index=False)
```

图 6-27 （续）

现在,有一个符合标准的股票数据集保存在 stock_csv.csv 中。接下来,就开始通过层次聚类进行聚类分析。首先,需要制作原始数据的散点图对应绘图命令如图 6-28 所示。

```
coo_X = list(df['change'].astype(float))
coo_Y = list(df['amount'].astype(float))
pl.scatter(coo_X, coo_Y, marker='x')
pl.xlabel('change')
pl.ylabel('amount')
pl.title('stock')
pl.show()
```

图 6-28　数据预处理命令

数据分布结果如图 6-29 所示,散点图的横坐标和纵坐标分别表示特征值股票的“涨幅”和“成交额”,从图中也可看出数据的大致分布情况。在聚类算法的主函数处,考虑最终形成的类簇个数为 3,分别使用两种层次聚类进行,如图 6-30 所示。

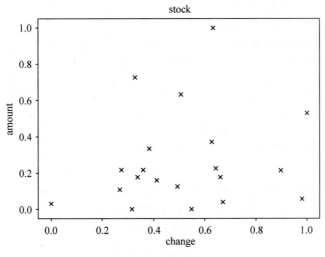

图 6-29　股票数据分布情况

```
#找出距离最近的两个簇
def findClosest(M):
    min = 10000
    #记录距离最近的两个簇编号
    x = 0
    y = 0
    for i in range(0, len(M)):
        for j in range(0, len(M[i])):
            if M[i][j] < min:
                min = M[i][j]
                x = i
                y = j
    return x, x + y + 1
#参数:数据集、属性列表、连接方法、簇个数
def agnes(data, attr, method, k):
    C = []              #簇划分
    M = []              #距离矩阵(三角形)
    q = len(data)   #初始化簇个数
    #将每个点初始化为簇
    for i in range(0, len(data)):
        list = []
        Ci = ()
        for var in attr:
            Ci += (data.loc[i][var],)
        list.append(Ci)
        C.append(list)
    #计算距离矩阵
    for i in range(0, len(C)):
        Mi = []   #距离矩阵的每一行
        for j in range(i + 1, len(C)):
            Mi.append(method(C[i], C[j]))
        M.append(Mi)
    while q > k:
        x, y = findClosest(M)
        C[x].extend(C[y])    #将 y 并入 x(x<y)
        C.remove(C[y])       #删除 y
        #更新距离矩阵
        M = []
        for i in range(0, len(C)):
            Mi = []
            for j in range(i + 1, len(C)):
```

图 6-30 AGENS 聚类过程程序清单

```
            Mi.append(method(C[i], C[j]))
        M.append(Mi)
     q -= 1
   return C
dataset = pd.read_csv('stock_std.csv')
C = agnes(dataset, ['change', 'amount'], average_linkage, 3)
output(dataset, C, 'AGNES')
draw_scatter(C, 'AGNES')
draw_dendrogram(dataset, 'AGNES')
```

图 6-30 （续）

上述程序清单包含了 AGENS 聚类的基本过程，其中 findClosest 函数找出距离最近的两个簇。

最后对聚类结果进行可视化展示，在 Python 提示符下输入如下命令，如图 6-31 所示。

```
#树状图(dataset:数据集,method:"AGNES"或"DIANA")
def draw_dendrogram(dataset, method, link='single'):
X = dataset[['change', 'amount']]
if method == 'AGNES':
fig = ff.create_dendrogram(X, labels=list(dataset['code']),
linkagefun=lambda x: linkage(X, link, metric='euclidean'))
else:
    fig = ff.create_dendrogram(X, labels=list(dataset['code']),
linkagefun=lambda x: linkage(X, 'single', metric='euclidean'))
fig.update_layout(width=1000, height=500)
fig.show()


#散点图(C:簇集合,title:图表标题)
def draw_scatter(C, title):
    colValue = ['b', 'g', 'r', 'c', 'm', 'y', 'b', 'w']
    for i in range(len(C)):
        coo_X = []               #x坐标列表
        coo_Y = []               #y坐标列表
        for j in range(len(C[i])):
            coo_X.append(C[i][j][0])
            coo_Y.append(C[i][j][1])
        pl.scatter(coo_X, coo_Y, marker='x',
    color=colValue[i % len(colValue)], label=i + 1)
    pl.xlabel('change')          #横坐标标题
    pl.ylabel('amount')          #纵坐标标题
```

图 6-31　可视化程序清单

从最终的聚类分析结果（见图 6-32 和图 6-33）中可以得出股价波动较大的股票的成交额往往较小。例如：新股上市连续多个一字板，没有什么成交额；庄家全控的盘，连续上涨或下跌，同样没什么成交。股价持续下跌肯定会导致成交量萎缩，因为大部分股民被套后不愿意交易。而持续上涨一定会导致交易量不断放大，因为股民获利后进行交易的意愿更强烈。成交量可以作为判断股价波动的因子之一，但其本身并不能预示涨跌。

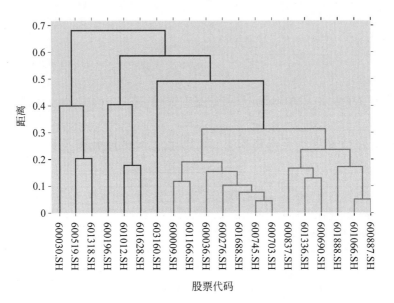

图 6-32　对 20 只股票涨跌幅和成交额的层次聚类树状图

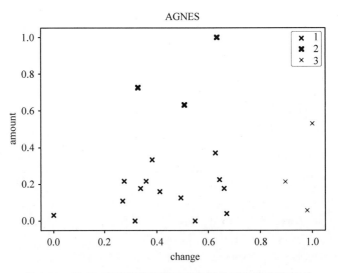

图 6-33　对 20 只股票涨跌幅和成交额的层次聚类散点图

6.8　小　　结

- **簇**是数据对象的集合,同一个簇中的对象彼此相似,而不同簇中的对象彼此相异。将物理或抽象对象的集合划分为相似对象的类的过程称为**聚类**。
- 聚类分析具有广泛的**应用**,包括商务智能、图像模式识别、Web 搜索、生物学和安全。聚类分析可以作为独立的数据挖掘工具来获得对数据分布的了解,也可以作为在检测的簇上运行的其他数据挖掘算法的预处理过程。
- 聚类是数据挖掘研究的一个富有活力的领域。它与机器学习的**无监督学习**有关。
- 聚类是一个充满挑战性的领域,其典型的**要求**包括可伸缩性、处理不同类型的数据和属性的能力、发现任意形状的簇、确定输入参数的最小领域知识需求、处理噪声数据的能力、增量聚类和对输入次序的不敏感性、聚类高维数据的能力、基于约束的能力,以及聚类的可解释性和可用性。
- 目前已经开发了许多聚类算法,这些算法可以从多方面分类,如根据划分标准、簇的分离性、所使用的相似性度量和聚类空间。本章讨论以下几类主要的基本聚类方法:划分方法、层次方法、基于密度的方法和概率模型的聚类方法。
- **划分方法**首先创建 k 个分区的初始结合,其中参数 k 是要构建的分区数。然后,采用迭代重定位技术,试图通过把对象从一个簇移到另一个簇来改进划分的质量。典型的划分方法包括 k-means、k 中心点、CLAEANS。
- **层次方法**创建给定数据对象集的层次分解。根据层次分解的形成方式,层次方法可以分为凝聚的(自底向上)或分裂的(自顶向下)。典型的层次方法包括 BIRCH、CURE、Chameleon。
- **基于密度的方法**基于密度的概念来聚类对象。一种代表性方法 DBSCAN 使用基于中心的方法定义相似度,根据邻域中对象的密度生成簇。其他典型的基于密度的方法还有 OPTICS、DENCLUE。
- **基于概率模型的聚类**假定每个簇是一个有参分布。使用待聚类的数据作为观测样本,可以估计簇的参数。
- **混合模型**假定观测对象是来自多个概率簇的实例的混合。从概念上讲,每个观测对象都是通过如下方法独立地产生的:首先根据簇概率选择一个概率簇,然后根据选定簇的概率密度函数选择一个样本。
- **期望-最大化(EM)算法**是一个框架,它逼近最大似然或统计模型参数的后验概率估计。EM 算法可以用来计算模糊聚类和基于概率模型的聚类。
- **聚类评估**用于在数据集上进行聚类分析的可行性和由聚类方法产生的结果的质量进行评估。任务包括评估聚类趋势、确定簇数和测定聚类的质量。

6.9　习　　题

1. 选择题

(1) 不属于基本聚类方法的是(　　　)。

[A] 划分方法 [B] 基于密度的方法

[C] 基于网格的方法 [D] 基于属性熵的方法

(2) 不属于聚类分析主要步骤的有( )。

[A] 数据预处理 [B] 聚类或分组

[C] 建立判别函数 [D] 评估输出

(3) ( )都属于分裂的层次聚类算法。

[A] 二分 K 均值 [B] MST

[C] Chameleon [D] 组平均

(4) 以下属于聚类算法的是( )。

[A] K 均值 [B] DBSCAN

[C] Apriori [D] Jarvis-Patrick(JP)

2. 填空题

(1) 聚类中距离的度量方式有_____、_____、_____。

(2) 主要的聚类分类有_____、_____、_____。

6.10 参考文献

[1] Hartigan J A. Clustering Algorithms [J]. Journal of Marketing Research，1981，18(4)：480-487.

[2] Jain A K，Dubes R C. Algorithms for Clustering Data[M]. Michigan，Prentice-Hall，1988：227-229.

[3] Kaufman L，Rousseeuw P J. Finding Groups in Data：an Introduction to Cluster Analysis[J]. Applied Probability and Statistics，New York，Wiley Series in Probability and Mathematical Statistics，1990：23-45.

[4] Arabie P，Hubert L J，De Soete G. Clustering and Classification[J]. Biometrics，1996，53(3)：25-36.

[5] Duda R O，Hart P E，Stork D G. Pattern Classification [J]. John Wiley&Sons，Inc.，New York，second edition，2001：110-121.

[6] Mitchell T. Artificial Neural Networks [J]. Machine Learning，1997(45)：81-127.

[7] Hastie T，Tibshirani R，Friedman J H. The Elements of Statistical Learning：Data Mining，Inference，and Prediction [M]. Berlin，Springer，2010：10-50.

[8] Jain A K，Mury M N，Flynn P J. Data Clustering：A Review. ACM Computing Survey [J]. 1999，31(3)：264-323.

[9] Han J，Kamber M，Tung A. Spatial Clustering Methods in Data Mining：A Review [J]. Geographic data mining and knowledge discovery，2001：188-217.

[10] Berkhin P，Merugu S，Dhillon I S，et al. Clustering with Bregman Divergences[J]. Journal of Machine Learning Research，2005，6(4)：1705-1749.

[11] MacQueen J. Some Methods for Classification and Analysis of Multivariate Observations [C]// Proceedings of the fifth Berkeley Symposium on Mathematical Statistics and Probability. 1967，1(14)：281-297.

[12] Anderberg M R. Cluster Analysis for Applications：Probability and Mathematical Statistics：a series of Monographs and Textbooks[M]. Academic press，2014：50-62.

[13] Jain A K，Dubes R C. Algorithms for Clustering Data[M]. Prentice Hall，March 1988：227-229.

[14] Jardine N，Sibson R. Mathematical Taxonomy[M]. New York，Wiley，1971：32-49.

[15] Sneath P H，Sokal R R. The Principles and Practice of Numerical Classification [J]. Taxon，1963，12(5)：190-199.

[16] Zahn C T. Graph-Theoretical Methods for Detecting and Describing Gestalt Clusters[J]. IEEE Transactions on Computers，1971(20)：68-85.

[17] Ester M，Kriegel H P，Sander J，et al. A Density-Based Algorithm for Discovering Clusters in Large Spatial Databases with Noise [C]//Proceedings of the Second International Conference on Knowledge Discovery and Data Mining，Portland，Oregon：AAAI Press，August 1996：226-231.

[18] Sander J，Ester M，Kriegel H P，et al. Density-Based Clustering in Spatial Databases：The Algorithm GDBSCAN and its Applications [J]. Data Mining and Knowledge Discovery，1998，2(2)：169-194.

[19] Hoppner F，Klawonn F，Kruse R，et al. Fuzzy Cluster Analysis：Methods for Classification，Data Analysis and Image Recognition[J]. Journal of the Operational Research Society，1999，51(6)，24-37.

[20] Bezdek J C. Pattern Recognition with Fuzzy Obdective Function Algorithms [J]. Plenum Press. 1981.

[21] Fraley C，Raftery A E. Model-based Clustering，Discriminant Analysis，and Density Estimation [J]. Journal of the American statistical Association. 2002，97(458)：611-631.

[22] Dempster A P，Laird N M，Rubin D B. Maximum Likelihood from Incomplete Data via the EM Algorithm[J]. Journal of the Royal Statistical Society：Series B (Methodological). 1977，39(1)：1-22.

[23] Halkidi M，Batistakis Y，Vazirgiannis M. On Clustering Validation Techniques[J]. Journal of Intelligent Information Systems，2001，17(2)：107-145.

[24] Amigo E，Gonzalo J，Artiles J，et al. A comparison of extrinsic clustering evaluation metrics based on formal constraints[J]. Information retrieval，2009，12(4)：461-486.

[25] Halkidi M，Batistakis Y，Vazirgiannis M. Cluster Validity Methods：part Ⅰ [J]. ACM Sigmod Record，2002，31(2)：40-45.

[26] Halkidi M，Batistakis Y，Vazirgiannis M. Clustering Validity Checking Methods：part Ⅱ[J]. ACM Sigmod Record，2002，31(3)：19-27.

[27] Milligan G W. Clustering Validation：Results and Implications for Appliced Analyses[J]. Clustering and Classification：Arabie P，Hubert L J，De Soete G，1996：341-375.

[28] Kleinberg J M. An Impossibiliry Theorem for Clutering [J]. Advances in neural information processing systems，2003：463-470.

第 **7** 章

深度学习

人类在探索人脑结构与功能、模拟人脑工作机理以及人造大脑的道路上孜孜不倦,沿着这条道路一直走下去,可能永远达不到目标,但发现了一些有意义的东西。人工神经网络就是模拟人脑层次连接结构、大脑神经元处理功能的连接主义方法论指导下的成功模型。狭义深度学习不过是人工神经网络经历懵懂启蒙(神经元模型,1943 年)、不可一世的热潮(感知机,1958 年)、寒冷冰谷(XOR 问题瓶颈,1969 年)、略有起色(BP 算法,1986年)和走下神坛的复杂问题应用突破(深度学习,2006 年)后又一个春天。自从 20 世纪 80年代中期到 21 世纪初人工神经网络一直处于浅层神经网络的稳定发展与小规模问题应用,近年来在大数据量和高计算能力驱动下以深层神经网络求解复杂问题的深度学习开始受到人们的广泛关注,甚至家喻户晓。

深度学习(deep learning,DL)是人工智能、机器学习研究中的一个非常有潜力的领域,其动机在于建立、模拟人脑进行分析学习的神经网络,它模仿人类大脑的机制来解释数据,如图像、声音和文本。由于深度学习模型能够在大规模训练数据上取得更好的效果,因此在机器学习领域中有着良好的应用前景。本章内容将从深度学习的发展和基本概念(7.1 节)开始介绍,然后再具体分析深度学习的几种经典模型与算法,包括最常用的深信网(7.2 节)、深玻尔兹曼机(7.3 节)、栈式自动编码器(7.4 节)和卷积神经网络(7.5 节)。本章还罗列了几种深度学习开源模型(7.6 节)并给出了一个具体案例,使读者能够熟悉深度学习在实际应用中的整个工作过程。最后,总结了几点深度学习的实用技巧(7.7 节)和深度学习开源框架(7.8 节)。

7.1 引　言

早在 1943 年,McCulloch 和 Pitts 就提出一种"MP 神经元模型"来模拟大脑神经元的工作机理,这种模型在人工神经网络以及现在的深度学习中一直沿用至今。在该模型的信号传递过程中,某一待处理的神经元会接收到其他神经元的输入信号,并通过权重的连接进行传递,即加权求和运算获得神经元的总输入,该神经元接收到的总输入值与其阈值进行比较,并通过"激活函数"(activation function)处理,最后产生神经元的输出。MP模型可以很容易实现与、或、非运算。但是,随着后来某些现实任务的复杂,人们发现其学习能力非常有限,甚至不能解决简单的"异或"问题。直到 20 世纪 80 年代,误差反向传播(back propagation,BP)训练算法开始发展起来,研究者发现利用 BP 算法可以让一个人工神经网络模型从大量训练样本中学习输入输出之间复杂的非线性映射关系,从而对未知事件做预测,掀起了神经网络第二次高潮。这使得神经网络再度引起广泛关注,BP 算法也成为随后几十年来神经网络的应用和研究中最为典型的学习算法。BP 算法的发明对深度学习的提出与发展做出了巨大贡献,在当时基于 BP 算法的这样一些神经网络,也被广泛称为多层感知机(multi-layer perceptron,MLP)。20 世纪 90 年代左右,研究者发现从样本集中学习统计规律能使基于统计的机器学习方法比过去基于人工规则的系统在很多方面显出优越性,一种影响巨大的浅层机器学习模型被提出,即支持向量机(support vector machines,SVM),这种模型的结构基本上可以看成带有单层隐层结点的神经网络,且在理论分析和应用中都获得了较大的成功。相比之下,典型的浅层人工神经网络拟合输入输出间的非线性映射关系,而中间隐层类似于黑箱,使得理论分析的难度大,训练方法又需要较多经验和技巧,使得这个时期浅层人工神经网络相对沉寂。

2006 年,加拿大多伦多大学教授 Hinton 等人提出了深度学习,并表达了深度学习的两种基本特点:第一,多隐层的人工神经网络具有优异的特征学习能力,学习得到的特征对数据有更本质的刻画,从而有利于对原始数据进行识别或分类;第二,深度神经网络在训练上的难度,可以通过"逐层初始化预训练"(layer-wise pretraining)来有效降低。此后,以深度学习为代表的复杂模型便开始受到人们的关注,并迎来了神经网络的又一次浪潮。

7.2 前馈神经网络(BP 网络)

多层 BP 神经网络是一个由输入层、输出层及它们之间一个或多个隐层构成,其学习算法包括正向传播和反向传播两个过程,首先输入信号从输入层经隐层神经元传向输出层,如果输出层不能得到期望结果,则转入反向传播,将误差信号反向由输出层传向输入层。通过修改各层神经元的权值,使误差信号减小,最终收敛到期望值。研究表明,适当增加网络层数是提高网络计算能力的一个有效途径,这也部分地模拟了人脑的某些部位的分层结构特征,一个典型的多层前馈神经网络如图 7-1 所示。这种网络中的信号只允许从较低层流向较高层。为了便于描述,通常用层号确定层的高低:层号较小者,层次较低,层号较大者,层次较高。

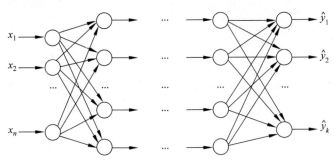

图 7-1 多层前馈神经网络

可按如下方式定义层号：

输入层：只起到输入信号的传递作用，负责接收来自网络外部的信息，记为第 0 层；

第 m 层：第 $m-1$ 层的直接后继层，从第 $m-1$ 层接收信号，经过激励函数作用后传向第 $m+1$ 层；

输出层：网络的最后一层，具有该网络的最大层号，接收前一层的输出，经激励函数作用后，输出网络的计算结果。

多层前馈神经网络除输入层（第 0 层）结点外，其他所有结点把从上一层接收到的信号加权求和，再经激励函数作用后，向下一层传输信号（如果是输出层，则输出网络结果）。非线性激励函数在多层前馈神经网络中起着非常重要的作用，它不但能够根据需要对网络中神经元的输出进行变换，而且功能上超过二值型激励函数的感知器和线性激励函数的自适应线性元件等前向神经网络；并且为解决人工神经网络所面临的线性不可分问题提供了基础。

多层前馈神经网络的激励函数要求处处可微的，其经常使用的是 S 型激励函数，S 型激励函数又叫压缩函数（squashing function）或逻辑斯特函数（logistic function），其应用最为广泛。它的一般形式为

$$f(\text{net}) = a + \frac{b}{1 + \exp(-d \times \text{net})} \tag{7-1}$$

其中 net 表示神经元的输入信号，a，b，d 是常数，饱和值为 a 和 $a+b$，图形如图 7-2(a)所示。在应用中也经常采用最简单的情形，即 $a=0$ 及 $b=d=1$，此时

$$f(\text{net}) = \frac{1}{1 + \exp(-\text{net})} \tag{7-2}$$

其中饱和值为 0 和 1，图形如 7-2 (b)所示。

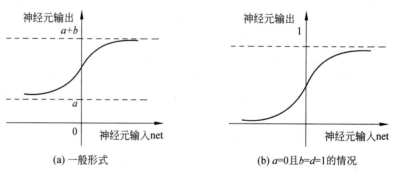

(a) 一般形式   (b) $a=0$ 且 $b=d=1$ 的情况

图 7-2　S 型激励函数的图形

S 型非线性激励函数也可以取其他扩充形式的函数，如扩充平方函数、双曲正切函数等。当取扩充平方函数时，饱和值为 0 和 1，其函数形式如下：

$$f(\text{net}) = \begin{cases} \dfrac{\text{net}^2}{1 + \text{net}^2}, & \text{net} > 0 \\ 0, & \text{其他} \end{cases} \tag{7-3}$$

当激励函数取双曲正切函数时，饱和值为 -1 和 1，其函数形式如下：

$$f(\text{net}) = \frac{\exp(\text{net}) - \exp(-\text{net})}{\exp(\text{net}) + \exp(-\text{net})} \tag{7-4}$$

S型函数之所以应用广泛,除了它的非线性和处处可微外,更重要的是该函数对信号有一个较好的增益控制:函数的值域可以由用户根据实际需要给定,在 $|\text{net}|$ 的值比较大时, $f(\text{net})$ 有一个较小的增益;在 $|\text{net}|$ 的值比较小时, $f(\text{net})$ 有一个较大的增益,这为防止网络进入饱和状态提供了保证。

BP学习算法每次调整权值包括信号正向传播与误差反向传播两个过程。首先样本输入信号从输入层经各隐层神经元逐层由低层向高层最终传向输出层,计算所有样本输入信号对网络的输出与期望样本输出的全局误差;然后检验全局误差,若全局误差未达到要求,则通过误差反向传播由输出层开始逐层修改各层神经元间的连接权重。经过若干次正向信号传播与误差反向传播过程,最终使网络对全体样本信号的输出值与期望值的全局误差达到要求。

设第 $m-1$ 层第 i 个神经元与第 m 层第 j 个神经元间的连接权为 $w_{ij}^{(m)}$,第 m 层第 j 个神经元的输入记为 $\text{net}_j^{(m)}$,输出记为 $O_j^{(m)}$, P 个样本中第 p 个样本信号记为 (X^p, Y^p),其中样本序号 $p = 1, 2, 3, \cdots, P$。

1. 信号正向传播

从输入层结点逐层向前计算每一个结点的输入/输出,第 j 个结点的输入/输出为

$$\text{net}_j^{(m)} = \sum_i w_{ij}^{(m)} O_i^{(m-1)} \tag{7-5}$$

$$O_j^m = f(\text{net}_j^{(m)}) \tag{7-6}$$

其中当 $m \geq 1$ 时,特别当 $m = 1$ 时,若输入信号 $X^p = \{x_1^p, x_2^p, \cdots, x_n^p\}$,则 $\text{net}_j^{(1)} = \sum_i w_{ij}^{(1)} x_i^p$;当 m 为输出层时,网络第 k 个结点的输出为

$$\hat{Y}_k^p = O_k^{(m)} = f(\text{net}_k^{(m)}) \tag{7-7}$$

最后计算当前样本的误差限,即训练样本的网络输出 $\hat{Y} = \{\hat{y}_1^p, \cdots, \hat{y}_k^p, \cdots, \hat{y}_K^p\}$ 与相应的理想输出 $Y = \{y_1^p, \cdots, y_k^p, \cdots, y_K^p\}$ 的误差限为

$$E^P = \frac{1}{2} \sum_{k=1}^K (y_k^p - \hat{y}_k^p)^2 \tag{7-8}$$

2. 误差信号反向传播过程

从输出层向输入层反向进行误差修正,按极小化误差的方式调整权值,控制要求常为每一 $E^P \left(\text{或} E = \sum_p^P E^P \right)$ 满足给定的精度要求。

此阶段之所以称为反向传播阶段(或称误差反向传播阶段),是对应输入信号的正向传播而言的。在开始调整神经元的权值时,只能先求输出层的误差,而其他层的误差要通过此误差反向逐层向后推才能得到,因而得名“反向传播”。

误差反向传播修改权值的算法有很强的理论基础,算法对网络的训练被看成是在一

个高维空间中寻找一个多元函数的极小点。事实上，不妨设网络含有 M 层，各层的连接矩阵分别为：$W^{(1)},W^{(2)},\cdots,W^{(m)},\cdots,W^{(M)}$，如果第 M 层的神经元有 H_M 个，则网络被看成一个含有

$$n\times H_1+H_1\times H_2+H_2\times H_3+\cdots+H_{M-1}\times H_M \qquad (7\text{-}9)$$

个自变量的非线性系统，该系统针对样本集 $\{(X^1,Y^1),(X^2,Y^2),\cdots,(X^p,Y^p),\cdots,(X^P,Y^P)\}$ 进行训练，使网络的误差测度 E 要达到极小点。

如按照最速梯度下降法寻求 E 的极小点，应取权值调整量为：$\Delta w_{ij}^{(m)}=\eta\dfrac{\partial E}{\partial w_{ij}^{(m)}}$（其中 $\eta>0$）。这是因为，梯度 $\dfrac{\partial E}{\partial w_{ij}^{(m)}}$ 为 E 关于 $w_{ij}^{(m)}$ 的增长率，为了使误差 E 减小，所以取 $\Delta w_{ij}^{(m)}$ 与 $\dfrac{\partial E}{\partial w_{ij}^{(m)}}$ 的负值成正比，图 7-3 为其相应的示意图。

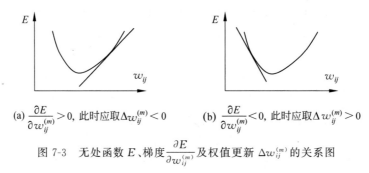

(a) $\dfrac{\partial E}{\partial w_{ij}^{(m)}}>0$，此时应取 $\Delta w_{ij}^{(m)}<0$ (b) $\dfrac{\partial E}{\partial w_{ij}^{(m)}}<0$，此时应取 $\Delta w_{ij}^{(m)}>0$

图 7-3   无处函数 E、梯度 $\dfrac{\partial E}{\partial w_{ij}^{(m)}}$ 及权值更新 $\Delta w_{ij}^{(m)}$ 的关系图

图 7-3(a)中，当 $\dfrac{\partial E}{\partial w_{ij}^{(m)}}>0$ 时，系统当前所处的位置在极小点的右侧，所以，$w_{ij}^{(m)}$ 的值应减小，故此时 $\Delta w_{ij}^{(m)}<0$ 成立。图 7-3(b)中，当 $\dfrac{\partial E}{\partial w_{ij}^{(m)}}<0$ 时，系统当前所处的位置在极小点的左侧，所以，$w_{ij}^{(m)}$ 的值应增大，故此时 $\Delta w_{ij}^{(m)}>0$ 成立。

从输出层到第一层按最陡梯度下降法调整连接权，则获取样本集"总效果"的最简单的办法是采取如下迭代公式：

$$\begin{cases} w_{ij}^{(m)}=w_{ij}^{(m)}-\eta\dfrac{\partial E}{\partial w_{ij}^{(m)}} \\[3mm] \dfrac{\partial E}{\partial w_{ij}^{(m)}}=\displaystyle\sum_{p=1}^{P}\dfrac{\partial E^p}{\partial w_{ij}^{(m)}} \end{cases} \qquad (7\text{-}10)$$

3. BP 算法流程图

BP 训练算法采用批处理更新权值方式能够消除样本顺序对算法的影响，较好地解决了因样本的顺序引起的精度问题和训练的抖动问题。

算法 7-1 BP 训练过程

输入：训练集 $\langle(x_1,y_1),(x_2,y_2),\cdots,(x_p,y_p)\rangle$，网络学习率 η

输出：样本目标值与实际输出的误差测度 E

步骤：

1：在 $(0,1)$ 范围内随机初始化当前网络的连接权值 $w_{ij}^{(m)}$

2：**repeat**

3：$\quad O_j^{(m)}$ for $m=1,2,3\cdots$

4：计算误差 $E_j = \dfrac{1}{2}(O_j^{(m)} - y_j^{(m)})^2$

5：**while** $\text{loss} > E$:

6：计算梯度 $\dfrac{\partial E}{\partial w_{ij}^{(m)}}$

7：更新权重 $\begin{cases} w_{ij}^{(m)} = w_{ij}^{(m)} - \eta \dfrac{\partial E}{\partial w_{ij}^{(m)}} \\ \dfrac{\partial E}{\partial w_{ij}^{(m)}} = \displaystyle\sum_{p=1}^{P} \dfrac{\partial E^p}{\partial w_{ij}^{(m)}} \end{cases}$

8：**end**

7.3 基本深度神经网络比较

经过近十年的发展，深度学习基于不同的结构和原理已经涌现出多种经典且实用的模型。典型的深度学习模型有深信网、深度波尔兹曼机、栈式自动编码器、卷积神经网络等，表 7-1 和表 7-2 描述了深度学习的这几种模型并比较了它们之间的异同。

表 7-1 深度学习几种模型的对比

模型	深信网 DBN	深度玻尔兹曼机 DBM	栈式自动编码器 SAE	卷积神经网络 CNN
思想	层层堆叠多个 RBM 组成的深网络，逐层贪婪预训练，每一层学习过程即为 RBM 训练过程。预训练完成后将网络展开为深层次前向网络，再运用 BP 算法进行微调	借鉴能量模型 RBM 的基本思想，通过增加 RBM 的隐层数量而构造的深网络，学习过程同 RBM 相似，但层次增多	通过组合多个"自动编码"网络（类似于三层自学习 BP 网络）而构造的深网络，首先逐层贪婪预训练，每一层学习过程同 BP 算法一致。预训练完成后将网络展开为深层次前向网络，再运用 BP 算法进行整体微调	针对二维数据设计的一种模拟"感受野"的功能结构，通过多次卷积和池化过程构造的深网络，网络的训练含有"权共享"和"稀疏连接"特点，学习参数过程类似于 BP 算法
异同点	DBN 和 DBM 的相同点在于二者都是基于能量模型 RBM 的改进，预训练过程都与 RBM 相似；不同在于 DBN 由多个 RBM 组成，而 DBM 可以看作一个多隐层的 RBM		SAE 和 CNN 的相同点在于模型训练中，误差反向传播过程都与 BP 算法相似；不同在于 SAE 每层之间全连接，CNN 每层之间进行局部连接，每次进行小块的二维卷积和池化	

续表

模型	深信网 DBN	深度玻尔兹曼机 DBM	栈式自动编码器 SAE	卷积神经网络 CNN
训练模式	逐层贪婪预训练和整体网络微调	整体网络训练	逐层贪婪预训练和整体网络微调	整体网络训练
有监督/ 无监督	无监督预训练 监督微调	无监督	无监督	有监督
优点	对数据进行更好的特征学习,训练方便	更好地学习数据的深层隐性特征,利于分类或可视化	解决无标签数据的特征学习过程,在模式识别方面应用广泛	学习能力强,特征提取方面效果很好,分类正确率高
缺点	每一层的训练受上一层的训练结果影响,易过拟合	深层网络统一训练,参数更新缓慢,复杂度高	容易导致过拟合,且具有一定的复杂度	调参比较麻烦,网络有一定的复杂度,训练缓慢

表 7-2　深度学习几种模型的目标函数对比

模　型	目　标　函　数
深信网	预训练目标函数: $E(v,h) = -\sum_{i=1}^{m} v_i b_i - \sum_{j=1}^{n} h_j c_j - \sum_{i=1,j=1}^{m,n} v_i h_j w_{ij}$ 微调目标函数: $E(w,b) = \frac{1}{m}\sum_{i=1}^{m} \frac{1}{2} \parallel \hat{x}_i - x_i \parallel^2$
深度玻尔兹曼机	$E(v,h;\Psi) = -\sum_{ij} w_{ij}^{(1)} v_i h_j^{(1)} - \sum_{k=2} \sum_{jl} w_{ij}^{(k)} h_j^{(k-1)} h_l^{(k)}$
栈式自动编码器	$E(w,b) = \frac{1}{m}\sum_{i=1}^{m} \frac{1}{2} \parallel \hat{x}_i - x_i \parallel^2$
卷积神经网络	$E(w,b) = \frac{1}{m}\sum_{i=1}^{m} \frac{1}{2} \parallel \hat{y}_i - y_i \parallel^2$

　　总的来讲,深度学习可以简单理解为深层神经网络的一种新的学习范式,有着更好的学习能力,它是通过组合低层特征形成更加抽象的高层表示,以此更好地发现原始数据的属性类别或特征表达。深度学习一定程度上改善了以往传统神经网络在训练中所表现出来的目标函数优化的"局部极小"、不能"收敛"到稳定状态等问题,并且在高性能计算平台支撑下对图像、语音、文本数据的理解、识别等复杂问题求解取得了巨大突破。下面对几种典型的深度学习模型与算法展开具体分析。

7.4　深　信　网

　　深度学习取得成功的第一个典型深层次结构模型就是深信网(deep belief networks,DBN),它是由多个受限玻尔兹曼机堆叠而成的网络。其训练过程包括预训练和微调两个阶段,预训练阶段是一种通过多个独立受限玻尔兹曼机的无监督逐层训练,上一个受限玻尔兹曼机训练成熟后的输出直接作为下一个受限波尔兹曼机的输入;微调阶段是将链接起来的深层前向神经网络通过 BP 算法进行微调校正权值。接下来本节首先对玻尔兹曼机结构进行介绍,然后介绍受限的玻尔兹曼机,最后描述深信网的详细结构和算法。

7.4.1　玻尔兹曼机

在神经网络大家族中定义了一种层间全连接和层内互联的网络模型,并为网络状态定义了一个"全局能量",在这种能量最稳定即能量最小时,该网络就达到理想状态。对该网络的训练即为最小化这个能量函数,这样的模型称为玻尔兹曼机(Boltzmann machine,BM),其简单结构如图 7-4 所示,在 Boltzmann 网络中每一个神经元的取值都是布尔型的,即只能够取 0 和 1 两种状态,为 1 表示激活,为 0 则表示抑制。

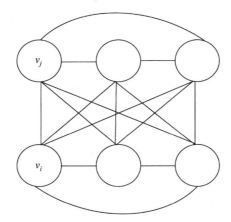

图 7-4　玻尔兹曼机结构

如图 7-4 所示,其中 v_i 和 v_j 表示网络中第 i 和 j 个神经元结点状态值,w_{ij} 表示这两个神经元结点之间的连接权以及 θ_i 表示第 i 个神经元结点阈值,在 Hebb 学习规则启发下,则该玻尔兹曼机网络的联合能量函数可以定义为

$$E(v) = -\sum_{i=1}^{n-1}\sum_{j=i+1}^{n} w_{ij}v_iv_j - \sum_{i=1}^{n} v_i\theta_i \tag{7-11}$$

网络训练过程就是通过最小化能量函数,将每个训练样本与隐神经元状态整体视为一个波尔兹曼机网络的当前状态向量,使其出现的概率尽可能大,利用联合概率分布的最大似然函数可以更新网络的连接权。联合概率模型的一种合理策略是使神经元状态的联合概率与它们的能量函数成反比例关系,利用指数簇分布可以定义网络某一状态向量 v 出现的概率,即由其能量与所有可能状态向量 t 的能量和(满足全概公式)确定:

$$P(v) = \frac{\mathrm{e}^{-E(v)}}{\sum_{t} \mathrm{e}^{-E(t)}} \tag{7-12}$$

7.4.2　受限玻尔兹曼机

标准玻尔兹曼机的总体结构是一个全连接图,其整体网络的训练复杂度极高,对于一些复杂数据并不能很好地处理。在现实任务中,通过限制网络结构为两层结构且层内没有互连,提出了受限玻尔兹曼机(restricted Boltzmann machine,RBM)。与 BM 不同在于,RBM 模型的结点连接是一个二分图,它含有随机二进制单元的两层网络,分别记作:

可视层和隐层,两层之间是全连接且带有对称的权重,而每一层内部结点之间无连接。可视层单元是一些可观察的实值数据(通常约束为 0/1 状态值),隐层结点值取 0/1 状态,代表数据的隐特征层。RBM 基本结构如图 7-5 所示:

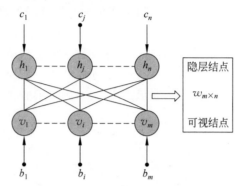

图 7-5 受限玻尔兹曼机结构

在 RBM 中,输入层 v 和隐层 h 的联合能量函数定义如下:

$$E(v,h) = -\sum_{i=1}^{m} v_i b_i - \sum_{j=1}^{n} h_j c_j - \sum_{i=1,j=1}^{m,n} v_i h_j w_{ij} \tag{7-13}$$

其中,v_i 和 h_j 是可视层和隐层的网络结点值,b_i 和 c_j 是二者对应结点阈值,w_{ij} 是连接两层结点之间的连接权。

通过能量函数为每一个可视层结点状态出现的抽样概率密度函数如下:

$$P(v) = \frac{\sum_{h} e^{-E(v,h)}}{\sum_{v,h} e^{-E(v,h)}} \tag{7-14}$$

其中分母表示一种"配分函数"形式,代表可视层和隐层所有结点的一种基于能量的活跃度,能量越小,则某一结点值越活跃;分子代表基于所有隐层能量得到的可视层结点激活值。

从式(7-14)可以看出,为了使得可视层某一结点 v 的当前概率 $P(v)$ 最大化,则需要降低当前结点的能量,并且同时提高其他结点的能量。通过对式(7-14)的似然函数 $\log P(v)$ 最大化,结合随机梯度上升策略求得可视层概率极大值,根据梯度上升可获得相应的权值修改量(其中 η 为学习率):

$$\Delta w_{ij} = \eta \frac{\partial \log p(v)}{\partial w_{ij}} = \eta(<v_i h_j>_{\text{data}} - <v_i h_j>_{\text{model}}) \tag{7-15}$$

RBM 在训练过程中,基于可视层输入 v,可以得到第 j 个隐层结点状态更新为激活值 1 的条件概率如下:

$$p(h_j = 1 \mid v) = f\Big(\sum_{i=1}^{m} v_i w_{ij} + c_j\Big) \tag{7-16}$$

同理,基于隐层结点值 h,也可以得到可视层第 i 结点状态更新为激活值 1 的条件概率如下:

$$p(v_i = 1 \mid h) = f\Big(\sum_{j=1}^{n} h_j w_{ij} + b_i\Big) \tag{7-17}$$

通常,RBM 的两层网络状态可以从可视层的输入状态值通过式(7-15)和式(7-16)重复交替更新隐层和可视层,这个过程称为"交替执行 Gibbs 抽样",直到网络获得输入样本的稳定联合分布,网络的输出激活函数通常采用最常用的 Sigmoid 函数: $f(x)=1/(1+e^{-x})$。由输入样本数据作为最开始可视层状态,已知输入状态条件下 Gibbs 抽样产生隐层状态,对应式(7-15)右边第一项;RBM 模型在当前网络连接权通过自底向上—自顶向下的多次 Gibbs 抽样后可视层状态及其产生的隐层状态作为模型产生网络状态,对应式(7-15)右边第二项,这种方式近似获得式(7-15)的模型参数更新公式,同理可以计算阈值的更新变化量(其中 η 为学习率),即

$$\begin{cases} \Delta w_{ij}=\eta(<v_ih_j>_{\text{data}}-<v_ih_j>_{\text{model}}) \\ \Delta b_i=\eta(v_{i\text{data}}-v_{i\text{model}}) \\ \Delta c_j=\eta(h_{j\text{data}}-h_{j\text{model}}) \end{cases} \qquad (7\text{-}18)$$

因此网络训练时连接权值和阈值的更新迭代公式为

$$\begin{cases} w_{ij} \leftarrow w_{ij}+\Delta w_{ij}, \\ b_i \leftarrow b_i+\Delta b_i, \\ c_j \leftarrow c_j+\Delta c_j \end{cases} \qquad (7\text{-}19)$$

7.4.3 深信网

深信网是一个典型的深层神经网络模型,它的网络结构图如图 7-6 所示,其模型构造和训练过程分为两阶段:第一阶段是通过 RBM 逐层初始化"预训练"(见图 7-6(a)),将每

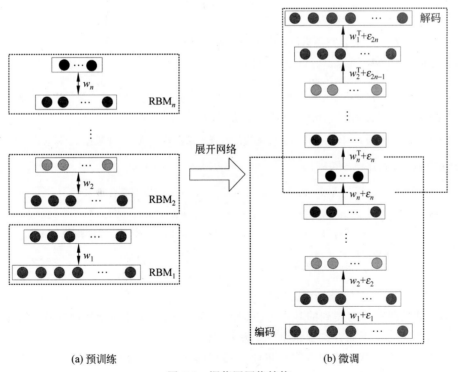

(a) 预训练   (b) 微调

图 7-6　深信网网络结构

一个 RBM 学习后的隐层输出特征表达直接作为下一个 RBM 两层结构的输入,层与层之间独立按照 RBM 所要求的迭代次数依次无监督学习和更新参数;第二阶段是全局"微调",将预训练阶段的多个 RBM 展开链接起来的深层前向神经网络(见图 7-6(b)),下半部分称为编码,上半部分称为解码,这样构造的深网络的初始权值就是预训练阶段的一系列 RBM 的权值,由于逐层训练 RBM 结构对数据的特征学习并不是最好的,还需通过 BP 算法进行自监督(输入/输出误差最小)的微调校正权值。最终网络结构可以实现维数约简,即通过限制中间神经元的较小数目起到降维的作用;深信网也能用于分类问题,只需在编码部分的顶部加一个分类层,一般是加一个线性分类层,然后只需要误差反向传递修改分类层的权值。

从图中可以看出,DBN 首先会将大量参数分组,通过预训练从输入层开始逐层为每组找到它们局部权值的最好初始设置,然后再基于这些局部较优的结果联合起来构建整体深网络并采用随机梯度进行全局微调。其预训练阶段被 Hinton 称为非监督逐层贪婪学习,学习规则即为逐层 RBM 的训练过程,直到模型达到稳定状态;其微调阶段可以理解为由多层 BP 神经网络的随机梯度训练[9],该过程又分为编码学习和解码重构:编码学习就是通过展开后的网络将原始高维数据映射至低维空间,解码重构就是通过相逆的解码网络来重构原始高维数据。算法 7-2 描述了 DBN 预训练过程:

算法 7-2　深信网预训练过程

输入:训练集 $V = \{v_1, v_2, \cdots, v_m\}$,网络学习率 η,RBM 个数 N,迭代次数 iter

输出:训练完成的多个 RBM 展开成的初始深网络

过程:

1:　**for** $n = 1 \rightarrow N$ **do**

2:　　在(0,1)范围内随机初始化当前 RBM 的连接权值 w_{ij} 和阈值 b_i, c_j

3:　　**repeat**

4:　　　**for** all $v_i \in V$ **do**

5:　　　　根据当前参数和式(7-16)抽样隐层结点状态值 h_j,并结合输入值 v_i 和隐层值 h_j,对应乘积获得当前 RBM 网络的初始联合状态 $<v_i h_j>_{\text{data}}$;

6:　　　　根据 h_j 和式(7-17)抽样重构的可视层结点状态值 $\hat{v}_i$,并根据 $\hat{v}_i$ 和式(7-16)再次抽样重构的隐层结点状态值 $\hat{h}_j$;

7:　　　　计算 $\hat{v}_i$ 和 $\hat{h}_j$ 的乘积,获得当前 RBM 网络的模型联合状态 $<v_i h_j>_{\text{model}}$;

8:　　　　$v_{i\text{data}} \leftarrow v_i, h_{j\text{data}} \leftarrow h_j, v_{i\text{model}} \leftarrow \tilde{v}_i, h_{j\text{model}} \leftarrow \tilde{h}_j$;

9:　　　　根据式(7-18)和式(7-19)更新当前 RBM 的连接权值 w_{ij} 和阈值 b_i, c_j

10:　　　**end for**

11:　**until** 网络训练达到迭代数 iter

12:　**end for**

DBN 的微调阶段所用到的基本思想即为 BP 算法原理,目标函数即为原始数据和重构数据的误差[8-9]。下面详细介绍 BP 算法流程:

BP 算法每次调整权值包括信号正向传播与误差反向传播两个过程。首先样本输入信号从输入层经各隐层神经元逐层由低层向高层最终传向输出层,计算所有样本输入信号对网络的输出与期望样本输出的全局误差;然后检验全局误差,若全局误差未达到要求,则通过误差反向传播由输出层开始逐层修改各层神经元间的连接权。经过若干次信号正向传播与误差反向传播过程,最终使网络对全体样本信号的输出值与期望值的全局误差达到要求。

设第 $m-1$ 层第 i 个神经元与第 m 层第 j 个神经元间的连接权为 $w_{ij}^{(m)}$,第 m 层第 j 个神经元的输入记为 $\text{net}_j^{(m)}$,输出记为 $O_j^{(m)}$,P 个样本中第 p 个样本信号记为 (X^p,Y^p),其中样本序号 $p=1,2,\cdots,P$。下面分析具体过程:

(1) 信号正向传播

从输入层结点逐层向前计算每一个结点的输入/输出,第 j 个结点的输入/输出为

$$\text{net}_j^{(m)} = \sum_i w_{ij}^{(m)} O_i^{(m-1)} \tag{7-20}$$

$$O_j^m = f(\text{net}_j^{(m)}) \tag{7-21}$$

其中,当 $m=1$ 时,若输入信号 $x^p=\{x_1^p,x_2^p,\cdots,x_n^p\}$,则 $\text{net}^{(1)}=\sum_i w_{ij}^{(1)} x_i^p$;当 m 为输出层时,网络第 k 个结点的输出为:$\hat{Y}_k^p=O_k^{(m)}=f(\text{net}_k^{(m)})$。最后计算训练样本的网络输出 $\hat{Y}=\{\hat{y}_1^p,\cdots,\hat{y}_k^p,\cdots,\hat{y}_k^p\}$ 与相应的理想输出 $Y=\{y_1^p,\cdots,y_k^p,\cdots,y_k^p\}$ 的误差为

$$E^P = \frac{1}{2}\sum_{k=1}^K (y_k^p-\hat{y}_k^p)^2 \tag{7-22}$$

(2) 反向传播过程

从输出层向输入层反向进行误差修正,按极小化误差的方式调整权值,控制要求常为每一 E^P（或 $E=\sum_p^P E^p$）满足给定的精度要求。此阶段之所以称为反向传播阶段(或称误差反向传播阶段),是对于输入信号的正向传播而言的。因为在开始调整神经元的权值时,只能先求输出层的误差,而其他层的误差要通过此误差反向逐层向后推才能得到,因而得名。

(3) 算法分析

BP 算法过程可以分为两种:一种是按样本顺序提交;另一种则是消除样本顺序影响。

① 按样本顺序提交的 BP 算法

对样本集 $\{(X^1,Y^1),(X^2,Y^2),\cdots,(X^p,Y^p),\cdots,(X^P,Y^P)\}$,网络根据 (X^1,Y^1) 计算出实际输出 $\hat{Y}^1$ 和误差测度 E^1,对各层 $w_{ij}^{(m)}$ 做一次调整;在此基础上,再根据 (X^2,Y^2) 计算实际输出 $\hat{Y}^2$ 和误差测度 E^2,再对各层 $w_{ij}^{(m)}$ 做一次调整……如此下去,直到本次循环最后一个样本 (X^P,Y^P) 计算实际输出 $\hat{Y}^P$ 和误差测度 E^P,对各层 $w_{ij}^{(m)}$ 做第 P 次调整。这个过程相当于是对样本集中各个样本的一次循环处理。这个循环需要重复下去,直到对整个样本集来说误差测度的总和满足系统的要求为止,即 $E<\varepsilon$(此处 ε 为精度控制参数)。

② 消除样本顺序影响的批处理的 BP 算法

按①所述的算法能在一定程度上抽取出样本集中所含的输入向量和输出向量之间的

关系。但是 BP 网络接受样本的顺序仍然对训练的结果有较大的影响。比较而言,网络更"偏向"较后出现的样本:如果每次循环都按 (X^1,Y^1),(X^2,Y^2),$\cdots$,(X^p,Y^p),$\cdots$,(X^P,Y^P) 的顺序进行训练,在网络"学成"投入运行后,对于与该样本序列较后的样本较接近的输入,网络所给出的输出的精度将明显高于与样本序列较前的样本较接近的输入对应的输出的精度。那么,是否可以根据样本集的具体情况,给样本集中的样本安排一个适当的顺序,以求达到基本消除样本顺序的影响,获得更好的学习效果呢? 这是非常困难的。因为无论如何排列这些样本,它终归要有一个顺序,序列排得好,顺序的影响只会稍小一些。另外,要想给样本数据排列一个顺序,本来就不是一件容易的事情,再加上要考虑网络本身的因素,就更困难了。

造成样本顺序对结果产生严重影响的原因是:算法对各层 $w_{ij}^{(m)}$ 的调整是分别依次根据 (X^1,Y^1),(X^2,Y^2),$\cdots$,(X^p,Y^p),$\cdots$,(X^P,Y^P) 完成的。"分别"和"依次"决定了网络对"后来者"的"偏爱"。实际上,按照这种方法进行训练,有时甚至会引起训练过程的严重抖动,它可能使网络难以达到用户要求的训练精度。这是因为排在较前的样本对网络的影响被排在较后的样本的影响掩盖了,从而使得排在较后的样本对最终结果的影响就要比排在较前的样本的影响大。

虽然在精度要求不高的情况下,顺序的影响有时是可以忽略的,但是还应该尽量消除它。那么,如何消除样本顺序对结果的影响呢? 根据上述分析,算法应该避免"分别""依次"的出现。因此,不再分别依次根据 (X^1,Y^1),(X^2,Y^2),$\cdots$,(X^p,Y^p),$\cdots$,(X^P,Y^P) 对各层 $w_{ij}^{(m)}$ 进行调整,而是用样本集 $\{(X^1,Y^1)$,(X^2,Y^2),$\cdots$,(X^p,Y^p),$\cdots$,$(X^P,Y^P)\}$ 的"总效果"实施对 $w_{ij}^{(m)}$ 的修改。这就可以较好地将对样本集的样本的一系列学习变成对整个样本的学习。

③ 随机梯度下降法

DBN 微调阶段的训练过程使用的是基于随机梯度下降策略的 BP 算法,该过程每一次执行都会随机选择训练集的一个子集构建目标来求解。即 DBN 在微调过程的训练中,会对样本划分进行批次训练,每一次循环都是在分批样本中随机选择一批进行训练,这不仅体现了前面 BP 原理中所描述的消除样本影响,还体现了对大数据分批训练的思想,有利于网络学习到更好的特征。

当计算了一个随机选择的训练样本子集的网络实际输出与期望输出的误差 E,从输出层到第一层按最陡梯度下降法调整连接权,则获得随机选择的训练样本子集"总效果"的最简单的权值更新采取如下通用迭代公式:

$$\begin{cases} w_{ij}^{(m)} = w_{ij}^{(m)} - \eta \dfrac{\partial E}{\partial w_{ij}^{(m)}} \\ \dfrac{\partial E}{\partial w_{ij}^{(m)}} = \sum_{p=1}^{P} \dfrac{\partial E^p}{\partial w_{ij}^{(m)}} \end{cases} \tag{7-23}$$

上式中 $\eta(>0)$ 为迭代步长(学习率),对于 $\dfrac{\partial E^P}{\partial w_{ij}^{(m)}}$ 的具体表达式根据其采用的激励函数而有所变化,形式上是传统 BP 算法的误差反向传播来计算。算法 7-3 描述了 DBN 微调过程:

算法 7-3　深信网微调过程

输入：训练集 $X=\{x_1,x_2,\cdots,x_m\}$，网络学习率 η，每批训练样本数 batch_size，迭代次数 iter

输出：训练完成的深信网

过程：

1：　根据算法 7-1 进行多个独立的 RBM 预训练，并展开成深层前向 BP 神经网络；

2：　加载预训练完成的网络连接权值 w_{ij} 和每一层结点阈值 b_i，将 w_{ij} 作为网络编码阶段的初始连接权值，并将其转置 w_{ij}^{T} 作为网络解码阶段的初始连接权值 V_{ij}；

3：　**repeat**

4：　　将整个训练集 X 按 batch_size 大小随机划分成 N 批

5：　　**for** $n=1\rightarrow N$ **do**

6：　　　**for all** $X_n \subset X$ **do**

7：　　　　根据式(7-10)和式(7-11)计算当前批次样本的网络前向输出 $\hat{X}_n$；

8：　　　　根据式(7-12)计算当前批次样本的输入 X_n 和输出 $\hat{X}_n$ 的误差 E；

9：　　　　根据式(7-13)更新网络的连接权值和阈值 w_{ij}，b_i

10：　　　**end for**

11：　　**end for**

12：　**until** 网络训练达到迭代数 iter 或所有误差 E 小于给定最大误差

7.5　深度玻尔兹曼机

2013 年，R.Salakhutdinov 等人通过仔细研究 RBM 的机理，把某一个 RBM 隐藏层的层数增加，构成另一种深度学习模型，称为深度玻尔兹曼机（deep Boltzmann machine，DBM）模型。下面详细描述该模型的结构和算法：

DBM 模型总体结构图如图 7-7 所示，DBM 是多层对称连接的随机二进制单元，它包含可视层 $v\in\{0,1\}$ 和 n 个隐层 $h^i\in\{0,1\}(i=1,2,\cdots,n)$，模型的任意邻接的两层之间是全连接且带有对称的权重，而每一层内部结点之间无连接。

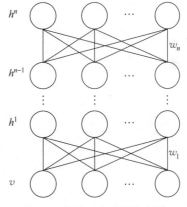

图 7-7　深度玻尔兹曼机结构

DBN 在预训练阶段，只是利用基本的两层 RBM 原理逐层贪婪训练。DBM 和它的最大区别在于 DBM 的某一层结点分布同时依赖其他所有层。下面以可视层 v 和三个隐层 $h^{(1)},h^{(2)},h^{(3)}$ 的深度玻尔兹曼机（DBM）为例。为了简化，约束每层的阈值固定为 0，则深度玻尔兹曼机 DBM 网络整体结构 $\{v,h\}$ 的联合能量函数定义如下：

$$E(v,h;\boldsymbol{\Psi})=-\sum_{ij}w_{ij}^{(1)}v_ih_j^{(1)}-\sum_{jl}w_{ij}^{(2)}h_j^{(1)}h_l^{(2)}-\sum_{lk}w_{lk}^{(3)}h_l^{(2)}h_k^{(3)} \tag{7-24}$$

其中 $h=\{h^{(1)},h^{(2)},h^{(3)}\}$，$\boldsymbol{\Psi}=\{w^{(1)},w^{(2)},w^{(3)}\}$。

与 RBM 中式(7-14)同理，DBM 利用所有隐层结点状态，通过玻尔兹曼分布原理，可

视层 v 产生状态的概率分布如下:

$$p(v,\psi) = \frac{1}{z(\psi)} \sum_h \exp(-E(v,h^{(1)},h^{(2)},h^{(3)};\psi)) \tag{7-25}$$

DBM 计算可视层 v 状态的概率分布需要依赖隐层 $h^{(1)}$ 的状态分布,而隐层 $h^{(1)}$ 依赖隐层 $h^{(2)}$ 的状态分布和可视层 v 状态分布,隐层 $h^{(2)}$ 依赖隐层 $h^{(1)}$ 同时依赖隐层 $h^{(3)}$。DBM 的中间层的神经元状态的抽样概率依赖于前一层和后一层神经元状态,最高隐层 $h^{(n)}$ 神经元状态的抽样概率只依赖于隐层 $h^{(n-1)}$ 神经元状态。所以 DBM 可以理解成一个多隐层的 RBM,其结构和 RBM 类似。训练过程中,所有层的结点产生激活值 1 的条件概率可通过如下计算:

$$\begin{cases} p(h_j^{(1)}=1 \parallel v,h^{(2)}) = f\left(\sum_{i=1}^D w_{ij}^{(1)}v_i + \sum_{l=1}^{F_2} w_{jl}^{(2)}h_l^{(2)}\right) \\[2mm] p(h_l^{(2)}=1 \parallel h^{(1)},h^{(3)}) = f\left(\sum_{j=1}^{F_1} w_{jl}^{(2)}h_j^{(1)} + \sum_{k=1}^{F_3} w_{lk}^{(3)}h_k^{(3)}\right) \\[2mm] p(h_k^{(3)}=1 \parallel h^{(2)}) = f\left(\sum_{l=1}^{F_2} w_{lk}^{(3)}h_l^{(2)}\right) \\[2mm] p(v_i=1 \parallel h^{(1)}) = f\left(\sum_{j=1}^{F_1} w_{ij}^{(1)}h_j^{(1)}\right) \end{cases} \tag{7-26}$$

其中,$f(x)$ 依然采用 Sigmoid 函数:$f(x)=1/(1+e^{-x})$,其对数似然函数也会随着多隐层有相应变化,通过对式(7-25)的似然函数 $\log P(v)$ 最大化,结合式(7-26)求得的各层结点状态,利用随机梯度上升策略求概率极大值,同时调整网络的权重参数。公式如下:

$$\begin{cases} \Delta w^{(1)} = \dfrac{\partial \log P(v;\varphi)}{\partial w^{(1)}} = \eta(E_{p\text{data}}[vh^{(1)T}] - E_{p\text{model}}[vh^{(1)T}]) \\[3mm] \Delta w^{(2)} = \dfrac{\partial \log P(v;\varphi)}{\partial w^{(2)}} = \eta(E_{p\text{data}}[h^{(1)}h^{(2)T}] - E_{p\text{model}}[h^{(1)}h^{(2)T}]) \\[3mm] \Delta w^{(3)} = \dfrac{\partial \log P(v;\varphi)}{\partial w^{(3)}} = \eta(E_{p\text{data}}[h^{(2)}h^{(3)T}] - E_{p\text{model}}[h^{(2)}h^{(3)T}]) \end{cases} \tag{7-27}$$

其中,$E_{p\text{data}}/E_{p\text{model}}$ 分别表示原始数据和网络模型分布的期望,简单情况下 $E_{p\text{data}}$ 由可视层输入数据通过模型第一次自底向上抽样状态来计算,而 $E_{p\text{model}}$ 可取网络自顶向下和自底向上的多次运行后各层模型生成状态值来计算。模型最后统一更新网络参数的迭代公式如下:

$$\Psi \leftarrow \Psi + \Delta\Psi \tag{7-28}$$

其中 $\Psi = \{w^{(1)},w^{(2)},w^{(3)}\}$,$\Delta\Psi = \{\Delta w^{(1)},\Delta w^{(2)},\Delta w^{(3)}\}$。

算法 7-4 描述了深度玻尔兹曼机(DBM)的训练算法:

算法 7-4 深度玻尔兹曼机训练过程

输入:训练集 $V=\{v_1,v_2,\cdots,v_m\}$,迭代次数 iter

输出:训练完成的 DBM 网络

过程:

1： 在$(0,1)$范围内随机初始化当前网络所有连接权重 $w_{ij}^{(n)}$，$n=1,2,3$

2： **repeat**

3： **for** all $v_i \in V$ **do**

4： 根据当前参数和式(7-16)计算自底向上和自顶向下抽样各神经元输出状态；//第一次自底向上的各隐层状态值作为原始数据，多次运行后的状态值作为模型生成

5： 利用式(7-17)和式(7-18)的学习规则更新网络权值参数 Ψ

6： **end for**

7： **until** 网络训练达到迭代数 iter

总之，DBM 模型可以看作是一个多层无向图，每一中间层之间结点全都互有反馈，以至于 DBM 的网络结构较为复杂，实际应用中能模拟更为复杂的数据但存在训练缓慢的问题。

7.6 栈式自动编码器

2007 年，Bengio 等人[14]借鉴 DBN 模型的思想，构造三层自监督的 BP 网络代替 RBM 结构，连接成一种新的深网络结构，称为栈式自动编码器（Stacked Auto Encoder，SAE）。SAE 的训练过程和 DBN 相似，也包含预训练和微调两个阶段。不同之处在于 DBN 的预训练由多个 RBM 堆叠执行，而 SAE 的结构包含多个基本的自动编码结构（三层结构，如图 7-8(b)所示），每一个基本自动编码结构是一个三层 BP 神经网络，包括输入层、隐层和重构层。本节内容首先阐述自动编码原理，然后具体描述栈式自动编码器的详细结构和算法。

7.6.1 自动编码器

通常在一些分类任务中，神经网络（NN）的输入样本 x 都带有标签值 $\hat{y}$，这样可以根据减小当前网络预测值 y 和标签 $\hat{y}$ 之间的均方误差，调整网络中各层参数，直到网络收敛稳定。在有监督的神经网络中，对于每个训练样本$(x,\hat{y})$，标签 $\hat{y}$ 一般是收集到的准确输出。但是如果现在只有无标签数据，要想使用同样的思想训练网络，那么这个误差值应该怎么得到呢？自然地，可以假设有一种模型，它可以使网络输出与输入表达一致，然后直接使用这种对数据的重构 $\hat{x}$ 与原始数据 x 之差作为误差度量，再通过最小化这个重构误差调整网络参数，这样的模型称为自动编码器（Auto Encoder，AE）。自动编码器是一种无监督学习模型，训练数据本身是没有标签的，令每个样本的标签为 $\hat{y}$ 即为原始数据 x，可以理解为其标签是样本数据本身。图 7-8 对普通前馈神经网络和自动编码器原理进行了比较。

从图中可以看出，自动编码器就是一种尽可能重建输入信号的神经网络，原始数据通过输入到一个编码器（encoder），就可以得到数据的隐特征表达，然后隐特征继续通过解码器（decoder），得到对原始输入数据的重构信息。它的训练包含如下过程：

（1）输入层到隐藏层的编码过程：

$$h_j = f(w_{ij}x_i + b_j) \tag{7-29}$$

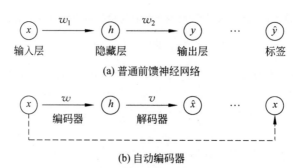

(a) 普通前馈神经网络

(b) 自动编码器

图 7-8　普通前馈神经网络和自动编码器

（2）隐藏层到输出层的解码重构过程：

$$\hat{x}_i = f(v_{ij}h_j + b_i) \tag{7-30}$$

（3）计算原始数据的重构误差损失函数：

$$E(w,b) = \frac{1}{m}\sum_{r=1}^{m}\frac{1}{2}\parallel \hat{x}^{(r)} - x^{(r)} \parallel^2 \tag{7-31}$$

（4）结合 BP 反向传播算法，根据式(7-23)更新网络连接权值 w_{ij} 和阈值参数 b_k。

7.6.2　栈式自动编码器

栈式自动编码器（SAE）在预训练中使用无监督贪婪逐层训练三层浅网络的策略（基于 BP 算法），通过多个三层浅网络的学习有助于获得初始优化网络参数，这使得网络首先获得一个很好的局部极小区域的初始权值，从而产生内部分布式表示高层次的抽象的输入，以带来更好的逐层内在特征表达。同样，为了得到更好的训练结果，预训练完成后，SAE 结合标签，通过 BP 算法对网络所有层的参数进行有监督的全局微调，使训练结果根据目标输出得到改善。下面分析栈式自动编码器 SAE 的训练过程：

（1）如图 7-9 所示，首先采用三层自编码网络（自监督的 BP 算法），先训练从输入层到 $h^{(1)}$ 层的参数。

（2）如图 7-10 所示，一个自动编码器训练完成后，$h^{(1)}$ 层的隐特征将直接作为下一个三层自动编码器的输入，接着训练从 $h^{(1)}$ 层到 $h^{(2)}$ 层的参数。

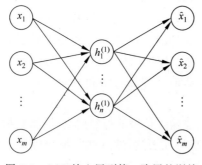

图 7-9　SAE 输入层到第一隐层的训练

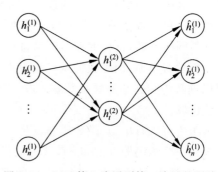

图 7-10　SAE 第一隐层到第二隐层的训练

（3）同理，根据第（2）步，依次逐层贪婪学习，直到最后一个三层自动编码器训练完毕,则 SAE 的预训练结束。算法 7-5 描述了栈式自动编码器的预训练算法。

算法 7-5 栈式自动编码器预训练过程

输入:训练集 $X=\{x_1,x_2,\cdots,x_m\}$,网络学习率 η,AE 个数 N,网络迭代次数 iter

输出:训练完成的多个 AE 组合的深网络

过程:

1: **for** $n=1 \rightarrow N$ **do**

2:　　在 $(0,1)$ 范围内随机初始化当前 AE 的编码权值 w_{ij}、解码权值 v_{ij} 和阈值 b_i

3:　　**repeat**

4:　　　**for** all $x_i \in X$ **do**

5:　　　　根据当前参数与式(7.29)和式(7.30)计算当前 AE 的三层前向网络输出 $\hat{x}_i$;

6:　　　　根据式(7-31)计算当前 AE 输入层 x_i 和输出层 $\hat{x}_i$ 的均方误差 $E(w,b)$;

7:　　　　根据式(7-23)更新当前 AE 的三层前向网络的权值 w_{ij},v_{ij} 和阈值 b_i

8:　　　**end for**

9:　　**until** 网络迭代次数达到 iter

10: **end for**

(4) SAE 预训练完成之后,除去网络所有的解码过程,再将网络整体连接成前向深层 BP 网络结构,利用最后一个隐层的特征数据 $h_1^{(k)},h_2^{(k)},\cdots,h_g^{(k)}$(假设网络一共 k 层,最后一层隐层有 g 个结点),结合原始数据的标签信息,接入一个分类层,实际应用中分类层常采用 softmax 策略,最终通过 BP 算法来训练模型执行原始数据的多分类任务。该过程中网络会整体微调参数,训练过程同有监督深层神经网络的学习一致,如图 7-11 所示。

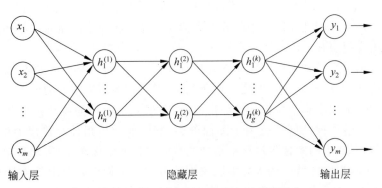

图 7-11　接入分类层的栈式自动编码器

算法 7-6 描述了栈式自动编码器 SAE 的微调学习算法。

算法 7-6　栈式自动编码器微调过程

输入:训练集 $X=\{x_1,x_2,\cdots,x_m\}$,标签集 $Y=\{y_1,y_2,\cdots,y_s\}$,网络学习率 η,每批训练样本数 batch_size,迭代次数 iter

输出:训练完成的栈式自动编码网络

过程:

1：　根据算法 7-5 对 SAE 进行预训练,并将预训练完成的网络展开为前向深层 BP 神经网络；

2：　去除网络中所有解码结构,加载预训练完成的各层 AE 权值 w_{ij} 和阈值 b_i；

3：　将整个训练集 X 和标签集 Y 按 batch_size 大小划分成 N 批//随机梯度下降策略

4：　**repeat**

5：　　**for** $n = 1 \rightarrow N$ **do**

6：　　　**for all** $X_n \subset X, Y_n \subset Y$ **do**//第 n 批训练集

7：　　　　根据式(7-20)和式(7-21)计算当前批次样本集的网络前向输出 $\hat{Y}_n$；

8：　　　　根据式(7-22)计算网络输出 $\hat{Y}_n$ 和数据标签 Y_n 的误差 E；

9：　　　　根据式(7-23)更新网络的连接权值 w_{ij} 和阈值 b_i

10：　　　**end for**

11：　　**end for**

12：**until** 网络迭代次数达到最大迭代次数 iter 或所有输出误差小于给定误差

7.7　卷积神经网络

卷积神经网络(Convolutional Neural Network,CNN)设计的灵感来源于 1962 年 Hubel 和 Wiesel 通过对猫视觉皮层细胞的研究,他们提出感受野(Receptive Field)的认知模型,又称为视觉简单细胞感受野模型,1984 年日本学者 Fukushima 基于简单细胞感受野概念提出的神经认知机模型,实现了第一个原始的卷积神经网络模型,也是感受野认知概念与人工神经网络结合的初次应用。卷积神经网络是为识别二维信号特别是图像而设计的一个多层感知器,这种网络结构对平移、比例缩放、倾斜或者其他形式的变换具有高度不变性,它通过一系列局部二维滤波器能够保持图像的局部空间二维关系和提取二维内在特征表示。卷积神经网络中的卷积和池化操作使得整个网络对二维图像输入的抗畸变容错能力变得更强。

卷积神经网络是一种前馈深层局部连接神经网络,通过局部的卷积与池化的交替运算多次提取内在特征,然后全连接到一个分类层,卷积神经网络模型的训练可分为前向传播的卷积、池化、加权求和等操作计算输出值,以及误差反向传播调整权值和阈值这两个基本过程。对于卷积神经网络应用于图像分类,其中前向传播计算输出值的过程就是：输入一张图像,对输入的图像先进行一系列交替的卷积和池化操作,实现对输入图像的特征提取,然后再将提取的特征送入分类层来训练分类器。而误差反向传播调整权值和阈值这一过程就是：先利用整个网络实际输出与期望输出计算误差目标函数 E,类似 BP,误差反向逐层加权传递就得到每个权值所对应的梯度,最后用所得的梯度去更新层间连接权值和神经元阈值项,权值和偏置更新的通用公式如下：

$$
\begin{cases}
w_{ij} \leftarrow w_{ij} + \Delta w_{ij} \\
\Delta w_{ij} = -\eta \dfrac{\partial E}{\partial w_{ij}} \\
b_i \leftarrow b_i + \Delta b_i \\
\Delta b_i = -\eta \dfrac{\partial E}{\partial b_i}
\end{cases}
\tag{7-32}
$$

局部连接使得卷积神经网络的前向计算与误差反向传播的传统前馈神经网络略有不同。

本节内容首先描述矩阵的卷积和池化过程,然后分析卷积神经网络的具体结构和训练算法,最后给出一个应用案例。

7.7.1 卷积

不失一般性,假定卷积过程如图 7-12 所示且卷积核大小是 2×2,输入的特征图 (Feature Map)X 大小是 4×4,用这个 2×2 卷积核在特征图 X 上自左向右自上而下的滚动卷积一遍,就可以得到一个新的大小是 $(4-2+1)\times(4-2+1)=3\times3$ 的特征图 Y,其中卷积核移动步幅大小是 1,每次卷积是对应元素相乘再相加(如图 7-12 右边所示)。新得到的特征图 Y 是由卷积核与上一层的特征图 X 对应位置的神经元的输出加权求和,然后加上偏置项,再通过激活函数(Activation Function)变换后得到的。

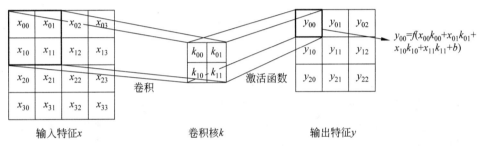

$$y_{00}=f(x_{00}k_{00}+x_{01}k_{01}+x_{10}k_{10}+x_{11}k_{11}+b)$$

图 7-12　卷积过程示意图

在卷积神经网络中,每个卷积层的特征图的大小是由卷积核和上一层输入的特征图的大小决定的,假如上一层的特征图大小是 $n\times m$,卷积核的大小是 $k_n\times k_m$,卷积核移动步幅大小是 $s=1$,则当前层的特征图大小是 $((n-k_n)/s+1)\times((m-k_m)/s+1)$。在卷积神经网络的实际应用中通常采用两种卷积方式,一种是如上所述常用的窄卷积,用 $\mathrm{conv2}(X,Y,\mathrm{'vaild'})$ 表示;还有一种就是宽卷积,在卷积运算前,先将输入的特征图 X 在上下各添加 k_n-1 行零向量,左右各添加 k_m-1 列零向量,保证卷积前后的特征图大小一样,然后再进行卷积运算,用 $\mathrm{conv2}(X,Y,\mathrm{'full'})$ 表示。

在图 7-12 中,与输入特征图 X 中 x_{00}、x_{01}、x_{10}、x_{11} 这 4 个位置的神经元相连的卷积核的权值 k_{00}、k_{01}、k_{10}、k_{11},在卷积核滚动的过程中,又可以被其他的神经元使用,这体现了卷积神经网络权值共享的特点。权重共享可以减少网络中大量的参数,从而减少存储网络时所需要耗费的存储容量。而且在卷积操作的过程中,下一层的特征图中的每个神经元只与上一层的特征图中卷积窗口内神经元相连接,并不是同时与上一层特征图中所有的神经元相连接,这种上一层特征图中一个区域的神经元与下一层特征图中一个神经元直接相连的方式,是强制使用局部连接模式来利用图像的空间局部二维特性,从而体现出卷积神经网络另一个特点——稀疏连接与空间二维保持。图 7-13 是邻接层稀疏连接和全连接对比图,可以看到,在上方的稀疏连接图中,神经元 S_3 只与 X_2、X_3、X_4 相连接,其他的神经元也只与前一层的部分神经元相连接;在下方的全连接图中,神经元 S_3 则与前一层的所有神经元连接。

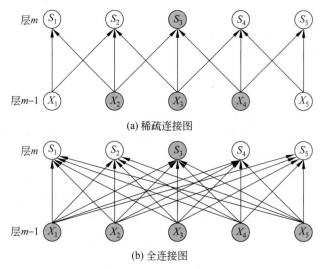

(a) 稀疏连接图

(b) 全连接图

图 7-13　邻接层稀疏连接与全连接示意图

在卷积操作的过程中,由于只是通过一个局部的感受野(卷积窗口)感受外界的图像信息,网络中的神经元只感受局部的图像区域,然后在网络的更高层,将这些感受不同局部区域的神经元综合起来,就可以得到全局的信息。因此,卷积神经网络具有极强的捕捉局部二维特征的能力,也具有捕捉平移变换目标的能力。

7.7.2　池化

在通过卷积获得图像的特征之后,就可以利用这些特征进行分类,从理论上来说,虽然是可以直接使用所有特征训练分类器,但是由于特征图是 2D 图,如果将所有的特征全部变成一维,则卷积特征维度非常高,直接用这些特征训练分类器,就可能会产生很大的计算量,并且也可能会产生过拟合(overfitting) 的情况。因此引入池化(pooling,也称为降采样,sub-sampling)操作,在捕捉高级特征的同时降低计算量。图像的局部重复性使得一个区域有用的特征可以用来描述另一个区域。因此,为了描述大尺度的图像,一个很自然的想法就是对不同位置的特征进行聚合统计,即池化操作。例如,对上一层特征图进行采样处理,而采样的方式就是对上一层的特征图中的不同位置相邻小区域内的特征进行聚合统计,统计的方式通常有两种,一种是求一个小区域内的特征的平均值,另外一种就是求一个小区域内的特征的最大值。池化后将会得到新的特征图,此时的特征图的维度相对前一层的特征图则会低得多,池化的操作记为 $Y=\mathrm{down}(X)$。

以图 7-14 中具体的池化操作为例,输入的特征图 X 大小是 4×4,池化的窗口大小是 2×2,池化窗口通常以不重叠的方式自左向右、自上而下的方式移动,此处移动步幅大小即为 2,采用平均池化的采样方法,池化窗口在特征图 X 上移动一遍,就会得到一个新的大小是 2×2 的特征图 Y,而特征图 Y 的大小只有上一层的特征图 X 的 1/4(注意,2×2 的池化窗口使得特征图 X 的行列都减半)。

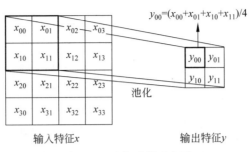

图 7-14　池化过程示意图

池化操作可以有效地降低网络中特征的维度,从而降低整个卷积神经网络模型的复杂度。除此之外,池化操作还可以起到提取图像高级特征的作用。

7.7.3　CNN 训练过程

由于卷积神经网络也是一种前馈局部连接神经网络,整个网络模型在训练的过程中也包括两个过程,一个是前向传递计算输出值,另一个则是反向误差传播调整网络的权值和阈值。为了便于理解,以图 7-15 作为一个卷积神经网络的具体例子,它由 1 个输入层,2 个卷积层(卷积运算方式均为窄卷积),2 个池化层(采用平均池化方法),1 个全连接层,以及 1 个输出层构成,下面将以这个具体的卷积神经网络结构为例来分析卷积神经网络的前向计算输出值和反向误差传播调整权值与阈值这两个过程。

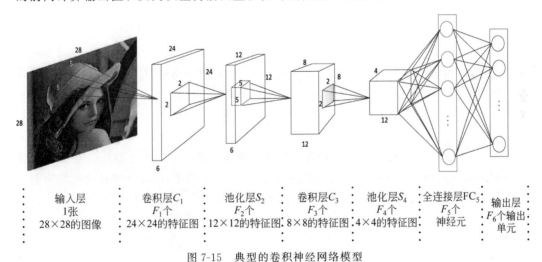

图 7-15　典型的卷积神经网络模型

1. 前向传递计算各层输出

C_1 层:即第一个卷积层,图 7-15 中卷积神经网络的输入层是 28×28 的图像,经过 F_1 个大小是 5×5 的卷积核 $K_{ij}^{(1)}$ $(i=1,2,3; j=1,2,\cdots,F_1)$ 卷积后,生成 F_1 个大小是 24×24 的特征图。C_1 层的每一个卷积计算为

$$C_j^{(1)} = \Big(\sum_{i \in M_j^{(1)}} X_i \times K_{ij}^{(1)} \Big) + b_j^{(1)} \qquad (7\text{-}33)$$

$$a_j^{(1)} = f(C_j^{(1)}) \qquad (7\text{-}34)$$

其中,$K_{ij}^{(1)}$ 表示第一个卷积层中第 j 个特征图与输入的第 i 个特征图之间相连的卷积核。$b_j^{(1)}$ 表示第一个卷积层第 j 个特征图的阈值项。$C_j^{(1)}$ 表示在上一层的特征图中被选中进行第 j 个卷积运算的特征图集合。本节分析的卷积神经网络中,输入层输入的假定是一幅 3 通道的 RGB 图像,将每个通道看成下一层网络的输入特征图,故 $C_j^{(1)} = \{1,2,3\}(j = 1,2,\cdots,F_1)$。$f(\bullet)$ 表示激活函数,$a_j^{(1)}$ 表示第一个网络层第 j 个特征图。

S_2 层:将 C_1 层卷积计算后的特征图进行池化。设池化窗口大小为 2×2,窗口移动步幅大小是 2,将大小是 24×24 的特征图池化成大小是 12×12 的特征图,特征图的数量和 S_2 层数量一样。S_2 层的计算输出值的方式为

$$S_j^{(2)} = \beta_j^{(2)} \text{down}(a_j^{(1)}) + b_j^{(2)} \qquad (7\text{-}35)$$

$$a_j^{(2)} = f(S_j^{(2)}) \qquad (7\text{-}36)$$

其中,$\beta_j^{(2)}$ 和 $b_j^{(2)}$ 表示第二个网络层(池化层)第 j 个特征图的缩放因子和阈值,$f(\bullet)$ 表示一个非线性映射函数。

C_3 层:将 S_2 层降采样及非线性映射后的特征图进行卷积操作。该层使用 F_3 个大小为 5×5 的卷积核 $K_{ij}^{(3)}(i = 1,2,\cdots,F_2; j = 1,2,\cdots,F_3)$ 对 S_2 层中的特征图做卷积运算,得到 F_3 个大小是 8×8 的特征图。C_3 层的卷积计算的输出值为

$$C_j^{(3)} = \Big(\sum_{i \in M_j^{(3)}} a_i^{(2)} \times K_{ij}^{(3)} \Big) + b_j^{(3)} \qquad (7\text{-}37)$$

$$a_j^{(3)} = f(C_j^{(3)}) \qquad (7\text{-}38)$$

S_4 层:将 C_3 层卷积运算后的特征图池化。池化窗口大小为 2×2,窗口移动步幅大小为 2,将大小为 8×8 的特征图池化为大小为 4×4 的特征图,特征图的数量和 C_3 层数量一样。S_4 层的计算输出值的方式为

$$S_j^{(4)} = \beta_j^{(4)} \text{down}(a_j^{(3)}) + b_j^{(4)} \qquad (7\text{-}39)$$

$$a_j^{(4)} = f(S_j^{(4)}) \qquad (7\text{-}40)$$

FC_5 全连接层:该层是一个与普通前馈神经网络一样的前向全连接层。在所有的卷积和池化操作全部完成以后,由于得到的特征图仍然是二维图,因此需要将这些特征图按顺序先变成一维向量,然后再作为全连接层的输入。在 FC_5 层一共有 F_5 个神经元,该层网络的权值为 $w_{ji}^{(5)}(j = 1,2,\cdots,F_5; i = 1,2,\cdots,4 \times 4 \times F_4)$,$w_{ji}^{(5)}$ 表示的当前层的第 j 个神经元与上一层第 i 个神经元相连的权值。FC_5 层计算输出值的方式为

$$\text{FC}_j^{(5)} = \Big(\sum_i w_{ji}^{(5)} \times x_i^{(4)} \Big) + b^{(5)} \qquad (7\text{-}41)$$

$$a_j^{(5)} = f(\text{FC}_j^{(5)}) \qquad (7\text{-}42)$$

Output6 输出层:这一层的神经元的数量与要分类的数目有关,图 7-15 中的卷积神经网络结构中类别数目是 F_6 个类,故这一层的神经元的数量是 F_6 个,这一层网络的权值为 $w_{ji}^{(6)}(j = 1,2,\cdots,F_6; i = 1,2,\cdots,F_5)$。Output6 层计算输出值的方式为

$$\text{Output}_j^{(6)} = \Big(\sum_i w_{ji}^{(6)} \times a_i^{(5)} \Big) + b^{(6)} \qquad (7\text{-}43)$$

$$o_j^{(6)} = f(\text{Output}_j^{(6)}) \tag{7-44}$$

卷积神经网络的反向传播过程本质上与传统的 BP 神经网络基本一致,两种神经网络均是使用梯度下降的方法更新网络中的权值和阈值。但是它们之间最主要的区别在于卷积神经网络是部分连接,而传统的 BP 神经网络是全连接。卷积神经网络在反向关于连接权求导的过程中需要明确参数连接了哪些神经元;而全连接的传统 BP 神经网络中相邻的两层的神经元都是全部相关联的,因此反向求导时相对来说是十分简单的。下面将按与上述正向传导计算输出值方向相反的方向传递误差来调整各层之间相连的权值和阈值。

2. 误差反向传递调整网络参数

全连接层:假设当前全连接层为 l,下一个全连接层为 $l+1$,上一个全连接层为 $l-1$,则从 $l-1$ 到 l 层有

$$a_j^{(l)} = f(u_j^{(l)}) = f\left(\left(\sum_i w_{ji}^{(l)} x_i^{(l-1)}\right) + b^{(l)}\right) \tag{7-45}$$

卷积神经网络的全连接层反向调节过程和 BP 神经网络的反向调节过程是一样的,此处不再赘述。

(1) 卷积层误差及卷积核的梯度

假设当前卷积层为 l,下一层为池化层 $l+1$,上一层也为池化层 $l-1$,那么从 $l-1$ 层到 l 层有

$$a_j^{(l)} = f(u_j^{(l)}) = f\left(\sum_{i \in M_j} a_i^{(l-1)} K_{ij}^{(l)} + b_j^{(l)}\right) \tag{7-46}$$

在反向传播计算当前卷积层 l 每个神经元的误差 δ 时,都需要清楚当前 l 层的输入特征图中的哪个区域块与 $l+1$ 层的哪个输出特征图中的神经元相连接,将与 $l+1$ 层相连的神经元对应的误差 δ 加起来求和,并乘以相应连接的权值,然后再乘以 l 层对应神经元的激活函数的导数,这样就得到当前 l 层每个神经元对应的误差 δ。由于卷积层后面为池化层,这就使得池化层中的每个神经元对应的误差 δ 都与卷积层中的一块区域的神经元的输出相关联,因此卷积层的一个神经元只与池化层的一个神经元相关联,为了更加方便地计算当前卷积层 l 的误差 δ,可以先对下一层池化层的由各个神经元对应的误差 δ 构成的误差矩阵进行上采样,使得 l 层和 $l+1$ 层的误差矩阵大小相同,然后只需要用 $l+1$ 层经过上采样误差矩阵与相应的 l 层的每个神经元激活函数求导构成的导数值矩阵逐元素相乘,再乘以相应的连接权值,就可以得到当前卷积层 l 中每个特征图对应的误差矩阵。具体公式如下:

$$\delta_j^{(l)} = \beta_j^{(l+1)}\left(f'(u_j^{(l)}) \circ \text{up}(\delta_j^{(l+1)})\right) \tag{7-47}$$

"$\circ$"表示逐对元素相乘(Element-wise multiplication),up($\cdot$)表示上采样(Upsampling)操作,上采样操作表达式如下:

$$\text{up}(x) \equiv x \otimes 1_{n \times n} \tag{7-48}$$

假如 $x = \begin{bmatrix} 1 & 2 \\ 3 & 4 \end{bmatrix}$,按池化操作区域的尺寸复制每一个元素,当池化操作是 2×2 区域均值池化,则有

$$up\left(\begin{bmatrix} 1 & 2 \\ 3 & 4 \end{bmatrix}\right) = \begin{bmatrix} 1 & 1 & 2 & 2 \\ 1 & 1 & 2 & 2 \\ 3 & 3 & 4 & 4 \\ 3 & 3 & 4 & 4 \end{bmatrix}$$

在得到当前卷积层 l 每个神经元对应的误差 δ 后,就可以计算每个偏置的梯度:

$$\frac{\partial E}{\partial b_j^{(l)}} = \sum_{u,v} (\delta_j^{(l)})_{uv} \tag{7-49}$$

其中 u,v 取值范围就是从 1 开始依次到当前层特征图的行列数。

由于卷积神经网络中很多连接的权值是共享的,因此,对于一个给定的权值,只需要求所有与该权值有联系(权值共享的连接)的神经元的梯度,然后再对这些梯度进行求和。因此每个卷积核权值的梯度计算公式如下:

$$\frac{\partial E}{\partial K_{ij}^{(l)}} = \sum_{u,v} (\delta_j^{(l)})_{uv} (p_i^{(l-1)})_{uv} \tag{7-50}$$

其中 $(p_i^{(l-1)})_{uv}$ 表示在计算 l 层的第 j 个特征图中 (u,v) 位置的神经元输入值的时候,上一层第 i 个特征图 $a^{(l-1)i}$ 在进行卷积操作时与卷积核 $K_{ij}^{(l)}$ 逐元素相乘的一个区域块。

上述的公式在 MATLAB 中仅需要使用如下卷积函数实现即可:

$$\frac{\partial E}{\partial K_{ij}^{(l)}} = \text{rot180}(\text{conv2}(a_i^{(l-1)}, \text{rot180}(\delta_j^{(l)}), \text{'valid'})) \tag{7-51}$$

(2)池化层误差及权值的梯度

假设当前池化层为 l,如果连接当前池化层的下一层是全连接层,则就可以直接使用 BP 神经网络的推导方法,来推导当前池化层每个神经元的误差 δ。现在只讨论下一层 $l+1$ 层为卷积层,上一层 $l-1$ 层也为卷积层的情形。在这种情形下,当前池化层 l 的计算输出值方式为

$$a_j^{(l)} = f(\beta_j^{(l)} \text{down}(a_i^{(l-1)}) + b_j^{(l)}) \tag{7-52}$$

其中 down() 表示池化操作,即降采样(不重叠等区块划分后平均)。

前面在计算卷积核的梯度时,必须要清楚当前 l 层的输入特征图中的哪个区域块与 $l+1$ 层的哪个输出特征图中的哪个神经元相连接。同理,在反向调节的过程中也必须找到当前 l 层的误差矩阵中哪个区域块对应于下一层的误差矩阵中的哪个位置的误差,将下一层的误差反向加权传播,对应下面的计算公式就能简单计算。因此,这个过程也需要乘以输入区域与输出神经元之间的连接权值,而这个权值就是旋转后的卷积核。

$$\delta_i^{(l)} = f'(u_i^{(l)}) \circ \text{conv2}(\delta_i^{(l+1)}, \text{rot180}(K_i^{(l+1)}), \text{'full'}) \tag{7-53}$$

上式通过补 0 方式的全尺寸卷积计算时,需要对卷积核进行旋转 180°,这就可以让卷积运算与误差反向传播的加权计算对应。而且,对当前 l 层进行前向卷积运算为窄卷积运算,因此在反向传播误差的过程中,则先需要对 $l+1$ 层的误差矩阵边界用 0 填充,使得 $l+1$ 层的误差矩阵的大小和 l 层的特征图的大小相同再卷积,这就是宽卷积运算。在 MATLAB 中对矩阵进行宽卷积运算的函数 conv2(X,Y,'full')。

在得到当前层的误差矩阵后,就可以对当前层的权值和阈值项的梯度进行计算。计算池化层 l 的阈值项的梯度和前面计算卷积层的梯度一样,只需要将误差矩阵中的误差

相加即可,即

$$\frac{\partial E}{\partial b_j^{(l)}} = \sum_{u,v} (\delta_j^{(l)})_{uv} \tag{7-54}$$

在正向传导的过程中,当前池化层 l 中的参数 β 还涉及原始降采样特征图的计算,因此可以在正向传导计算的过程中,直接保存那些降采样特征图,在反向传播时就不需要再重新计算一遍,降采样公式如下:

$$d_j^{(l)} = \text{down}(a_i^{(l-1)}) \tag{7-55}$$

由此可得参数 β 梯度为

$$\frac{\partial E}{\partial \beta_j^{(l)}} = \sum_{u,v} (\delta_j^{(l)} \circ d_j^{(l)})_{uv} \tag{7-56}$$

3. 卷积神经网络(CNN)的训练算法描述

算法 7-7　卷积神经网络训练过程

输入:训练集 $X = \{(x_1,y_1),(x_2,y_2),\cdots,(x_m,y_m)\}$,网络的学习率 η,每批训练样本的数量 batch
_size,网络迭代次数 iter

输出:训练完成的卷积神经网络模型(网络结构与参数)

过程:

1：在 $(0,1)$ 范围内随机初始化网络的权值和阈值

2：**repeat**

3：　将整个训练集 X 按 batch_size 大小随机划分成 N 批

4：　**for** $i = 1 \to N$ **do**

5：　　根据当前网络的参数和式(7-43)、式(7-44)正向传播计算每批样本的输出 o_i;

6：　　根据式(7-20)~式(7-23)计算网络中全连接层的权值和阈值的梯度;

7：　　根据式(7-49)、式(7-50)和式(7-54)~式(7-56)依次反向计算网络中卷积层和池化层的权值及阈值梯度;

8：　　根据式(7-32)更新整体网络中的权值和阈值

9：　**end for**

10：**until** 迭代次数达到 iter

7.7.4　CNN 网络构造的案例分析

AlexNet 是深度学习领域的一个非常重要的成果之一,是由 2012 年 ImageNet 竞赛冠军获得者 Hinton 和他的学生 Alex Krizhevsky 设计的。AlexNet 首次在卷积神经网络中成功应用 ReLu、Dropout、LRN 等技术创新。AlexNet 网络模型由 5 层卷积层加 3 层全连接层组成。整个 AlexNet 网络使用 CUDA 计算深度卷积神经网络的训练,同时利用两块 GPU 进行训练,每个 GPU 显存中存储一半的神经元参数。因为 GPU 之间通信方便,可以互相访问显存,所以同时使用多块 GPU 非常高效。

AlexNet 网络模型如图 7-16 所示,它的输入是 224×224 大小的 RGB 3 通道图像。第 1 层卷积用的是 48 个尺寸为 $11 \times 11 \times 3$ 的卷积核计算出 48 个尺寸为 55×55 的特征

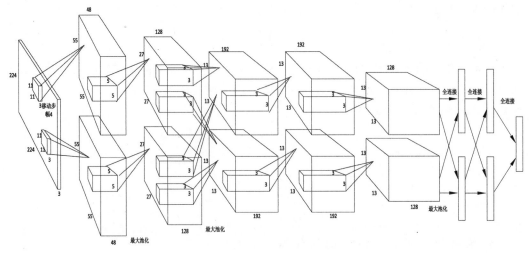

图 7-16　AlexNet 网络模型[21]

图,再用另外 48 个 11×11×3 的卷积核计算出另外 48 个 55×55 相同大小的特征图,两个分支选用的卷积步长都为 4,通过卷积将图像的大小从 224×224 减小为 55×55。经过第 1 层卷积之后,接着进行局部响应归一化(LRN)与池化窗口为 3×3、步长为 2 的最大池化。经过池化后输出大小为 27×27 的特征图。第 2 层卷积两个分支各用 128 个 5×5×48 的卷积核对两组输入的特征图分别进行处理,输出两组 128 个 27×27 的特征图。经过第二层卷积之后,再做 LRN 与池化窗口为 3×3、步长为 2 的最大池化,输出大小为 13×13 的特征图。第 3 层卷积,将两组特征图合为一组,用 192 个 3×3×256 的卷积核对所有输入特征图做卷积运算,输出两组 192 个 13×13 的特征图。第 4 层卷积,对两组输入特征图分别用 192 个 3×3×192 的卷积核进行卷积运算。第 5 层卷积,对两组输入特征图分别用 128 个 3×3×192 的卷积核进行运算。经过第 5 层卷积之后,做池化窗口为 3×3、步长为 2 的最大池化,输出 6×6 大小的特征图。第 6 层与第 7 层的全连接层都有每组 2048 个神经元的两组神经元,第 8 层的全连接层输出 1000 种特征图且送到 softmax 中,softmax 输出分类的概率。

　　AlexNet 相较于传统神经网络而言,它具有更深的网络结构。它不仅使用卷积层＋卷积层＋池化层的层叠式卷积层来提取图像特征,而且使用 Dropout,在训练中随机舍弃部分隐层结点,避免过拟合,同时还使用 ReLU 函数替换之前的 Sigmoid 函数作为激活函数,在训练中也第一次加入多 GPU 训练,从而大大地提高了训练效率。

7.8　深度学习开源框架

7.8.1　开源框架简介

　　随着深度学习的发展以及大数据/云计算时代的到来,一些开源的深度学习框架已被用于处理大型的复杂任务。下面简介几种目前比较主流的深度学习框架,它们分别是 Caffe、TensorFlow、Theano、Torch、MXNet 和 DeepLearnToolBox。它们的具体情况见表 7-3。

表 7-3 几种主流深度学习框架对比情况

框架	开发语言	支持接口	平台	速度	灵活性	文档	适合模型	上手难易
Caffe	C++/Python	C++, Python, MATLAB	所有系统	快	一般	全面	CNN	一般
TensorFlow	C++/Python	Python, C/C++	Linux/OSX	慢	灵活	一般	CNN/RNN	难
Theano	Python	Python	所有系统	慢	灵活	一般	CNN/RNN	容易
Torch	C, Lua	Lua/LuaJIT/C	Linux/OSX	快	灵活	全面	CNN/RNN	一般
MXNet	C++, Python, Julia, Matlab, Go, R, Scala	C++, Python, Julia, MATLAB, JavaScript, GO, R, Scala	所有系统	快	灵活	全面	CNN	一般
DeepLearn-ToolBox	C++/MATLAB	C++/MATLAB	Linux/Windows	慢	一般	一般	CNN/DBN	容易

7.8.2 开源案例分析

在深度学习的计算机视觉应用中,TensorFlow 是一个通过计算图的形式来描述计算的编程框架。Tensor 即张量,Flow 指计算图。TensorFlow 中的每一个计算都是计算图上的一个结点,而结点之间的边描述了计算之间的依赖关系。

本例中所用的图像数据集是 cifar-100,cifar-100 中共有 60 000 张图像,其中训练集图像有 50 000 张,测试集图像有 10 000 张,整个图像集中所有的图像可以分成 100 个类别。使用下面的命令,使用 load_data 方法引入 cifar-100 数据集进行训练。

```
(x_train, y_train), (x_test, y_test) = tf.keras.datasets.cifar10.load_data()
```

程序清单 7-1 进行数据的预处理等操作

```
def preprocess(x, y):
    x = tf.cast(x, dtype=tf.float32) / 255
    y = tf.cast(y, dtype=tf.int32)
    return x, y


(x_train, y_train), (x_test, y_test) = tf.keras.datasets.cifar10.load_data()
#cifar10 数据集加载
y_train = tf.squeeze(y_train)   #消除把数值为 1 的维度【64,1】→[64]
y_test = tf.squeeze(y_test)
train_db = tf.data.Dataset.from_tensor_slices((x_train, y_train))#建立数据集
train_db = train_db.shuffle(10000).map(preprocess).batch(128)
```

```
test_db = tf.data.Dataset.from_tensor_slices((x_train, y_train))
test_db = test_db.shuffle(10000).map(preprocess).batch(128)
```

程序清单 7-2 建立 AlexNet 网络模型

```
class AlexNet(Model):
    def __init__(self):
        super(AlexNet, self).__init__()
        self.c1 = Conv2D(filters=96, kernel_size=(3, 3)) #96个3*3的卷积核
        self.a1 = Activation('relu')
        self.p1 = MaxPool2D(pool_size=(3, 3), strides=2) #池化窗口为3*3,步长为2

        self.c2 = Conv2D(filters=256, kernel_size=(3, 3))
        self.a2 = Activation('relu')
        self.p2 = MaxPool2D(pool_size=(3, 3), strides=2)

        self.c3 = Conv2D(filters=384, kernel_size=(3, 3), padding='same',
                         activation='relu')

        self.c4 = Conv2D(filters=384, kernel_size=(3, 3), padding='same',
                         activation='relu')

        self.c5 = Conv2D(filters=256, kernel_size=(3, 3), padding='same',
                         activation='relu')
        self.p3 = MaxPool2D(pool_size=(3, 3), strides=2)

        self.flatten = Flatten() #打平成一维向量
        self.f1 = Dense(2048, activation='relu')
        self.d1 = Dropout(0.5)
        self.f2 = Dense(2048, activation='relu')
        self.d2 = Dropout(0.5)
        self.f3 = Dense(100, activation='softmax')
```

定义完网络模型后定义 call 函数,接收数据并输出经过网络模型处理后的数据:
程序清单 7-3 call 函数

```
def call(self, x):
    x = self.c1(x)
    x = self.a1(x)
    x = self.p1(x)

    x = self.c2(x)
    x = self.a2(x)
    x = self.p2(x)
```

```
        x = self.c3(x)

        x = self.c4(x)

        x = self.c5(x)
        x = self.p3(x)

        x = self.flatten(x)
        x = self.f1(x)
        x = self.d1(x)
        x = self.f2(x)
        x = self.d2(x)
        y = self.f3(x)
        return y
```

　　建立完网络模型后定义主函数里的内容,规范输入内容,使用 Adam 优化器,对每一次循环计算损失函数以及进行梯度求解以及梯度更新。最后进行测试,将预测值与真实值相比较,计算出该模型的精度。

　　程序清单 7-4　主函数

```
def main():
    model = AlexNet()
    model.build(input_shape=(None, 32, 32, 3)) #输入图像为 32 * 32 的三通道图像
    model.summary()
    #创建一个优化器
    optimizer = optimizers.Adam(lr=1e-4)
    for epoch in range(50):
        for step, (x, y) in enumerate(train_db):
            with tf.GradientTape() as tape:
                # [b, 32, 32, 3] => [b, 100]
                prob = model(x)
                # [b] => [b, 100]
                y_onehot = tf.one_hot(y, depth=100)
                #计算误差函数
                loss = tf.losses.categorical_crossentropy(y_onehot, prob,
                    from_logits=False)
                loss = tf.reduce_mean(loss)
            #梯度求解
            grads = tape.gradient(loss, model.trainable_variables)
            #梯度更新
            optimizer.apply_gradients(zip(grads, model.trainable_variables))
```

```
            if step % 100== 0:
                print(epoch, " epoches ", step, " steps ", " loss: ", float(loss))

        #做测试
        total_num = 0
        total_correct = 0
        for x, y in test_db:
            prob = model(x)
            pred = tf.argmax(prob, axis=1)    #选出最大值
            pred = tf.cast(pred, dtype=tf.int32)
                                    #还记得吗 pred 类型为 int64,需要转换一下

            #拿到预测值 pred 和真实值比较。
            correct = tf.cast(tf.equal(pred, y), dtype=tf.int32)
            correct = tf.reduce_sum(correct)#正确的数量

            total_num += x.shape[0]
            total_correct += int(correct)    #numpy

        acc = total_correct / total_num
        print(epoch, 'acc:', acc)
```

运行主函数

```
If __name__ == '__main__':
  main()
```

重要代码说明如下。
需要载入的头文件

```
import tensorflow as tf
import time
from tensorflow.keras.layers import Conv2D, Activation, MaxPool2D, Dropout,
Flatten, Dense
from tensorflow.keras import Model,optimizers
```

卷积层的建立

```
self.c1 = Conv2D(filters=96, kernel_size=(3, 3)) #96个 3*3 的卷积核
```

激活函数选用 ReLU

```
self.a2 = Activation('relu')
```

池化层的建立

```
self.p1 = MaxPool2D(pool_size=(3, 3), strides=2)
#池化窗口为 3 * 3,步长为 2
```

全连接层

```
self.f1 = Dense(2048, activation='relu')
self.d1 = Dropout(0.5)
self.f2 = Dense(2048, activation='relu')
self.d2 = Dropout(0.5)
self.f3 = Dense(100, activation='softmax')
```

声明网络结构,输入,并打印出当前网络模型

```
model = AlexNet()
model.build(input_shape=(None, 32, 32, 3)
#输入图像为 32 * 32 的三通道图像
model.summary()
```

选用 Adam 优化器

```
optimizer = optimizers.Adam(lr=1e-4)
```

将标签进行 one_hot 编码

```
y_onehot = tf.one_hot(y, depth=100)
```

将真实值与预测值进行比较计算损失函数(均方差)

```
loss = tf.losses.categorical_crossentropy(y_onehot, prob, from_logits=
False)
loss = tf.reduce_mean(loss)
```

进行梯度求解与梯度更新

```
grads = tape.gradient(loss, model.trainable_variables)
  optimizer.apply_gradients(zip(grads,model.trainable_variables))
```

进行测试,选出最大的可能值,转化类型后与真实值做比较。再用所有的值与检测出的正确数量相除得到精确度。

```
for x, y in test_db:
        prob = model(x)
        pred = tf.argmax(prob, axis=1)              #求最大值
```

```
pred = tf.cast(pred, dtype=tf.int32)              #类型转换

#预测值 pred 和真实值比较
correct = tf.cast(tf.equal(pred, y), dtype=tf.int32)
correct = tf.reduce_sum(correct)                  #正确的数量

total_num += x.shape[0]
total_correct += int(correct)                     #numpy

acc = total_correct / total_num
print(epoch, 'acc:', acc)
```

接下来,进行训练并得出一轮计算的精度,如图 7-17 所示。

```
Total params: 9,822,180
Trainable params: 9,822,180
Non-trainable params: 0
_____
0  epoches  0   steps   loss:  4.60255241394043
0  epoches  100  steps   loss:  2.0544486045837402
0  epoches  200  steps   loss:  1.952290654182434
0  epoches  300  steps   loss:  1.5530787706375122
0  acc: 0.42588
```

图 7-17   网络开始成功训练时显示的信息

7.9 深度学习应用技巧

(1) 多类不平衡问题。为了避免学习结果更加趋向某一类样本,各个类别的训练样本应尽量保持一致。不平衡类训练集可以采用划分、抽样等方式变换为平衡类训练集。

(2) 样本标签设置问题。对于神经网络来说,其激活函数都会限定神经元输出值在 $(0,1)$ 之间,所以分类问题中,对样本的标签设定值一般也要限定范围为 $(0,1)$,模型工作时使用 SoftMax 概率值来识别输出的类别。

(3) 学习率对梯度下降法的影响问题。神经网络学习率的设定一定要合适,不可太大也不可太小。如果学习率过大,则每次迭代就有可能出现大幅度的振荡现象,也可能会在极值点两侧出现发散(误差函数值容易引起振荡);如果学习率太小,误差函数下降得很慢,导致收敛速度过慢。所以,对于网络的学习率一般都会选择 $(0,1)$ 内的一个合适值,如 $0.0001,0.001,0.01$ 和 0.1 等,具体需要根据实验中的情况选择一个合适的值。

(4) 大规模训练样本的随机打乱问题。大数据集的深度学习一般采用分批的方式进行,往往没有打乱训练样本的时候,模型学习的过程则会趋向于后面的样本逐渐覆盖前面样本学习到的网络权值,使得它的学习结果更趋向于最后学习的类别。虽然,通过大量训练迭代轮数可以相对缓和,但是也不如随机打乱样本后训练稳定。

（5）网络层次结构和迭代次数的设计问题。多少层网络算深度学习，多少次迭代才算合理？当前多数分类、回归等学习方法为浅层结构算法，其局限性在于有限样本和计算单元情况下对复杂函数的表示能力有限，针对复杂分类问题其泛化能力受到一定制约。深度学习必须依照实际情况控制网络结构和训练迭代次数，多方面控制模型参数，尤其是在大规模数据的任务处理中尤为重要。

（6）训练过程中目标函数优化问题。由于全样本的梯度下降法收敛速度慢和易于陷入局部极小，所以通常采用随机梯度下降（SGD）策略，即通过随机选择训练集的一个子集，计算该子集的网络输出与真实输出的平均误差梯度并调整相应的权值，这种策略可以看作对每个单独的训练子集定义了不同的误差函数。而随机梯度下降的权值是通过考查训练集的某个子集来更新的网络权值；标准梯度下降中权值更新的每一步对所有样本计算误差，比随机梯度需要更多的计算量；标准误差曲面有多个局部极小值，随机梯度下降可能避免陷入这些局部极小值和提高泛化能力。

（7）Dropout 技巧的使用问题。为了减少神经网络的过拟合，通常还可以在网络中加入 Dropout 层。在网络训练的时候，Dropout 以一定的概率随机地抑制一些神经元的输出，使得网络中的神经元在每次训练的时候，并不是总是依赖于上一层固定的几个神经元的输出，从而提高整个网络模型的泛化能力。

7.10　小　　结

本章首先简单分析了深度学习的发展，其次针对几种典型的深度学习模型展开了详细讨论。然后介绍了近年来比较主流的几种深度学习开源框架并给出了 Caffe 框架的使用案例及分析。最后，在深度学习的应用方面也给出了几点建议。下面对几种模型进行小结：

深信网（DBN）是层层堆叠多个 RBM 组成的深网络，训练过程分为两个阶段，首先通过 RBM 预训练，从输入层开始逐层为每组 RBM 找到其局部最好参数的初始设置，然后再将预训练的 RBM 连接起来构建整体深网络结构，最后采用随机梯度下降策略进行全局微调。

深度玻尔兹曼机（DBM）借鉴了能量模型 RBM 的基本思想，它是一种通过增加 RBM 的隐层数量而构造的深网络，能够通过 Gibbs 抽样模拟复杂数据的内在特征，学习过程同 RBM 相似，但是网络层次增多，导致更大的计算量。

栈式自动编码器（SAE）是通过组合多个三层"自动编码"网络构造的深网络。模型训练分为两步，首先逐层贪婪预训练，每个三层网络的自监督学习过程同 BP 算法相同。预训练完成后再对整个网络进行双向展开并使用 BP 算法进行整体微调。

卷积神经网络（CNN）是针对二维数据处理设计的一种模拟"局部感受野"的局部连接的神经网络结构，引入卷积运算实现局部连接和共享权值的特征提取，引入池化操作实现低功耗计算和高级特征提取，网络构造通过多次卷积和池化过程来构造深网络，网络的训练含有"权共享"和"稀疏"特点，参数学习过程类似于 BP 算法。

7.11 习　　题

简答题

（1）绘制 BP 算法的流程图。

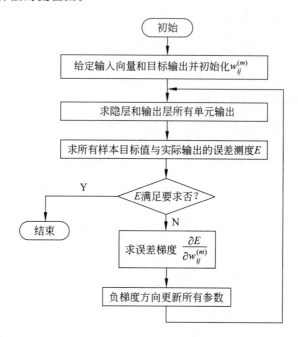

（2）列举图像分类常见深度学习网络。

（3）相对于传统人工神经网络，AlexNet 主要有哪些技术上的创新？

7.12 参考文献

［1］Kohonen T. An Introduction to Neural Computing[J]. Neural Networks，1988，1(1)：3-16.

［2］Mcculloch W S，Pitts W. A Logical Calculus of the Ideas Immanent in Nervous Activity[J]. Bulletin of Mathematical Biology，1943，52(4)：99-115.

［3］周志华. 机器学习[M]. 北京：清华大学出版社，2016.

［4］Ackley D H，Hinton G E，Sejnowski T J. A Learning Algorithm for Boltzmann Machines[J]. Cognitive Science，1985，9(1)：147-169.

［5］Hinton G E. A Practical Guide to Training Restricted Boltzmann Machines[J]. Momentum，2010，9(1)：599-619.

［6］Hinton G E. Training Products of Experts by Minimizing Contrastive Divergence[J]. Neural Computation，2002，14(8)：800-1771.

［7］Hinton G E，Osindero S，Welling M，et al. Unsupervised Discovery of Nonlinear Structure Using Contrastive Backpropagation[J]. Cognitive Science，2006，30(4)：31-725.

［8］Hinton G E，Salakhutdinov R R. Reducing the Dimensionality of Data with Neural Networks[J].

Science，2006，313(5786)：504-507.

[9] Hinton G E，Salakhutdinov R R，et al. Supporting Online Material for Reducing the Dimensionality of Data with Neural Networks[J]. Science，2006，504(5786)：504-507.

[10] Hinton G E，Osindero S，Teh Y W. A fast Learning Algorithm for Deep Belief Nets[J]. Neural Computation，2006，18(7)：1527-1554.

[11] Kang S，Qian X，Meng H. Multi-distribution Deep Belief Network for Speech Synthesis[C]//IEEE International Conference on Acoustics，Speech and Signal Processing (ICASSP)，2013：8012-8016.

[12] Salakhutdinov R，Larochelle H. Efficient Learning of Deep Boltzmann Machines [C]//The Conference on Artificial Intelligence and Statistics (AISTATS)，2010，9(8)：693-700.

[13] Salakhutdinov R，Tenenbaum J B，Torralba A. Learning with Hierarchical Deep Models[J]. IEEE Transactions on Pattern Analysis & Machine Intelligence，2013，35(8)：1958-1971.

[14] Schölkopf B，Platt J，Hofmann T. Greedy Layer-Wise Training of Deep Networks[C]//Advances in Neural Information Processing Systems (NIPS)，2007：153-160.

[15] Qi Y，Wang Y，Zheng X，Wu Z. Robust Feature Learning by Stacked Autoencoder with Maximum Correntropy Criterion [C]//IEEE International Conference on Acoustics，Speech and Signal Processing (ICASSP)，2014：6716-6720.

[16] Simonyan K，Zisserman A. Very Deep Convolutional Networks for Large-scale Image Recognition [OL]，[2021-1-26] https://arxiv.org/abs/1409.1556v6.

[17] Szegedy C，Liu W，Jia Y，et al. Going Deeper with Convolutions [C]//IEEE Conference on Computer Vision and Pattern Recognition(CVPR). 2014：1-9.

[18] He K，Zhang X，Ren S，et al. Deep Residual Learning for Image Recognition [C]//IEEE Conference on Computer Vision and Pattern Recognition (CVPR)，2016：770-778

[19] Khalil-Hani M，Sung L S. A Convolutional Neural Network Approach for Face Verification[C]// International Conference on High Performance Computing & Simulation (ICHPCS)，2014：707-714.

[20] Lecun Y，Bottou L，Bengio Y，Haffner P. Gradient-based Learning Applied to Document Recognition [J]. Proceedings of the IEEE，1998，86(11)：2278-2324.

[21] Krizhevsky A，Sutskever I，Hinton G E. ImageNet Classification with Deep Convolutional Neural Networks[J]. Communications of the ACM，2017，60(6)：84-90.

[22] Hinton G E，Srivastava N，Krizhevsky A，et al. Improving Neural Networks by Preventing Co-adaptation of Feature Detectors[J]. Computer Science，2012，3(4)：212-223.

[23] Lecun Y，Bengio Y，Hinton G E. Deep Learning[J]. Nature，2015，521(7553)：436-44.

[24] Bengio Y. Learning Deep Architectures for AI[J]. Foundations & Trends © in Machine Learning，2009，2(1)：1-127.

[25] Salakhutdinov R，Hinton G E. Replicated Softmax：an Undirected Topic Model[C]//Advances in Neural Information Processing Systems (NIPS)，2009：1607-1614.

[26] Larochelle H，Bengio Y，Louradour J，et al. Exploring Strategies for Training Deep Neural Networks[J]. Journal of Machine Learning Research，2009，10(10)：1-40.

[27] Taylor G W，Hinton G E，Roweis S T. Two Distributed-state Models for Generating High-Dimensional Time Series. Journal of Machine Learning Research，2011，12(2)：1025-1068.

［28］余凯，贾磊，陈雨强，等. 深度学习的昨天、今天和明天. 计算机研究与发展，2013，50(09)：1799-1804.

［29］Schulz H，Behnke S. Deep Learning[J]. Computer Science，2012，26(4)：357-363.

［30］Deng L，Yu D. Deep Learning：Methods and Applications[J]. Foundations & Trends © in Signal Processing，2013，7(3)：197-387.

Hadoop 大数据分布式处理生态系统

随着大数据时代的到来,从应用需求、硬件环境、互联模式到计算技术都在发生显著的变化,人们对分布式并行计算的需求也在日益突出,上述变化为分布式并行计算提供了新的发展契机,同时也带来了巨大的研究挑战。目前,工业界已经研究和开发多种大数据编程模型,并广泛应用在 TB 级甚至 PB 级的数据处理与分析上,而学术界正在尝试和探索更抽象的大数据计算模型,来反映当前并行机的属性,揭示大数据任务中计算、通信、访问和存储行为的本质特征,对各种主流大数据处理系统进行统一的理论分析,从而指导大数据应用的优化。

目前最具代表性的大数据分布式存储与并行计算的软件框架 Apache Hadoop(以下简称 Hadoop)应用非常广泛。Hadoop 代表的已经不仅是一个分布式数据存储与处理框架,而更多地是指代一个大数据分析处理的生态系统,围绕 Hadoop 这个概念衍生了诸多项目与工具,如 Apache Ambari、Apache HBase、Apache Hive、Apache Mahout、Apache Pig、Apache Spark、Apache Zookeeper 等。

本章从介绍 Hadoop 集群的基本概念(8.1 节)开始,然后介绍 HDFS 基本操作(8.2 节),MapReduce 并行计算框架(8.3 节),基于 Storm 的分布式实时计算(8.4 节),基于 Spark Streaming 的分布式实时计算(8.5 节)。在每一节中都给出若干样例,供读者在学习过程中参考。

8.1 Hadoop 集群基础

Hadoop 是一个开源的框架。为实现高可用性,Hadoop 的所有组件在设计之初都是基于如下假设的:集群中硬件故障是常见的,软件框架应当能在软件层面自动处理这些故障。

Hadoop 的基本框架包含 4 个模块:

Hadoop 公共包(hadoop common):提供其他 Hadoop 模块所需要的组件。

Hadoop 分布式文件系统(hadoop distributed file system,HDFS):提供高吞吐量对应用数据进行访问的分布式文件系统。

Hadoop YARN:任务调度和集群资源管理框架。

Hadoop MapReduce:基于 YARN 的大规模数据并行处理系统。

Hadoop 是典型的主/从(master/slave)结构。在数据存储方面,主(master)结点

NameNode 主要负责管理 HDFS 文件系统的命名空间(nameSpace),以及维护文件系统树和文件树中所有文件、文件夹的元数据(metaData)。也就是说 NameNode 知道所有数据及其副本的存放位置、操作日志等。而从(slave)结点 DataNode 则负责数据块的存取,是实际存放数据的地方,它们维护并定期向 NameNode 发送自身存储的块(block)的列表。另外,集群中还有一个 Secondary NameNode 结点,主要功能是定期保存 NameNode 中 HDFS 的元数据的快照,以便 NameNode 出现问题时帮助其恢复。

在数据处理方面,主(master)结点 ResouceManager(RM)负责监控整个集群的可用计算资源,管理运行在 YARN 系统上的分布式应用,而从(slave)结点 NodeManager(NM)则负责接收 RM 的指令并管理自身所在的单个结点的计算资源。图 8-1 展示了 YARN 框架的基本构成。其中 RM 负责接收作业并将作业分配到 NM。对于某一个作业,在一个 NM 上启动 Application Master(AM),在其他若干个 NM 上启动 Container。AM 仅负责当前作业的资源调度和请求,而 RM 负责与所有 AM 进行资源的协商与调度。作业实际运行在 Container 上。这样做的好处是对于不同的应用,作业内部的管理分担到各个 AM 上,大大减轻 RM 的压力,提高了集群的可扩展性。

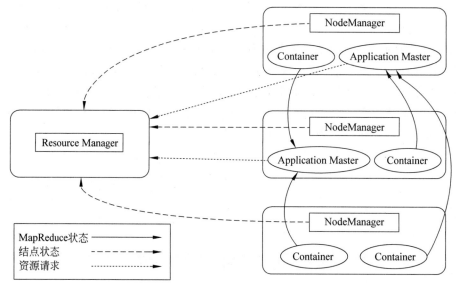

图 8-1　YARN 资源调度框架

综合来看,NameNode、Secondary NameNode 以及 RecourseManager 属于主结点,而 DataNode、NodeManager 属于从结点。一般来说,主结点应当部署在单独的计算机上,而不应该和从结点共享硬件。

下面介绍如何安装和配置一个 Hadoop 集群。

8.1.1　Hadoop 安装

Hadoop 可以安装在单台计算机上,也可以安装在一个集群上。这里先来看如何在单台计算机上安装 Hadoop。

1. 安装前的准备

（1）**平台需求**：Hadoop 支持在 GNU/Linux 平台上进行开发和部署，也支持在 Windows 平台上进行开发和部署，Hadoop 能够在 2000 个 GNU/Linux 服务器结点部署。本文所述内容均默认在 Linux 平台上进行，需要学习和了解 Windows 平台安装 Hadoop 的读者，可以访问以下网址进行相关学习：https://cwiki.apache.org/confluence/display/HADOOP2/Hadoop2OnWindows。

（2）**软件需求**：目标系统应当安装 Java。Hadoop 3.3 及以上版本支持 Java 8 and Java 11（runtime only）；Hadoop3.0 至 3.2 版本目前只支持 Java 8；Hadoop 2.7.x 至 2.x 版本支持 Java 7 和 Java 8。本文所述内容使用 Hadoop 2.10.1 和 Java 8（JDK1.8.0_261）。

目标系统还应当安装并配置运行 ssh，在受信任的各服务器结点间不使用密码进行登录。

2. 下载及安装

在 Java 和 ssh 准备就绪之后，到网站 http://www.apache.org/dyn/closer.cgi/hadoop/common/ 选择一个稳定版本的 Hadoop 下载并解压到指定的目录。

在运行 Hadoop 之前，需要指定所使用的 Java 的路径。Hadoop 默认使用系统的 JAVA_HOME 变量，如果用户希望使用该路径，则无须进行任何设置。如果用户希望使用一个新的 Java 路径，则需在解压后目录找到文件 etc/hadoop/hadoop-env.sh 并增加如下变量：

```
#set to the root of your Java installation
export JAVA_HOME=your_java_path
```

保存 etc/hadoop/hadoop-env.sh 并关闭，至此，Java 与 Hadoop 的关联已经建立。下一步是将 Hadoop 的安装目录添加到 Hadoop 用户环境变量，打开～/.bashrc，添加如下语句：

```
#set to the root of your Hadoop installation
export HADOOP_INSTALL = your_hadoop_unpack_path
export PATH=$PATH:$HADOOP_INSTALL/bin:$HADOOP_INSTALL/sbin
```

至此，Hadoop 安装完毕，在终端提示符 $ 后，执行如下命令：

```
hadoop
```

终端将显示 Hadoop 脚本的使用说明，如图 8-2 所示。

在终端输入 hadoop version，终端将显示 Hadoop 的版本，如图 8-3 所示。

8.1.2 Hadoop 配置

Hadoop 有 3 种运行模式：本地模式、伪分布式模式和全分布式模式。第 1 种和第 2 种都运行在本地计算机上。第 3 种运行在真实集群上。

```
[hadoop@localhost ~]$ hadoop
Usage: hadoop [--config confdir] [COMMAND | CLASSNAME]
  CLASSNAME            run the class named CLASSNAME
 or
  where COMMAND is one of:
  fs                   run a generic filesystem user client
  version              print the version
  jar <jar>            run a jar file
                       note: please use "yarn jar" to launch
                       YARN applications, not this command.
  checknative [-a|-h]  check native hadoop and compression libraries availability
  distcp <srcurl> <desturl> copy file or directories recursively
  archive -archiveName NAME -p <parent path> <src>* <dest> create a hadoop archive
  classpath            prints the class path needed to get the
                       Hadoop jar and the required libraries
  credential           interact with credential providers
  daemonlog            get/set the log level for each daemon
  trace                view and modify Hadoop tracing settings

Most commands print help when invoked w/o parameters.
```

图 8-2　Hadoop 脚本的使用说明

```
[hadoop@localhost ~]$ hadoop version
Hadoop 2.10.1
Subversion https://github.com/apache/hadoop -r 1827467c9a56f133025f28557bfc2c562d78e816
Compiled by centos on 2020-09-14T13:17Z
Compiled with protoc 2.5.0
From source with checksum 3114edef868f1f3824e7d0f68be03650
This command was run using /usr/hadoop/hadoop-2.10.1/share/hadoop/common/hadoop-common-2.10.1.jar
```

图 8-3　Hadoop 的版本

1. 基本配置

- **本地模式**：在默认情况下，Hadoop 以本地模式运行。本地模式实际上就是 JVM 中的一个进程。此模式常用于 Hadoop 程序的开发与调试。
- **伪分布式模式**：Hadoop 在本地计算机上运行守护进程，模拟一个小规模的集群，用户可以用脚本方式向模拟的集群提交作业。
- **全分布式模式**：Hadoop 在整个集群上运行守护进程。

Hadoop 的配置文件存放在 etc/hadoop/目录中。在最初的版本中，Hadoop 采用一个 hadoop-site.xml 文件进行配置。从 0.20.0 版本开始，Common、HDFS、MapReduce 和 YARN 分别由 core-site.xml、hdfs-site.xml、mapred-site.xml 和 yarn-site.xml 进行配置。本地模式无须修改默认配置，伪分布式模式则需做如下修改：

（1）在配置文件 core-site.xml 的 configuration 标签中加入以下内容：

```
<property>
    <name>fs.defaultFS</name>
    <value>hdfs://localhost:9000</value>
</property>
```

这个配置项表明 HDFS 文件系统的默认访问路径 hdfs://localhost:9000，修改完成后的结果如图 8-4 所示。

（2）在配置文件 hdfs-site.xml 的 configuration 标签中加入以下内容：

```
<property>
    <name>dfs.replication</name>
    <value>1</value>
</property>
```

这个配置项表明数据只存储一个副本。全分布式模式默认存储 3 个副本，伪分布式模式中，数据存储在本地计算机上，因此没有存储多个副本的必要。修改完成后的结果如图 8-5 所示。

```
<configuration>
    <property>
        <name>fs.defaultFS</name>
        <value>hdfs://localhost:9000</value>
    </property>
</configuration>
```

```
<configuration>
    <property>
        <name>dfs.replication</name>
        <value>1</value>
    </property>
</configuration>
```

图 8-4　core-site.xml 的配置　　　　　　图 8-5　hdfs-site.xml 的配置

如果是第一次启动，使用 hdfs namenode -format 命令先格式化 HDFS 文件系统。首先启动 HDFS 守护进程，在终端执行如下命令：

```
start-dfs.sh
```

终端将显示 HDFS 启动信息，如图 8-6 所示。启动成功后可以在 http://localhost:50070/查看 NameNode 界面，表示 HDFS 系统已经启动，可以进行分布式文件的存取。

```
[hadoop@localhost ~]$ start-dfs.sh
Starting namenodes on [localhost]
localhost: starting namenode, logging to /usr/hadoop/hadoop-2.10.1/logs/hadoop-hadoop-namenode-localhost.localdomain.out
localhost: starting datanode, logging to /usr/hadoop/hadoop-2.10.1/logs/hadoop-hadoop-datanode-localhost.localdomain.out
Starting secondary namenodes [0.0.0.0]
0.0.0.0: starting secondarynamenode, logging to /usr/hadoop/hadoop-2.10.1/logs/hadoop-hadoop-secondarynamenode-localhost.localdomain.out
```

图 8-6　HDFS 启动信息

如果想要在伪分布式模式中利用 YARN 运行 MapReduce 程序，则还需要进行如下配置。

（1）在配置文件 mapred-site.xml 的 configuration 标签中加入以下内容：

```
<property>
    <name>mapreduce.framework.name</name>
    <value>yarn</value>
</property>
```

这个配置项表明在此模式下利用 YARN 运行 MapReduce 程序，修改完成后的结果如图 8-7 所示。

```
<configuration>
    <property>
        <name>mapreduce.framework.name</name>
        <value>yarn</value>
    </property>
</configuration>
```

图 8-7　mapred-site.xml 的配置

（2）在配置文件 yarn-site.xml 的 configuration 标签中加入以下内容：

```
<property>
    <name>yarn.nodemanager.aux-services</name>
    <value>mapreduce_shuffle</value>
</property>
```

至此，伪分布式模式的基本配置结束，修改完成后的结果如图 8-8 所示。

```
<configuration>
<!-- Site specific YARN configuration properties -->
    <property>
        <name>yarn.nodemanager.aux-services</name>
        <value>mapreduce_shuffle</value>
    </property>
</configuration>
```

图 8-8　yarn-site.xml 的配置

如果需要用 YARN 运行 MapReduce 程序，则还需要启动 YARN 守护进程，在终端执行如下命令：

```
start-yarn.sh
```

终端将显示 YARN 启动信息，如图 8-9 所示。启动成功后可以在 http://localhost：8088/查看资源和结点管理界面。

```
[hadoop@localhost ~]$ start-yarn.sh
starting yarn daemons
starting resourcemanager, logging to /usr/hadoop/hadoop-2.10.1/logs/yarn-hadoop-resourcemanager-localhost.localdomain.out
localhost: starting nodemanager, logging to /usr/hadoop/hadoop-2.10.1/logs/yarn-hadoop-nodemanager-localhost.localdomain.out
```

图 8-9　YARN 启动信息

Namenode、Datanode 和 Resourcemanager 等守护进程所产生的日志文件可以在 Hadoop 安装目录的 logs 文件夹下找到。

2. 集群配置

在集群上安装 Hadoop 的前置条件和在单机上配置 Hadoop 类似，集群中每一台计算机都需要下载 Hadoop 并解压，以及安装对应版本的 Java。限于篇幅，这里仅介绍 Hadoop 非安全模式（Non-secure mode）的配置，关于 Hadoop 安全模式的配置，请参考 Hadoop 官方文档（见参考文献[3]）。

Hadoop 集群中的每个结点都各自保留一系列的配置文件。Hadoop 支持全局统一的配置，也就是说集群中所有计算机采用同样的配置文件。这种方式对于某些扩展的集群不实用，因为不同批次的计算机的性能很可能不一样。因此通常将计算机划分为不同的计算机类，同一个计算机类的计算机共享配置。实际应用中，建议采用外部工具进行配置管理，如 Chef、Puppet、Pdsh 等。在这里，只讨论通用配置的部分。

在集群安装前，需要对集群中的计算机的功能做一个划分。由于 Hadoop 是主从式结构集群，因此集群中的计算机也有主从之分，并非每台计算机的功能都是相同的。一般来说，NameNode 和 ResourceManager 应当被分开部署在单独的计算机上。有条件的话,Web 应用代理服务器和 MapReduce 作业历史服务器也应当分开部署在单独的计算机上。

Hadoop 的配置文件主要包括两类,一类是各个核心组件如 HDFS、YARN、MapReduce 等的配置文件,名称格式为 xxx-site.xml,这一类主要负责守护进程的配置;另一类则是环境变量配置脚本,名称格式为 xxx-env.sh,这一类主要负责守护进程的运行环境变量配置。

1) 守护进程环境变量配置

用户应当使用 hadoop-env.sh、mapred-env.sh 以及 yarn-env.sh 对守护进程的环境变量进行配置,守护进程类型和相应的环境变量部分配置项如表 8-1 所示。

表 8-1　Hadoop 守护进程环境变量部分配置项

守 护 进 程	配　置　项
NameNode	HADOOP_NAMENODE_OPTS
DataNode	HADOOP_DATANODE_OPTS
SecondaryNameNode	HADOOP_SECONDARYNAMENODE_OPTS
ResourceManager	YARN_RESOURCEMANAGER_OPTS
NodeManager	YARN_NODEMANAGER_OPTS
WebAppProxy	YARN_PROXYSERVER_OPTS
MapReduce Job History Server	HADOOP_JOB_HISTORYSERVER_OPTS

比如,如果需要 NameNode 使用并行垃圾回收,则需在 hadoop-env.sh 中进行如下配置:

```
export HADOOP_NAMENODE_OPTS="-XX:+UseParallelGC"
```

2) 守护进程配置

HDFS 配置:HDFS 配置主要指明系统中 NameNode 和 DataNode 的位置、分布式文件块的大小、结点上用于存储分布式文件的本地文件系统路径等。

在 core-site.xml 中,用户需要按表 8-2 进行配置,指明集群中 NameNode 在 HDFS 中的位置。

表 8-2　NameNode 配置

参　　数	值	备　　注
fs.defaultFS	NameNode 的路径	hdfs://host: port/
io.file.buffer.size	131072	顺序文件使用的读写缓冲区大小

hdfs-site.xml 的配置稍微复杂些,对于 NameNode 和 DataNode 有不同的配置项,对于 NameNode,常用配置如表 8-3 所示。

表 8-3   HDFS 守护进程环境变量配置项

参　　数	值	备　　注
dfs.namenode.name.dir	NameNode 在本地文件系统上存储数据的路径	可以用逗号分隔多个路径,这种情况下数据表会在所有路径下都存储一个冗余副本
dfs.hosts /dfs.hosts.exclude	允许/拒绝的 DataNode	用于控制允许/拒绝 DataNode
dfs.blocksize	268435456	块大小(字节),大文件系统可以采用 256MB
dfs.namenode.handler.count	100	用于与 DataNode 进行远程通信的句柄数

对于 DataNode,常用的配置如表 8-4 所示。

表 8-4   DataNode 配置项

参　　数	值	备　　注
dfs.datanode.data.dir	DataNode 在本地文件系统中存储数据块的文件夹的路径	可以用逗号分隔多个路径

YARN 配置:YARN 配置主要指明集群中 ResourceManager 和 NodeManager 的位置、ResourceManager 与从结点进行各项调度与交互的通信接口、单个任务的可用资源、NodeManager 用于运行分布式程序的可用资源等。这些配置集中在 yarn-site.xml。

如果要在集群中使用 YARN 对 MapReduce 进行调度,则还需要对 yarn-site.xml 进行配置。ResourceManager 和 NodeManager 共用的部分配置项如表 8-5 所示。

表 8-5   YARN 共用的部分配置项

参　　数	值	备　　注
yarn.acl.enable	true/false	是否启用 ACLs,默认为 false
yarn.admin.acl	Admin ACL	管理员列表,以逗号分隔,默认值为 *,代表所有人都具有管理员权限,空格表示无人具有管理员权限
yarn.log-aggregation-enable	false	启用或禁用日志聚合,默认为 false

针对 ResourceManager 的部分配置项如表 8-6 所示。

表 8-6   ResourceManager 的部分配置项

参　　数	值	备　　注
yarn.resourcemanager.address	host:port	用于 YARN 客户端提交作业的主机与端口地址,如设置,将覆盖 yarn.resourcemanager.hostname 的值
yarn.resourcemanager.scheduler.address	host:port	用于 AM 向 RM 请求资源的主机与端口地址,如设置,将覆盖 yarn.resourcemanager.hostname 的值

续表

参　　数	值	备　　注
yarn.resourcemanager.resource-tracker.address	host：port	用于 NM 与 RM 进行通信的主机与端口地址，如设置，将覆盖 yarn.resourcemanager.hostname 的值
yarn.resourcemanager.admin.address	host：port	用于管理员向 RM 发送管理命令的主机与端口地址，如设置，将覆盖 yarn.resourcemanager.hostname 的值
yarn.resourcemanager.webapp.address	host：port	RM 的 Web UI 地址，如设置，将覆盖 yarn.resourcemanager.hostname 的值
yarn.resourcemanager.hostname	host	设置单个 RM 的 host 地址时，将同时自动以默认端口设置所有其他地址（但会被相应的设置覆盖）
yarn.resourcemanager.scheduler.class	Scheduler class	调度器主类，可选 CapacityScheduler、FairScheduler 以及 FifoScheduler
yarn.scheduler.minimum-allocation-mb	1024	单个 Container 可分配的最小内存，以兆字节（MB）为单位
yarn.scheduler.maximum-allocation-mb	8192	单个 Container 可分配的最大内存，以兆字节（MB）为单位
yarn.resourcemanager.nodes.include-path / yarn.resourcemanager.nodes.exclude-path	DataManager 允许/拒绝的列表	DataManager 用于控制允许/拒绝的数据结点列表

针对 NodeManager 的部分配置项如表 8-7 所示。

表 8-7　NodeManager 的部分配置项

参　　数	值	备　　注
yarn.nodemanager.resource.memory-mb	8192	NodeManager 上可用于执行 YARN 任务的内存数，以兆字节（MB）为单位
yarn.nodemanager.vmem-pmem-ratio	2	单个任务可用的虚拟内存与物理内存的比值
yarn.nodemanager.local-dirs	path1，path2…	本地文件系统上用于存储中间结果的文件夹路径，以逗号分隔
yarn.nodemanager.log-dirs	path1，path2…	本地文件系统上用于存储日志的文件夹路径，以逗号分隔
yarn.nodemanager.log.retain-seconds	10800	仅当禁用日志聚合时，在 NodeManager 上保留日志文件的默认时间，以秒为单位
yarn.nodemanager.remote-app-log-dir	/logs	将应用程序完成日志移动到 HDFS 目录中。需要设置适当的权限。仅在启用日志聚合时适用

续表

参　　数	值	备　　注
yarn.nodemanager.remote-app-log-dir-suffix	logs	附加到远程日志目录的后缀。日志将聚合到 ${yarn.nodemanager.remote-app-log-dir}/${user}/${thisParam}仅适用于启用了日志聚合的情况
yarn.nodemanager.aux-services	mapreduce_shuffle	用于 MapReduce 应用的 shuffle 服务设置

3）MapReduce 配置

MapReduce 的配置集中在 maprd-site.xml，主要负责运行框架的选择、Map 与 Reduce 及其子线程的资源限制等。

针对 MapReduce 应用的常用配置项如表 8-8 所示。

表 8-8　MapReduce 应用的常用配置项

参　　数	值	备　　注
mapreduce.framework.name	yarn	运行框架配置
mapreduce.map.memory.mb	1536	Map 的内存限额，以 MB 为单位
mapreduce.map.java.opts	-Xmx1024M	Map 的子线程的 JVM 最大可用内存
mapreduce.reduce.memory.mb	3072	Reduce 的内存限额，以兆字节(MB)为单位
mapreduce.reduce.java.opts	-Xmx2560M	Reduce 的子线程的 JVM 最大可用内存
mapreduce.task.io.sort.mb	512	用于提高效率进行数据排序的内存限额，以兆字节(MB)为单位
mapreduce.task.io.sort.factor	100	合并数据流时，一次合并的数据流数目，每次合并的时候选择最小的前 100 个进行合并
mapreduce.reduce.shuffle.parallelcopies	50	shuffle 阶段 Reduce 从 Map 获取数据时并行传输数据的副本数

针对 MapReduce JobHistory 服务器的常用配置项如表 8-9 所示。

表 8-9　MapReduce JobHistory 服务器的常用配置项

参　　数	值	备　　注
mapreduce.jobhistory.address	host：port	JobHistory 服务器地址，默认端口 10020
mapreduce.jobhistory.webapp.address	MapReduce JobHistory Server Web UI host：port	JobHistory Web UI 地址，默认端口 19888
mapreduce.jobhistory.intermediate-done-dir	/mr-history/tmp	MapReduce 作业产生的历史文件的存放路径
mapreduce.jobhistory.done-dir	/mr-history/done	MRJobHistory Server 管理的历史文件的存放路径

8.2 HDFS 基础操作

HDFS 是一个类似于 Google 的开源的分布式文件系统(GFS)。它提供了一个可扩展、高可靠、高可用的大规模数据分布式存储管理系统,基于物理上分布在各个数据存储结点的本地 Linux 系统的文件系统,为上层应用程序提供了一个逻辑上成为整体的大规模数据存储文件系统。与 GFS 类似,HDFS 采用多副本(默认为 3 个副本)数据冗余存储机制,并提供了有效的数据出错检测和数据恢复机制,大大提高了数据存储的可靠性。

在 Hadoop 集群中,用户可以采用文件系统命令(File System Shell,FS shell)访问 HDFS 文件系统中的文件。FS shell 不仅可以用来与 HDFS 进行交互,也可以与 Hadoop 支持的其他文件系统进行交互,如本地文件系统、HFTP 文件系统、HSFTP 文件系统、FTP 文件系统、Amazon S3 文件系统等。FS shell 通过如下方式进行调用:

```
hadoop fs <args>
```

所有 FS shell 命令都以路径 URL 作为参数,路径 URL 的格式为 scheme://authority/path。对于 HDFS 文件系统而言,scheme 是 hdfs;对于本地文件系统而言,scheme 则是 file。scheme 和 authority 都是可选的,在没有特别指定的情况下,将默认为配置文件中的 scheme。因此,一个 HDFS 文件或文件夹 hdfs://namenodehost/parent/child 可以简写为 /parent/child(前提是配置文件中将 hdfs://namenodehost 设置为默认文件路径)。

下面介绍 HDFS 常用操作命令,命令中字母的大小写敏感。

1. appendToFile

用法: hadoop fs -appendToFile <localsrc> … <dst>

功能: 将一个或多个本地文件追加到目标文件。也可以从标准输入追加到目标文件。

示例: hadoop fs -appendToFile localfile /user/hadoop/hadoopfile

　　　 hadoop fs -appendToFile localfile1 localfile2 /user/hadoop/hadoopfile

　　　 hadoop fs -appendToFile localfile hdfs://nn.example.com/hadoop/hadoopfile

　　　 hadoop fs -appendToFile -hdfs://nn.example.com/hadoop/hadoopfile

返回值: 成功返回 0,出现错误返回—1。

2. cat

用法: hadoop fs -cat URI [URI …]

功能: 将目标文件复制到标准输出。

示例: hadoop fs -cat hdfs://nn1.example.com/file1 hdfs://nn2.example.com/file2

　　　 hadoop fs -cat file:///file3 /user/hadoop/file4

返回值: 成功返回 0,出现错误返回—1。

3. checksum

用法：hadoop fs -checksum URI

功能：计算目标文件的总校验和。

示例：hadoop fs -checksum hdfs://nn1.example.com/file1

　　　hadoop fs -checksum file:///etc/hosts

4. chgrp

用法：hadoop fs -chgrp [-R] GROUP URI [URI …]

功能：更改目标文件的 group。操作者必须是文件的所有者或超级用户。

选项：-R 对文件夹内的文件递归地执行此命令。

5. chmod

用法：hadoop fs -chmod [-R] <MODE[,MODE]… | OCTALMODE> URI [URI …]

功能：更改目标文件的权限。操作者必须是此文件的所有者或者超级用户。

选项：-R 对文件夹内的文件递归地执行此命令。

6. chown

用法：hadoop fs -chown [-R] [OWNER][:[GROUP]] URI [URI]

功能：更改目标文件的所有者。操作者必须是超级用户。

选项：-R 对文件夹内的文件递归地执行此命令。

7. copyFromLocal

用法：hadoop fs -copyFromLocal <localsrc> URI

功能：与 put 命令相似，但是 copyFromLocal 只能复制本地文件到 HDFS 中。

选项：如果它已经存在，-f 会覆盖目标。

8. copyToLocal

用法：hadoop fs -copyToLocal [-ignorecrc] [-crc] URI <localdst>

功能：把文件从 HDFS 上下载到本地。除了限定目标路径是一个本地文件，其他与 get 命令相似。

9. count

用法：hadoop fs -count [-q] [-h] [-v] <paths>

功能：匹配指定的模式，计算目录、文件和字节的数量。输出的列分别是当前路径下的文件夹个数、当前文件夹下文件的个数、该文件夹下文件所占的空间大小、当前路径。

选项：-q 输出的列是限额、剩余限额、空间限额、剩余空间限额、剩下四个数值与

-count 一样。

　　-h 将文件大小的数值用方便阅读的形式表示,比如,用 64.0M 代替 67108864。

　　-v 显示一个标题行。

示例:hadoop fs -count hdfs://nn1.example.com/file1 hdfs://nn2.example.com/file2

　　　hadoop fs -count -q hdfs://nn1.example.com/file1

　　　hadoop fs -count -q -h hdfs://nn1.example.com/file1

　　　hdfs dfs -count -q -h -v hdfs://nn1.example.com/file1

返回值:成功返回 0,出现错误返回－1。

10. cp

用法:hadoop fs -cp [-f] [-p | -p[topax]] URI [URI …] <dest>

功能:将文件复制到目标路径,这个命令允许同时复制多个文件,但是在这种情况下目标路径必须是一个目录。

如果下列要求被满足,则在复制时可以保留"raw.*"命名空间扩展属性:

(1) 源文件系统和目标文件系统支持(仅限 HDFS)

(2) 所有源路径名和目标路径名都在/.reserved/raw 层次结构下。

选项:-f 当文件存在时,进行覆盖。

　　　-p 将权限、所属组、时间戳、ACL 以及 xattr 等也进行复制。

示例:hadoop fs -cp /user/hadoop/file1 /user/hadoop/file2

　　　hadoop fs -cp /user/hadoop/file1 /user/hadoop/file2 /user/hadoop/dir

返回值:成功返回 0,出现错误返回－1。

11. df

用法:hadoop fs -df [-h] URI [URI …]

功能:显示剩余空间

选项:-h 将文件大小的数值用方便阅读的形式表示,比如,用 64.0M 代替 67108864。

示例:hadoop dfs -df /user/hadoop/dir1

12. du

用法:hadoop fs -du [-s] [-h] URI [URI …]

功能:如果参数为目录,显示该目录下所有目录和文件的大小;如果参数为单个文件,则显示文件大小。

选项:-s 指输出所有文件大小的累加和,而不是每个文件的大小。

　　　-h 会将文件大小的数值用方便阅读的形式表示,比如,用 64.0M 代替 67108864。

示例:hadoop fs -du /user/hadoop/dir1 /user/hadoop/file1

返回值:成功返回 0,出现错误返回－1。

13. find

用法：hadoop fs -find ＜path＞ … ＜expression＞ …

功能：查找满足表达式的文件和文件夹。如果 path 没有配置，默认的就是当前目录，如果 expression 没有配置，则默认为-print。

选项：-name pattern 如果文件名匹配 pattern 则处理，不区分大小写。

　　　-iname pattern 如果文件名匹配 pattern 则处理，大小写敏感。

　　　-print 将当前路径名写入标准输出。

　　　-print() 将当前路径名写入到标准输出，并追加一个 ASCII 空字符。

示例：hadoop fs -find / -name test -print

返回值：成功返回 0，出现错误返回－1。

14. get

用法：hadoop fs -get ［-ignorecrc］［-crc］＜src＞ ＜localdst＞

功能：将文件复制到本地文件系统。CRC 校验失败的文件可通过-ignorecrc 选项复制。文件和 CRC 校验和可通过-crc 选项一起复制。

示例：hadoop fs -get /user/hadoop/file localfile

　　　hadoop fs -get hdfs://nn.example.com/user/hadoop/file localfile

返回值：成功返回 0，出现错误返回－1。

15. help

用法：hadoop fs -help

功能：返回使用帮助。

16. ls

用法：hadoop fs -ls ［-C］［-d］［-h］［-R］［-t］［-S］［-r］［-u］＜args＞

功能：对于一个文件，该命令返回的状态以如下格式列出：文件权限，副本个数，用户 ID，组 ID，文件大小，最近一次修改日期，最近一次修改时间，文件名；

　　　对于一个目录，该命令返回这一目录下的第一层子目录和文件，与 UNIX 中 ls 命令的结果类似，结果以如下格式列出：文件权限，用户 ID，组 ID，最近一次修改日期，最近一次修改时间，文件名。一个目录的文件通过默认的文件名排序。

选项：

-C 只显示文件和目录。

-d 以纯文件的形式展示目录。

-h 将文件大小的数值用方便阅读的形式表示，比如，用 64.0M 代替 67108864。

-R 递归地列出子目录。

-t 修改时间排序输出(最近的)。

-S 文件大小排序输出。

-r 倒序排序。

-u 使用访问时间而不是修改时间显示和排序。

示例：hadoop fs -ls /user/hadoop/file1

返回值：成功返回 0,出现错误返回－1。

17. mkdir

用法：hadoop fs -mkdir [-p] <paths>

功能：以<paths> 中的 URI 作为参数,创建目录。

选项：-p 与 UNIX 中 mkdir -p 的用法相似。这一路径上的父目录如果不存在,则创建父目录。

示例：hadoop fs -mkdir /user/hadoop/dir1 /user/hadoop/dir2

　　　hadoop fs -mkdir hdfs://nn1.sample.com/dir hdfs://nn2. sample.com/dir

返回：成功返回 0,出现错误返回－1。

18. moveFromLocal

用法：hadoop fs -moveFromLocal <localsrc> <dst>

功能：与 put 命令类似,但是本地源文件复制之后自身会被删除。

19. moveToLocal

用法：hadoop fs -moveToLocal [-crc] <src> <dst>

功能：暂未实现此命令。

20. mv

用法：hadoop fs -mv URI [URI …] <dest>

功能：将文件从源路径移动到目标路径(移动之后源文件被删除)。目标路径为目录的情况下,源路径可以有多个。跨文件系统的移动(本地到 HDFS 或者反过来)是不允许的。

示例：hadoop fs -mv /user/hadoop/file1 /user/hadoop/file2

　　　hadoop fs -mv hdfs://nn.example.com/file1 hdfs://nn.example.com/file2

　　　hdfs://nn.example.com/file3 hdfs://nn.example.com/dir1

返回值：成功返回 0,出现错误返回－1。

21. put

用法：hadoop fs -put <localsrc> … <dst>

功能：将单个的源文件 src 或者多个源文件 srcs 从本地文件系统复制到目标文件系统中(<dst> 对应的路径)。也可以从标准输入中读取输入并写入目标文件系统中。

示例：hadoop fs -put localfile /user/hadoop/hadoopfile

hadoop fs -put localfile1 localfile2 /user/hadoop/hadoopdir

hadoop fs -put localfile hdfs://nn.example.com/hadoop/hadoopfile

hadoop fs -put -hdfs://nn.example.com/hadoop/hadoopfile

返回值：成功返回 0,出现错误返回－1。

22. rm

用法：hadoop fs -rm [-f] [-r |-R] [-skipTrash] [-safely]URI [URI …]

功能：删除参数指定的文件。

选项：-f 如果文件不存在,则不显示诊断信息和修改退出状态来反映错误。

-R 递归地删除目录和目录下的内容。

-r 和-R 的功能一样。

-skipTrash 会绕过回收站,如果启用,会立即删除指定的一个或多个文件,当需要删除来自超额目录的文件时可以使用这个选项。

-safely 在删除目录的文件总数大于 hadoop.shell.delete.limit.num.files 参数(该参数在 core-site.xml 配置文件中,默认值：100)之前需要安全确认。可以与-skipTrash 一起使用,以防止意外删除大目录。当递归遍历大目录以计算确认前要删除的文件数时,预计会有延迟。

示例：hadoop fs -rm hdfs://nn.example.com/file /user/hadoop/emptydir

返回值：成功返回 0,出现错误返回－1。

23. rmdir

用法：hadoop fs -rmdir [--ignore-fail-on-non-empty] URI [URI …]

功能：删除目录。

选项：--ignore-fail-on-non-empty 如果目录还包含文件,使用通配符不会失败。

示例：hadoop fs -rmdir /user/hadoop/emptydir

24. setrep

用法：hadoop fs -setrep [-R] [-w] <numReplicas> <path>

功能：改变一个文件的副本个数。如果路径是一个目录,这个命令递归地改变在这个根目录下所有文件的副本个数。

选项：-w 标志请求命令等待复制完成,这可能需要花费很长的时间。

-R 标志可以对一个目录下的所有目录和文件递归地执行改变副本个数的操作。

示例：hadoop fs -setrep -w 3 /user/hadoop/dir1

返回值：成功返回 0,出现错误返回－1。

25. stat

用法：hadoop fs -stat [format] <path>…

功能：以指定格式打印位于<path>的文件/目录的统计信息。

选项：format 接受八进制(%a)和符号(%a)的权限、以字节为单位的文件大小(%b)、类型(%F)、所有者的组名(%g)、名称(%n)、块大小(%o)、复制(%r)、所有者的用户名(%u)、访问日期(%x,%x)和修改日期(%y,%y)。%x 和%y 将 UTC 日期显示为"yyyy-MM-dd HH：MM：ss"，而%x 和%y 显示自 1970 年 UTC 1 月 1 日以来的毫秒数。如果未指定格式，则默认使用%y。

示例：hadoop fs -stat "type：%F perm：%a %u：%g size：%b mtime：%y atime：%x name：%n" /file

返回值：成功返回 0,出现错误返回−1。

26. tail

用法：hadoop fs -tail [-f] URI

功能：显示最后 1kb 的内容。

选项：-f 的用法与 UNIX 类似,也就是说当文件尾部添加新的数据或者做出修改时,在标准输出中也会刷新显示。

示例：hadoop fs -tail pathname

返回值：成功返回 0,出现错误返回−1。

27. text

用法：hadoop fs -text <src>

功能：将文本文件或者某些格式的非文本文件通过文本格式输出。允许的格式有 zip 和 TextRecordInputStream。

28. touchz

用法：hadoop fs -touchz URI [URI …]

功能：创建一个大小为 0 的文件。

示例：hadoop fs -touchz pathname

返回值：成功返回 0,出现错误返回−1。

29. truncate

用法：hadoop fs -truncate [-w] <length> <paths>

功能：将文件按照 length 进行截取,可以理解成截取[1/length]部分。

选项：-w 标志请求命令等待块恢复完成。没有-w 标志时,当恢复正在进行时,这个文件可能保持非关闭状态一段时间。在此期间文件不能再打开追加内容。

示例：hadoop fs -truncate 55 /user/hadoop/file1 /user/hadoop/file2

　　　　hadoop fs -truncate -w 127 hdfs://nn1.example.com/user/hadoop/file1

30. usage

用法：hadoop fs -usage command

功能：返回 command 命令的帮助信息。

　　HDFS 文件系统提供了大数据分析的分布式数据存储与访问功能，以 HDFS 为基础，MapReduce 则提供了一种分布式数据处理编程范式，YARN 则提供了分布式计算任务的资源调度功能，三者有机结合，组成 Hadoop 大数据分析处理框架。

8.3　MapReduce 并行计算框架

　　MapReduce 适于 PB 级别以上的海量数据离线处理。对相互间不具有计算依赖关系的大数据，实现并行最自然的办法就是采取分而治之的策略。MapReduce 的核心思想是：将处理过程中的两个主要处理阶段提炼为一种抽象的操作机制，借鉴函数式程序设计语言 Lisp 中的思想，定义了 Map 和 Reduce 两个抽象的操作函数。Map 阶段主要负责数据的处理并转化成中间结果，Reduce 阶段主要负责收集中间结果并计算输出。Map 和 Reduce 函数在算法处理中承担的任务角色如图 8-10 所示。

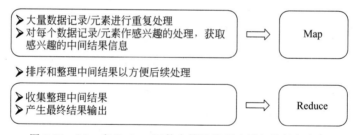

图 8-10　Map 和 Reduce 函数在算法处理中承担的任务角色

- 上升到抽象模型：Mapper 与 Reducer

　　MPI 等并行计算方法缺少高层并行编程模型，为了克服这一缺陷，MapReduce 借鉴了 Lisp 函数式语言中的思想，用 Map 和 Reduce 两个函数提供了高层的并行编程抽象模型。

- 上升到构架：统一构架，为程序员隐藏系统层细节

　　MPI 等并行计算方法缺少统一的计算框架支持，程序员需要考虑数据存储、划分、分发、结果收集、错误恢复等诸多细节；为此，MapReduce 设计并提供了统一的计算框架，为程序员隐藏了绝大多数系统层面的处理细节。

　　下面从逻辑实体的角度回顾 MapReduce 的运行机制，按照时间顺序包括：输入分片（input split）、Map 阶段、Combiner 阶段、Shuffle 阶段和 Reduce 阶段。

　　（1）**输入分片**（**input split**）：在进行 Map 计算之前，MapReduce 会根据输入文件计算输入分片（input split），每个输入分片针对一个 Map 任务，输入分片存储的并非数据本

身,而是一个分片长度和一个记录数据的位置的数组,假设有 3 个输入文件 A、B、C,大小分别是 7MB、67MB 和 127MB,那么 MapReduce 会把文件 A 分为一个输入分片,文件 B 则是两个输入分片,而文件 C 也是两个输入分片。显而易见,如果在 Map 计算前做输入分片调整(合并小文件),那么就会有 5 个 Map 任务执行并处理大小不均的数据。

(2) **Map 阶段**:由程序员编写 Map 函数,相对好控制,一般在数据存储结点上做本地化操作。

(3) **Combiner 阶段**:这个阶段是程序员可以选择的,是一个本地化的 Reduce 操作。作为 Map 的后续操作,主要是在 Map 计算出中间文件前做一个简单的合并重复 key 值的操作。在 Reduce 操作前对相同的 key 作合并操作会大幅减少文件大小,提高传输效率。

(4) **Shuffle 阶段**:是将 Map 的输出作为 Reduce 的输入的过程,也是 MapReduce 算法需要重点进行优化的地方。

(5) **Reduce 阶段**:由程序员编写 Map 函数,计算最终结果并输出到 HDFS 上。

MapReduce 是 Hadoop 体系中用于编写大数据并行程序的软件框架。在这个框架中,用户可以专注于程序本身的功能,并不用在如何将程序并行化上花费太多精力。通常来说,一个 MapReduce 作业会利用 Map 将输入数据划分为独立的块并完全独立地处理。在 Map 处理完数据之后,框架将 Map 的输出排序,并作为 Reduce 的输入。一般来说,输入和输出都存放在同一个文件系统中。

MapReduce 通过键值对<key,value>的方式来进行计算。也就是说,在 MapReduce 中,输入数据全部被当作<key,value>的格式进行处理,输出也是<key,value>的格式。key 和 value 的类都实现了 Writeable 接口,因此都是可序列化的,这样才能将中间结果和输出写到文件系统中。另外,由于 key 需要进行比较与排序,因此需要实现 WritableComparable 接口。MapReduce 自带若干 key 和 value 的类,都实现了相应的接口。

8.3.1　MapReduce 程序实例:WordCount

WordCount 是一个单词计数程序,功能是计算指定文件夹内的文件内容中不同单词出现的次数。该程序打包的 jar 文件,包含在 MapReduce 的示例程序 hadoop-mapreduce-examples-2.10.1.jar 中。

```
import java.io.IOException;
import java.util.StringTokenizer;
import org.apache.hadoop.conf.Configuration;
import org.apache.hadoop.fs.Path;
import org.apache.hadoop.io.IntWritable;
import org.apache.hadoop.io.Text;
import org.apache.hadoop.mapreduce.Job;
import org.apache.hadoop.mapreduce.Mapper;
import org.apache.hadoop.mapreduce.Reducer;
```

```java
import org.apache.hadoop.mapreduce.lib.input.FileInputFormat;
import org.apache.hadoop.mapreduce.lib.output.FileOutputFormat;

public class WordCount {

  public static class TokenizerMapper
       extends Mapper<Object, Text, Text, IntWritable>{
    private final static IntWritable one = new IntWritable(1);
    private Text word = new Text();

    public void map(Object key, Text value, Context context
                    ) throws IOException, InterruptedException {
      StringTokenizer itr = new StringTokenizer(value.toString());
      while (itr.hasMoreTokens()) {
        word.set(itr.nextToken());
        context.write(word, one);
      }
    }
  }

  public static class IntSumReducer
       extends Reducer<Text,IntWritable,Text,IntWritable> {
    private IntWritable result = new IntWritable();
    public void reduce(Text key, Iterable<IntWritable> values,
                   Context context) throws IOException, InterruptedException{
      int sum = 0;
      for (IntWritable val : values) {
        sum += val.get();   }
      result.set(sum);
      context.write(key, result);
    }
  }

  public static void main(String[] args) throws Exception {
    Configuration conf = new Configuration();
    Job job = Job.getInstance(conf, "word count");
    job.setJarByClass(WordCount.class);
    job.setMapperClass(TokenizerMapper.class);
    job.setCombinerClass(IntSumReducer.class);
    job.setReducerClass(IntSumReducer.class);
    job.setOutputKeyClass(Text.class);
    job.setOutputValueClass(IntWritable.class);
    FileInputFormat.addInputPath(job, new Path(args[0]));
```

```
        FileOutputFormat.setOutputPath(job, new Path(args[1]));
        System.exit(job.waitForCompletion(true) ? 0 : 1);
    }
}
```

在 vi 中，编辑测试文件 test.txt，输入以下内容并存盘退出 vi。

```
My People My Homeland
I love CHINA
Chongqing University of Posts and Telecommunicaions
I love Chongqing
Me and My Motherland
```

用 cat 命令查看一下编辑好的 test.txt 文件，结果如图 8-11 所示。

```
[hadoop@localhost ~]$ cat test.txt
My People My Homeland
I love CHINA
Chongqing University of Posts and Telecommunicaions
I love Chongqing
Me and My Motherland
```

图 8-11　test 文件内容

使用如下命令在 HDFS 上创建 input 文件夹，并将本地 test.txt 文件上传到 HDFS 的 input 文件夹下，结果如图 8-12 所示。

```
hadoop fs -mkdir input
hadoop fs -copyFromLocal /home/hadoop/test.txt input
```

```
$ hadoop fs -mkdir input
$ hadoop fs -copyFromLocal /home/hadoop/test.txt input
```

图 8-12　创建 input 目录和上传测试文件

进入 MapReduce 示例程序所在目录/usr/hadoop/hadoop-2.10.1/share/hadoop/mapreduce，查看该目录下相应文件信息，如图 8-13 所示。

```
[hadoop@localhost /]$ cd /usr/hadoop/hadoop-2.10.1/share/hadoop/mapreduce
[hadoop@localhost mapreduce]$ ls -lp
总用量 5244
-rw-r--r--. 1 hadoop hadoop  586815 10月  4 19:03 hadoop-mapreduce-client-app-2.10.1.jar
-rw-r--r--. 1 hadoop hadoop  787989 10月  4 19:03 hadoop-mapreduce-client-common-2.10.1.jar
-rw-r--r--. 1 hadoop hadoop 1613911 10月  4 19:03 hadoop-mapreduce-client-core-2.10.1.jar
-rw-r--r--. 1 hadoop hadoop  199675 10月  4 19:03 hadoop-mapreduce-client-hs-2.10.1.jar
-rw-r--r--. 1 hadoop hadoop   32779 10月  4 19:03 hadoop-mapreduce-client-hs-plugins-2.10.1.jar
-rw-r--r--. 1 hadoop hadoop   72212 10月  4 19:03 hadoop-mapreduce-client-jobclient-2.10.1.jar
-rw-r--r--. 1 hadoop hadoop 1652223 10月  4 19:03 hadoop-mapreduce-client-jobclient-2.10.1-tests.jar
-rw-r--r--. 1 hadoop hadoop   84008 10月  4 19:03 hadoop-mapreduce-client-shuffle-2.10.1.jar
-rw-r--r--. 1 hadoop hadoop  303324 10月  4 19:03 hadoop-mapreduce-examples-2.10.1.jar
drwxr-xr-x. 2 hadoop hadoop    4096 10月  4 19:03 jdiff/
drwxr-xr-x. 2 hadoop hadoop    4096 10月  4 19:03 lib/
drwxr-xr-x. 2 hadoop hadoop      30 10月  4 19:03 lib-examples/
drwxr-xr-x. 2 hadoop hadoop    4096 10月  4 19:03 sources/
```

图 8-13　进入 MapReduce 示例程序目录和查看文件信息

使用命令 hadoop jar hadoop-mapreduce-examples-2.10.1.jar wordcount input output 运行基于 MapReduce 的 WordCount 程序,统计结果输出到 HDFS 的 output 目录下。运行结果部分截图如图 8-14 所示。

```
[hadoop@localhost mapreduce]$ hadoop jar hadoop-mapreduce-examples-2.10.1.jar wordcount input output
20/10/08 02:49:03 INFO client.RMProxy: Connecting to ResourceManager at /0.0.0.0:8032
20/10/08 02:49:04 INFO input.FileInputFormat: Total input files to process : 1
20/10/08 02:49:04 INFO mapreduce.JobSubmitter: number of splits:1
20/10/08 02:49:05 INFO mapreduce.JobSubmitter: Submitting tokens for job: job_1602091412742_0002
20/10/08 02:49:05 INFO conf.Configuration: resource-types.xml not found
20/10/08 02:49:05 INFO resource.ResourceUtils: Unable to find 'resource-types.xml'.
20/10/08 02:49:05 INFO resource.ResourceUtils: Adding resource type - name = memory-mb, units = Mi, type = COUNTABLE
20/10/08 02:49:05 INFO resource.ResourceUtils: Adding resource type - name = vcores, units = , type = COUNTABLE
20/10/08 02:49:06 INFO impl.YarnClientImpl: Submitted application application_1602091412742_0002
20/10/08 02:49:06 INFO mapreduce.Job: The url to track the job: http://localhost:8088/proxy/application_1602091412742_0002/
20/10/08 02:49:06 INFO mapreduce.Job: Running job: job_1602091412742_0002
20/10/08 02:49:13 INFO mapreduce.Job: Job job_1602091412742_0002 running in uber mode : false
20/10/08 02:49:13 INFO mapreduce.Job:  map 0% reduce 0%
20/10/08 02:49:18 INFO mapreduce.Job:  map 100% reduce 0%
20/10/08 02:49:23 INFO mapreduce.Job:  map 100% reduce 100%
20/10/08 02:49:24 INFO mapreduce.Job: Job job_1602091412742_0002 completed successfully
20/10/08 02:49:25 INFO mapreduce.Job: Counters: 49
        File System Counters
                FILE: Number of bytes read=188
                FILE: Number of bytes written=417427
                FILE: Number of read operations=0
                FILE: Number of large read operations=0
                FILE: Number of write operations=0
                HDFS: Number of bytes read=238
                HDFS: Number of bytes written=126
                HDFS: Number of read operations=6
                HDFS: Number of large read operations=0
                HDFS: Number of write operations=2
        Job Counters
                Launched map tasks=1
                Launched reduce tasks=1
```

图 8-14　运行基于 MapReduce 的 WordCount 程序

使用命令 hadoop fs -cat output/ * ,查看单词统计结果,如图 8-15 所示。

```
[hadoop@localhost mapreduce]$ hadoop fs -cat output/*
CHINA    1
Chongqing       2
Homeland    1
I    2
Me    1
Motherland    1
My    3
People  1
Posts   1
Telecommunicaions       1
University    1
and    2
love    2
of    1
```

图 8-15　WordCount 统计结果

8.3.2　Hadoop Streaming

　　Hadoop Streaming 是标准 Hadoop 发行版的一个组件,可以让用户指定任意的可执行程序或脚本作为 Mapper 或 Reducer 来执行 MapReduce 程序。一个显而易见的好处是,通过 Hadoop Streaming,用户的变成语言将不再局限于 Java,而可以使用 Python、Linux shell 等一系列语言和工具。

　　在 Hadoop Streaming 中,数据以标准输入/标准输出的形式进行交互。Mapper 从标准输入接收要处理的数据,经过处理后的中间结果逐行输出到标准输出;Reducer 从标准输入逐行接收中间结果,进行汇总后再逐行输出到标准输出。Mapper 的初始化、数据的分发等由 Hadoop Streaming 来完成。

进入 Streaming 所在 hadoop 安装目录下的 share/hadoop/tools/lib，Hadoop Streaming 的使用示例如下：

```
hadoop jar hadoop-streaming-2.10.1.jar \
  -input myInputDirs \
  -output myOutputDir \
  -mapper myMapper.py \
  -reducer myReducer.py
```

这个示例的功能读取 myInputDirs 文件夹下文件的内容，逐行输出到标准输出，并调用 myMapper.py 对这些内容进行处理，接着调用 myReducer.py 处理中间结果，然后接收汇总结果最终输出到 myOutputDir。这里的 myMapper.py 与 myReducer.py 是用户根据自己的应用需求编写的 Python 程序。

8.4　基于 Storm 的分布式实时计算

8.4.1　Storm 简介

Strom 是 Apache 基金下的一个免费、开源分布式实时计算项目。与其他实时大数据分析处理技术不同，Storm 可以进行流式数据的实时分析预处理。Storm 可以用于实时分析、在线机器学习，持续计算，分布式远程过程调用（remote procedure call，RPC），数据提取—转换—加载（extraction—transformation—loading）等。Storm 具有在单个结点上每秒处理百万级数据元组的能力，同时它具有高度可扩展性、容错性，因此非常易于使用和部署。

8.4.2　Storm 基本概念

一个 Storm 应用程序对应的分布式计算结构称为 Topology，这也是 Strom 中最重要的概念。Topology 由 Spout（数据发生器），Bolt（数据计算单元）组成。数据以流的方式从数据源进入 Spout，并转换为多个 Tuple 组成的 Stream，分发到不同的 Bolt 进行计算。一个典型的 Topology 如图 8-16 所示。

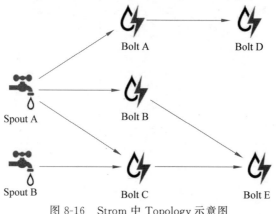

图 8-16　Strom 中 Topology 示意图

由于 Spout 的存在,Storm 可以处理不同的数据流来源。实际上,将数据流转换为 Tuple 流的工作就在 Spout 中完成,而且主要依靠代码编写者完成。Storm 可以处理的数据源包括:

- Web 日志
- 社交网络消息流
- 传感器的实时数据流

当然,只要能在 Spout 中编写合适的转换代码,Storm 也可以其他类型的流数据。在设计 Storm 程序时,不建议在 Spout 中添加数据计算的功能,而建议 Spout 只负责转换,计算代码全部放到 Bolt 中。

Bolt 的功能则是订阅(subscribe)一个或多个 Tuple 流,执行计算,然后输出一个或多个 Tuple 流。通过订阅一个或多个 Spout/Bolt 发射的 Tuple 流,Storm 可以构建非常复杂的 Tuple 流网络。如图 8-16 中,Bolt C 接受 Spout A 和 Spout B 发出的 Tuple 流,执行计算完毕后转换为新的 Tuple 流并发射到 Bolt E。

Bolt 可以执行的功能包括:

- 数据过滤
- 函数计算
- 数据聚合(aggregation)与连接(join)
- 数据库读写等

在 Storm 中,数据流 Stream 不停地从 Spout 产生并发射到 Bolt 运行。虽然同一个数据是有序地从 Spout 按照 Topology 流经各个 Bolt 的,但在同一时刻,Spout 与 Bolt 可以并行地处理不同的数据。Storm 的并行不仅体现在 Spout 与 Bolt 的 Topology 中,同样体现在 Spout 与 Bolt 的内部。每一个 Spout 或 Bolt 都可以利用一个或多个任务(Task)来完成,而 Task 是并行地执行在集群的工作结点上的。图 8-17 展示了 Spout、Bolt 与 Task 之间的示意图,其中 Spout 由 2 个 Task 实现,Bolt A、Bolt B、Bolt C 分别由

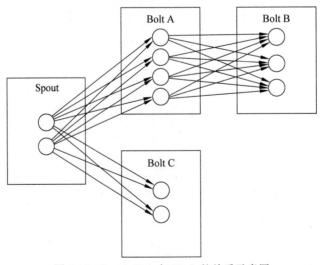

图 8-17　Spout、Bolt 与 Task 的关系示意图

4,3,2 个 Task 实现,整个 Topology 使用了 11 个 Task(在图中以圆圈表示)。每一个 Task 在实际的计算机上由一个线程(Thread)来运行。

1. Storm 集群架构

Storm 优秀的实时处理性能依赖于其专门针对流数据处理而设计的架构。一个 Topology 可能包含若干个 Task,那么,这些 Task 是如何在一个集群上协同完成一个分布式实时计算任务的呢?这里来看一下 Storm 的集群架构。

图 8-18 展示了 Storm 的基本集群架构。其中主结点(Master Node)与工作结点 (Worker Node)为实际的集群中的计算机。在主结点上,运行守护进程 Nimbus,在工作结点上,运行守护进程 Supervisor。Nimbus 的主要功能是管理、协调和监控在集群中运行的 Storm 应用程序,也就是 Topology。Supervisor 则负责接收 Nimbus 发送的 Topology 以及生成 Worker 来运行相应的 Task。ZooKeeper 的主要职责是在分布式环境下提供集中式信息维护管理服务,它可以运行在不同的集群中。在 Storm 集群中, ZooKeeper 主要被用来提供集群状态信息的维护管理,数据的传输并不是 ZooKeeper 负责。

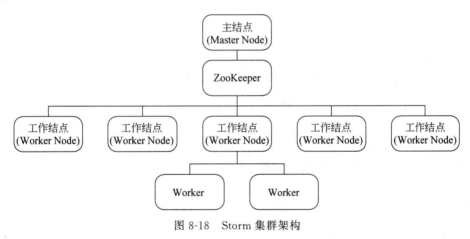

图 8-18 Storm 集群架构

2. Storm 安装部署

Storm 运行在 Java 虚拟机上,主要接口都是通过 Java 语言编写的,但在开发 Storm 应用程序时(Spout 和 Bolt),用户也可以利用其他语言编写。另外,Storm 的后台程序和管理命令都是用 Python 启动的,因此在安装 Storm 之前,必须先安装 Java(Java 8)和 Python(版本 2.7.18)语言支持。

Storm 可以运行在 Linux 和 Windows 环境下,这里简要介绍 Storm 在 Linux(以 Centos 为例)下的单结点伪集群安装部署。多结点安装部署及高级配置可以参考 Storm 官方文档,见参考文献[4]。Storm 的安装流程如下:

(1) 安装 ZooKeeper

使用下面的命令,解压 ZooKeeper 安装包:

```
cd /ZooKeeper 压缩包所在目录/
mv apache-zookeeper-3.6.2-bin.tar.gz ~/
cd
tar fvxz apache-zookeeper-3.6.2-bin.tar.gz
cd apache-zookeeper-3.6.2-bin
```

进入 ZooKeeper 程序所在目录 **apache-zookeeper-3.6.2-bin**，查看该目录下相应文件信息，如图 8-19 所示，展示了 zookeeper-3.6.2-bin 目录下包含的文件。在.bashrc 文件的 PATH 路径中，加入/home/hadoop/apache-zookeeper-3.6.2-bin/bin。

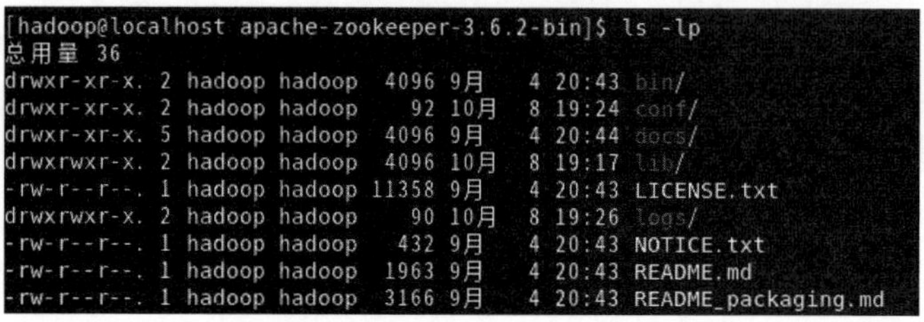

```
[hadoop@localhost apache-zookeeper-3.6.2-bin]$ ls -lp
总用量 36
drwxr-xr-x. 2 hadoop hadoop  4096 9月   4 20:43 bin/
drwxr-xr-x. 2 hadoop hadoop    92 10月  8 19:24 conf/
drwxr-xr-x. 5 hadoop hadoop  4096 9月   4 20:44 docs/
drwxrwxr-x. 2 hadoop hadoop  4096 10月  8 19:17 lib/
-rw-r--r--. 1 hadoop hadoop 11358 9月   4 20:43 LICENSE.txt
drwxrwxr-x. 2 hadoop hadoop    90 10月  8 19:26 logs/
-rw-r--r--. 1 hadoop hadoop   432 9月   4 20:43 NOTICE.txt
-rw-r--r--. 1 hadoop hadoop  1963 9月   4 20:43 README.md
-rw-r--r--. 1 hadoop hadoop  3166 9月   4 20:43 README_packaging.md
```

图 8-19　ZooKeeper 主目录结构

(2) 安装 Storm

首先下载 Storm 发行版(http://storm.apache.org/downloads.html)并解压在/home/hadoop 目录下。在.bashrc 文件的 PATH 路径中，加入/home/hadoop/apache-storm-2.2.0/bin，增加 export STORM_HOME=/home/hadoop/apache-storm-2.2.0。

(3) 配置 Storm

Storm 的配置文件是 conf/storm.yaml。在安装一个新的伪分布式 Storm 集群时，输入如下配置，注意冒号与短横线后面均有空格：

```
storm.zookeeper.servers:
    - "localhost"
nimbus.host: "localhost"
supervisor.slots.ports:
    - 6700
    - 6701
    - 6702
    - 6703
storm.local.dir: "/home/hadoop/apache-storm-2.2.0"
```

(4) 启动守护进程

在终端执行如下命令启动 Nimbus 守护进程：

```
bin/storm nimbus &
```

在终端执行如下命令启动 Supervisor 守护进程：

```
bin/storm supervisor &
```

至此,一个最基本的单结点伪分布式 Storm 集群安装完毕并启动运行,用户可以 jps 命令查看 Storm 是否已经启动运行,34592 Nimbus 和 34796 Supervisor 进程的出现,表示 Storm 已经启动,结果如图 8-20 所示。

```
[hadoop@localhost apache-storm-2.2.0]$ jps
4192 NodeManager
34592 Nimbus
4033 ResourceManager
3509 DataNode
3354 NameNode
3754 SecondaryNameNode
35194 Jps
33068 QuorumPeerMain
34796 Supervisor
```

图 8-20　jps 查看 JVM 进程

Storm 的运行日志可以在安装目录的 logs 文件夹下找到。

8.4.3　Storm 编程

本节用两个例子来学习如何进行 Storm 编程。Storm 编程主要分为两个步骤。第一个步骤为逻辑设计,即设计整个应用程序需要多少个 Spout,多少个 Bolt,Spout 与 Bolt 分别负责什么功能,Spout 与 Bolt 之间的拓扑链接关系如何。第二个步骤是编写代码实现这些功能。先来看一个单词计数程序。

1. 在线单词计数

在线单词计数的功能是从一个不停产生文本的数据源获取数据,并对其中包含的单词进行计数。与 MapReduce 不同,Storm 的数据源并非 HDFS 文件,而是实时数据源。一个简单的单词计数 Storm 程序的拓扑图如图 8-21 所示。

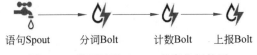

语句Spout　　　分词Bolt　　　计数Bolt　　　上报Bolt

图 8-21　单词计数 Storm 程序的拓扑图

各个组件的功能如下:
* 语句 Spout

获取数据源的文本,并向后端发射一个字符串,在本例中,使用一个静态字符串数组循环发射模拟实时数据流。
* 分词 Bolt

获取语句 Spout 发射的字符串,并将字符串分割成单词的序列,向后发射。
* 计数 Bolt

获取分词 Bolt 发射的单词,并累计每个单词出现的次数,同时向后发射当前时刻该单词的计数。
* 上报 Bolt

获取计数 Bolt 发射的单词及计数,并在终端输出。

代码实现如下。

(1) SentenceSpout.java,实现语句 Spout。从一个数组循环读取字符串模拟实时数据流。字符串发射间隔为 10ms。发射的 Tuple 格式为{"sentence":"字符串内容"}。

```java
public class SentenceSpout extends BaseRichSpout {
    private SpoutOutputCollector collector;
    private String[] sentences = {
            "this is my first storm program",
            "it counts the words in sentences",
            "it is fast",
            "I enjoy programing with storm"
    };
    private int index = 0;

    public void nextTuple() {
        this.collector.emit(new Values(sentences[index]));
        index++;
        index = index%sentences.length;
        try {
            Thread.sleep(10);
        } catch (InterruptedException e) {
            e.printStackTrace();
        }
    }

    public void open(Map config, TopologyContext context, SpoutOutputCollector
collector) {
        this.collector = collector;
    }

    public void declareOutputFields(OutputFieldsDeclarer declarer) {
        declarer.declare(new Fields("sentence"));
    }
}
```

(2) SplitBolt.java,实现分词 Bolt。主要功能为接收句子 Spout 发来的字符串并以空格切分为单词,并向后发射,发射格式为{"word":"单词内容"}。

```java
public class SplitBolt extends BaseRichBolt{
    private OutputCollector collector;

    public void execute(Tuple tuple) {
        String sent = tuple.getStringByField("sentence");
```

```
        String[] words = sent.split(" ");
        for(String w : words)
            collector.emit(new Values(w));
    }

    public void prepare(Map config, TopologyContext context, OutputCollector
collector) {
        this.collector = collector;
    }

    public void declareOutputFields(OutputFieldsDeclarer declarer) {
        declarer.declare(new Fields("word"));
    }
}
```

（3）CountBolt.java，实现计数 Bolt。主要功能为接收分词 Bolt 发来的单词并利用一个 HashMap 计数，然后将计数结果向后发射，发射格式为｛"word"："单词内容"；"count"：单词计数｝。

```
public class CountBolt extends BaseRichBolt{
    private OutputCollector collector;
    private HashMap<String, Long> counts;

    public void execute(Tuple tuple) {
        String word = tuple.getStringByField("word");
        Long c = 1L;
        if(counts.containsKey(word))
            c += counts.get(word);
        counts.put(word, c);
        this.collector.emit(new Values(word,c));
    }

    public void prepare(Map config, TopologyContext context, OutputCollector
collector) {
        this.collector = collector;
        counts = new HashMap<String, Long>();
    }

    public void declareOutputFields(OutputFieldsDeclarer declarer) {
        declarer.declare(new Fields("word","count"));
    }
}
```

(4) PrintBolt.java，实现打印 Bolt。主要功能为打印最终结果到终端，这个 Bolt 并不向后发射任何 Tuple，因此其 declareOutputFields 方法不需要具体实现。

```java
public class PrintBolt extends BaseRichBolt{
    private HashMap<String, Long> counts;

    public void execute(Tuple tuple) {
        String word = tuple.getStringByField("word");
        Long c = tuple.getLongByField("count");;
        counts.put(word, c);
    }

    public void prepare(Map config, TopologyContext context, OutputCollector
collector) {
        counts = new HashMap<String, Long>();
    }

    public void cleanup(){
        System.out.println("Word Counts:");
        Iterator<Entry<String, Long>> it = this.counts.entrySet().iterator();
        while(it.hasNext()){
            Entry en = it.next();
            System.out.println(en.getKey() + "\t" + en.getValue());
        }
        System.out.println("------------END---------");
    }
    public void declareOutputFields(OutputFieldsDeclarer declarer) {     }
}
```

这里展示了一个 Storm 单词计数程序的主要组件（Spout，Bolt）的实现。要让这个程序在 Storm 运行，还需要设计 Topology，将这些组件连接起来，然后提交到 Storm。本例中 Topology 的主要代码实现如下：

```java
public class WordCountTopology{
    private static final String SENTENCE_SPOUT_ID = "sent-spout";
    private static final String SPLIT_BOLT_ID = "split-bolt";
    private static final String COUNT_BOLT_ID = "count-bolt";
    private static final String PRINT_BOLT_ID = "print-bolt";
    private static final String TOPOLOGY_NAME = "wordcount-topology";

    public static void main(String[] args) throws InterruptedException{
        SentenceSpout spout = new SentenceSpout();
        SplitBolt splitBolt = new SplitBolt();
```

```
        CountBolt countBolt = new CountBolt();
        PrintBolt printBolt = new PrintBolt();

        TopologyBuilder builder = new TopologyBuilder();
        builder.setSpout(SENTENCE_SPOUT_ID, spout,2);
        builder.setBolt(SPLIT_BOLT_ID, splitBolt,2).setNumTasks(4)
.shuffleGrouping(SENTENCE_SPOUT_ID);
        builder.setBolt(COUNT_BOLT_ID, countBolt,2).setNumTasks(4)
.fieldsGrouping(SPLIT_BOLT_ID, new Fields("word"));
        builder.setBolt(PRINT_BOLT_ID, printBolt,2).globalGrouping(COUNT_
BOLT_ID);

        Config conf = new Config();
        LocalCluster cluster = new LocalCluster();
        cluster.submitTopology(TOPOLOGY_NAME, conf, builder.createTopology());

        Thread.sleep(10000);

        cluster.killTopology(TOPOLOGY_NAME);
        cluster.shutdown();

    }
}
```

在 Topology 的实现中,组件之间的关联关系以代码的方式体现。例如:

```
builder.setBolt(COUNT_BOLT_ID, countBolt,2).setNumTasks(4).fieldsGrouping
(SPLIT_BOLT_ID, new Fields("word"));
```

表示 CountBolt 从 SplitBolt 以 fieldsGrouping 的方式订阅了 Tuple 流,所有从 SplitBolt 发射出的 Tuple 都会被送到 CountBolt,fieldsGrouping 表示这些 Tuple 是以根据 word 的值进行分组的,相同 word 值的 Tuple 会被分配到同一个 Task。参数"2"和 setNumTasks(4)表示 CountBolt 由 2 个执行器生成 4 个 Task 执行。因此这个 Bolt 会产生 4 个线程并行进行计数。

最终程序的输出结果如图 8-22 所示。

在本例中,10s 内进行了约 2982 轮,也就是约 11928 个句子的计数。考虑到每个句子发射出去后利用代码强制休眠了 10ms,这个实时性能还是比较高的。

```
Word Counts:
storm      5966
in         2984
counts     2984
sentences          2984
this       2984
words      2984
I          2982
enjoy      2982
is         5966
it         5968
program    2984
my         2984
programing         2982
the        2984
with       2982
fast       2984
first      2984
                END
```

图 8-22 基于 Storm 的在线
单词计数结果

2. 在线 SQL 注入检测

上面介绍了一个实时单词计数程序,下面模拟一个在线 SQL 注入检测的示例。同样采用一个循环 URL 字符串数组模拟实时的 URL 请求。假定已经有一个简化的 SQL 注入检测模型,如图 8-23 所示。

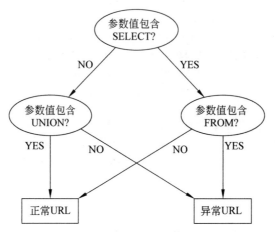

图 8-23　简化的 SQL 注入检测模型样例

图 8-23 展示了一个简化的 SQL 注入检测模型样例。如果 URL 参数值既包含 SELECT 也包含 FROM,则该 URL 异常;如果 URL 参数值不包含 SELECT 但包含 UNION,则该 URL 异常,否则该 URL 正常。注意,这只是一个用于示例的简化检测模型,并不能真正用于检测 SQL 注入,实际应用中的 SQL 注入检测模型比这个要复杂得多。

那么,如何将这个检测模型转换为一个 Storm 程序呢?

图 8-24 的设计思路是这样的:首先利用 URL Spout 获取实时 URL 并发射,然后参数提取 Bolt 对接收到的 URL 进行参数提取,对敏感特征 SELECT,FROM,UNION 分别构建域并存放在 Tuple 中,向后发射。SELECT_YES Bolt 是一个过滤功能的 Bolt,只有参数值包含 SELECT 的才会被发射到后方,SELECT_NO Bolt 同理。因此虽然 SELECT_YES Bolt 和 SELECT_NO Bolt 获取到的 Tuple 流是一样的,但发射出去的 Tuple 流是不同的。FROM_YES Bolt,FROM_NO Bolt,UNION_YES Bolt,UNION_NO Bolt 同理。最后打印 Bolt 获取所有输出 Tuple 流并打印。

由于 URL Bolt 与前例中的句子 Bolt 基本类似,这里略去代码。

参数 Bolt 代码如下:

```java
public class ParaBolt extends BaseRichBolt{
    private OutputCollector collector;

    public void execute(Tuple tuple) {
        String url = tuple.getStringByField("url");
        boolean containsSELECT = contains(url,"SELECT");
```

```
        boolean containsFROM = contains(url,"FROM");
        boolean containsUNION = contains(url,"UNION");
        collector.emit(new Values(url, containsSELECT, containsFROM,
containsUNION));
    }

    public void prepare(Map config, TopologyContext context, OutputCollector
collector) {
        this.collector = collector;
    }

    public void declareOutputFields(OutputFieldsDeclarer declarer) {
        declarer.declare(new Fields("URL","SELECT","FROM","UNION"));
    }

    public boolean contains(String url,String str){
        return url.contains(str);
    }
}
```

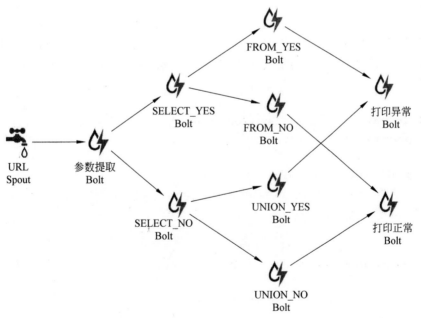

图 8-24　SQL 注入检测程序 Topology 设计

SELECT_YES Bolt 代码实现如下：

```
public class SelectYesBolt extends BaseRichBolt{
    private OutputCollector collector;
```

```java
    public void execute(Tuple tuple) {
        String url = tuple.getStringByField("url");
        boolean containsSELECT = tuple.getBooleanByField("SELECT");
        boolean containsFROM = tuple.getBooleanByField("FROM");
        boolean containsUNION = tuple.getBooleanByField("UNION");
        if(containsSELECT)
                collector.emit(new Values(url, containsSELECT, containsFROM,
containsUNION));
    }

    public void prepare(Map config, TopologyContext context, OutputCollector
collector) {
        this.collector = collector;
    }

    public void declareOutputFields(OutputFieldsDeclarer declarer) {
        declarer.declare(new Fields("URL","SELECT","FROM","UNION"));

    }
}
```

SELECT_NO Bolt、FROM_YES Bolt、FROM_NO Bolt、UNION_YES Bolt、UNION_NO Bolt 的实现与 SELECT_YES Bolt 类似,在此略去。

打印正常 URL 的 Bolt 的实现如下:

```java
public class PrintSQLBolt extends BaseRichBolt{
    private ArrayList<String> urls;

    public void execute(Tuple tuple) {
        String url = tuple.getStringByField("url");
        urls.add(url);
    }

    public void prepare(Map config, TopologyContext context, OutputCollector
collector) {
        urls = new ArrayList<String>();
    }

    public void cleanup(){
        for(String url : urls){
            System.out.println("SQL INJECTION URL:\t" + url);
        }
```

```
        }
        public void declareOutputFields(OutputFieldsDeclarer declarer) {
        }

    }
```

打印正常 URL 的 Bolt 实现类似，在此略去。

最关键的部分是 Topology 的实现，这一部分主要在于构建 Spout 与 Bolt 之间的链接关系，关键代码如下：

```
public class SQLTopology{
    ...
    public static void main(String[] args) throws InterruptedException{
        ...
        TopologyBuilder builder = new TopologyBuilder();
        builder.setSpout(URL_SPOUT_ID, urlSpout);
        builder.setBolt(PARA_BOLT_ID, paraBolt) .shuffleGrouping(URL_SPOUT_ID);
    ...
        builder.setBolt(PRINT_SQL_BOLT_ID, printSqlBolt). globalGrouping
(UNION_YES_BOLT_ID) .globalGrouping (FROM_YES_BOLT_ID);
        builder.setBolt(PRINT_NOR_BOLT_ID, printNorBolt). globalGrouping
(UNION_NO_BOLT_ID) .globalGrouping (FROM_NO_BOLT_ID);
        ...
    }
}
```

这里省略了字符串常量的定义、Spout 与 Bolt 的定义以及若干中间 Bolt 连接关系的定义。程序最终输出如图 8-25 所示，这些是我们构造的实验用的 URL，输出与期望的结果相符。

```
SQL INJECTION URL:    http://www.excample.com/detail.jsp?id=1' +(SELECT 1 FROM (SELECT SLEEP(5))A)+'
SQL INJECTION URL:    http://www.excample.com/detail.jsp?id=1 and 1=2 UNION 123
SQL INJECTION URL:    http://www.excample.com/detail.jsp?id=1' +(SELECT 1 FROM (SELECT SLEEP(5))A)+'
SQL INJECTION URL:    http://www.excample.com/detail.jsp?id=1 and 1=2 UNION 123
SQL INJECTION URL:    http://www.excample.com/detail.jsp?id=1' +(SELECT 1 FROM (SELECT SLEEP(5))A)+'
NORMAL URL:           http://www.excample.com/detail.jsp?id=123
NORMAL URL:           http://www.excample.com/search.jsp?keyword=select
NORMAL URL:           http://www.excample.com/detail.jsp?id=123
NORMAL URL:           http://www.excample.com/search.jsp?keyword=select
```

图 8-25 基于 Storm 的 SQL 注入检测结果

8.5 基于 Spark Streaming 的分布式实时计算

在 8.4 节中介绍了如何利用 Storm 进行实时流数据分析计算。本节介绍另外一个实时流数据分析计算引擎。

8.5.1　Spark 内存计算框架

内存计算是以大数据为中心、依托计算机硬件的发展、依靠新型的软件体系结构,是通过将数据装入内存中处理,而尽量避免 I/O 操作的一种新型的以数据为中心的并行计算模式。在应用层面,内存计算主要用于数据密集型计算的处理,尤其是数据量极大且需要实时分析处理的计算。这类应用以数据为中心,需要极高的数据传输及处理速率。因此,在内存计算模式中,数据的存储与传输取代了计算任务成为新的核心。

分布式内存处理系统主要处理机器学习、图算法、科学计算等问题,此类问题在并行计算的同时,往往涉及结构或逻辑上的依赖关系,而并行处理的各个步骤到达稳定点的时间不同,因此需要在并行的计算步之间进行同步控制,以保证结果的正确性。常见的同步方式有同步计算、异步计算和混合方式。目前,大多数内存计算系统采用 BSP 同步机制,部分系统采用异步机制。Spark 和 Pregel 都采用 BSP 同步机制,而基于内存计算的分布式内存共享图处理系统 PowerGraph 则采用 BSP 同步和异步两种方式。Trinity 同样采用 BSP 同步和异步两种方式。典型内存计算框架的同步方式如表 8-10 所示。

表 8-10　典型内存计算框架的同步方式

内存计算框架	同步方式	内存计算框架	同步方式
Spark	同步计算机制	PowerGraph	混合计算机制
Pregel	同步计算机制	Trinity	混合计算机制

MapReduce 计算框架模型简单,实现了 DAG(有向无环图)的 data flow 式的计算,不能有效地处理有环的计算,也就是输入同时作为输出的循环计算。Spark 主要解决的问题就是在当前的分布式计算框架中不能有效地处理迭代计算和交互式计算两类问题。Spark 更适合于迭代运算比较多的机器学习和数据挖掘运算,这也是其目前受到广泛关注的原因。Spark 将内存数据抽象成 RDD(Resilient Distributed Dataset,弹性分布式数据集),然后在内存不足时,利用"最近最少使用"(LRU)内存替换策略协调内存资源。同时,为了更灵活地分配内存资源,Spark 可以通过所谓的 RDD"持续存储优先权"给用户一定的管理权限。

那么 Spark 是如何实现的呢? 其主要的思想就是构建了一个 RDD 把所有计算的数据保存在分布式的内存中。在迭代计算中,通常情况下,都是对同一数据集做反复的迭代计算,数据保存在内存中,将大大提高性能。RDD 模型的产生动机主要来源于两种主流的应用场景:

- 迭代式算法:如迭代式机器学习、图算法,包括 PageRank、k-means 聚类和逻辑回归。
- 交互式数据挖掘工具:用户在同一数据子集上运行多个即席查询 AdHoc。

不难看出,这两种场景的共同之处是:在多个计算或计算的多个阶段间重用中间结果。在之前学习的 MapReduce 计算框架中,要想在计算之间重用数据,唯一的办法就是把数据保存到外部存储系统中,即中间结果写入本地磁盘。这就导致了巨大的数据复制、磁盘 I/O、序列化的开销,甚至会占据整个应用执行时间的一大部分。

下面以 MapReduce 中经典例子 WordCount 为例解释 Spark 执行模型,整个 WordCount Job 是计算 README.md 这个文档中各个单词出现的频次,并且将最终结果保存到 wcresult 目录中去。下面以 WordCount 例子来说明 Spark 执行模型。

```
val wordCountResult = sc.textFile("README.md", 4) .flatMap(line => line.
split(" ")).map(word => (word, 1)) .reduceByKey(_ + _, 2)
  wordCountResult.saveAsTextFile("wcresult")
```

从 RDD DAG 的角度来看,该 RDD DAG 主要是包括 MappedRDD → FlatMappedRDD → MappedRDD → ShuffledRDD 4 个 RDD 的转换操作(Transform),如图 8-26 所示。根据 Spark 实现,RDD 的转换操作是不会提交给 Spark 集群来执行的,因此,上面的操作必须要由 Spark 的执行操作(Action)来触发,因此,在最后调用 saveAsTextFile 这个行为,将整个 WordCount Job 提交到 Spark 集群中执行。

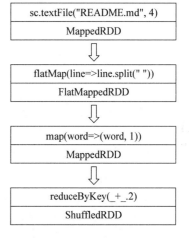

图 8-26　WordCount Job 的 RDD DAG 图

8.5.2　Spark Streaming 简介

Spark Streaming 是 Spark 核心 API 的一个扩展,用于支持可扩展、高吞吐率、高容错性的实时流数据分析处理。数据源可以是多样的,如 Kafka,Flume,Kinesis,TCP sockets 等。这些数据可以利用 Spark 自带的各类算子如 map,reduce,join,window 等进行处理。最后,经过处理的数据可以输出到文件系统,数据库,实时仪表盘等。图 8-27 展示了 Spark Streaming 的数据处理流程:

图 8-27　Spark Streaming 数据处理流程

图片来源 http://spark.apache.org/docs/latest/streaming-programming-guide.html

在 Spark 中,数据并非到达即处理,而是将数据划分为一个一个的块(batch),然后以块为单位处理。因此 Spark 只能算是准实时的流数据计算,但这样可以提高效率。块的划分越细,实时性越强,一般来说效率越低;反之则实时性降低,效率提高。图 8-28 展示了 Spark Streaming 分块对流数据计算的过程:

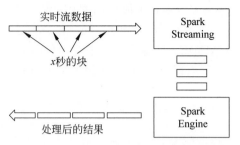

图 8-28 Spark Streaming 对流数据进行分块计算

1. Spark Streaming 基本概念

Spark Streaming 并非一个独立的项目,它的计算引擎依赖于 Spark,因此 Spark Streaming 实时计算只有在部署了 Spark 的计算机上才能运行。限于篇幅,这里不再介绍 Spark 的安装部署,感兴趣的读者可以到 Spark 官方网站 http://spark.apache.org/docs/latest/ 查阅相应的文档。这里仅对相关的若干基本概念进行介绍。

(1) 弹性分布式数据集(resilient distributed datasets,RDD)

RDD 是 Spark 的核心数据结构,它是一个高容错性的可并行处理元素的集合。可以通过两种方式建立 RDD:一是将程序中的数据集合直接并行化,二是从外部存储系统中引用得到。在建立之后,就可以以并行的方式来操作 RDD 中存储的数据元素。

(2) 离散化数据流(DStream)

DStream 是 Spark Streaming 的核心数据结构,其本质是一个 RDD 序列。这与 Storm 不同,在 Storm 中,数据流的基本单元是 Tuple,也就是数据的最小粒度,但在 Spark Streaming 中,DStream 的基本单元是 RDD,也就是一个数据块(batch)。直观上来看,就像是将连续的数据流切分成若干数据块的序列,因此被称为离散化数据流。图 8-29 展示了 DStream 的构成。

图 8-29 DStream 的构成

2. Spark Streaming 基本操作

Spark 程序的运行过程实际上就是对 RDD 的转换过程。同样,Spark Steaming 程序的运行过程实际上就是对 DStream 的转换的过程。用户无须关心如何将这些转换并行化,只需要考虑如何利用 Spark Streaming 的操作实现程序的功能。DStream 常用操作如表 8-11 所示。

表 8-11　DStream 常用操作

转换算子	功　　能
map(func)	利用 func 将源 DStream 转换为一个新的 DStream 并返回
flatMap(func)	与 map 相似,但每个输入项都可以映射为 0 个或多个输出项
filter(func)	将源 DStream 中符合 func 所述条件的项选择出来并组成一个新的 DStream 并返回
repartition(numPartitions)	通过创建更多或更少划分更改当前 DStream 的并行化等级
union(otherStream)	将当前 Dstream 与 otherDStream 进行 union 操作并生成一个新的 DStream 返回
count( )	返回一个单元素 RDD 组成的 DStream。该 DStream 中每一个 RDD 的元素的内容为源 DStream 相应 RDD 所包含的元素的个数
reduce(func)	返回一个单元素 RDD 组成的 DStream。该 DStream 中每一个 RDD 的元素的内容为通过 func 将源 DStream 中的相应的 RDD 的元素进行聚合得到。func 输入参数为 2 个,输出为 1 个,必须可并行计算
countByValue( )	对源 DStream 中每个 RDD 的值进行计数,并生成一个新的 DStream 返回
reduceByKey(func, [numTasks])	对形如(K, V)对的 DStream 进行计算,并返回一个新的(K, V)对组成的 DStream,新 Dstream 中的 V 为源 DStream 中相应 RDD 根据键值聚合而成
join(otherStream, [numTasks])	对形如(K, V) 与 (K, W) 对的两个 DStream 进行 join 操作,返回一个新的形如(K, (V, W))对的 DStream
cogroup(otherStream, [numTasks])	对形如(K, V) 与 (K, W) 对的两个 DStream 进行 group 操作,返回一个新的形如(K, Seq[V], Seq[W]) 三元组的 DStream
transform(func)	利用 RDD 操作将一个 DStream 的每一个 RDD 转换为一个新的 RDD 并组成新的 DStream 返回
updateStateByKey(func)	返回一个新的状态 DStream,新 DStream 中每个键的状态由源 DStream 中每个键的状态通过 func 得到

DStream 还有更多其他的操作,限于篇幅这里不一一阐述,读者可以到 Spark Streaming 的官网查找相关信息,可以阅读参考文献[13]。

8.5.3　Spark Streaming 编程

本节学习如何使用 Spark Streaming 实现流数据分析。与 Storm 相同,这里也采用在线单词计数和在线 SQL 注入检测来作为例子进行阐述。

由于 Spark Streaming 没有类似于 Storm 中 Spout 这样的数据发生器组件,因此这里采用 Socket 流数据作为输入。Netcat 是一个 UNIX/Linux 平台下的 TCP/IP 工具,可以用于产生 Socket 流,用户可以到 http://netcat.sourceforge.net/ 下载安装。这个工具也有 Windows 版,用户可以到 https://www.joncraton.org/blog/46/netcat-for-windows/ 下载安装。安装完毕后,运行如下命令,就可打开本机上的 6666 端口并监听,等待连接。

```
nc -l -p 6666
```

建立连接后,在 Netcat 运行终端输入的字符串都会被发送到连接方。在在线单词计数程序中,可以在 Netcat 终端输入不同的句子作为实时数据;在在线 SQL 注入检测程序中,每一行输入一个异常或正常的 URL。

1. 在线单词计数

由于利用了 Spark 核心组件的功能,Spark Streaming 在线单词计数的程序相对较为简洁。主要分为 3 部分。

- 配置 Spark 集群并启动。
- 初始化 Socket 组件,并将 Socket 流转换为 DStream。
- 利用 DStream 转换操作对句子中的单词进行计数。

配置 Spark 集群的代码如下:

```
SparkConf sparkConf = new SparkConf().setAppName("WordCount");
sparkConf.setMaster("local[4]");
```

第一行代码配置应用的名称为 WordCount,第二行代码表示当前应用以本地模式 4 线程方式运行,初始化 Socket 组件 JavaStreamingContext 代码如下:

```
String hostname = "localhost";
String port = "6666";
JavaStreamingContext ssc = new JavaStreamingContext(sparkConf, Durations.
seconds(1));
JavaReceiverInputDStream<String> lines = ssc.socketTextStream(
    hostname, Integer.parseInt(port), StorageLevels.MEMORY_AND_DISK_SER);
```

这段代码初始化了一个 JavaStreamingContext 从 localhost:6666 以 socket 方式获取文本流。切分间隔为 1s,也就是说 1s 之内的所有文本会被放到一个 RDD 内。变量 lines 就是一个由这些 RDD 序列组成的 DStream。如果要增加块的大小,就可以增加 Durations. seconds(n) 中 n 的大小。这样可以提高吞吐率,但会降低实时性。Durations 对象还有 miniseconds 方法,可以以 ms 为单位切分流数据,提高实时性,但会降低吞吐率。

单词计数代码如下:

```
JavaDStream<String> words = lines.flatMap(new FlatMapFunction<String,
String>() {
    @Override
    public Iterator<String> call(String x) {
      return Arrays.asList(SPACE.split(x)).iterator();
    }
```

```
  });
JavaPairDStream<String, Integer> wordCounts = words.mapToPair(
  new PairFunction<String, String, Integer>() {
    @Override
    public Tuple2<String, Integer> call(String s) {
      return new Tuple2<>(s, 1);
    }
  }).reduceByKey(new Function2<Integer, Integer, Integer>() {
    @Override
    public Integer call(Integer i1, Integer i2) {
      return i1 + i2;
    }
  });
```

在这一段代码中，lines 变量首先被 flatMap 操作转换为 words，一个以 String 为基本类型的 DStream。转换方式为以空格切分句子。然后单词 DStream 通过 mapToPair 操作转换为＜word，1＞这样的二元组，最后以 word 为键进行 reduceByKey 转换，得到每个单词的计数。

当在 Netcat 终端输入"this is my first spark streaming program，I love coding with spark streaming"后，程序的结果如图 8-30 所示。

```
-------------------------------------------
Time: 1475765733000 ms
-------------------------------------------
(first,1)
(my,1)
(program,,1)
(spark,2)
(I,1)
(this,1)
(is,1)
(coding,1)
(love,1)
(with,1)
...
```

图 8-30　Spark Streaming 单词计数结果

2. 在线 SQL 注入检测

在这里利用 Spark Streaming 重新编写 8.4.3 节中的在线 SQL 注入检测程序。同样采用图 8-23 所表示的样例检测模型。与上面的例子相同，这里也采用 Netcat 作为数据源。测试样例如下：

```
http://www.excample.com/detail.jsp? id=1'+(SELECT 1 FROM (SELECT SLEEP(5))A)+'
http://www.excample.com/detail.jsp? id=1 and 1=2 UNION 123
http://www.excample.com/detail.jsp? id=123
```

http://www.excample.com/search.jsp? keyword=select

前两个 URL 是有 SQL 注入嫌疑的 URL，后两个则是正常 URL。

检测程序的 Spark 配置、JavaStreamContext 初始化以及 lines DStream 的构建与上面的在线单词计数程序无异，主要区别在于获取到数据之后的处理。检测代码如下：

```java
JavaPairDStream<String, Boolean> results = lines.mapToPair(
    new PairFunction<String, String, Boolean>() {
        @Override
        public Tuple2<String, Boolean> call(String x) {
            String str = x.substring(x.indexOf("?"));
            String[] items = str.split("&");
            boolean containsSelect = false;
            boolean containsFrom = false;
            boolean containsUnion = false;
            for(String item : items){
                String paraValue = item.substring(item.indexOf("="));
                if(paraValue.contains("SELECT"))
                    containsSelect = true;
                if(paraValue.contains("FROM"))
                    containsFrom = true;
                if(paraValue.contains("UNION"))
                    containsUnion = true;
            }
            boolean isSQLInjection = false;
            if(containsSelect){
                if(containsFrom)
                    isSQLInjection = true;
            }
            else if (containsUnion)
                isSQLInjection = true;

            return new Tuple2<>(x, isSQLInjection);
        }
    });
```

这里定义了一个 results DStream 存储检测结果。这个 DStream 的基本单元是二元组，分别存放 URL 以及判定结果，若 URL 异常，则判定结果为 true，否则为 false。

程序主体部分定义了 3 个布尔变量分别表示 URL 的参数值部分是否包含 SELECT，FROM 以及 UNION。然后用 if 判定语句实现图 8-23 所描述的模型，得到最终结果并存入二元组。程序的执行结果如图 8-31 所示。

```
-----------------------------------------------
Time: 1475767453000 ms
-----------------------------------------------
(http://www.excample.com/detail.jsp?id=1'+(SELECT 1 FROM (SELECT SLEEP(5))A)+',true)
(http://www.excample.com/detail.jsp?id=1 and 1=2 UNION 123,true)
(http://www.excample.com/detail.jsp?id=123,false)
(http://www.excample.com/search.jsp?keyword=select,false)
```

图 8-31　Spark Streaming SQL 注入检测输出结果

8.6　小　　结

本章介绍了 Hadoop 的基础知识，介绍了 **HDFS**，**MapReduce**，**YARN** 的功能以及基本的配置与操作。限于篇幅，省略了与 Hadoop 相关的 Linux 操作和 Java 命令行内容。

Hadoop 大数据分析处理平台的配置主要分**本地模式**、**伪分布式模式与集群模式** 3 种，分别对应不同的配置方法。其中，本地模式常用于程序开发与调试，伪分布式模式常用于在本地模拟集群，集群模式主要用于生产作业。

HDFS 是 Hadoop 平台下的分布式文件系统，主要负责集群中文件的存取管理，用户可以通过 FS Shell 对 HDFS 中的文件进行操作。

MapReduce 则是 Hadoop 平台的分布式计算引擎，通过构建 Mapper 与 Reducer，编程人员可以忽略程序底层的并行计算与调度，将精力集中在具体的计算任务上，降低并行程序的编写难度，提高并行程序的编写效率。Hadoop Streaming 则进一步地降低了编程人员的学习成本，可以使用任意程序语言或脚本编写 MapReduce 程序。

实时流数据计算是大数据分析处理的一个重要应用场景，本章介绍两个实时流数据计算平台，分别是 **Storm** 以及 **Spark Streaming**，应用程序对应的分布式计算结构称为 Topology，包含若干个数据发生器 Spout 和数据运算单元 Bolt。Spark Streaming 则通过 DStream 的转换操作来对流数据进行计算。它们的不同之处在于，Storm 对流数据的最小单元进行计算，Spark Streaming 则是先对流数据进行切块处理，然后以块作为最小单元进行计算。

Hadoop 发展至今，已经不仅是一个分布式数据存储与计算框架。以 Hadoop 为中心，衍生了诸多用于大数据分析与处理的项目，比如：

Ambari：一个基于 Web 的工具，用于提供、管理和监视 Apache Hadoop 群集，包括对 Hadoop HDFS、Hadoop MapReduce、Hive、HCatalog、HBase、ZooKeeper、Oozie、Pig 和 Sqoop 的支持。Ambari 还提供了一个仪表板，用于查看集群运行状况，如热图，能够直观地查看 MapReduce、Pig 和 Hive 应用程序。

Chukwa：用于管理大型分布式系统的数据采集系统。

HBase：一个用于大数据的分布式、可扩展的数据库系统，可以支持十亿级别记录与百万级别属性的结构化大数据表（bigTable）的存储与管理。支持严格的读写一致性管理、可以使用 Java API 进行访问。

Hive：一个支持随机查询的数据仓库工具，可以将结构化的数据文件映射为数据库表并提供基本的 SQL 查询功能。值得一提的是,Hive 可以将用户提交的 SQL 语句转化为 MapReduce 程序执行,在降低用户学习成本的同时大大提高了程序的执行效率。

Mahout:一个基于 MapReduce 的支持分布式计算的机器学习工具库,包含若干常用的数据挖掘与机器学习算法的 MapReduce 实现(目前主要倾向于 Spark 实现)。

Hadoop 生态环境还包含若干其他工具,如 Pig、ZooKeeper 等,每一个组件或工具都有其独特的功能和特点,读者可以根据需要进行选择性地学习。

8.7 习　　题

1. 单选题

(1) Hadoop 安装配置时,JAVA_HOME 包含在(　　)配置文件中?

[A]hadoop-env.sh　　　　　　　　　　[B]hadoop-site.xml

[C]hadoop-default.xml　　　　　　　　[D]conf-site.xml

(2) (　　)不属于 Hadoop 配置文件。

[A]hdfs-site.xml　　　　　　　　　　[B]mapred-site.xml

[C]yarn-site.xml　　　　　　　　　　[D]storm.yaml

(3) 下列(　　)可以作为集群的管理。

[A]Puppet　　　　　　　　　　　　[B]Chef

[C]Cloudera Manager　　　　　　　　[D]Pdsh

(4) 下列(　　)是 Hadoop 运行的模式。

[A]本地模式　　　[B]伪分布式模式　　　[C]全分布式模式　　　[D]以上都不是

2. 判断题

(1) Hadoop 是 Java 开发的,所以 MapReduce 只支持 Java 语言编写。

(2) 如果 NameNode 意外终止,SecondaryNameNode 会接替它使集群继续工作。

8.8 参 考 文 献

[1] Akira Ajisaka. Hadoop 和 Java 版本之间的兼容性说明[EB/OL].[2020-10-19]https://cwiki.apache. org/confluence/display/HADOOP/ Hadoop+Java+Versions.

[2] Apache Software Foundation.Hadoop 单结点配置[EB/OL].[2020-09-14].https://hadoop.apache. org/docs/r2.10.1/hadoop-project-dist/hadoop-common/SingleCluster.html.

[3] Apache Software Foundation.Hadoop 集群配置[EB/OL].[2020-09-14].https://hadoop.apache.org/ docs/r2.10.1/hadoop-project-dist/hadoop-common/ClusterSetup.html.

[4] Apache Software Foundation.Hadoop 安全模式配置[EB/OL].[2020-09-14].https://hadoop.apache. org/docs/r2.10.1/hadoop-project-dist/hadoop-common/Secure Mode.html.

[5] Apache Storm. Apache Storm 官方文档[EB/OL].[2020-06-30].http://storm.apache.org/2020/06/ 30/storm220-released.html.

[6] 罗乐,刘轶,钱德沛. 内存计算技术研究综述[J],软件学报,2016,27(08):2147-2167.

[7] Malewicz G,Austern MH,Bik AJC,et al. Pregel:A System for Large-scale Graph Processing

　　［C］//In：Proc. of the 2010 ACM SIGMOD Int'l Conf. on Management of Data. ACM Press，2010.
　　135-146.

［8］Zaharia M，Chowdhury M，Franklin MJ，et al. Spark：Cluster Computing with Working Sets［C］//
　　In：Proc. of the 2nd USENIX Conf. on Hot Topics in Cloud Computing（HotCloud 2010）. Berkeley：
　　USENIX Association，2010. 10-10.

［9］Valant LG. A Bridging Model for Parallel Computation［J］，Communications of the ACM，1990，
　　33(8)：103-111.

［10］Gonzalez JE，Low Y，Gu H，et al. PowerGraph：Distributed Graph-parallel Computation on
　　Natural Graphs［C］//In：Proc. of the 10th USENIX Conf. on Operating Systems Design and
　　Implementation. Hollywood，2012. 17-30.

［11］Shao B，Wang H，Li Y. Trinity：A Distributed Graph Engine on A Memory Cloud［C］//In：Proc.
　　of the 2013 Int'l Conf. on Management of Data. ACM Press，2013. 505-516.

［12］Apache Software Foundation. Spark Streaming 官方文档［EB/OL］.［2020-09-14］. https：//hadoop.
　　apache.org/docs/r2.10.1/hadoop-streaming/HadoopStreaming.html.

第9章

Hadoop 大数据分析应用

在计算机最初发展的十几年里,从体系结构到系统软件以及应用软件都采用串行计算作为主要的设计和开发模式,但是很快人们就意识到,并行计算是突破串行计算效率瓶颈、提高计算性能的有力和必要的手段,相对于串行计算,并行计算可以划分为由流水线技术为代表的时间并行,以及以多处理器并发执行为代表的空间并行,两种并行方式都可以有效地提高计算资源的利用能力,从而提高程序的执行性能,因此并行计算的思想也开始渗透到计算机技术发展的各个方面。然而在早期,对于大多数程序员而言,编写分布式并行应用程序具有极高的编程门槛,不但需要程序员具有丰富的硬件、体系结构、操作系统等背景知识,还需要其编写大量复杂烦琐的、应用逻辑之外的分布式并行控制逻辑。如今在大数据时代,上述制约因素正在发生改变,由于云计算、大数据为分布式并行计算提供了各种新的高可定制的集群环境和编程模型及框架,为分布式并行计算在非科学计算领域的普及与应用带来了新的可能性和可行性。

本章以 k-means 算法为典型案例,分析其在 MapReduce 计算框架下的原理,并基于 Mahout 和 Spark MLlib 介绍了其并行实现过程(9.1),给出 3 个大数据分析应用案例(9.2),使读者可以充分学习 Hadoop 平台下开展数据分析工作的完整过程。

9.1　典型数据挖掘算法并行化案例

本节给出并行算法相关的基本概念及其应用术语,为读者学习并行计算及其编程实现建立基础。

聚类分析作为一种无监督学习,一般是用来对数据对象按照其特征属性进行分组,经常被应用在欺诈检测,图像分析等领域。其中,k-means 是最有名并且最经常使用的聚类算法,其原理比较容易理解,并且聚类效果良好,得到了广泛的应用。本节以 k-means 算法为例,讲解 MapReduce 环境下并行算法设计的方法和过程。

9.1.1　MR k-means 算法分析

首先,回顾一下 k-means 算法的基本步骤:

(1)从数据集 x 中随机选择一个点作为第一个初始点;

(2)计算数据集中所有点与当前中心点的距离 $D(x)$;

（3）选择下一个中心点，使得 $P(x) = \dfrac{D(x)^2}{\sum\limits_{x_e} D(x)^2}$ 最大；

（4）重复步骤（1）、步骤（2）过程，直到 k 个初始点选择完成。

假设样本数据有 n 个，预期生成 k 个 cluster，则 $k\text{-means}$ 算法 t 次迭代过程的时间复杂度为 $O(nkt)$，需要计算 nkt 次相似度，那么在 MapReduce 计算框架下，如果能够将各个点到中心点的相似度计算工作分摊到不同的计算机上并行地计算，是不是能够减少计算时间呢？通过思考可以发现，在 $k\text{-means}$ 中处理每一个数据点时每个聚簇的中心点信息是始终需要用到的，而其他点的信息只需要在比对时读入当前点的信息即可。所以，如果涉及全局信息，只需要知道关于各个聚簇的信息即可。因此，可以尝试从以下出发点进行 MapReduce $k\text{-means}$ 算法改造：

- 将所有的数据分布到不同的结点上，每个结点只对自己的数据进行计算；
- 每个结点能够读取上一次迭代生成的聚簇中心，并判断自己的各个数据点应该属于哪一个聚簇；
- 每个结点在每次迭代中根据自己的数据点计算出相关结果；
- 综合每个结点计算出的相关数据，计算出最终的实际聚类结果。

总结一下，需要关注的参数就是：迭代次数 k、聚类 ID、聚类中心和属于该聚类中心的数据点总数。接下来，具体分析下算法的执行过程，并查看下这些参数的变化情况。假定有如表 9-1 所示的数据集，可看做二维坐标系中的 4 个点 $\{A(1,1), B(2,1), C(3,4), D(5,5)\}$，迭代次数 $k=2$，聚类个数 $n=2$，其执行过程如下。

表 9-1　待聚类数据集

对　　　象	属性 1（X）	属性 2（Y）
A	1	1
B	2	1
C	3	4
D	5	5

假定将所有数据分布到 2 个结点 node-0 和 node-1 上，即 node-0：$A(1,1)$ 和 $C(3,4)$、node-1：$B(3,3)$ 和 $D(5,5)$，随机选取 $A(1,1)$ 作为 cluster-0 的中心，$C(3,4)$ 作为 cluster-1 的中心。迭代开始前的聚簇情况如表 9-2 所示。

表 9-2　初始划分

聚簇 ID	cluster 中心	被分配的点数
cluster-0	$A(1,1)$	0
cluster-1	$C(3,4)$	0

Map 阶段：计算各个数据点到各个 cluster 中心的距离。通过计算可知，点 A 和 C

到自身的距离分别是 0，是最近的，因此应将其分配到对应的聚簇中。分别分析点 B、D 与 A、C 的距离发现 B 和 D 均距离点 C 更近一些，那么应该把 B、D 暂时归入 C 所在的聚簇，并标记为 cluster-1，如表 9-3 所示。

表 9-3　Map 阶段初次距离计算

数　据　点	到各个聚簇的距离比较		分配的聚簇
	cluster-0	cluster-1	
$A(1,1)$	0，近		cluster-0
$C(3,4)$		0，近	cluster-1
$B(2,2)$	$\sqrt{5}$	$\sqrt{2}$，近	cluster-1
$D(5,5)$	$4\sqrt{2}$	$\sqrt{5}$，近	cluster-1

这时在每个结点上的数据输出可按照下表进行标记，接下来在 Combine 阶段，Map 的输出也即 Combiner 的输入。

> node-0 输出：　　　　　　　node-1 输出：
> ＜cluster-0, A(1,1)＞　　　＜cluster-1, B(2,3)＞
> ＜cluster-1, C(3,4)＞　　　＜cluster-1, D(5,5)＞

经过计算，Combiner 的输出采用如下的格式：

键—聚簇 ID
值—[包含的点数,均值]

> node-0 输出：　　　　　　　　node-1 输出：
> ＜cluster-0, [1,(1,1)]＞　　　＜cluster-1, [2,(3.5,4)]＞
> ＜cluster-1, [1,(3,4)]＞

接下来进入 Reduce 阶段，由于 Map 阶段输出的键是 cluster-id，所以每个聚簇的全部数据将被发送同一个 Reducer，包括：聚簇 ID、该聚簇的数据点的均值，以及对应于该均值的数据点的个数。两个 Reducer 分别收到

> reducer-0：　　　　　　　　reducer-1：
> ＜cluster-0, [1,(1,1)]＞　　＜cluster-1,[1,(3,4)]＞
> 　　　　　　　　　　　　　＜cluster-1,[2,(3.5,4)]＞

经计算可知得到两个聚簇 cluster-0 和 cluster-1，当满足终止条件时，即可停止迭代，输出 k 个聚类。在 MR k-means 中，终止条件的设置与原 k-means 可保持一致，例如，设定迭代次数、均方差的变化(非充分条件)、指定的点固定的属于某个聚类等。

9.1.2 Mahout 聚类算法案例

Apache Mahout 是 Apache Software Foundation（ASF）开发的一个开源项目，其主要目标是希望建立一个可靠、文档翔实、可伸缩的项目，在其中实现一些常见的机器学习算法，供开发人员在 Apache 许可下免费使用。Mahout 最大的优点就是基于 Hadoop 实现，把以前运行于单机上的经典算法，转化到 MapReduce 计算框架下，大大提升了算法可处理的数据量和处理性能。在 Mahout 上实现的机器学习算法如表 9-4 所示。

表 9-4　在 Mahout 实现的机器学习算法简介

算 法 分 类	算 法 名 称	中 文 名 称
分类算法	Logistic Regression	逻辑回归
	Bayesian	贝叶斯
	SVM	支持向量机
	Perceptron	感知器算法
	Neural Network	神经网络
	Random Forests	随机森林
	Restricted Boltzmann Machines	有限波尔兹曼机
聚类算法	Canopy Clustering	Canopy 聚类
	k-means Clustering	k 均值聚类
	Fuzzy k-means	模糊 k 均值
	Expectation Maximization	EM 聚类（期望最大化聚类）
	Mean Shift Clustering	均值漂移聚类
	Hierarchical Clustering	层次聚类
	Dirichlet Process Clustering	狄利克雷过程聚类
	Latent Dirichlet Allocation	LDA 聚类
	Spectral Clustering	谱聚类
关联规则挖掘	Parallel FP Growth Algorithm	并行 FP Growth 算法
回归	Locally Weighted Linear Regression	局部加权线性回归
降维/维约简	Singular Value Decomposition	奇异值分解
	Principal Components Analysis	主成分分析
	Independent Component Analysis	独立成分分析
	Gaussian Discriminative Analysis	高斯判别分析
进化算法	并行化的 Watchmaker 框架	

续表

算法分类	算法名称	中文名称
推荐/协同过滤	Non-Distributed Recommenders	Taste(UserCF，ItemCF，SlopeOne)
	Distributed Recommenders	ItemCF
向量相似度计算	Row Similarity Job	计算列间相似度
	Vector Distance Job	计算向量间距离
非 Map-Reduce 算法	Hidden Markov Models	隐马尔可夫模型
集合方法扩展	Collections	扩展了 Java 的 Collections 类

Mahout 的安装和使用相对比较简单，直接解压使用或在相应的函数调用时引入即可。安装过程简单描述如下。

使用下面的命令，解压 Mahout 安装包。

```
cd /mahout 压缩包所在目录/
mv apache-mahout-distribution-0.13.0.tar.gz ~/
cd
tar fvxz apache-mahout-distribution-0.13.0.tar.gz
cd apache-mahout-distribution-0.13.0
```

执行一下 ls -lp 命令，会看到如图 9-1 所示的内容，展示了 mahout-0.13.0 目录下包含的文件：

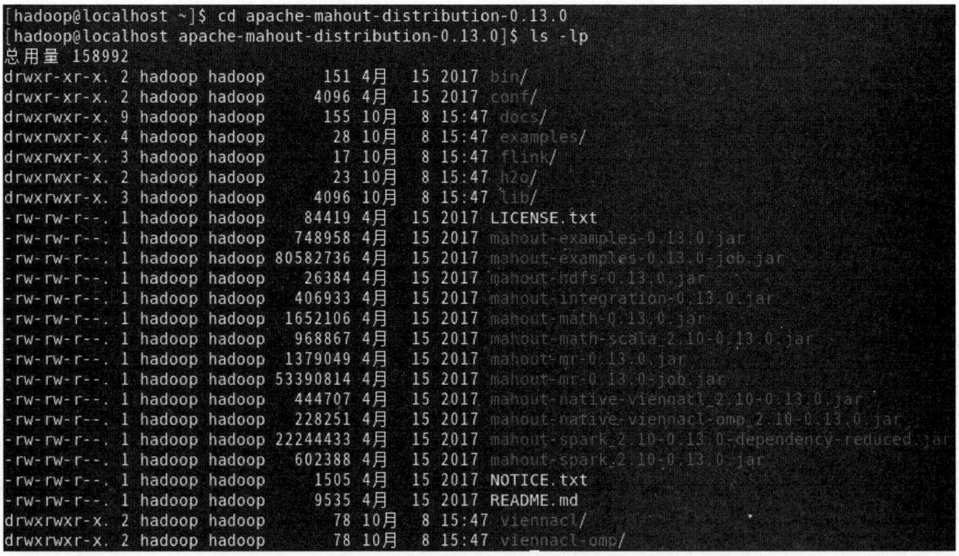

```
[hadoop@localhost ~]$ cd apache-mahout-distribution-0.13.0
[hadoop@localhost apache-mahout-distribution-0.13.0]$ ls -lp
总用量 158992
drwxr-xr-x. 2 hadoop hadoop      151 4月  15 2017 bin/
drwxr-xr-x. 2 hadoop hadoop     4096 4月  15 2017 conf/
drwxrwxr-x. 9 hadoop hadoop      155 10月  8 15:47 docs/
drwxrwxr-x. 4 hadoop hadoop       28 10月  8 15:47 examples/
drwxrwxr-x. 3 hadoop hadoop       17 10月  8 15:47 flink/
drwxrwxr-x. 2 hadoop hadoop       23 10月  8 15:47 h2o/
drwxrwxr-x. 3 hadoop hadoop     4096 10月  8 15:47 lib/
-rw-rw-r--. 1 hadoop hadoop    84419 4月  15 2017 LICENSE.txt
-rw-rw-r--. 1 hadoop hadoop   748958 4月  15 2017 mahout-examples-0.13.0.jar
-rw-rw-r--. 1 hadoop hadoop 80582736 4月  15 2017 mahout-examples-0.13.0-job.jar
-rw-rw-r--. 1 hadoop hadoop    26384 4月  15 2017 mahout-hdfs-0.13.0.jar
-rw-rw-r--. 1 hadoop hadoop   406933 4月  15 2017 mahout-integration-0.13.0.jar
-rw-rw-r--. 1 hadoop hadoop  1652106 4月  15 2017 mahout-math-0.13.0.jar
-rw-rw-r--. 1 hadoop hadoop   968867 4月  15 2017 mahout-math-scala_2.10-0.13.0.jar
-rw-rw-r--. 1 hadoop hadoop  1379049 4月  15 2017 mahout-mr-0.13.0.jar
-rw-rw-r--. 1 hadoop hadoop 53390814 4月  15 2017 mahout-mr-0.13.0-job.jar
-rw-rw-r--. 1 hadoop hadoop   444707 4月  15 2017 mahout-native-viennacl_2.10-0.13.0.jar
-rw-rw-r--. 1 hadoop hadoop   228251 4月  15 2017 mahout-native-viennacl-omp_2.10-0.13.0.jar
-rw-rw-r--. 1 hadoop hadoop 22244433 4月  15 2017 mahout-spark_2.10-0.13.0-dependency-reduced.jar
-rw-rw-r--. 1 hadoop hadoop   602388 4月  15 2017 mahout-spark_2.10-0.13.0.jar
-rw-rw-r--. 1 hadoop hadoop     1505 4月  15 2017 NOTICE.txt
-rw-rw-r--. 1 hadoop hadoop     9535 4月  15 2017 README.md
drwxrwxr-x. 2 hadoop hadoop       78 10月  8 15:47 viennacl/
drwxrwxr-x. 2 hadoop hadoop       78 10月  8 15:47 viennacl-omp/
```

图 9-1　Mahout 主目录结构

解压安装后，可启动并验证 Mahout，执行的操作命令是：

> **bin/mahout**

执行命令后看到类似图 9-2 的输出,则表示安装成功。

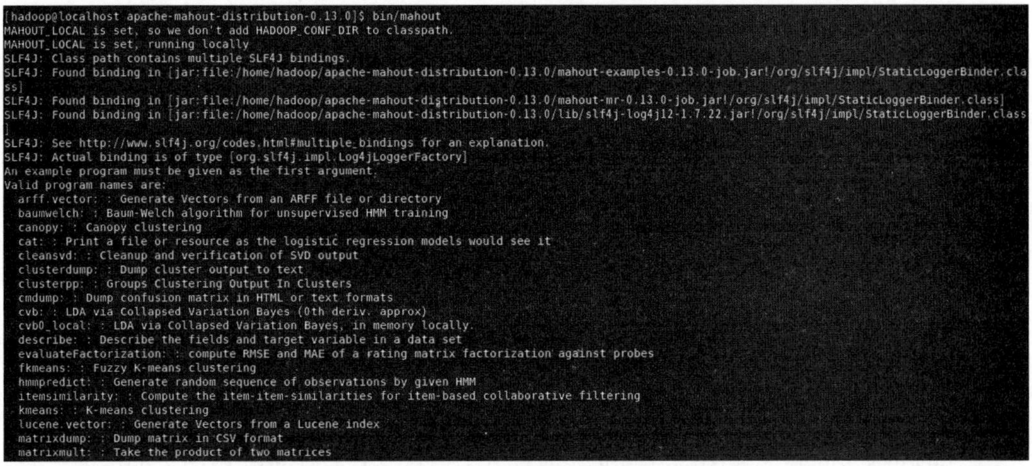

```
[hadoop@localhost apache-mahout-distribution-0.13.0]$ bin/mahout
MAHOUT_LOCAL is set, so we don't add HADOOP_CONF_DIR to classpath.
MAHOUT_LOCAL is set, running locally
SLF4J: Class path contains multiple SLF4J bindings.
SLF4J: Found binding in [jar:file:/home/hadoop/apache-mahout-distribution-0.13.0/mahout-examples-0.13.0-job.jar!/org/slf4j/impl/StaticLoggerBinder.cla
ss]
SLF4J: Found binding in [jar:file:/home/hadoop/apache-mahout-distribution-0.13.0/mahout-mr-0.13.0-job.jar!/org/slf4j/impl/StaticLoggerBinder.class]
SLF4J: Found binding in [jar:file:/home/hadoop/apache-mahout-distribution-0.13.0/lib/slf4j-log4j12-1.7.22.jar!/org/slf4j/impl/StaticLoggerBinder.class
SLF4J: See http://www.slf4j.org/codes.html#multiple_bindings for an explanation.
SLF4J: Actual binding is of type [org.slf4j.impl.Log4jLoggerFactory]
An example program must be given as the first argument.
Valid program names are:
  arff.vector: : Generate Vectors from an ARFF file or directory
  baumwelch: : Baum-Welch algorithm for unsupervised HMM training
  canopy: : Canopy clustering
  cat: : Print a file or resource as the logistic regression models would see it
  cleansvd: : Cleanup and verification of SVD output
  clusterdump: : Dump cluster output to text
  clusterpp: : Groups Clustering Output In Clusters
  cmdump: : Dump confusion matrix in HTML or text formats
  cvb: : LDA via Collapsed Variation Bayes (0th deriv. approx)
  cvb0_local: : LDA via Collapsed Variation Bayes, in memory locally
  describe: : Describe the fields and target variable in a data set
  evaluateFactorization: : compute RMSE and MAE of a rating matrix factorization against probes
  fkmeans: : Fuzzy K-means clustering
  hmmpredict: : Generate random sequence of observations by given HMM
  itemsimilarity: : Compute the item-item-similarities for item-based collaborative filtering
  kmeans: : K-means clustering
  lucene.vector: : Generate Vectors from a Lucene index
  matrixdump: : Dump matrix in CSV format
  matrixmult: : Take the product of two matrices
```

图 9-2 Mahout 测试安装成功运行界面

从 Mahout 源码可以看到,在进行 k-means 聚类时,会产生 4 个步骤:

(1) 数据预处理,整理规范化数据。

(2) 从上述数据中随机选择若干个数据当作 Cluster 的中心。

(3) 迭代计算,调整形心。

(4) 把数据分给各个 Cluster。

其中,前两步就是标准 k-means 聚类算法的准备工作,后面的步骤和 9.1.2 节分析的 MR k-means 案例思路一致,其主要流程可以从 org. apache. mahout. clustering. syntheticcontrol.k-means.Job♯run()方法里看出。

```
Public static void run (Configuration conf, Path input, Path output,
DistanceMeasure measure, int k, double convergenceDelta, int maxIterations)
throws Exception {
  //synthetic_control.data 存储的文本格式,以 KV 形式存入到 output/data 目录
Path directoryContainingConvertedInput = new Path (output DIRECTORY_
CONTAINING_CONVERTED_INPUT);
log.info("Preparing Input");
InputDriver.runJob(input, directoryContainingConvertedInput,"org.apache.
mahout.math.RandomAccessSparseVector");
  //随机产生几个聚簇,存入到 output/clusters-0/part-randomSeed 文件里
log.info("Running random seed to get initial clusters");
Path clusters = new Path(output,Cluster.INITIAL_CLUSTERS_DIR);
clusters = RandomSeedGenerator. buildRandom (conf, directoryContainingConver-
tedInput,clusters, k, measure);
```

```
    //进行聚类迭代运算,为每一个簇重新选出聚簇中心
    log.info("Running k-means");
    k - meansDriver. run ( conf, directoryContainingConvertedInput, clusters,
    output, measure, convergenceDelta,maxIterations,true, 0.0,false);
    //根据上面选出的中心,把 output/data 里面的记录,都分配给各个聚簇,最后输出运算结果
    ClusterDumper clusterDumper = new ClusterDumper(new Path(output, "clusters
    - * -final"),new Path(output,"clusteredPoints"));
    clusterDumper.printClusters(null);
    }
```

（1）参数 input 指定待聚类的所有数据点,clusters 指定初始聚类中心。

（2）参数 output 指定聚类结果的输出路径。

（3）clusters-N 目录用来保存根据原数据点和上一次迭代（或初始聚类）的聚类中心计算本次迭代的聚类中心,该过程由 org. apache. mahout. clustering. k-means 下的 k-meansMapper\k-meansCombiner\k-meansReducer\k-meansDriver 实现。

k-meansMapper：在初始化 Mapper 时读入上一次迭代产生或初始的全部聚类中心,然后通过 Map 方法对输入的每个点,计算距离其最近的类,并加入其中。输出 key 为该点所属聚类 ID,value 为 k-meansInfo 实例,包含点的个数和各分量的累加和。

k-meansCombiner：本地累加 k-meansMapper 输出的同一聚类 ID 下的点个数和各分量的和。

k-meansReducer：累加同一聚类 ID 下的点个数和各分量的和,求本次迭代的聚类中心,并判断该聚类是否已收敛,最后输出各聚类中心和其是否收敛标记。

k-meansDriver：每轮迭代后,k-meansDriver 读取其 clusters-N 目录下的所有聚类,若所有聚类已收敛,则整个 k-means 聚类过程收敛了。

回想并对比一下在 9.1.1 节讲解的 MR k-means 实现原理,可以发现 Mahout 很好地实现了这样一个算法,不需要再自行编程实现,只需要按照参数要求调用即可。当然,如果需要对算法进行优化,还是需要考虑自行实现该算法。

接下来,一起分析下如何调用 Mahout 提供的 k-means 算法实现对控制时序数据的聚类。首先,下载控制时序数据（http://archive.ics.uci.edu/ml/databases/synthetic_control/synthetic_control.data）,如图 9-3 所示,每幅小图代表一类数据：趋势向下（A）、周期（B）、正常（C）、向上偏移（D）、趋势向上（E）、向下偏移（F）。通过调用 Mahout 的 k-means 聚类方法分析该数据的过程如图 9-3 所示。

（1）上传实验数据到 HDFS 文件系统。

hadoop fs -put synthetic_control.data /user/hadoop/testdata

（2）运行聚类程序。

hadoop jar /home/hadoop/apache-mahout-distribution-0.13.0/mahout-examples-0.13.0-job.jar org.apache.mahout.clustering.syntheticcontrol.k-means.Job,执行命令后看到类似图 9-4 的输出,则表示聚类程序运行正常。

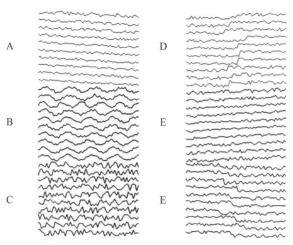

图 9-3　控制时序聚类数据

```
[hadoop@localhost apache-mahout-distribution-0.13.0]$ hadoop jar /home/hadoop/apache-mahout-distribution-0.13.0/mahout-examples-0.13.0-job.jar org.apa
che.mahout.clustering.syntheticcontrol.kmeans.Job
20/10/08 16:07:23 INFO kmeans.Job: Running with default arguments
20/10/08 16:07:24 INFO kmeans.Job: Preparing Input
20/10/08 16:07:25 INFO client.RMProxy: Connecting to ResourceManager at /0.0.0.0:8032
20/10/08 16:07:25 WARN mapreduce.JobResourceUploader: Hadoop command-line option parsing not performed. Implement the Tool interface and execute your
application with ToolRunner to remedy this.
20/10/08 16:07:26 INFO input.FileInputFormat: Total input files to process : 1
20/10/08 16:07:27 INFO mapreduce.JobSubmitter: number of splits:1
20/10/08 16:07:27 INFO mapreduce.JobSubmitter: Submitting tokens for job: job_1602139118491_0002
20/10/08 16:07:27 INFO conf.Configuration: resource-types.xml not found
20/10/08 16:07:27 INFO resource.ResourceUtils: Unable to find 'resource-types.xml'.
20/10/08 16:07:27 INFO resource.ResourceUtils: Adding resource type - name = memory-mb, units = Mi, type = COUNTABLE
20/10/08 16:07:27 INFO resource.ResourceUtils: Adding resource type - name = vcores, units = , type = COUNTABLE
20/10/08 16:07:28 INFO impl.YarnClientImpl: Submitted application application_1602139118491_0002
20/10/08 16:07:28 INFO mapreduce.Job: The url to track the job: http://localhost:8088/proxy/application_1602139118491_0002/
20/10/08 16:07:28 INFO mapreduce.Job: Running job: job_1602139118491_0002
20/10/08 16:07:41 INFO mapreduce.Job: Job job_1602139118491_0002 running in uber mode : false
20/10/08 16:07:41 INFO mapreduce.Job:  map 0% reduce 0%
20/10/08 16:07:47 INFO mapreduce.Job:  map 100% reduce 0%
20/10/08 16:07:48 INFO mapreduce.Job: Job job_1602139118491_0002 completed successfully
20/10/08 16:07:48 INFO mapreduce.Job: Counters: 30
        File System Counters
                FILE: Number of bytes read=0
                FILE: Number of bytes written=208254
                FILE: Number of read operations=0
                FILE: Number of large read operations=0
                FILE: Number of write operations=0
                HDFS: Number of bytes read=288481
                HDFS: Number of bytes written=335470
                HDFS: Number of read operations=5
                HDFS: Number of large read operations=0
```

图 9-4　运行 Mahout 的 k-means 聚类程序

（3）查看聚类结果。

hadoop fs -ls /user/hadoop/output，执行命令后看到类似图 9-5 的输出，说明聚类执行成果，结果保存在 HDFS 的 /user/hadoop/output 目录下。

```
[hadoop@localhost apache-mahout-distribution-0.13.0]$ hadoop fs -ls /user/hadoop/output
Found 15 items
-rw-r--r--   1 hadoop supergroup        194 2020-10-08 16:11 /user/hadoop/output/_policy
drwxr-xr-x   - hadoop supergroup          0 2020-10-08 16:11 /user/hadoop/output/clusteredPoints
drwxr-xr-x   - hadoop supergroup          0 2020-10-08 16:07 /user/hadoop/output/clusters-0
drwxr-xr-x   - hadoop supergroup          0 2020-10-08 16:08 /user/hadoop/output/clusters-1
drwxr-xr-x   - hadoop supergroup          0 2020-10-08 16:11 /user/hadoop/output/clusters-10-final
drwxr-xr-x   - hadoop supergroup          0 2020-10-08 16:08 /user/hadoop/output/clusters-2
drwxr-xr-x   - hadoop supergroup          0 2020-10-08 16:09 /user/hadoop/output/clusters-3
drwxr-xr-x   - hadoop supergroup          0 2020-10-08 16:09 /user/hadoop/output/clusters-4
drwxr-xr-x   - hadoop supergroup          0 2020-10-08 16:09 /user/hadoop/output/clusters-5
drwxr-xr-x   - hadoop supergroup          0 2020-10-08 16:10 /user/hadoop/output/clusters-6
drwxr-xr-x   - hadoop supergroup          0 2020-10-08 16:10 /user/hadoop/output/clusters-7
drwxr-xr-x   - hadoop supergroup          0 2020-10-08 16:10 /user/hadoop/output/clusters-8
drwxr-xr-x   - hadoop supergroup          0 2020-10-08 16:11 /user/hadoop/output/clusters-9
drwxr-xr-x   - hadoop supergroup          0 2020-10-08 16:07 /user/hadoop/output/data
drwxr-xr-x   - hadoop supergroup          0 2020-10-08 16:07 /user/hadoop/output/random-seeds
```

图 9-5　时序控制数据 k-means 聚类结果目录

9.1.3 Spark MLlib 聚类算法案例

通过前面的学习,可以了解到 k-means 算法和诸多机器学习算法一样,也是一个迭代式的算法,那么能否在 Spark 平台下实现呢?值得高兴的是,Spark 平台下提供了一个很好的机器学习库叫 MLlib,类似于 MapReduce 下的 Mahout。Spark MLlib k-means 算法的实现在初始聚类点的选择上,遵循一个基本原则:初始聚类中心点相互之间的距离应该尽可能的远。如图 9-6 所示,MLlib 提供的 k-means 聚类包含以下关键参数:

```
class KMeans private (
    private var k: Int,
    private var maxIterations: Int,
    private var runs: Int,
    private var initializationMode: String,
    private var initializationSteps: Int,
    private var epsilon: Double,
    private var seed: Long) extends Serializable with Logging
```

图 9-6　MLlib 机器学习库的 k-means 聚类参数

k:期望的聚类个数。

maxInterations:单次运行最大的迭代次数。

runs:算法运行的次数。k-means 算法不保证能返回全局最优的聚类结果,所以在目标数据集上多次执行 k-means 算法,有助于返回最佳聚类结果。

initializationMode:初始聚类中心点的选择方式。

initializationSteps:k-means 方法中的步数。

epsilon:k-means 算法迭代收敛的阈值。

seed:集群初始化时的随机种子。

通常,在应用时都会先调用 k-means.train 方法对数据集进行聚类训练,这个方法会返回 k-meansModel 类实例,也可以使用 k-meansModel.predict 方法对新的数据点进行所属聚类的预测。使用方法如下面代码所示,该示例程序接受 5 个输入参数,分别是:训练数据集文件路径、测试数据集文件路径、聚类个数、迭代次数、运行次数。

```
/*
 * import 部分省略
 */
object k-meansClustering {
def main (args: Array[String]) {
if (args.length < 5) {
    //5个输入参数:训练数据集文件路径、测试数据集文件路径、聚类个数、迭代次数、运行
    //次数
    println("Usage:k-meansClustering trainingDataFilePath
testDataFilePath numClusters
    numIterations runTimes")
sys.exit(1)
}
```

```scala
//初始化 SparkConf 配置
val conf = new SparkConf().setAppName("Spark MLlib K-Means Clustering")
val sc = new SparkContext(conf)
//5个参数分别解析读入
val rawTrainingData = sc.textFile(args(0))
val parsedTrainingData = rawTrainingData.filter(!isColumnNameLine(_)).map
(line => {
    Vectors.dense(line.split("\t").map(_.trim).filter(!"".equals(_)).map
(_.toDouble))
}).cache()
val numClusters = args(2).toInt
val numIterations = args(3).toInt
val runTimes = args(4).toInt
var clusterIndex:Int = 0
//按照指定参数进行聚类训练并返回 k-meansModel 类实例
val clusters:k-meansModel = k-means.train(parsedTrainingData, numClusters,
numIterations,runTimes)
//输出聚类信息
    println("Cluster Number:" + clusters.clusterCenters.length)
    println("Cluster Centers Information Overview:")
clusters.clusterCenters.foreach(
    x => {
    println("Center Point of Cluster " + clusterIndex + ":")
    println(x)
clusterIndex += 1
})
    //开始检测每个测试数据所属的簇
val rawTestData = sc.textFile(args(1))
val parsedTestData = rawTestData.map(line =>
    {
    Vectors.dense(line.split("\t").map(_.trim).filter(!"".equals(_)).map
(_.toDouble))
    })
parsedTestData.collect().foreach(testDataLine => {
val predictedClusterIndex:
    Int = clusters.predict(testDataLine)
    println("The data " + testDataLine.toString + " belongs to cluster " +
    predictedClusterIndex)
})
    println("Spark MLlib K-means clustering test finished.")
}
private def
isColumnNameLine(line:String):Boolean = {
```

```
if (line != null&& line.contains("Channel"))
  true
else
  false
}
```

前面提到 k 的选择是 k-means 算法的关键,Spark MLlib 在 k-means Model 类里提供了 computeCost 方法,该方法通过计算所有数据点到其最近的中心点的平方和来评估聚类的效果。一般来说,同样的迭代次数和算法执行次数,这个值越小,代表聚类的效果越好。但是在实际情况下,因要考虑到聚类结果的可解释性,不能一味地选择使 computeCost 结果值最小的 k。

9.2   大数据分析应用案例

通过前面章节的学习,相信读者已经掌握了大数据分析算法在分布式并行环境下的基本思想和编程方法,特别是对 MapReduce 和 Spark 环境开发大数据算法有了初步的认识,接下来,本节讲解如何把这些思想和方法应用到实际案例的分析中。

9.2.1   搜索引擎日志数据分析

本案例使用某搜索引擎在 2012 年 4 月 5 日采集的部分用户搜索数据,已做脱敏处理,数据字段说明如下,样例数据如表 9-5 所示。

数据集格式:用户搜索时间、用户 ID、查询词、该 URL 在返回结果中的排名、用户点击的顺序号、用户点击的 URL。其中,用户 ID 是根据用户使用浏览器访问搜索引擎时的 Cookie 信息自动赋值,即同一次使用浏览器输入的不同查询对应同一个用户 ID。

表 9-5   搜索日志数据样例

NO	UTIME	UID	KEYWORD	R	CR	CURL
1	20120405 000008	6961d0c97fe93701f c9c0d861d096cd9	重庆邮电大学	1	1	http://www.cqupt.edu.cn/
2	20120405 000009	96994a0480e7e1edc aef67b20d8816b7	伟大导演	1	1	http://movie. douban. com/ review/1128960/
3	20120405 000009	698956eb07815439f e5f46e9a4503997	优酷	1	1	http://www.youku.com/
4	20120405 000010	f4ba3f337efb1cc469 fcd0b34feff9fb	推荐待机时间长的手机	1	1	http://mobile. zol. com. cn/ 148/1487938.html
5	20120405 000011	7c54c43f3a8a0af095 1c26d94a57d6c8	百度一下 你就知道	1	1	http://www.baidu.com/
6	20120405 000017	e767b76990f9232e5 25d5014d802fd29	中国移动网上营业厅	1	1	http://10086.cn/service/

NO	UTIME	UID	KEYWORD	R	CR	CURL
7	20120405 000027	4a6f0d5cc0bcf16e32 e74ae49663b60d	baidu	2	1	http://site.baidu.com/
8	20120405 000055	6c1a44f96478f31cd 310b394b24b680f	支付宝	1	1	http://www.alipay.com/
9	20120405 000058	6b276bd438cc5b0de 1afdd708fc772c8	联通网上营业厅	1	1	http://www.10010.com/
10	20120405 000066	bc490faba3016ece5 863fce8a53cf130	犀牛科创	4	2	http://www.rhinoz.net

假设管理员希望能够统计以重庆邮电大学或 CQUPT 作为关键词进行搜索的记录数。回想一下 MapReduce 编程的基本思想，采用类似 WordCount 的基本方法统计某关键词被搜索的次数，对 8.3.1 节的 WordCount 代码进行简单改造。WordCount2 程序代码如下：

```java
import java.io.IOException;
import java.util.StringTokenizer;
import org.apache.hadoop.conf.Configuration;
import org.apache.hadoop.fs.Path;
import org.apache.hadoop.io.IntWritable;
import org.apache.hadoop.io.Text;
import org.apache.hadoop.mapreduce.Job;
import org.apache.hadoop.mapreduce.Mapper;
import org.apache.hadoop.mapreduce.Reducer;
import org.apache.hadoop.mapreduce.lib.input.FileInputFormat;
import org.apache.hadoop.mapreduce.lib.output.FileOutputFormat;

public class WordCount2 {
  public static class TokenizerMapper
      extends Mapper<Object, Text, Text, IntWritable>{
    private final static IntWritable one = new IntWritable(1);
    private Text word = new Text("sum");
    public void map(Object key, Text value, Context context)
            throws IOException, InterruptedException {
      String[] arr = value.toString().split("\t");
      if (arr[2].indexOf("CQUPT") >= 0 || arr[2].indexOf("重庆邮电大学") >= 0){
        context.write(word, one);
      }
    }
  }
```

```
   public static class IntSumReducer
        extends Reducer<Text,IntWritable,Text,IntWritable> {
   private IntWritable result = new IntWritable();
   public void reduce(Text key, Iterable<IntWritable> values,
                      Context context
                      ) throws IOException, InterruptedException {
      int sum = 0;
      for (IntWritable val : values) {
        sum += val.get();
      }
      result.set(sum);
      context.write(key, result);
    }
  }

 public static void main(String[] args) throws Exception {
    Configuration conf = new Configuration();
    Job job = Job.getInstance(conf, "word count");
    job.setJarByClass(WordCount2.class);
    job.setMapperClass(TokenizerMapper.class);
    job.setCombinerClass(IntSumReducer.class);
    job.setReducerClass(IntSumReducer.class);
    job.setOutputKeyClass(Text.class);
    job.setOutputValueClass(IntWritable.class);
    FileInputFormat.addInputPath(job, new Path(args[0]));
    FileOutputFormat.setOutputPath(job, new Path(args[1]));
    System.exit(job.waitForCompletion(true) ? 0 : 1);
  }
}
```

使用如下命令将 WordCount2.java 编译后，打包成 wc.jar：

```
bin/hadoop com.sun.tools.javac.Main WordCount2.java
jar cf wc.jar WordCount2.class
```

通过运行如下脚本运行 WordCount2 程序，统计关键字出现的次数：

```
hadoop jar wc.jar WordCount2 input output2
```

运行结果如图 9-7 所示。

使用如下脚本，查看统计结果，关键字重庆邮电大学或 CQUPT 在文件中出现过 1 次，如图 9-8 所示。

```
hadoop fs -cat output2/*
```

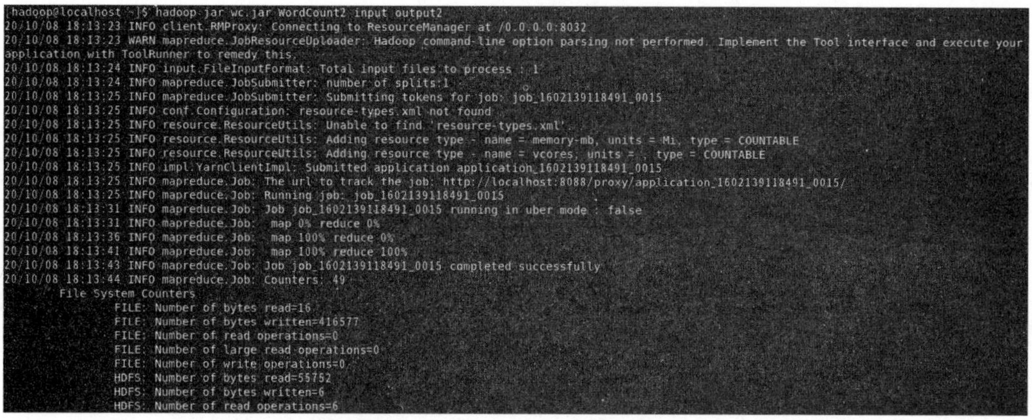

```
[hadoop@localhost ~]$ hadoop jar wc.jar WordCount2 input output2
20/10/08 18:13:23 INFO client.RMProxy: Connecting to ResourceManager at /0.0.0.0:8032
20/10/08 18:13:23 WARN mapreduce.JobResourceUploader: Hadoop command-line option parsing not performed. Implement the Tool interface and execute your application with ToolRunner to remedy this.
20/10/08 18:13:24 INFO input.FileInputFormat: Total input files to process : 1
20/10/08 18:13:24 INFO mapreduce.JobSubmitter: number of splits:1
20/10/08 18:13:25 INFO mapreduce.JobSubmitter: Submitting tokens for job: job_1602139118491_0015
20/10/08 18:13:25 INFO conf.Configuration: resource-types.xml not found
20/10/08 18:13:25 INFO resource.ResourceUtils: Unable to find 'resource-types.xml'.
20/10/08 18:13:25 INFO resource.ResourceUtils: Adding resource type - name = memory-mb, units = Mi, type = COUNTABLE
20/10/08 18:13:25 INFO resource.ResourceUtils: Adding resource type - name = vcores, units = , type = COUNTABLE
20/10/08 18:13:25 INFO impl.YarnClientImpl: Submitted application application_1602139118491_0015
20/10/08 18:13:25 INFO mapreduce.Job: The url to track the job: http://localhost:8088/proxy/application_1602139118491_0015/
20/10/08 18:13:25 INFO mapreduce.Job: Running job: job_1602139118491_0015
20/10/08 18:13:31 INFO mapreduce.Job: Job job_1602139118491_0015 running in uber mode : false
20/10/08 18:13:31 INFO mapreduce.Job:  map 0% reduce 0%
20/10/08 18:13:36 INFO mapreduce.Job:  map 100% reduce 0%
20/10/08 18:13:41 INFO mapreduce.Job:  map 100% reduce 100%
20/10/08 18:13:43 INFO mapreduce.Job: Job job_1602139118491_0015 completed successfully
20/10/08 18:13:44 INFO mapreduce.Job: Counters: 49
	File System Counters
		FILE: Number of bytes read=16
		FILE: Number of bytes written=416577
		FILE: Number of read operations=0
		FILE: Number of large read operations=0
		FILE: Number of write operations=0
		HDFS: Number of bytes read=55752
		HDFS: Number of bytes written=6
		HDFS: Number of read operations=6
```

图 9-7　WordCount2 运行情况

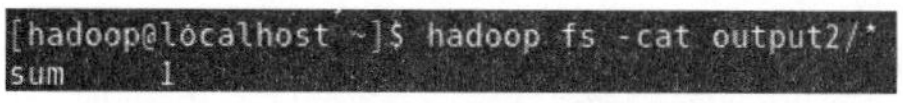

```
[hadoop@localhost ~]$ hadoop fs -cat output2/*
sum	1
```

图 9-8　WordCount2 统计结果

9.2.2　出租车轨迹数据分析

本案例使用某城市的出租车数据，包括时间信息、空间信息、上下乘客等信息，数据格式为 csv 文件，数据总条数超过 1500 万条。字段表述如下：

medallion：UUID

hack_license：UUID

store_and_fwd_flag：是否四驱

pickup_datatime：客人上车时间

dropoff_datatime：客人下车时间

passenger_count：载客数量

trip_time_in_secs：载客时间

trip_distance：载客距离

pickup_longitude：客人上车经度

pickup_latitude：客人上车纬度

dropoff_longitude：客人下车经度

dropoff_latitude：客人下车纬度

在本案例的分析中，主要采用 Hive 数据表的形式进行数据分析，以方便更多数据分析师理解该案例，仅需要一些基本的 SQL 知识就可以实现。Hive 的库、表等数据实际是 HDFS 文件系统中的目录和文件，使开发者可以通过 SQL 语句，像操作关系数据库一样操作文件内容，如执行查询，统计，插入等操作。Hive 可以将 SQL 转化为 MapReduce 任务，使用户摆脱烦琐的 MapReduce 编程过程，整个编译过程分为 6 个阶段：

(1) Antlr 定义 SQL 的语法规则，完成 SQL 词法，语法解析，将 SQL 转化为抽象语法树 AST Tree。

（2）遍历 AST Tree，抽象出查询的基本组成单元 QueryBlock。

（3）遍历 QueryBlock，翻译为执行操作树 OperatorTree。

（4）逻辑层优化器进行 OperatorTree 变换，合并不必要的 ReduceSinkOperator，减少 shuffle 数据量。

（5）遍历 OperatorTree，翻译为 MapReduce 任务。

（6）物理层优化器进行 MapReduce 任务的变换，生成最终的执行计划。

在使用 Hive 进行数据查询分析时可采用 shell 方式，也可以运用 Hue 或 Zeppelin 等可视化工具。在本例分析时，使用了 Hue 可视化分析工具，如图 9-9 所示。Hue 是一个开源的 Apache Hadoop UI 系统，最早是由 Cloudera Desktop 演化而来的，由 Cloudera 贡献给开源社区，它是基于 Python Web 框架 Django 实现的。通过使用 Hue 可以在浏览器端的 Web 控制台上与 Hadoop 集群进行交互来分析处理数据，例如，操作 HDFS 上的数据，运行 MapReduce Job 等。

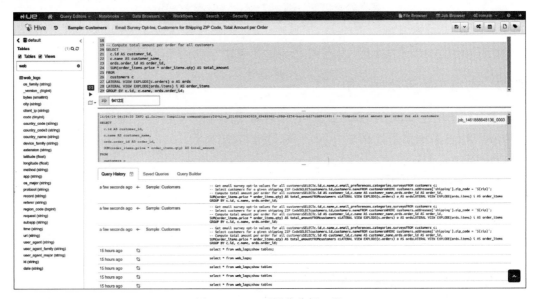

图 9-9　Hue 可视化分析工具

Hue 提供可视化的数据操作，包括基本的 HDFS 数据上传和下载操作等，回想一下采用 shell 方式进行数据上传、下载的方式（copyFromLocal 等），这里就不再进行数据上传、下载的操作展示，直接进入数据分析环节。如图 9-10 所示，假定数据已经存放在 HDFS 上，且以 Hive 数据仓库的形式存储，表名是 TDATA。

（1）基本数据分析：可用于交通规划部门了解每天的车辆、驾驶员基本信息。

① 总记录条数

```
SELECT COUNT(*) FROM TDATA;
```

② 总车辆数

```
SELECT COUNT(medallion) FROM TDATA;
```

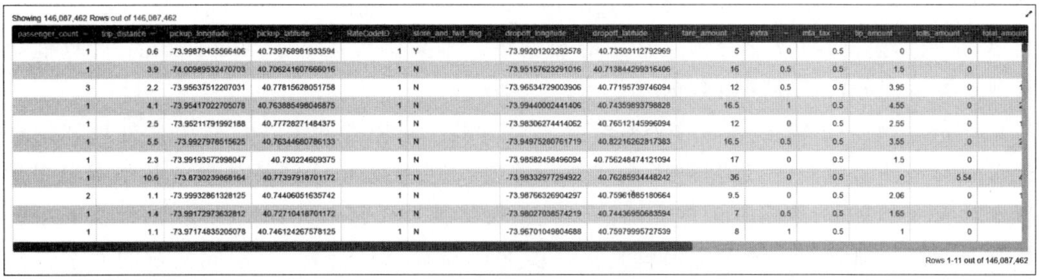

Showing 146,087,462 Rows out of 146,087,462

passenger_count	trip_distance	pickup_longitude	pickup_latitude	RateCodeID	store_and_fwd_flag	dropoff_longitude	dropoff_latitude	fare_amount	extra	mta_tax	tip_amount	tolls_amount	total_amount
1	0.6	-73.99879455566406	40.739768981933594	1	Y	-73.99201202392578	40.73503112792969	5	0	0.5	0	0	
1	3.9	-74.00989532470703	40.706241607666016	1	N	-73.95157623291016	40.713844299316406	16	0.5	0.5	1.5	0	
3	2.2	-73.95637512207031	40.77815628051758	1	N	-73.96534729003906	40.77195739746094	12	0.5	0.5	3.95	0	
1	4.1	-73.95417022705078	40.763885498046875	1	N	-73.99440002441406	40.74359893798828	16.5	1	0.5	4.55	0	
1	2.5	-73.95211791992188	40.77728271484375	1	N	-73.98306274414062	40.76512145996094	12	0	0.5	2.55	0	
1	5.5	-73.9927978515625	40.76344680786133	1	N	-73.94975280761719	40.82216262817383	16.5	0.5	0.5	3.55	0	
1	2.3	-73.99193572998047	40.730224609375	1	N	-73.98582458496094	40.756248474121094	17	0	0.5	1.5	0	
1	10.6	-73.8730239868164	40.77397918701172	1	N	-73.98332977294922	40.76285934448242	36	0	0.5	0	5.54	
2	1.1	-73.99932861328125	40.74406051635742	1	N	-73.98766326904297	40.75961685180664	9.5	0	0.5	2.06	0	
1	1.4	-73.99172973632812	40.72710418701172	1	N	-73.98027038574219	40.74436950683594	7	0.5	0.5	1.65	0	
1	1.1	-73.97174835205078	40.746124267578125	1	N	-73.96701049804688	40.75979995727539	8	1	0.5	1	0	

Rows 1-11 out of 146,087,462

图 9-10　存放在 HDFS 上的出租车数据样例

③ 总驾驶员数

```
SELECT COUNT(hack_license) FROM TDATA;
```

(2) 载客数据分析：可用于分析哪些司机或车辆最会接生意

① 查询当天生意最好的前 20 辆出租车

```
SELECT medallion, COUNT(*) AS cnt FROM TDATA GROUP BY medallion ORDER BY cnt
DESC LIMIT 20;
```

② 查询当天单次载客人数 3 人及以上、接单次数最多的前 20 辆出租车

```
SELECT medallion, passenger_count, COUNT(*) AS cnt FROM TDATA WHERE passenger_
count >= 3 GROUP BY medallion, passenger_count ORDER BY cnt DESC LIMIT 20;
```

(3) 载客频率分析：可用于分析哪辆车或司机最繁忙

① 查询每辆车的载客次数

```
SELECT medallion, COUNT(medallion) FROM TDATA GROUP BY medallion;
```

② 查询每位司机的载客次数

```
SELECT hack_license, COUNT(hack_license) FROM TDATA GROUP BY hack_license;
```

(4) 车辆行为分析：可用于分析哪些车或司机更喜欢搭载长途乘客，哪些车每天利用率不高(仅搭载 1 人)

① 每辆车的平均行驶里程

```
SELECT medallion, AVG(CAST(trip_distance as double)) FROM TDATA GROUP BY
medallion;
```

② 每辆车搭载一名乘客时的平均行驶里程

```
SELECT medallion, AVG(CAST(trip_distance as double)) FROM TDATA WHERE passenger_
count = 1 GROUP BY medallion;
```

9.2.3 新闻组数据分析

经典的 20 个新闻组数据集合是收集大约 20 000 条新闻组文档(http://archive.ics.

uci.edu/ml/datasets/Twenty＋Newsgroups),均匀地分布在 20 个不同的集合的一个数据集,是数据挖掘、机器学习领域常用的数据集。本案例旨在基于 MapReduce 计算框架实现聚类编程分析该新闻组数据。

首先,回顾一下需要用到的文本聚类基础知识。词袋模型是在自然语言处理和信息检索中的一种简单假设,最初被用在文本分类中,将文档表示成特征矢量。其基本思想是假定对于一个文本,忽略其词序和语法、句法,仅将其看作是一些词汇的集合,而文本中的每个词汇都是独立的。简单地说就是将每篇文章都看成一个袋子,构成文章的元素都是单词,被装在这个文章"袋子"里,因此称为词袋(Bag of Words)。

例如,有如下两个文档,基于这两个文档构造一个词典。这个词典一共包含 N 个不同的单词,利用词典的索引号,上面两个文档的每一个都可以用一个 N 维向量表示(用整数数字 0~n 表示某个单词在文档中出现的次数),如图 9-11 所示。

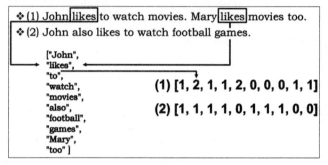

图 9-11　词袋模型生成矢量

(1) John likes to watch movies. Mary likes movies too.

(2) John also likes to watch football games.

为文档生成对应的词袋模型,每一行表示一个文档:

```
dataset = [['John', 'likes', 'to', 'watch', 'movies', 'Mary', 'likes', 'movies',
           'too'],['John', 'also', 'likes', 'to', 'watch', 'football', 'games']]
```

(1) 生成词汇表

```
vocabSet = set()
for doc in dataset:
    vocabSet |= set(doc)
vocabList = list(vocabSet)
```

(2) 为每一个文档创建词袋向量

```
#词袋模型
BOW = []
for doc in dataset:
    vec = [0] * len(vocabList)
    for word in doc:
        vec[vocabList.index[word]] += 1
```

```
BOW.append(vec)
```

基于本章 9.1.1 节讲解的 MR k-means 算法思想,结合上述词袋模型可实现对新闻组数据的聚类分析。目前,美国 RICE 大学已开放相关工具和源代码(http://cmj4.web.rice.edu/MapRed$k$-means.html)。在该示例中已按照词袋模型完成新闻组数据分析,形成 vectors 向量文件和初始聚类中心文件 clusters,可以直接进行聚类实验,操作步骤如下:

(1) 将 vectors/clusters 上传至 HDFS

```
hdfs dfs -copyFromLocal vectors /data
hdfs dfs -copyFromLocal clusters /clusters
```

(2) 运行聚类

运行 hadoop jar MapRed$k$-means.jar k-means /data /clusters 3

/data 目录存放待聚类数据,/clusters 目录存放初始聚类,3 表示运行 3 次迭代。以上操作的输出结果如图 9-12 所示。图中:

① 处表示在 HDFS 上创建 data 数据目录。

② 处表示在 HDFS 上创建聚类结果目录。

③ 处表示从本地文件系统向 HDFS 上传 vectors 矢量数据。

④ 处表示从本地文件系统向 HDFS 上传初始聚类数据。

⑤ 处表示使用 Hadoop 命令调用编译打包的 MR k-means 聚类程序。

图 9-12 MR k-means 算法聚类新闻组数据示例

(3) 查看聚类结果

```
hdfs dfs -copyToLocal /clustersNewXXX/part-r-00000.
```

使用压缩包中的工具查看聚类结果分布

```
java -jar GetDistribution.jar
Enter the file with the data vectors: vectors
Enter the name of the file where the clusers are loated: part-r-00000
```

在美国 RICE 大学提供的工具中的源代码里,省略了 k-means 执行过程中的 Mapper 和 Reducer 代码,本书将其补充完善,并增加注释部分,完成示例如下。

在主类入口里面,本示例代码采用参数录入的方式,需要在运行时制定数据输入路径。

```java
/*
 * import 部分省略
 */
public class MR k-means {
static void printUsage() {
    System.out.println ("MR k-means <input> <clusterFileDirectory>
<numIters>");
    System.exit(-1);
  }

public static int main (String [] args) throws Exception {
    //args 异常退出
if (args.length != 3) {
  printUsage ();
  return 1;
}
for (int i = 0; i < Integer.parseInt (args[2]); i++) {
      //获取配置信息
      Configuration conf = new Configuration ();
      //目录名称
      String dirName;
      //初次交互使用目录名称
      if (i == 0)
        dirName = args[1];
      //使用当前交互名称
      else
        dirName = args[1] + i;
      //读取目录下的文件列表
      FileSystem fs = FileSystem.get (conf);
      Path path = new Path (dirName);
      FileStatus fstatus[] = fs.listStatus (path);
  int count = 0;
  for (FileStatus f: fstatus) {
```

```
            //忽略_开头的文件(Hadoop output)
if (f.getPath().toUri().getPath().contains ("/_"))
continue;
        count++;
        conf.set ("clusterInput", f.getPath().toUri().getPath());
    }
    //确保只有一个聚类文件
if (count != 1) {
thrownew RuntimeException ("Found more than a single file in the clusters
directory!");
    }
    //初始化新的 Job
    Job job = new Job(conf);
    job.setJobName ("MRk-means clustering");
    //设定输入输出均为 Text
    job.setMapOutputKeyClass (Text.class);
    job.setMapOutputValueClass (Text.class);
    job.setOutputKeyClass (Text.class);
    job.setOutputValueClass (Text.class);
    //告诉 Hadoop 使用哪个 Mapper 和 Reducer
    job.setMapperClass (MRk-meansMapper.class);
    job.setReducerClass (MRk-meansReducer.class);
    //设置输入输出格式,如何读/写 HDFS
    job.setInputFormatClass(TextInputFormat.class);
    job.setOutputFormatClass(TextOutputFormat.class);
    //设置输入输出文件
    TextInputFormat.setInputPaths (job, args[0]);
    TextOutputFormat.setOutputPath (job,new Path (args[1] + (i + 1)));
    //强制输入分割
    TextInputFormat.setMinInputSplitSize (job, 4 * 1024 * 1024);
    TextInputFormat.setMaxInputSplitSize (job, 4 * 1024 * 1024);
    //设置 jar
    job.setJarByClass (k-means.class);
    //设置 Reduce 运行一次
    job.setNumReduceTasks (1);
    //提交 Job
    System.out.println ("Starting iteration " + i);
    int exitCode = job.waitForCompletion(true) ? 0 : 1;
    if (exitCode != 0) {
      System.out.println("Job Failed!!!");
      return exitCode;
    }
  }
```

```
    return 0;
    }
}
```

MR k-meansMapper 类继承自 Mapper 类,首先验证能否顺利读取带聚类的文件,并设置初始聚类信息。

```
/*
 * import 部分省略
 */
public class MRk-meansMapper extends Mapper<LongWritable, Text, Text, Text> {
    private ArrayList<VectorizedObject> oldClusters = new ArrayList
<VectorizedObject>(0);
    private ArrayList<VectorizedObject> newClusters = new ArrayList
<VectorizedObject>(0);
    protected void setup(Context context) throws IOException,
InterruptedException {
        //打开文件
        Configuration conf = context.getConfiguration();
        FileSystem dfs = FileSystem.get(conf);
        //打开文件失败异常
        if (conf.get("clusterInput") == null)
            thrownew RuntimeException("no cluster file!");
        //创建 BufferedReader 读取文件
        Path src = new Path(conf.get("clusterInput"));
        FSDataInputStream fs = dfs.open(src);
        BufferedReader myReader = new BufferedReader(new InputStreamReader
(fs));
        //读入文件
        String cur = myReader.readLine();
        while (cur != null) {
            VectorizedObject temp = new VectorizedObject(cur);
            oldClusters.add(temp);
            VectorizedObject newCluster = temp.copy();
            newCluster.setValue("0");
            newClusters.add(newCluster);
            cur = myReader.readLine();
        }
    }

    public void map(LongWritable key, Text value, Context context) throws
IOException, InterruptedException {
```

```
            //比较矢量数据与当前聚簇中心的距离,划入最近的聚簇内
            String str = paramText.toString();
            VectorizedObject localVectorizedObject = newVectorizedObject(str);
            double d = 9.0E99D;
            int i = -1;
            for (int j = 0; j <this.oldClusters.size(); j++) {
                  //距离判断
                if (localVectorizedObject.getLocation().distance
    (((VectorizedObject) this.oldClusters.get(j)).getLocation()) < d) {
                      i = j;
                      d = localVectorizedObject.getLocation().distance
    (((VectorizedObject) this.oldClusters.get(j)).getLocation());
                  }
            }
            localVectorizedObject.getLocation().addMyselfToHim
    (((VectorizedObject) this.newClusters.get(i)).getLocation());
            ((VectorizedObject) this.newClusters.get(i)).incrementValueAsInt();
        }
        protectedvoid cleanup(Context context) throws IOException,
    InterruptedException {
            //代码省略
        }
    }
```

MR k-meansReducer 类继承自 Reducer 类,对中间聚类结果进行 Reduce 操作,在满足迭代终止条件时停止并输出最终聚簇信息。

```
 /*
  * import 部分省略
  */
public class MRk-meansReducer extends Reducer<Text, Text, Text, Text> {
    //put any private data structured you need here!
    publicvoid reduce (Text key, Iterable < Text > values, Context context)
throws IOException, InterruptedException {
        VectorizedObject localVectorizedObject1 = null;
        for (Text localText : paramIterable) {
          if (localVectorizedObject1 == null) {
            localVectorizedObject1 = newVectorizedObject(localText.toString());
          } else {
            VectorizedObject localVectorizedObject2 =new VectorizedObject
(localText.toString());
            localVectorizedObject2.getLocation().addMyselfToHim
(localVectorizedObject1.getLocation());
```

```
        localVectorizedObject1.addToValueAsInt(localVectorizedObject2.
getValueAsInt());
        }
        }
        this.newClusters.add(localVectorizedObject1);
    }
    protected void cleanup(Context context) throws IOException,
InterruptedException {
        //代码省略
    }
}
```

9.3　小　　结

本章介绍了大数据并行算法的基本概念,以离线处理和交互式处理的代表 MapReduce 和 Spark 为例,对大数据并行算法进行了分析。最后通过网页搜索日志分析、出租车数据统计分析和新闻组数据分析 3 个真实案例对大数据分析和程序设计进行了详细讲解。

通过本章的学习,希望能够为读者学习 Hadoop 大数据并行算法设计与编程开发奠定基础。

9.4　习　　题

1. 填空题

(1) Spark 平台下提供了一个很好的机器学习库叫_____,类似于 MapReduce 下的 Mahout。

(2) Mahout 是_____开发的一个开源项目,其主要目标是希望建立一个可靠、文档翔实、可伸缩的项目,在其中实现一些常见的机器学习算法。基于 Hadoop 实现,把以前运行于单机上的经典算法,转化到 MapReduce 计算框架下,大大提升了算法可处理的数据量和处理性能。

2. 简答题

简述 MapReduce k-means 算法的基本思想。

9.5　参 考 文 献

[1] 国务院.国务院关于促进云计算创新发展培育信息产业新业态的意见.[EB/OL].[2015-01-30]. http://www.gov.cn/zhengce/content/2015-01/30/content_9440.htm.

[2] 罗乐,刘轶,钱德沛. 内存计算技术研究综述[J]. 软件学报,2016,27(08):2147-2167.

[3] Zaharia M,Chowdhury M, Franklin MJ, et al. Spark:Cluster Computing with Working Sets[C]//

In：Proc. of the 2nd USENIX Conf. on Hot Topics in Cloud Computing（HotCloud 2010）. Berkeley：USENIX Association，2010. 10-10.

[4] Valant LG. A Bridging Model for Parallel Computation[J].Communications of the ACM，1990，33(8)：103-111.

[5] Malewicz G，Austern MH，Bik AJC，et al. Pregel：A System for Large-scale Graph Processing[C]//In：Proc. of the 2010 ACM SIGMOD Int'l Conf. on Management of Data. ACM Press，2010. 135-146.

[6] Gonzalez J E，Low Y，Gu H，et al.PowerGraph：Distributed Graph-parallel Computation on Natural Graphs[C]//In：Proc. of the 10th USENIX Conf. on Operating Systems Design and Implementation. Hollywood，2012. 17-30.

[7] Shao B，Wang H，Li Y. Trinity：A Distributed Graph Engine on A Memory Cloud[C]//In：Proc. of the 2013 Int'l Conf. on Management of Data. ACM Press，2013. 505-516.

[8] 潘巍,李战怀. 大数据环境下并行计算模型的研究进展[J]. 华东师范大学学报,2014,(5)：43-54.

[9] 陈国良. 并行算法的设计与分析[M]. 3 版. 北京：高等教育出版社,2009：490-508.

大数据挖掘及应用展望

当"云计算""物联网"这样的概念对大众而言还是一知半解的时候,"大数据"横空出世且发展十分迅猛。例如,为了减少列车脱轨造成的伤亡,交通系统变得更加智能。列车上安装了各种传感器来收集各个部位运行情况的数据,以此来检测存在安全隐患的器件。当然这些还远没有达到智能的水平,还需要对铁轨乃至整个交通系统都能够进行实时的数据采集,甚至包括天气状况。当把这些信息加入到列车运行过程的所有数据里面,一个大数据的智能挖掘问题就产生了。如今的我们身处数据的海洋,几乎所有事物都在时时刻刻地产生着数据,环境、金融、电商、医疗、电信、办公、社交媒体……大量的实时数据影响着我们的生活、工作乃至社会的发展、人类的进步,因此大数据挖掘及应用也引起了政府、科技界和企业界的高度重视。随着相关应用的不断涌现,数据挖掘领域的新知识及新理论也在不断地拓展和涌现。

本章主要关注大数据挖掘及应用的趋势和研究前沿。首先介绍大数据背景下出现的新的数据类型(10.1节),其次介绍大数据挖掘的新方法(10.2节),接着介绍互联网时代的大数据挖掘应用(10.3节),最后对大数据发展面临的挑战进行了展望(10.4节)。

10.1　大数据挖掘的新数据

本节主要介绍非结构化数据、半结构化数据和空间数据等大数据挖掘中的新的数据类型,帮助读者更清楚地认识未来运用大数据技术可分析的内容。

由于能够处理多种数据结构,大数据能够在最大程度上利用互联网上记录的人类行为数据进行分析。大数据出现之前,计算机所能够处理的数据都需要前期进行结构化处理,并记录在相应的数据库中。但大数据技术对于数据结构化的要求大大降低,互联网上人们留下的社交信息、地理位置信息、行为习惯信息、偏好信息等各种维度的信息都可以实时处理,立体完整地勾勒出每一个个体的各种特征。在大数据时代,随着信息技术的发展和互联网＋的普及,数据以不同的方式在自动产生并被收集,例如:

(1) 过去一些记录是以模拟形式存在的,或者以数据形式存在但是存储在本地,不是公开数据资源,没有开放给互联网用户,如音乐、照片、视频、监控录像等影音资料。现在这些数据不但数据量巨大,并且共享到互联网上。面对所有互联网用户,其数量之大是前所未有的。第1章图1-3中提到,Facebook每分钟有14万多张照片被上传或被传播,形成了海量的数据,以每张照片 500KB 计算,一小时就会产生 5TB 左右的数据。

(2)移动互联网出现后,移动设备的很多传感器收集了大量的用户点击行为数据。例如,iPhone6 中内置的相机传感器、声波传感器、温度传感器、压力传感器、气压传感器、加速度传感器等。它们每天产生大量的点击数据,更不用说用户利用手机访问网络产生的交互数据、日志数据等。

(3)在高德、百度、Google 等电子地图和导航应用出现后,产生了大量的地理静态数据和用户动态数据,这些数据不同于传统数据。传统数据代表一个属性或一个度量值,但是这些地图产生的数据代表着一种行为、一种习惯,这些数据经频率分析后会产生巨大的商业价值。基于地图产生的数据流是一种新型的数据类型,这在过去是不存在的。

(4)进入社交网络的年代后,互联网行为主要由用户参与创造。大量的互联网用户创造出海量的社交行为数据,这些数据是过去未曾出现的,其揭示了人们行为特点和生活习惯。

(5)电子商务的崛起产生了大量网上交易数据,包含支付数据、查询行为、物流运输、购买喜好,点击顺序、评价行为等,这些属于信息流和资金流数据。

下面对当前主要的新数据类型做一个简单介绍:

1. 非结构化数据

非结构化数据库是指其字段长度可变,并且每个字段的记录又可以由可重复或不可重复的子字段构成的数据库。用它不仅可以处理结构化数据(如数字、符号等信息),而且更适合处理非结构化数据(如全文文本、图像、声音、影视、超媒体等信息)。

非结构化 Web 数据库主要是非结构化数据产生的,与以往流行的关系数据库相比,最大区别在于它突破了关系数据库结构定义不易改变和数据定长的限制,支持重复字段、子字段以及变长字段,并实现了对变长数据和重复字段进行处理和数据项的变长存储管理。在处理连续信息(包括全文信息)和非结构化信息(包括各种多媒体信息)中有着传统关系型数据库无法比拟的优势。

2. 半结构化数据

半结构化数据,就是介于完全结构化(如关系型数据库、面向对象数据库中的数据)和完全无结构的数据(如声音、图像文件等)之间的数据。因其层次性、自述性、动态可变性等特点,被广泛应用在互联网、异构数据集成和交换等领域。HTML 文档、XML 文档、SGML 文档、Web 数据等就属于半结构化数据。这些数据一般是自描述的,数据的结构和内容混在一起,没有明显的区分。

3. 空间数据

与空间信息或位置相关的数据统称为空间数据。包括:

(1)**地理数据**:指直接或间接关联着相对于地球的某个地点的数据,包括自然地理数据和经济社会数据。例如:地貌数据、土壤数据、水温数据、植被数据等,特点是数据体量大、较为规则化、变化较慢。

（2）**轨迹数据**：指通过 GNSS 等测量手段以及网络签到等方式获得的用户活动数据，可以被用来反映用户的位置和社会偏好。例如：个人轨迹数据、群体轨迹数据、车辆轨迹数据等，特点是数据体量大、信息碎片化、准确性较低、半结构化。

（3）**空间媒体数据**：包含位置的数字化的文字、图形、图像、视频影像等媒体数据，主要来源于移动社交网络、微博等新型互联网应用。例如：微信、微博等产生的数据，特点是数据体量大、数据类型多样、非结构化为主。

空间数据为数据分析、知识发现和决策带来了良好的机遇，同时，其对数据处理能力也提出了重大挑战。空间数据作为整体纳入统一的空间数据仓库中，能够克服传统地理信息数据存储和数据分析的过程分离问题，提升空间数据的处理能力。然而，如此庞大规模的空间大数据，对现有的数据仓库从存储、处理和分析等各方面都提出了新的挑战。大数据平台下的空间联机分析处理（spatial OLAP）是一种崭新的决策支持工具，提供 GIS 的地图可视化与非空间数据的交互和分析能力。通过基于地图的上卷、下钻、切片、切块等操作以及空间数据特有的地图覆盖等功能，实现对空间大数据进行可视化的、多视角的、多层次的、多侧面的查询分析，支持空间大数据的多种维度之间、多个数据粒度之间、多个专题之间、多个时间之间的 OLAP 操作，实现在地图和多维图标上同步显示多层级聚集组成的多维模式，在线、快速实现时空分析和挖掘。

信息基础设施发展各阶段的空间大数据特征对比如表 10-1 所示。

表 10-1　信息基础设施发展各阶段的空间大数据特征对比

比 较 维 度	发 展 历 史			
	第一代	第二代	第三代	新一代
数据表达模型	文件	文件/关系数据模型	关系模型/空间数据模型	结构化数据模型/非结构化数据模型
数据存储模型	基于主机、个人计算机	基于局域网 C/S 结构	基于 Internet 的 B/S 架构	基于云存储（HDFS）
数据计算模型	以计算为中心	以计算为中心	向以存储为中心转换	分布式并行计算模型（MapReduce）
数据服务模型	系统之间独立	系统之间独立	向共享和协同方向发展	向云服务平台发展
应用开发模型	无	应用编程接口模式	向开发平台方向过渡	向开放云平台过渡
应用服务模型	购买软件	购买软件	购买服务	免费服务（更关注用户隐私）

10.2　大数据挖掘的新方法

本节主要介绍深度学习、知识图谱、迁移学习和特异群组挖掘等大数据挖掘的新方法，使读者掌握大数据时代的数据挖掘新技术。

10.2.1　深度学习

　　1956 年，几个计算机科学家相聚在达特茅斯会议（dartmouth conferences），提出了"人工智能"的概念。其后，人工智能就一直萦绕于人们的脑海之中，并在科研实验室中慢慢孵化。机器学习作为实现人工智能的一种重要方式，最基础的是运用算法分析数据、从中学习、测定或预测现实世界的某些事。然而，这些早期机器学习方法都没有实现通用人工智能的最终目标，甚至没有实现狭义人工智能的一小部分目标。事实证明，多年来机器学习的最佳应用领域之一是计算机视觉，尽管它仍然需要大量的手工编码来完成工作。

　　深度学习的概念源于人工神经网络的研究，含多隐层的多层感知机就是一种深度学习结构。深度学习通过组合低层特征形成更加抽象的高层表示属性类别或特征，以发现数据的分布式特征表示[①]。近年来，深度学习在语音、图像以及自然语言理解等应用领域取得一系列重大进展。2009 年，微软研究院的 Dahl 等人率先在语音处理中使用深度神经网络（DNN），将语音识别的错误率显著降低，从而使得语音处理成为成功应用深度学习的第一个领域。在图像领域，2012 年，Hinton 等人使用深层次的卷积神经网络（CNN）在 Image Net 评测上取得巨大突破，将错误率从 26％降低到 15％。重要的是，这个模型中并没有任何手工构造特征的过程，网络的输入就是图像的原始像素值。在此之后，采用类似的模型，通过使用更多的参数和训练数据，Image Net 评测的结果得到进一步改善，错误率下降至 2013 年的 11.2％。

　　人工智能、机器学习、深度学习的发展进程如图 10-1 所示。

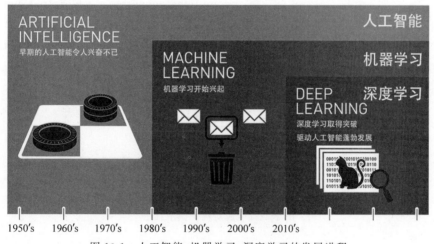

图 10-1　人工智能、机器学习、深度学习的发展进程

　　许多深度学习的应用都带来了极高的利润，这也促使其被许多国内外顶级技术公司使用，包括 Microsoft、Facebook、Google、Apple 等国外大公司。在国内，2011 年科大讯飞首次将 DNN 技术运用到语音云平台，并提供给开发者使用，并在讯飞语音输入法和讯飞

---

　　① 百度百科（http://baike.baidu.com）：深度学习。

口讯等产品中得到应用。百度成立了 IDL(深度学习研究院),专门研究深度学习算法。目前已有多项深度学习技术在百度产品上线。此外,国内其他公司如搜狗、云知声等,也纷纷开始在产品中使用深度学习技术。

在本书的第 7 章,已经较详细地讨论了几类典型的深度学习模型。随着深度学习模型的广泛使用,新的模型层出不穷。比较典型的包括生成对抗网络和变分编码器。

1. 生成对抗网络

生成对抗网络(generative adversarial networks,GAN)模型是 2014 年由 Ian Goodfellow 等人提出的一种生成式模型。模型主要根据零和博弈的思想构建一个生成器和一个鉴别器。生成器从本质上是一种极大似然估计,用于产生指定分布的数据,鉴别器则是二分类模型,对生成器生成的数据进行分析,判断其是否服从真实数据的分布。如图 10-2 所示,生成器通过优化模型参数欺骗鉴别器,鉴别器则通过不断训练提高鉴别能力,准确区分生成数据与真实数据。两者不断进行对抗优化,直至达到一种纳什均衡状态,此时生成器与鉴别器同时被训练至最优状态。在对抗训练过程中,生成器和鉴别器的优化过程就是一个最大—最小优化问题。当生成器保持不变,优化鉴别器时需要最小化表征分类损失的目标函数,当鉴别器保持不变,优化生成器时需要最大化表征分类损失的目标函数。生成对抗网络具有巨大的潜力,能够学习模仿任何数据分布,甚至可以创造出类似于真实世界的一些东西,如图像、音乐、散文等。然而模型自身却存在着训练易崩溃的问题,同时生成样本也缺乏一定的多样性,因此,基于生成对抗网络的各类衍生模型相继被提出,例如,条件生成对抗网络(conditional generative adversarial networks,CGAN),深度卷积生成对抗网络(deep convolutional generative adversarial networks,DCGAN)以及 Wasserstein 生成对抗网络(wasserstein generative adversarial networks,WGAN)等,都从不同角度有效地改进了传统的生成对抗网络模型,缓解了模型在训练期间易崩溃的问题。

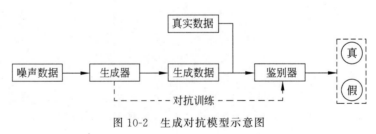

图 10-2　生成对抗模型示意图

2. 变分自编码器

变分自编码器(variational auto-encoder,VAE)和生成对抗网络同样已经成为一种流行的解决复杂分布的无监督学习方法。目前已被广泛用于生成伪造的人脸照片,甚至可以用于生成美妙的音乐,其结构如图 10-3 所示。变分自编码器由编码器和解码器两个部分组成,它学习的不再是样本的个体,而是学习样本的分布规律。通过编码器部分,能够学习到样本的分布函数,进而通过重新对样本分布进行采样后,经由解码器生成一个新样本。在新样本和旧样本之间建立损失函数,不断迭代,使编码器学习到的样本分布更加准确,直至损失函数收敛。

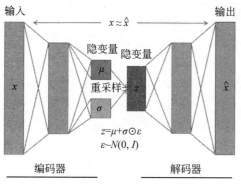

图 10-3　变分自编码器模型示意图

10.2.2　知识图谱

　　要对数据进行高端分析,就需要从大数据中先抽取出有价值的知识,并把它构建成可支持查询、分析和计算的知识库。基于大数据的知识计算是大数据分析的基础,也是近年来国内外工业界、学术界研究的一个热点。目前,世界各国各个组织建立的知识库多达50 余种,相关的应用系统更是达到了上百种。其中,代表性的知识库或应用系统有 Know It All、Text Runner、NELL、Probase、Satori、PROSPERA、SOFIE 以及一些基于维基百科等在线百科知识构建的知识库,如 DBpedia、YAGO、Omega 和 Wiki Taxonomy。

　　知识图谱(knowledge graph),也称为科学知识图谱,它通过将应用数学、图形学、信息可视化技术、信息科学等学科的理论方法与计量学引文分析、共现分析等技术结合,并利用可视化的图谱形象地展示学科的核心结构、发展历史、前沿领域以及整体知识架构达到多学科融合的现代理论,是知识计算的核心[①]。随着互联网中用户生成内容(UGC)和开放链接数据(LOD)等大量 RDF 数据被发布,互联网又逐步从仅包含网页与网页之间超链接的文档万维网转变为包含大量描述各种实体和实体之间丰富关系的数据万维网。在此背景下,知识图谱正式被 Google 于 2012 年 5 月提出,其目的在于改善搜索结果,描述真实世界中存在的各种实体和概念,以及这些实体、概念之间的关联关系。紧随其后,国内外的其他互联网搜索引擎公司也纷纷构建了自己的知识图谱,如微软的 Probase、搜狗的知立方、百度的知心。知识图谱在语义搜索、智能问答、数据挖掘、数字图书馆、推荐系统等领域有着广泛的应用。国内学术界也对中文知识图谱的构建与知识计算进行了大量的研究和开发工作。代表性工作有中国科学院计算技术研究所的 Open KN,中国科学院数学研究院陆汝钤院士提出的知件(knowware),百度推出的中文知识图谱搜索,搜狗推出的知立方平台,复旦大学 GDM 实验室推出的中文知识图谱展示平台(CN-DBpedia)等。

---

① 百度百科(http://baike.baidu.com):知识图谱。

图 10-4　知识图谱示例图

知识图谱旨在以结构化的形式描述客观世界中存在的概念、实体及其复杂关系。其中,概念是指人们在认识世界过程中形成的对客观事物的概念化表示,如人、动物、组织机构等;实体是客观世界中的具体事物。关系描述概念、实体之间客观存在的关联,例如,出演影片描述了演员与其出演的影片之间的关系、赵又廷和高圆圆之间存在夫妻关系、演员和喜剧演员之间又存在着概念和子概念的关系等。

知识图谱技术的构建框架主要包括知识抽取、知识融合和知识推理。

- **知识抽取**:知识抽取是从不同来源、不同结构的信息中通过自动化或半自动化的技术获取、清楚事实性的知识,其主要包含实体抽取、关系抽取、属性抽取3方面。
- **知识融合**:知识抽取获得的句子或文本中的实体单元还需进行知识融合操作。知识融合的主要目的是将该实体与知识库中对应的实体进行链接。该过程涉及实体的识别与消歧技术。首先将输入的非结构化或半结构化的文本数据,经命名实体识别或词典匹配技术进行实体的识别。经实体识别得到的实体可能是实体的部分表示或另类表示,因此需要扩展、搜索、构建等技术对候选实体进行完善。由于自然语言中经常存在一词多义、多词一义和别名的现象,需要对候选实体进行消歧,经过实体消歧得到的唯一实体候选项就可以与知识库中的实体进行链接。
- **知识推理**:知识推理从给定的知识图谱中推导出新的实体与实体之间的关系。传统的基于符号的推理可以从一个已有的知识图谱推理出新的实体间关系,可用于建立新知识或对知识图谱进行逻辑冲突检测。基于机器学习的方法,可以通过统计规律从知识图谱中学习新的实体间关系,找到不同实体间可能的推理路径,并归纳形成有效的推理规则。知识推理在知识图谱构建中具有重要的作用,当大量数据转化为知识图谱的时候,有部分数据是没有直接关联的,通过知识推理可以对类别进行标注,并对关系链接进行补全。因此知识推理能够获取新的满足语义的知识和结论。

10.2.3　迁移学习

尽管机器学习模型在越来越多的应用场景中获得了高质量的结果,但是它有时也可能出错,尤其是当模型应用有别于训练环境的场景时。另外,现有的表现比较好的机器学习模型都属于有监督学习,需要大量的标注数据,标注数据是一项枯燥无味且花费巨大的任务。因此在许多应用中,使用机器学习的一个重要挑战是,所训练的模型不能很好地适应到新的领域中。众所周知,人类在实际生活中能够具备举一反三的学习能力,比如,学会 C 语言,接着学一些其他编程语言会简单很多。迁移学习的目标就是让机器能够像人类一样举一反三,它能够让模型从一种场景更新或者迁移到另一个场景中完成新的任务,如图 10-5 所示,所以迁移学习受到越来越多的关注。

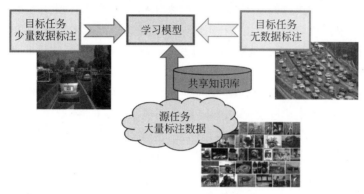

图 10-5　迁移学习示例图

迁移学习是指给定源域(source domain,包含大量有标签数据的领域)和学习任务、目标域(target domain,包含少量有标签数据或只有无标签数据的领域)和学习任务,其学习目的是获取源域和学习任务中的知识以帮助提升目标域中学习任务的性能。目前关于迁移学习的大多数研究均假设源域和目标域彼此相关,集中研究"迁移什么"和"如何迁移"。从"如何迁移"的角度,可以把迁移算法分为以下 4 类:

(1) **基于样本的算法**:其核心思想是迁移的知识对应于源样本中的权重。虽然源域中的有标签数据由于域差异而无法直接使用,但在重新加权或者采样后,一部分数据能够被目标域重新使用。通过这种方式,权重大的源域有标签样本被视为跨域迁移的"知识",其背后隐含的假设是源域和目标域具有许多重叠特征;

(2) **基于特征的算法**:其核心思想是为源域和目标域学习"良好"的特征表示,通过将数据映射到一个新的表示形式上,可以重用源域中的有标签数据来精确地训练出目标域的分类器。在这种方式下,跨域迁移的知识可以被认为是学习到的特征表示;

(3) **基于模型的算法**:假设源域和目标域共享学习方法的一些参数或者超参数。该方法首先通过预训练的源模型,捕获有用的结构,这些结构具有通用性并且可以被迁移以学习更精确的目标模型。预训练的想法是首先使用足够的可能与目标域数据不尽相同的源域数据训练深度学习模型。然后在模型被训练后,使用一些有标签的目标域数据对预训练的深度模型部分参数进行微调;

(4) **基于关系的算法**:假设数据样本之间的某些关系在域或者任务之间是相似的。一旦提取了这些共同关系,就可以将它们用作迁移学习的知识。

10.2.4　强化学习

强化学习是智能体(Agent)技术面临的一个问题,智能体的一个主要特征是能够适应未知环境,而强化学习是一类以环境反馈作为输入的特殊的适应环境的机器学习方法。强化学习技术是从控制论、统计学、心理学等相关学科发展而来的,有着相当长的历史,但直到 20 世纪 80 年代末、90 年代初才在人工智能、机器学习中得到广泛研究。由于强化学习具有无监督的自适应能力,因而被认为是设计智能体的核心技术之一。强化学习是一种从环境状态到行为映射的学习技术,采用强化学习的智能体所追求的目标是使自身在运行中所得的累计奖赏值最大。该方法不同于监督学习技术那样被告知采取何种行为,而是智能体通过不断地尝试选择最优的策略,因此也意味着系统设计者只需给出最终需要实现的目标即可。

标准的 Agent 强化学习框架如图 10-6 所示,Agent 通过感知和动作与环境交互。在 Agent 与环境每一次的交互过程中,Agent 接受环境状态 s 的输入,并映射为 Agent 的感知。Agent 选择行动 v 作为对应环境状态的输出,行动 v 将导致环境状态 s 的变迁,同时 Agent 接受环境的奖惩信号 r。Agent 的目标是在每次选择行动时,尽量选择能够获得最大价值的行动 v,也就是最大限度地逼近目标。如果 Agent 的某个行为策略能够获得环境的较高奖赏,那么这个 Agent 以后选择该策略进行行动的趋势便会加强;反之 Agent 以后选择该策略的趋势便会减弱。通常采用马尔可夫决策过程对强化学习问题进行建模,这里简单介绍两种应用较为广泛的算法:

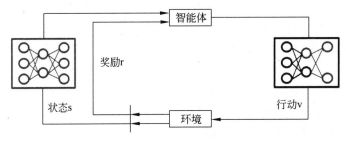

图 10-6　标准的 Agent 强化学习框架

- **Q-learning 算法**:由于 Q-learning 在每次迭代循环中都考察 Agent 的每一个行为,因而从本质上来说,Q-learning 是不需要特殊搜索策略的。在一定条件下,Q-learning 只需要采用贪心策略(greedy policy)就可以保证算法的收敛。正是由于这个原因,尽管 Q-learning 的缺点是计算时间太长,但它始终被认为是最有效的强化学习算法之一,同时也是目前应用最为广泛的算法之一。

- **深度强化学习**:深度强化学习(deep reinforcement learning)是人工智能领域的一个新的研究热点。它以一种通用的形式将深度学习的感知能力与强化学习的决策能力相结合,并能够通过端对端的学习方式实现从原始输入到输出的直接控制,具有很强的通用性。其学习过程可以描述为:在某个时刻 Agent 与环境交互得到一个高维度的观察,并利用深度学习方法来感知观察,以得到具体的状态特征表示;基于预期回报来评价各动作的价值函数,并通过某种策略将当前状态映射为相应的动作;环境对此动作做出反应,并得到下一个观察。通过不断循环以上过程,最终可以得到实现目标的最优策略。

10.2.5　社会计算

社会计算的概念首次出现于 1994 年,Schuler 指出"社会计算可以是任何一种类型的计算应用,以软件作为社交关系的媒介或聚焦",强调了社会软件应用的重要性。Dryer 等人认为:社会计算是人、社会行为及系统交互使用计算技术来相互影响,其设计模型重点分析了移动计算系统中系统设计、人类行为、社会贡献及交互结果等因素的相互作用。Charron 等人将社会计算定义为技术影响个体或社区,而非机构的社会架构。中国科学院自动化研究所王飞跃研究员从广义和狭义两个层面给出了"社会计算"的定义:广义而言,社会计算是指面向社会科学的计算理论和方法,狭义而言,社会计算是面向社会活动、社会过程、社会结构、社会组织及其作用和效应的计算理论和方法①。

以微信、微博等为代表的在线社交网络和社会媒体正深刻改变着人们传播信息和获取信息的方式。人和人之间结成的关系网络承载着网络信息的传播,人的互联成为信息互联的载体和信息传播的媒介,社会媒体的强交互性、时效性等特点使其在信息的产生、消费和传播过程中发挥着越来越重要的作用,成为一类重要信息载体。

- **在线社会网络的结构分析**:在线社会网络在微观层面上具有随机化无序的现象,在宏观层面上往往呈现出规则化、有序的现象。社区结构作为探索和分析连接微观和宏观的网络结构,在近年来成为研究热点,为厘清网络具有的这种看似矛盾的不同尺度的结构特性提供了很好的解决方法。社区分析研究主要包括社区的定义和度量、社区结构发现和社区结构演化性分析等基本问题。
- **在线社会网络的信息传播模型**:信息传播模型的研究包括传染病模型、随机游走模型等。传染病模型获得了广泛深入的研究和关注,然而,近年的研究也逐渐发现信息传播和传染病传播具有显著不同的特征,包括信息传播的记忆性、社会增强效应、不同传播者的角色不同、消息内容的影响等。随机游走模型则与反应-扩张过程、社团挖掘、路由选择、目标搜索等动力学过程紧密相关。当前,对在线社交网络中信息传播的研究主要集中在实证分析和统计建模,对于信息传播机理仍然缺乏深入的理解和有效的建模。

10.2.6　特异群组挖掘

存在这样一类数据挖掘需求:将大数据集中的大部分具有相似性的对象划分到若干个组中,而这一部分对象中的某些数据对象不在任何组中,也不和其他对象相似,如图 10-7 所示。将这样的群组称为特异群组,实现这一挖掘需求的数据挖掘任务被称为特异群组挖掘(cohesive anomaly mining),由朱扬勇和熊赟于 2009 年首次提出。大数据特异群组挖掘具有广泛应用背景,在证券交易、智能交通、社会保险、生物医疗、银行金融和

---

①　百度百科(http://baike.baidu.com):社会计算。

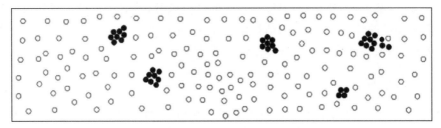

图 10-7　数据中的特异群组

网络社区等领域都有应用需求,对发挥大数据在诸多领域的应用价值具有重要意义。

- **与聚类比较**:聚类是根据最大化簇内相似性、最小化簇间相似性的原则,将数据对象集合划分成若干个簇的过程。特异群组挖掘是在大数据集中发现特异群组,找出少部分具有相似性的数据对象。与聚类的共同之处是,特异群组中的对象也具有相似性,并将相似对象划分到若干个组中,这在一定程度上符合传统簇的概念。但是,特异群组之外的对象数目一般远大于特异群组中对象的数目,并且这些对象不属于任何簇,这和聚类的目的是不同的。

- **与异常检测比较**:少部分数据对象的挖掘通常被认为是异常检测任务。然而,异常检测算法不能直接用来发现特异群组。一是目标不同,异常检测算法的目标一般是发现数据集中那些少数不属于任何簇,也不和其他对象相似的异常点;二是存在聚类假设,除异常点检测外,存在一些算法用于发现异常点簇的情况,称为微簇挖掘;三是对数据集结构关系的探索要求不同,集体异常挖掘任务也不同于特异群组挖掘,因为集体异常只能出现在数据对象具有相关性的数据集中,其挖掘要求探索数据集中的结构关系,主要用于处理序列数据、图数据和空间数据等。

通过上述的比较分析可知,挖掘的需求决定了聚类、特异群组、异常检测的使用。如果需要找大部分相似数据对象,则为聚类问题;如果需要找少部分相似数据对象,则为特异群组;如果是找少数不相似的数据对象,则为异常检测。

10.3　互联网时代的大数据挖掘应用

互联网与大数据的发展是相辅相成的。一方面,互联网的发展为大数据的发展提供了更多的数据、信息和资源;另一方面,大数据的发展又为互联网提供了更多的支撑、服务和应用。互联网与大数据已经形成了一个庞大的生态系统,包括行业领域的业务应用,以及人工智能领域的技术支撑。这些都使得"互联网+"大数据不断落地,开辟出越来越大的价值空间。

2015 年 3 月 5 日上午,十二届全国人大三次会议上,李克强总理在政府工作报告中首次提出"互联网+"行动计划。"互联网+"代表一种新的经济形态,即充分发挥互联网在生产要素配置中的优化和集成作用,将互联网的创新成果深度融合于经济社会各领域之中,提升实体经济的创新力和生产力,形成更广泛的以互联网为基础设施和实现工具的经济发展新形态。"互联网+"行动计划重点促进以云计算、物联网、大数据为代表的新一代信息技术与现代制造业、生产性服务业等行业的融合创新,发展壮大新兴业态,打造新的产业增长点,为大众创业、万众创新提供环境,为产业智能化提供支撑,增强新的经济发展动力,促进国民经济提质增效升级。

在该行动计划发布后,各方纷纷做出了积极响应,并结合各个应用领域进行了深度解读。其中,《中国新闻周刊》对"互联网+"做出了深度解读,认为"互联网+"可以看成是蒸汽机、电和互联网之后的又一次社会革命。蒸汽机、电和互联网引发了人类社会的三次工业革命。"互联网+"也将导致新的一次工业革命。"互联网+"这样一个深度互联的方式影响到社会的方方面面。比如政务、民生、交通、教育、医疗、金融、媒体和汽车等各行各业都能够通过"互联网+"实现行业上网。大数据是颠覆性的技术,会使很多产业受到影响,上一次颠覆性技术出现时是互联网的时代,当时对各个行业都产生了影响,受到互联网冲击最大的就是零售业,典型的代表是亚马逊和易贝。在"互联网+"和人工智能蓬勃发展的今天,我们面临新的机遇与挑战,结合大数据智能分析技术的应用和案例遍地开花:

- **互联网+教育**:目前,腾讯课堂累计服务学员超过4亿,面向中小学、大学、职业教育、IT培训等多层次人群开放。每周有超过千万的学员在线学习和获取知识,上架总课程数量突破30万。

- **互联网+医疗**:国内最早一批互联网医院出现在2014—2015年,据央视新闻报道,截至2020年6月底,各地已审批设立互联网医院近600家。经过5年的发展,互联网医院在政策环境、建设主体等方面,已经经历了不同的阶段。

截至2019年5月8日,已有158家互联网医院,"互联网+医疗健康"的政策体系基本建立,行业发展态势良好。

在2020腾讯全球数字生态大会上,腾讯高级执行副总裁、云与智慧产业事业群总裁汤道生解读了腾讯在医疗健康业务中的战略布局,为中国智慧医疗的建设提供全力支持:以C2B为抓手,以"双轮"驱动,助力医疗健康的智慧化。一方面,助力个人,打通资讯、挂号、问诊、购药、支付等健康服务环节,实现"一部手机管健康";另一方面,助力政府、医院、医疗机构、医药企业的智慧升级,通过数字化解决方案,助力供给侧创新。

- **互联网+媒体**:2019年央视春晚创下了跨媒体收视传播新纪录。据统计,除夕当晚,国内有239家电视频道对央视春晚进行同步转播。直播期间,通过电视、网络、社交媒体等多终端多渠道,海内外收视的观众总规模达11.73亿人。在手机看央视春晚的同时,春晚新媒体互动的人次也创历史新高,联合百度与抖音,继续以大小屏联动方式在红包互动、内容互动上加大创新。

- **互联网+汽车**:2018年,汽车维修保养市场电商渗透率仅5%,预计2025年可达到17%,线上消费化的趋势将驱动消费者对汽车维保服务依赖程度加深,并提供模式创新的基础。

"互联网+"在跨行业、跨领域的深度互联,将会是未来发展的一个热点,暂且称为"互联网++",其中工业物联网和工业4.0受到人们的广泛关注。工业物联网是将互联网中人与人之间的沟通延续到人与机器的沟通,以及机器与机器之间的沟通。工业4.0实现了在三元空间中人、机器和信息之间的相互连接,在这里面包括三个层次:一是智能工厂,这是一个实体、静态的概念;二是智能生产,这是工厂内部生产管理的一个过程;三是智能物流,实现了智能工厂之间的互联。

- 从**计算机发展史**来看"互联网＋＋",首先经历了单台计算机阶段,通过通信实现计算机之间连接的初级互联阶段,然后通过联网上线迈入了互联网时代,近年来随着人机交互的发展,人的活动更多、更深入地介入整个互联网计算系统之中,也就有了现在的云计算时代。

- 从**工业发展史**来看"互联网＋＋",传统工业通过计算机通信实现了工业信息化,通过实体经济上网、O2O等实现了工业信息化到智能工厂的转变。这些智能工厂在网络上互联之后,它们的交互可能带来更进一步的深度互联。这时候,管理、生产和服务都是一种在未来智能互联的网络上的行为。未来社会生产方式的发展与计算机互联计算的发展有着结构上的相似性。

云计算、大数据、"互联网＋",究竟能够带来社会上多大的变革呢?来看一看"1＋1远大于2"的经典案例:在20世纪60年代,美国政府提出了"中央数据银行"计划。这个计划旨在以公民为单位,为每人建立一个数据档案,包括其教育、医疗、福利、犯罪、纳税等各个方面的数据记录。然而,美国国会并没有批准这一计划。为什么?因为这些数据单独在每一个行业、每一个部门,还是一个个的数据孤岛,它的价值没有那么大,但是一旦汇聚在一起就附加了很大的价值。在大数据精准分析和挖掘面前,每个公民就是一个透明人,这些信息或分析结果、用户画像一旦泄露,将会造成极其严重的后果,无法保证公民的隐私权。在"9·11"事件之后,美国政府在《国土安全法》中重提"中央数据银行"计划,而且提出了一个更为响亮的名字:万维信息触角计划(Total Information Awareness),旨在追踪恐怖分子的"数字脚印",解决安全问题。和1965年相比,2002年,人类的计算模式已经稳步进入了个人型计算阶段,商务智能的各项技术都已经很成熟。因此,除了将数据联接、集中到一起,提高管理、查询和统计的效率之外,万维信息触角计划还有了新的内容:数据挖掘,将挖掘出的信息转化为知识并付诸行动。万维信息触角计划公开之后,引起隐私、民权保护团体的强烈反响。美国国会最终终止了这一计划,理由是万维信息触角计划就像原子弹一样可以改变世界。也就是说,如果把不同方面的数据融合到一起,这一过程有可能会带来像原子核聚变一样的效果。万维信息触角计划被终止了,但是这方面的研究工作却没有停止。

总之,在产业互联网的推动下,大数据的发展趋势将逐渐向智能化领域发展。互联网大数据的应用将成为人工智能技术落实实现的重要载体,所以未来互联网大数据在人工智能的发展过程中会获得越来越多的关注。

10.4　大数据时代面临的挑战

本节简要介绍大数据人工智能时代面临的三大挑战。

10.4.1　用户隐私和安全问题

人们常说20世纪最重要的资源是石油,谁控制了石油,谁就控制了所有国家。进入21世纪,在这个网络触角遍及各处的时代,随着人工智能和大数据技术的不断发展,数据信息成为 21 世纪的"石油"。大数据左右了资本市场的竞争,谁能掌握更多的数据,谁就能在市场竞争中获胜。利益之下,用户数据也成了商家必争之地。数据挖掘技术本身只关注于一般模式或统计显著模式的发现,而不是关于个人的具体信息描述。隐私和安全问题主要表现在对个人记录不受限制的访问,特别是对敏感的私有信息的访问,如信用卡交易记录、卫生保健记录、个人理财记录、生物学特征等。对于确实需要涉及个人数据的数据挖掘应用,在很多情况下,可以采用从数据中删除敏感身份标识符的简单方法就可以保护个人隐私。然而对于很多企业而言,他们需要通过对用户使用网络的习惯和痕迹进行大数据分析,为用户进行画像来做到精准推荐。

用户画像(User Profile)可以理解为用户信息标签,是实现大数据分析的必要手段。企业通过收集用户操作软件留下的数据,对用户行为习惯进行勾勒,这个勾勒结果被称为"用户画像"。比如,网购时电商会给你推荐你最常看的类别,当你打开视频点击的条目越多,后期推送就越精准。这些都是商业公司积累用户数据形成画像后,再利用数据分析算法得出的产物。通常来讲,用户数据形成的信息标签越多,画像就越完整。在丰满的用户画像引导下,企业能够实现精准快速的营销和更高的用户黏性。从理论上看,用户放弃的隐私越多,商业公司掌握的用户数据就越多,用户就越有可能得到称心如意的服务,但是不适当的披露、没有披露控制以及歪门邪道的黑客手段是隐私泄露的根源。在收集和挖掘数据时,能为保护个人隐私做些什么呢? 人们开发了许多保护隐私的数据挖掘方法,这些方法通过改变表示的粒度保护隐私。例如,可以把数据从个体顾客泛化到顾客群。从细粒度信息到粗粒度信息会造成信息的丢失,使得挖掘结果差强人意,但是这也是信息损失和隐私保护的折中方案。

为了从大数据中获益,数据持有方有时需要公开发布拥有的数据,这些数据通常会包含一定的用户信息,服务方在数据发布之前需要对数据进行处理,使用户隐私免遭泄露。此时,确保用户隐私信息不被恶意的第三方获取是极为重要的。一般而言,对于大数据发布隐私保护技术包含以下两类:

(1) **k-匿名和 l-多样性方法**:这两种方法都是更改个人记录,使得它们不可能被唯一地识别。在 k-匿名(k-Anonymity)方法中,每个等价组中的记录个数为 k 个,即针对大数据的攻击者在进行攻击时,对于任意一条记录的攻击都会同时关联到等价组中的其他 $k-1$ 条记录。这种特性使得攻击者无法确定与特定用户相关的记录,从而保护用户的隐私。l-多样性(l-Diversity)模型保证每一个等价组的敏感属性至少有 l 个不同的值,使得攻击者最多以 $1/l$ 的概率确认某个个体的敏感信息。这使得等价组中敏感属性的取值多样化,从而避免了 k-匿名中的敏感属性值取值单一所带来的缺陷。

(2) **分布式隐私保护**:大型数据集通常被水平(即数据集被划分成不同的记录子集并分布在多个站点上)或垂直(即数据集按属性划分和分布)或同时水平和垂直划分和分布。尽管个体站点并不想共享它们的整个数据集,但是它们可能通过各种协议允许有限的信息共享。这种方法的总体效果是在导出整个数据集的聚集结果的同时,维护个体对象的隐私。

在许多情况下,尽管可能得不到数据,但是数据挖掘的输出也可能导致隐私的侵害。随着技术的进步,数据挖掘过程中的隐私保护问题逐渐走进人们的视线,尤其是在大数据时代,成为数据挖掘界一个新的研究热点。隐私保护数据挖掘模型,即在保护隐私的前提下的数据挖掘分析,其主要关注点有两个:一是对原始数据集进行必要的修改,使得数据接收者不能侵犯他人隐私;二是保护产生模式,限制对大数据中敏感知识的挖掘。主要解决办法就是通过修改数据或者稍微扭曲分类模型,降低数据挖掘的作用。目前的研究技术主要从不同应用模型展开:

(1) **关联规则结果的隐私保护**:关联规则结果的隐私保护主要有两类方法:第一类是变换(Distortion),即修改支持敏感规则的数据,使得规则的支持度和置信度小于一定的阈值而实现规则的隐藏;第二类是隐藏(Blocking),该类方法不修改数据,而是对生成敏感规则的频繁项集进行隐藏。这两类方法都对非敏感规则的挖掘具有一定的负面影响。

(2) **分类和聚类结果的隐私保护**:分类方法的结果通常可以发现数据集中的隐私敏感信息,因此需要对敏感的分类结果信息进行保护。这类方法的目标是在降低敏感信息分类准确度的同时,不影响其他应用的性能。与分类结果的隐私保护类似,保护聚类的隐私敏感结果也是当前研究的重要内容之一。其解决方案围绕对数据样本的平移、翻转等几何变换方法修改数据,以保护聚类结果的隐私内容。还有将大规模数据进行垂直划分放于不同站点,分别对每个站点的数据进行聚类学习,但在学习过程中并不会获知其他站点上所存属性的相关信息,从而在信息处理的过程中保护数据隐私。

10.4.2　数据分析算法的可解释性问题

人工智能发展到今天,机器学习尤其是深度学习在多个应用领域表现出优异的性能。然而从"对抗攻击"到"深度造假",从埃塞俄比亚航空302航班的坠毁到自动驾驶汽车的事故一次又一次地证明,机器学习可以让机器具备智能行为,但是其行为不一定是有益的,很有可能会带来极大的危害。正是因为无法理解机器行为生成的逻辑,无法解释其学习的认知过程,所以无法对这些机器的智能行为给出对或错的评价,造成其结果的正确性无法验证。从这个意义上来讲,我们离图灵时代还很远。因为当我们向人和机器共处的黑屋提问时,并无法区分得到的回答来自人还是机器,这时候我们可以加上一句:"请告诉我你是如何得到这个问题的答案的?"。人是能回答这个问题的,而机器一定很茫然。我们身处一个人机共生的时代,人和机器能够互相交流是非常重要的,人要理解机器的行为,机器要理解人的意图。如何向机器表达人类的需要,如何判断机器的行为是否正确,是机器学习数据分析方法可解释性的重要方向。

目前已经有可解释机器学习的研究成果,大致可以划分为以下三类:

(1) **机器学习方法的功能性解释**:这类方法主要集中研究深度学习模型从特征空间到学习过程中的可解释性,可以分为事前解释和事后解释。前者的结构一般较为简单,拥有较为完善的数学证明。比如典型的神经微分方程(NODE),针对残差网络,它将每个残差块的输入和输出看成一个常微分方程。后者是对训练好的模型借助其他可解释的模型进行补充解释。例如,采用对特征空间进行可视化,对局部隐藏层函数用其他模型的结果近似逼近,采用其他方法评估结果与特征重要度之间的关系等途径。这些方法的实质是用人类可理解的白盒近似替代黑盒。

（2）**隐空间表达的可解释**：深度学习模型是一个黑盒，对其进行解释可以提高模型整体的可信度和透明度，有利于理解模型的行为逻辑，从而衡量模型性能和结果的正确性。深度学习模型大都通过编码的方式将数据特征映射到隐空间中，再根据隐空间信息构建概念表达向量。因此，对隐空间中的表达方式进行可解释的概念变换，使其被人类认知过程理解和控制，能够对最终深度学习结果形成的过程和机器行为做出验证。目前比较多的研究集中在变分编码器、生成对抗网络两种深度学习模型以及流型空间理论研究。

（3）**因果推理的可解释**：深度学习方法在应用领域的成功使得人们对人工智能产生了前所未有的期待。但是这种期待的一个最大障碍就是无法给出模型预测或推荐结果背后的原因。由 Judea Pearl 开创的因果推理起源于人工智能的研究，但很长一段时间与机器学习领域几乎没有关联。近年来，对因果关系的兴趣显著增加，因果推理正成为机器学习的主流，目前主要方法集中在构建不同的因果框架提升机器学习模型的鲁棒性和环境领域迁移能力。

10.4.3　人工智能的伦理问题

人工智能技术的迅速发展及其在日常生活中的广泛应用，日益向传统伦理学提出了新的问题，即是否有可能超越人类中心的视角，重构人工智能时代的伦理学。人类在遇到危险时会本能地对"先救谁"进行选择，而若是以编程形式让智能机器也具有这样的功能，道德决策又将如何选择？2018 年，MIT 在 Nature 上发表了题为"道德机器（the moral machine）实验"的论文，对该问题进行了研究与探讨。作者整理了 2016 年启动的一个名为"the Moral Machine（道德机器）"的在线测试数据，探讨了公众对这些问题的看法。该实验以著名的人工智能伦理问题"电车难题（trolley problem）"为背景，对来自 233 个国家和地区的数百万用户进行了问卷调查。

"电车难题"最早是由哲学家菲利帕·福特（Philippa Foot）于 1967 年发表的《堕胎问题和教条双重影响》论文中提出来的，用来批判伦理哲学中的主要理论。其内容大致是：一个疯子把五个无辜的人绑在电车轨道上。一辆失控的电车朝他们驶来，并且片刻后就要碾压到他们。幸运的是，你可以拉一个拉杆，让电车开到另一条轨道上。然而问题在于，那个疯子在另一个电车轨道上也绑了一个人。考虑以上状况，你是否应拉杆？这个问题自提出以来也有了很多的变种，在人工智能领域的变种中，失控的电车转换成无人驾驶的电车，它的选择开关依靠人工智能技术。当做出行为决策的是机器时，就会出现很多问题。比如，机器给人看病，当它做出诊断结论时，人类必须明白它的这个结论是否是可解释的，是否是可验证的；如果由机器来写新闻稿，这个新闻是否存在种族歧视或者性别歧视；如果纯粹由机器来进行金融定价，是否会造成恶性竞争或价格战，诸如此类问题，都是人工智能时代出现的新的伦理问题。事实上，机器学习，尤其是深度学习算法的基础是大数据，所有的学习过程都是以海量级的数据为基础的。在"电车难题"中，决定无人驾驶电车进行扳道开关的，不是人的命令，而是建立在海量数据基础上的算法运行结果。

如果人工智能本身具有机器智能、神经系统与人体（生物体）的融合性，具备类似于人的意识、学习能力和感情时，应当如何赋予人工智能道德概念、如何让人工智能为其行为负责、如何界定清楚人工智能的权利就是我们面临的新的伦理问题。人类经历了三元空间,到如今的数据空间世界中,需要从新的角度思考超越人类中心主义的伦理学,这是人工智能时代的新挑战。

10.5　小　　结

当前,大数据已成为继物联网和云计算之后的信息技术产业中最受关注的热点领域之一。人类社会已经步入了信息技术、云计算和大数据的时代,随着大数据从概念渗透转向应用发展,大数据产业正处在蓬勃发展的孕育期与机遇期,大数据技术将在开源环境下不断地提升。本书希望能够将大家引入大数据技术的大门,并对未来的发展趋势和应用领域做了简要介绍和分析,旨在为读者进一步的学习奠定基础。

- **非结构化数据**是指其字段长度可变,并且每个字段的记录又可以由可重复或不可重复的子字段构成的数据。用它不仅可以处理结构化数据(如数字、符号等信息),而且更适合处理非结构化数据(全文文本、图像、声音、影视、超媒体等信息)。
- **半结构化数据**就是介于完全结构化数据(如关系型数据库、面向对象数据库中的数据)和完全无结构的数据(如声音、图像文件等)之间的数据,因其层次性、自述性和动态可变性等特点,被广泛应用在互联网、异构数据集成和交换等领域。
- **深度学习**的概念源于人工神经网络的研究,含多隐层的多层感知机就是一种深度学习结构。深度学习通过组合低层特征形成更加抽象的高层表示属性类别或特征,以发现数据的分布式特征表示。
- **知识图谱**(knowledge graph)也称为科学知识图谱,它通过将应用数学、图形学、信息可视化技术、信息科学等学科的理论方法与计量学引文分析、共现分析等方法结合,并利用可视化的图谱形象地展示学科的核心结构、发展历史、前沿领域以及整体知识架构达到多学科融合目的的现代理论,是知识计算的核心。
- **迁移学习**(transfer learning)解决的是学习系统如何快速适应新场景、新任务和新环境的问题,是机器学习中的一个重要领域,也是机器学习的新范式。迁移学习可以使机器学习系统更加可靠和鲁棒。在人工智能领域,迁移学习已在知识重用、基于案例推理、类比学习、领域自适应、预训练和微调中得到了广泛的应用。
- **强化学习**(reinforcement learning)是机器学习的一个分支,它作为一门蓬勃发展中的新兴学科,引起了众多学者的关注。目前强化学习理论的研究已经取得了很大的进步,但强化学习的实际应用和理论研究之间却存在着很大的距离。比如,大多数强化学习算法都是面向小规模、离散环境的问题,很少有算法能够解决较大规模的问题。但是随着计算能力的大幅提升以及训练数据的增大,深度强化学习正成为新的研究热点。
- **社会计算**,广义而言是指面向社会科学的计算理论和方法,狭义而言是指面向社会活动、社会过程、社会结构、社会组织及其作用和效应的计算理论和方法。
- **特异群组挖掘**是指将大数据集中的少部分具有相似性的对象划分到若干个组中,而大部分数据对象不在任何组中,也不和其他对象相似。

10.6　参 考 文 献

[1] 程学旗,靳小龙,王元卓,等.大数据系统和分析技术综述[J].软件学报,2014,25(9).

[2] Goodfellow I,Pouget-Abadie J,Mirza M,et al. Generative Adversarial Nets[J]. Advances in Neural Information Processing Systems. 2014：2672-2680.

[3] 朱小燕,李晶,郝宇,等.人工智能知识图谱前沿技术[M].北京：电子工业出版社,2018.

[4] 杨强,张宇,戴文渊,等.迁移学习[M].北京：机械工业出版社,2020.

[5] 自然. http://www.nature.com/nature/journal/v455/n7209/full/455001a.html.

[6] 科学. http://www.sciencemag.org/site/special/data/.

[7] 任磊,杜一,马帅,等.大数据可视分析综述[J].软件学报,2014,25(9)：1909-1936.

[8] 袁晓如.大数据可视分析[C].第一届科学大数据大会,北京,2014.

[9] 陶雪娇,胡晓峰,刘洋.大数据研究综述[J].系统仿真学报,2013(S1)：142-146.

[10] 熊赟,朱扬勇.特异群组挖掘：框架与应用[J].大数据,2015(2)：66-77.

[11] 李德毅,于剑,等.人工智能导论[M].北京：中国科学技术出版社,2020.

[12] 方滨兴,贾焰,李爱平,等.大数据隐私保护技术综述,大数据,2016,1：1-18.

[13] Jiawei H,Micheline K,Jian Pei. 数据挖掘概念与技术[M].范明,孟小峰,译.北京：机械工业出版社,2019.6.

[14] Judea Pearl. The Seven Tools of Causal Inference with Reflections on Machine Learning[J]. Communications of the ACM,2019,82(3),54-60.

[15] 郭毅可.从做得多到做得对：也谈人工智能的发展方向[J].智能系统学报,2020,15(3),卷首语.

[16] 《国家发展改革委办公厅关于组织实施促进大数据发展重大工程的通知》发改办高技[2016]42 号.

[17] Bryant R E,Katz R H,Lazowska E D. Big-Data Computing：Creating Revolutionary Breakthroughs in Commerce，Science，and Society：A White Paper Prepared for the Computing Community Consortium committee of the Computing Research Association[J]. 2008,1-7.

[18] 联合国全球脉动项目,http://www.unglobalpulse.org/.

[19] 刘全,翟建伟,章宗长,等.深度强化学习综述[J].计算机学报,2018,41(1)：1-22.

[20] 王冬黎,高阳,陈世福.强化学习综述[C].中国人工智能学会第 10 届全国学术年会,2009：407-413.

[21] Ming Ding,Chang Zhou,Qibin Chen,et al. Cognitive Graph for Multi-Hop Reading Comprehension at Scale[C]. ACL2019：1250-1259.

[22] Aria Khademi,Vasant Honavar. A Causal Lens for Peeking into Black Box Predictive Models：Predictive Model Interpretation via Causal Attribution[C]. ACM MODELS2020：arXiv：2008.00357v1.

[23] Christopher Frye,Colin Rowat,Ilya Feige. Asymmetric Shapley Values：Incorporating Causal Knowledge into Model-agnostic Explainability[C]. Advances in Neural Information Processing Systems(NIPS). 2020,arXiv：1910.06358v2.

[24] Sofiane Touati,Mohammed Said Radjef,Lakhdar Sais. A Bayesian Monte Carlo Method for Computing the Shapley Value：Application to Weighted Voting and Bin Packing Games[J]. Computers and Operations Research,2021,125：105094.

[25] Weijie Liu,Peng Zhou,Zhe Zhao,et al. K-BERT：Enabling Language Representation with Knowledge Graph[C]. ACL2019：arXiv：1909.07606v.

图书资源支持

感谢您一直以来对清华版图书的支持和爱护。为了配合本书的使用，本书提供配套的资源，有需求的读者请扫描下方的"书圈"微信公众号二维码，在图书专区下载，也可以拨打电话或发送电子邮件咨询。

如果您在使用本书的过程中遇到了什么问题，或者有相关图书出版计划，也请您发邮件告诉我们，以便我们更好地为您服务。

我们的联系方式：

地　　　址：北京市海淀区双清路学研大厦 A 座 714

邮　　　编：100084

电　　　话：010-83470236　　010-83470237

客服邮箱：2301891038@qq.com

QQ：2301891038（请写明您的单位和姓名）

资源下载：关注公众号"书圈"下载配套资源。

资源下载、样书申请

书 圈

图书案例

清华计算机学堂

观看课程直播